土壤有机/生物污染与防控

何 艳 徐建明 等 著

科学出版社

北 京

内 容 简 介

本书以当前农业土壤中普遍存在的农药、抗生素等典型污染物，以及酞酸酯、激素、抗性基因、病原微生物等新型污染物为对象，在调研分析我国不同农业主产区重点种植制度下的农田系统污染特征的基础上，结合国内外最新研究成果，系统介绍了这几大类有机和生物污染物在代表性农田系统中的污染过程、机制以及综合防控措施。

本书可供土壤学、植物营养学、环境科学、微生物学、生态学等专业，以及从事农业污染防治研究的广大师生、科研工作者阅读，也可供相关政府机构管理人员决策参考。

图书在版编目（CIP）数据

土壤有机/生物污染与防控/何艳等著. —北京：科学出版社，2020.12
ISBN 978-7-03-067141-7

Ⅰ. ①土… Ⅱ. ①何… Ⅲ. ①土壤污染控制 Ⅳ. ①X53

中国版本图书馆 CIP 数据核字（2020）第 243808 号

责任编辑：朱 丽 郭允允 程雷星 / 责任校对：何艳萍
责任印制：吴兆东 / 封面设计：蓝正设计

科学出版社 出版
北京东黄城根北街 16 号
邮政编码：100717
http://www.sciencep.com

北京中科印刷有限公司 印刷
科学出版社发行 各地新华书店经销

*

2020 年 12 月第 一 版 开本：787×1092 1/16
2022 年 1 月第二次印刷 印张：22 1/4
字数：527 000

定价：178.00 元

（如有印装质量问题，我社负责调换）

编委会

（以姓氏笔画为序）

主　任　　何　艳　　徐建明

副主任　　王　芳　　朱鲁生　　刘希涛　　苏建强　　李永涛

　　　　　　沈国清　　季　荣　　蒋建东　　蔡　鹏

委　员　　王　伟　　王一明　　王旭明　　方国东　　叶庆富

　　　　　　冯佳胤　　任文杰　　刘绍文　　孙　扬　　孙宝利

　　　　　　孙棐斐　　李艳霞　　谷成刚　　沈超峰　　陈　凯

　　　　　　赵丽霞　　姜　昭　　徐　艳　　高春辉　　唐翔宇

　　　　　　凌婉婷　　彭　双

前 言

我国农业农村发展进入新的历史阶段，土壤和产地环境管理在农业绿色和高质量发展中的作用更加凸显。围绕土壤功能的研究已从聚焦土壤肥力、追求作物产量，发展到关注土壤安全和土壤健康、保证农产品质量安全，以及更加突出土壤质量、支撑农业高质量发展。高强度、高投入的农业耕作模式造成各类污染物在农田系统中不断累积，加剧了农田土壤环境质量退化及农田生态系统稳定性降低。我国农田系统中有机和生物污染物种类繁多，污染特征不明，污染过程与机制不详，相关地方、行业和国家标准缺失，开展研究难度很大，导致现阶段我国生态环境与人体健康实际遭受农田有机和生物污染的程度一直不明晰。打好污染防治攻坚战，迫切需要开展全国区域尺度系统性调研，获得针对中国农田的第一手资料，以保障国家农业产业健康发展、公众"舌尖上的安全"和维护农田生态系统平衡健康。

"十三五"期间，在土壤污染与防治领域，科学技术部针对农业土壤有机和生物污染做了前沿探索性的任务部署，于第一批启动了国家重点研发计划专项"农业面源和重金属污染农田综合防治与修复技术研发"。该专项在基础研究领域部署了一个有机和生物污染相关的项目"农田有毒有害化学/生物污染与防控机制研究"。本书内容是在总结国际土壤有机/生物污染与防控研究领域的研究进展基础上，结合该项目团队在"十三五"期间研究所得的最新成果撰写而成的。着重围绕不同农业主产区（东北、黄淮海、长江中下游、南方等）、不同类型土壤（黑土、潮土、水稻土、红壤等）、不同种植制度（水稻、小麦、玉米、大豆、蔬菜等）的农田系统差异，基于污染影响量大面广、存在农产品安全风险或地下生态环境风险等原则，以我国农业土壤中的典型/新型有机、生物污染物为重点进行介绍，特别突出了不同类型污染物在代表性农田系统中土壤水-矿物-有机质-微生物-作物根系互作界面上污染演变规律和关键界面行为的差异性。编写人员主要来自16家高等院校和科研机构，包括浙江大学、农业农村部环境保护科研监测所、中国环境科学研究院、南京农业大学、华中农业大学、中国科学院南京土壤研究所、中国科学院城市环境研究所、南京大学、上海交通大学、北京师范大学、山东农业大学、东北农业大学、中国农业科学院农业环境与可持续发展研究所、中国科学院水利部成都山地灾害与环境研究所、湖南省农业科学院和北京农业生物技术研究中心。

全书系统介绍了包括农药、酞酸酯、激素、抗生素及抗性基因、病原微生物在内的六大类典型/新型有机和生物污染物在代表性农田系统土壤中的定性定量检测方法、污染特征与来源解析、污染过程与机制，并在此基础上提出了土壤有机和生物污染强化削减原理与防控措施，为构建我国特色的农田污染过程研究体系提供了理论与方法借鉴，并为保障国家粮食安全和人体健康提供了重大科技支撑。全书由7章构成。第1章，绪论，由何艳、徐建明、徐艳、李淑瑶、黄晓伟、窦继博等著；第2章，土壤有机/生物污染特征及监测评估指标体系,由李永涛、赵丽霞、孙扬、孙宝利、姜昭、刘绍文、王蕾、杨行健、蔡鹏、高春辉、黄金丽、龚庆维、周斌、常兴平、潘政、杨思德、王鹏杰、胡杨等著;第3章,稻田中典型农药的迁移转化行为、过程与效应,由蒋建东、朱鲁生、唐翔宇、凌婉婷、陈凯、杜仲坤、王金花、闫绍闯、关卓、刘慧云、陆超、唐凯迪、王军、李冰、贾伟彬等著;第4章,土壤中酞酸酯和激素的多界面迁移转化机制与效应,由王芳、李艳霞、谷成刚、方国东、任文杰、相雷雷、王宇、陈兴财等著;第5章,土壤中抗生素污染及抗性基因增殖扩散机制,由苏建强、王旭明、安新丽、孙艳梅、周昕原、蒲强、范晓婷等著;第6章,土壤病原微生物污染及其存活与传播机制,由蔡鹏、王一明、彭双、高春辉、吴一超、曹慧、杨闪闪、王立亮等著;第7章,土壤有机/生物污染强化削减原理与防控措施,由何艳、徐建明、季荣、沈国清、刘希涛、王伟、沈超峰、孙棐斐、叶庆富、冯佳胤、朱敏、成洁、吴玄、陈钦程、周洲、符玉龙、沈大航、瑟竞、崔晓玲等著;全书由何艳、徐建明、冯佳胤、李淑瑶统稿完成。

本书在准备过程中,季荣、沈国清、蒋建东、王芳、蔡鹏、苏建强、刘希涛,以及科学出版社的朱丽女士对书稿进行了审核,他们提出了很多宝贵的意见和建议;在全书准备和清样校对过程中,冯佳胤、李淑瑶等做了大量的事务性工作。在此,一并表示衷心的感谢!

撰写过程中,我们力求数据可靠、分析透彻、论证全面,但因时间有限,不足之处在所难免,敬请广大读者批评指正。衷心感谢为本书研究成果做出贡献的所有人员!

何 艳

2020 年 5 月 31 日

本书所涉及彩图及内容信息请扫描右侧二维码扩展阅读。

目 录

前言

第1章 绪论 ... 1
1.1 我国土壤有机和生物污染现状 ... 2
1.2 土壤有机和生物污染科学研究综述 ... 4
1.3 展望 ... 8
参考文献 ... 10

第2章 土壤有机/生物污染特征及监测评估指标体系 ... 14
2.1 土壤样品的采集与处理方法 ... 14
2.2 典型污染物定性定量检测方法 ... 16
2.3 代表性农业主产区土壤有机/生物污染特征 ... 26
2.4 代表性农业主产区农田有机/生物污染农业投入品来源解析 ... 47
2.5 典型种植制度下土壤污染因子监测与评估指标体系初探 ... 51
参考文献 ... 53

第3章 稻田中典型农药的迁移转化行为、过程与效应 ... 57
3.1 稻田典型农药的环境归趋特征与多界面迁移转化规律 ... 57
3.2 稻田典型农药与生源要素耦合的生物转化机制 ... 69
3.3 稻田典型农药的生态学效应 ... 81
参考文献 ... 89

第4章 土壤中酞酸酯和激素的多界面迁移转化机制与效应 ... 100
4.1 土壤中酞酸酯的多界面迁移转化机制与效应 ... 100
4.2 土壤-植物系统中类固醇雌激素的污染效应 ... 122
4.3 土壤-生物系统中酞酸酯的多过程协同消减原理 ... 129
参考文献 ... 143

第 5 章 土壤中抗生素污染及抗性基因增殖扩散机制 ········· 157
5.1 粪肥施用土壤抗生素残留和抗性基因富集的主控因子 ········· 157
5.2 抗生素及抗性基因在土壤-植物系统中的迁移规律 ········· 173
5.3 土壤抗性基因的增殖扩散过程和机理 ········· 178
参考文献 ········· 190

第 6 章 土壤病原微生物污染及其存活与传播机制 ········· 195
6.1 粪肥施用对典型人畜共患病原菌在土壤中存留和迁移的影响 ········· 195
6.2 典型人畜共患病原菌与土壤胶体界面反应过程与存活机制 ········· 207
6.3 土壤多物种生物膜抵御病原菌入侵机制 ········· 213
参考文献 ········· 223

第 7 章 土壤有机/生物污染强化削减原理与防控措施 ········· 236
7.1 典型污染物的结合态残留机理及其降低途径 ········· 236
7.2 基于生物炭的土壤典型有机污染强化削减调控原理与方法 ········· 256
7.3 基于纳米材料的土壤典型有机污染强化削减调控原理与方法 ········· 277
7.4 耦合生源要素循环的稻田有机氯农药污染强化削减调控原理与方法 ········· 297
7.5 土壤中病原微生物污染的强化调控与方法 ········· 311
参考文献 ········· 325

第1章 绪 论

土壤是保障国家粮食安全和农产品供应的重要基石,提高土壤持续生产力是国家重大需求。与自然系统最大的不同是,农田系统为满足人类需要,通过增加农业投入品等提高系统的生产力。但也因此导致了农药、酞酸酯(又称邻苯二甲酸酯,PAEs)、激素、抗生素及抗生素抗性基因(antibiotic resistance genes,ARGs,以下简称"抗性基因")、病原微生物等外源有机和生物污染物在土壤中的残留、累积,并进一步导致污染等一系列的资源环境问题。2014年公布的《全国土壤污染状况调查公报》重点针对的是重金属,对于有机污染物的调研只涉及六六六、滴滴涕两种有机氯农药和多环芳烃。由于有机和生物污染物种类繁多,不同污染物理化性质差异巨大,其在不同种植制度下的不同农业土壤中的污染形成、演变规律与主控因素不尽相同,对农田系统影响途径、效应与机制也很多样,而目前国家层面公开的系统调研还很欠缺,导致我国不同农田系统实际遭受有机和生物污染的状况甚不明晰。

有机污染物(如农药)施用后,随时间延长,因其被土壤固相不可逆吸附而逐渐发生"老化",形成残留态污染物在农田中持续积累。人们曾一度认为结合残留的形成能降低或解除污染物本身的生物毒性。但大量事实证明,结合残留的污染物会因土壤条件变化再度释放,从而构成一种迟发性的环境危害,仍是限制当前农业稳产高产的关键因素之一。此外,迄今为止,人们对有机污染物在土壤中形成结合残留的机制、生物有效性与稳定性及其对土壤生物和后茬农产品质量的影响还缺乏系统认知。与此同时,具有还原转化特性的有机氯农药是我国农业上使用量大面广的最典型农药之一。随着生物学技术的发展,人们对微生物环境功能的认识逐渐加深,国际上针对湿地系统中由微生物介导的界面氧化还原过程对污染物还原转化的调控作用研究成为最新的科学前沿。在这一背景下,以稻田中微生物介导的天然氧化还原反应的生态自净功能为核心,开展稻田生源要素耦合的典型污染物还原转化的研究,既紧扣国家需求,又是国际研究的焦点和前沿。

农业生产过程中因地膜使用导致的酞酸酯污染也是重要土壤污染类型之一。目前,酞酸酯已成为全球最普遍的污染物之一,并被确定为环境激素。已有研究重点关注了酞酸酯在水体和污泥中的迁移转化行为,缺乏对典型农业土壤酞酸酯污染与防控的系统研究。此外,近年来,由农业废弃物消纳和资源化利用过程导致的兽源激素、病原微生物、兽药类抗生素和抗性基因在农田系统中的环境行为及其对人类健康的风险研究引起了公众的特别关注。尤其是近三年,针对这些污染物因农业废弃物的资源化利用而在土壤中累积等的研究逐渐增多,猪粪和施用猪粪土壤中抗性基因的丰度和多样性已被报道。综上,农业废弃物消纳和资源化利用导致的激素、病原微生物、抗生素及其抗性基因等污染问题是农产品安全和人体健康的新生隐患,但围绕它们在农田系统中迁移转化、残留累积及其对环境质量和农产品安全的影响等相关研究极少,亟待开展。

总体来说,在过去的三个五年规划期间,国内外已开展了众多典型有机污染物在土壤中环境行为和效应的研究,并获得相应成果。但在农产品需求不断增加、耕地面积逐年减少、环境质量日趋恶化的压力下,深入系统地研究农药、酞酸酯、激素、病原微生物、抗生素和抗性基因等典型有机和生物污染物输入土壤后的迁移、转化、残留、累积等演变过程,探明污染形成过程中生物、生态效应与农田持续生产力下降的关系,依然是突破制约我国农田生产力提升和保障农产品安全理论瓶颈的重要途径。因此,总结国内外已公开的报道和已有文献,定性或定量描述当前我国农业土壤有机和生物污染的总体状况,综述相关污染防控研究的最新进展,明确后续工作的重点任务,对国家实现土壤有机和生物污染的有效防治、农业生态环境质量和农产品质量的有效提升,构造生产力和产品质量不断提高、与生态环境状况充分协调的农业生产体系,均具有重大的科学意义。

1.1 我国土壤有机和生物污染现状

1.1.1 典型有机污染现状

当前,土壤的有机污染问题已成为世界各国所面临的重大环境与公共健康问题之一。由于我国土壤类型多样、土壤污染物种类繁多以及工农业占比大等,土壤有机污染问题更为突出。土壤中典型的有机污染物包括有机氯农药(OCPs)、多氯联苯(PCBs)、邻苯二甲酸酯(PAEs)和多环芳烃(PAHs)等,大部分来源于农药过度使用、污废水灌溉、工业废弃物排放以及城市垃圾渗滤液渗漏等(李林等,2019)。这些有机污染物大多数化学性质稳定、高毒性、极难被降解和易被生物富集。

有机氯农药是一种最早投入使用的人工合成杀虫剂。从20世纪40年代问世以来,有机氯农药便开始在全球范围内广泛应用,其中使用最多的为六六六(HCH)、滴滴涕(DDT)、狄氏剂(Dieldrin)和艾氏剂(Aldrin)等(杨代凤等,2017)。作为一个农业大国,我国一直是世界上最大的农药消费国和生产国之一。据报道,有机氯农药HCH和DDT在我国的总产量曾分别高达490万t和46万t,约占世界生产量的33%和20%(阳文锐等,2008)。为了提高作物产量和防治作物病虫害,大量农药被施用到环境中,其中部分被植物吸收,约1/2的农药会通过大气沉降和直接散落等途径在土壤和河流底泥中富集(杨代凤等,2017)。农药进入土壤一方面会改变土壤本体的结构和功能,另一方面会被农作物吸收,降低农副产品的品质,并最终通过营养转移对人类和其他生物的健康构成极大威胁。随着我国近年来种植结构的调整,蔬菜和瓜果的播种面积大幅增加,与粮食作物相比,这些作物的用药量还要高出1~2倍,有的甚至高达219kg/hm^2(陈莉等,2015)。1983年以后,有机氯农药逐渐被政府强制禁产,但由于其历史使用量大,在环境中难降解,容易在稳定的介质,如土壤、沉积物和生物体中富集放大,因此尽管已经被禁用近40年,但其在环境中检出率仍较高。研究表明,我国有1300万~1600万亩[①]的土壤受到不同程度的农药污染(汪霞娟和崔芬祺,2019)。以土壤中典型的有机污染物HCH和DDT为例,2014年发布的《全国土壤污染状况调查公报》显示,HCH、DDT的点位超标率分别为0.5%、1.9%。Liu等(2016)

---

① 1亩≈666.67m^2。

对我国城市、农村和特定背景的 150 多个表层土壤（0~20cm）样品的分析结果表明，我国农业表层土壤 HCH 和 DDT 的浓度平均值分别为 1.74μg/kg 和 8.06μg/kg。我国各地也常有报道检出不同浓度的 HCH 和 DDT 残留，例如，天津市郊菜地土壤中 HCH、DDT 含量达到 400μg/kg、300μg/kg 的水平，武汉某农业土壤 HCH 和 DDT 含量分别高达 666μg/kg 和 73.9μg/kg，慈溪市蔬菜地两种农药检出率均为 100%。残留于土壤中的 HCH 和 DDT 在一定条件下可以迁移和释放，持续危害生态环境和人类健康，关于生物中 HCH 和 DDT 超标的报道也屡见不鲜。例如，在太湖中鱼类体内检测出的 HCH 和 DDT 含量分别为 28.5μg/kg 和 270.7μg/kg，这比太湖底泥中的含量高出近 100 倍，而到了夜鹭、白鹭的鸟卵中时，这一含量进一步被富集，HCH 高达 460.0μg/kg，DDT 更是高达 5626.7μg/kg（侯恺，2019）。此外，有毒的有机氯农药正通过食物链危害人体健康，在我国一些地区的人乳中也检出了较高含量的有机氯农药等污染物。一旦这些有机污染物通过各种间接途径被人体摄取，它们会长期储存在人体内，通过母乳喂养进一步转移到新生儿体内。除了污染物残留量高外，我国的土壤有机污染还存在着地区分布差异性。在我国人口最多和工业化程度最高的长江三角洲、珠江三角洲和京津冀地区，土壤中多种有机污染物共存的现象十分普遍（Sun et al.，2018）。

1.1.2 抗生素和抗性基因污染现状

自 1943 年青霉素首次被引入医学治疗并批量使用以来，百余种抗生素被用于治疗人类和动物感染，其应用范围由人畜感染控制发展到畜禽水产养殖行业，用于防治感染性疾病、促进动物生长等（Cui et al.，2018）。由于抗生素自身特性及部分管控缺失，医疗和农业领域抗生素使用量逐渐增多，抗生素环境污染愈发成为全球性热点问题。全世界每年抗生素的使用量大约有 20 万 t，且在持续上升，而我国是目前世界上最大的抗生素生产国和消费国（Qiao et al.，2018；Zhou et al.，2017）。2007 年我国抗生素总消耗量达 16000t，其中 70%被用于农业领域，直接或间接地释放到环境中。2013 年，我国共有 36 种总量约为 9 万 t 的抗生素投入使用，一半以上被用于畜禽养殖行业（Qiao et al.，2018）。抗生素能通过多种途径进入生态环境中，包括废物处理、畜禽水产养殖、农业直接应用、抗生素生产过程的工业废水以及粪肥应用等。抗生素残留积累到一定程度，能够诱导微生物产生抗生素抗性基因，引起生态环境风险。虽然抗生素在临床上的使用受到政府监管，但与家庭使用和个人护理产品相关以及用于动物疾病等相关的抗生素使用由于缺乏相关法律约束，动物肥料以及垃圾填埋场中抗生素大量残留，其中，垃圾填埋场中的抗生素以及由此产生的抗性基因可能会随着渗滤液进入环境（Graham et al.，2011）。

近年来，随着抗生素的使用逐年增加，以农业土壤为代表的土壤抗生素和抗性基因污染日益严重。土壤抗生素浓度水平受多种污染来源的影响，我国土壤中抗生素污染来源主要是应用于畜禽养殖和水产养殖的兽用抗生素，而粪便则是环境中抗生素的主要来源。研究发现，在四环素类抗生素使用较多的养猪场和磺胺类抗生素使用较多的禽类养殖场，猪粪中残留的四环素以及禽类中残留的磺胺类抗生素含量较高且抗性基因较多（Chen and Walker，2012；Cheng et al.，2013）。对我国大型养殖场及其附近水域的调查表明，绝大部分养殖场产生的畜禽粪便和养殖废水中都检出抗生素（Zhao et al.，2010），并且在附近的水域如池塘、河流中也检出了抗生素（Wei et al.，2011）。也有研究发现，在动物饲料中添加预防性剂量的抗生素能够促进粪便（Binh et al.，2008）、粪肥改良土壤（Ghosh and Lapara，

2007），增加河流下游以及沉积物（Chen and Walker，2012）中抗生素抗性。抗生素残留在多个国家土壤环境中均有检出，我国土壤抗生素污染水平与国外处于相似水平，畜禽养殖场附近土壤抗生素水平较高（曾庆涛，2019）。Hu 等（2010）发现上海市畜禽养殖场附近土壤中抗生素含量为 3270～33400μg/kg。Wu 等（2010）检测到北京、天津和嘉兴地区土壤中四环素、金霉素、土霉素和多西环素等四种抗生素的含量为 0.16～95.28μg/kg。山东是重要的蔬菜种植区域，抗生素使用频率和范围相对较高，土壤中环丙沙星和氧氟沙星的最大浓度分别为 652μg/kg 和 288μg/kg（Li et al.，2013）。

1.1.3 病原微生物污染现状

近年来，由大肠杆菌、沙门氏菌和李斯特菌等病原微生物引起的土壤生物污染日益加剧。粪肥携带的病原菌通过污灌、径流和农田施用均可进入土壤环境中（Bradford et al.，2013），存在于土壤中的病原菌具有迁移到地表和地下环境中的潜力（Brennan et al.，2010），并能依附于植物体表面生长存活甚至在植物体内生长繁殖（Patel et al.，2010）。国内外农业污水灌溉和人畜粪便施用一直是有机废弃物资源化利用的重要途径，在我国尤为普遍。但畜禽粪便中含有大肠杆菌、沙门氏菌、弯曲菌、粪链球菌、鞭毛虫、原虫以及病毒等大量病原菌和有害微生物。生活污水通常也含有大量细菌，工业和医院废水更是富含各种病原体。多年来，关于污水、污泥或畜禽粪便等有机废弃物产生的病原菌生物污染的负面报道已是屡见不鲜，大量畜禽粪便没有得到安全处理与有效利用，而是被随意地排入自然环境中，对土壤、水体以及自然环境造成了危害，进而对人类生命健康构成威胁。以大肠杆菌为例，粪便细菌大肠杆菌 O157:H7 可以转移到蔬菜、动物和农田（Centers，1999），导致许多人类伤亡事件的暴发。相关研究结果表明，新鲜粪肥浇灌或作基肥，蔬菜根际和非根际土壤中大肠菌群数量明显提高，抗性基因水平也较高（Knapp et al.，2010）。据调查，江苏省内数十家养殖场排放的污水及周边受影响稻田中大肠杆菌数均超出国家排放标准的 100～1000 倍，污水中沙门氏菌的检出率甚至高达 19%（叶小梅，2007），且大肠杆菌可以在多种环境如污水、植物、肥料、果蔬、煮熟的肉和未巴氏消毒的牛奶中生存，增加了人类感染的风险（Ferens and Hovde，2011；Ibekwe et al.，2006；Wang et al.，2014）。据报道，因为在菠菜地施用被大肠杆菌 O157:H7 污染的牛粪，导致了 61 人感染大肠杆菌 O157:H7，其中 53 人住院治疗，8 人发展成溶血性尿毒综合征（Franz et al.，2008）。2008 年美国沙门氏菌疫情暴发，疾病防控部门认为食用种植在被沙门氏菌污染的土壤中的西红柿是疫情暴发的主要原因（Hanning et al.，2009）。由此可见，污水、污泥或畜禽粪便等有机废弃物中的病原微生物进入农田、耕地、草地后，就如同埋下了一颗"定时炸弹"，可能"引燃"土壤生物污染，其引发疾病传播的危害不容忽视。开展土壤病原微生物污染与控制的研究，对人类健康、环境安全等具有非常重要的意义。

1.2 土壤有机和生物污染科学研究综述

1.2.1 土壤有机污染与修复

为了探明土壤中有机污染物的污染行为并防治和修复有机物污染土壤，国内外研究者围绕土壤中残留有机物的污染风险防控与修复开展了诸多工作。时至今日，土壤有机污染与修复研究正朝着多介质、多界面、多要素、多过程、多尺度等多维方向发展，在有机污染物土水界面吸附行为、有机污染胁迫下的根际过程、有机及有机-无机复合污染与修复、厌氧环境中多要素耦合及降解机制等方面取得了一定进展与成就。

1）有机污染物土水界面吸附行为

由于土壤胶体颗粒小到纳米尺度时量子效应、局限性、表面及界面效应将发生质变，从纳米尺度上结合常规 XRD、FT-IR、SEM、TEM 等分析手段开展土壤胶体对疏水性有机污染物界面增溶和迁移的研究近年得到迅速发展（Jiang et al.，2017；Mia et al.，2017）。针对人工纳米颗粒可能会释放到环境中从而造成毒害，后续的研究者将目光逐渐转向了环境友好的天然纳米颗粒上（Duan et al.，2019；Shang et al.，2019）。此外，随着一些新型污染物（包括抗生素类药物、个人护理品等）的出现，常见的单参数吸附模型（如有机碳标化分配系数和辛醇-水分配系数 k_{OW}）已难以准确地描述这些具有较强极性的化合物的吸附行为，研究者们多选用两个或两个以上的模型来描述环境中有机污染物的吸附行为（He et al.，2006；Wu et al.，2019）。

2）有机污染根际降解和微生态过程

根际一直是土壤等多学科领域前沿研究的阵地，它是植物根系与土壤环境进行物质交换和能量流动的关键界面，该界面中土壤-植物的交互作用会通过影响污染的界面微生态效应，进一步改变污染物的生物降解活性，由此综合影响控制土壤有机污染演变的微观环境化学和生物化学过程。根际中复杂的植物-土壤-微生物交互作用造成有机污染物的降解和迁移转化受到多种因素的综合影响。一方面，植物生长所释放的根系分泌物能够提高根际微生物数量和活性，改善微生物群落结构，从而加快有机污染物的降解与转化；同时根际丰富的营养物质也会进一步促进微生物的新陈代谢和增殖，强化微生物对有机污染物的响应效应（He et al.，2005，2007，2009）。另一方面，生长在污染土壤中的植物具有主动适应环境胁迫的生理功能，可以通过改变根系分泌作用影响根系微生物组装配的集群模式，以缓解污染毒害。研究发现，微生物在不同土壤类型、不同植物根际的差异化集群模式，可造成功能微生物在有机污染胁迫下通过生态位错位竞争形成不同的种群互作，从而进一步介导有机污染物在不同土壤-植物体系中的差异化降解过程（Feng et al.，2019，2020）。随着研究手段的不断进步，利用碳、氮稳定同位素示踪技术结合高通量及宏基因组等测序手段，解析有机污染胁迫条件下响应污染的根际微生态过程，挖掘降解污染物的关键微生物及功能基因，以及核心功能微生物组等方面的研究热度正在持续上升（Xu et al.，2019；Ma et al.，2016）。

3）有机及有机-无机复合污染与修复

近年来，人们越来越多地关注土壤中共存污染物（如重金属离子、盐分离子、表面活性剂等）对有机污染物土壤环境界面过程的影响。重金属离子可以与多环芳烃形成阳离子-π作用或改变吸附界面的疏水性，从而影响有机污染物的非生物吸附行为。对于离子型有机污染物，重金属还能通过竞争吸附位点或络合作用影响有机污染物在土壤或土壤有机质上的吸附（Wu et al.，2019）。目前针对有机-无机复合污染土壤的研究主要集中在污染特征调查、生态毒理及修复技术等方面，而对修复过程与机理的研究相对较少。生物炭、纳米材料等因其优异的表面化学性质和孔隙特征，对有机污染物有较强的吸附能力，近年来已成为土壤有机及有机-无机复合污染修复技术研发中的热点功能修复材料。

4）厌氧环境中多要素耦合及降解机制

以微生物-污染物-生源要素之间的电子转移过程为核心的污染物脱毒过程逐渐受到关注，成为国际土壤科学、环境科学及污染修复领域最新的研究热点和科学前沿。在稻田等淹水土壤厌氧环境中，微生物作为土壤有机污染物降解的主要驱动力，将有机物脱毒过程与生源要素循环紧密联系在了一起。可还原性有机污染物以还原转化方式主导的降解过程本质上是由微生物驱动的，因此可以耦合铁还原、硝酸盐还原、硫酸盐还原及产甲烷等淹水土壤中天然发生的还原过程。已有研究证实，土壤中典型的可还原性有机污染物如有机氯农药等，具有氧化还原性和亲电子性，它们在厌氧环境中被生物还原的脱氯转化主要分为厌氧或兼性微生物的直接代谢还原脱氯和间接的共代谢还原脱氯作用两种机制，且它们的还原脱氯作用还会受到土壤中 NO_3^-、Mn^{4+}、Fe^{3+} 和 SO_4^{2-} 等末端电子受体的影响（Xu et al., 2019；Zhu et al., 2019）。在此方面，以碳、氮、铁、硫等生源元素耦合微生物厌氧降解典型还原性有机物——氯代有机物的研究在近几年受到重视，其耦合效应与机理还需进一步探明。

1.2.2 抗生素抗性基因的土壤富集与迁移

长期大量使用抗生素诱导产生的抗性基因与传统污染物不同，可在不同细菌间传播其至自我扩增，且一旦传播扩散就很难控制和消除（Su et al., 2014）。而土壤是抗性基因最重要的环境载体，土壤中的抗生素抗性基因可能会通过食物链扩散传播到人体，从而对人类健康造成威胁（Pruden et al., 2012）。目前，针对抗性基因的研究尚处于起步阶段，关注和加强抗生素抗性基因在环境中来源、传播和分布，以及新型抗性基因的发现和抗性蛋白的结构等方面的研究具有重要意义。已有研究表明，抗生素的过度使用可引起抗生素抗性基因的富集（Popowska et al., 2012），转座酶可能是引起抗性基因富集的原因之一（Zhu et al., 2013）。抗性基因主要通过动物粪便排放与有机肥的施用进入土壤（Marti et al., 2013），且土壤中污染物（如 PAHs）的有效性与抗性基因呈正相关关系（Sun et al., 2015）。但关于粪肥源抗性基因在土壤环境中是否具有持久性，目前还没有定论。以磺胺抗性基因（*sul*）为例，有报道称土壤中 *sul* 基因的相对含量在施肥后 165d 降低了一个数量级，也有研究表明 *sul* 基因的浓度在施肥后 289d 却有所增长（McKinney et al., 2010）。Fahrenfeld 等（2014）研究表明，粪便施肥后抗性基因 *sul1*、*sul2* 和 *ermF* 的丰度迅速增长，推测其原因可能是抗生素对耐药菌的快速选择诱导，也可能是抗性基因水平转移。同时该研究还发现，粪肥性质影响抗性基因丰度到达峰浓度的时间，却并不影响抗性基因在土壤中的峰浓度水平。因此，抗性基因在土壤中的消解规律与机制还有待阐释。

目前关于进入土壤的抗生素抗性基因会向植物扩散这一现象已达成共识，但是相关扩散机制还需进一步探讨。温室盆栽试验表明施粪肥土壤中种植的莴苣的根和叶中都能检测到抗生素和抗性基因（Wang et al., 2015），但由于许多抗性基因是天然存在的，而该研究未设置不施肥对照植物，因此并不能直接说明蔬菜中的抗性基因全部来源于土壤。Marti 等（2013）在施粪肥和不施粪肥的土壤中种植蔬菜，结果表明，尽管土壤中抗性菌会富集，但蔬菜中并没有发现相应抗性菌的富集,且不施粪肥土壤中种植的蔬菜里也检测到大量的抗性菌,同时施肥的土壤中种植的蔬菜里只额外检测到少量抗性菌。由于 Marti 等只研究了土壤和植物中的抗性基因的检出频率,并没有定量测定,因此无法明确回答土壤中抗性基因是否会向植物扩散富集。根土界面是影响土壤中抗性基因向植物扩散的关键门户,也是基因转移的"热区"。Jechalke 等(2013)研究了植物根际对抗性基因转移的影响,发现施用含有磺胺嘧啶的有机肥后,土壤中 $sul1$ 和 $sul2$ 丰度增加,在玉米和青草的根际区域,两种抗性基因的丰度都比本体土壤中低,表明根际能够促进抗性基因的消解。实际上,根际丰富的微生物和根际分泌物如糖分、有机酸以及氨基酸等可能会影响土壤中抗性基因的扩散,但是相关的影响规律与机制有待深入研究。

另外,土壤抗生素和抗性基因研究主要集中于水体污染调查以及小范围、畜禽养殖场和医院附近区域的土壤中,而关于我国区域尺度的典型农田土壤的调查研究十分有限。长三角地区人口众多、经济发达且农产品需求旺盛,农田土壤抗生素污染需受到重视;设施农业作为新兴种植方式,带来巨大便利的同时应考虑其土壤污染特征。因此,阐明我国区域尺度典型农田土壤抗生素和抗性基因的污染、分布特征及影响因素对土壤抗生素和抗性基因污染管控和风险评估具有重要意义。

1.2.3 病原微生物的土壤存活与迁移

病原微生物通过畜禽粪便施用、污灌进入土壤环境后,将经历对流运移、弥散、滤沥、吸附、生长、死亡等过程,以往的研究工作主要集中在病原菌在土壤中迁移与存活的影响因素及机制上。对大多数人类病原微生物来讲,土壤并不是一个最适生长环境,绝大多数病原微生物进入土壤环境会很快消亡,但有小部分病原微生物长时间内仍能保持感染活力。目前,关于病原微生物在可控条件下存活情况的大量研究结果表明,病原菌在土壤中的存活受到土壤 pH、可溶性有机碳、营养水平、湿度条件、土壤温度、离子强度、外界紫外线强度、土著微生物区系、土壤固相的理化性质及根际效应等因素的影响(van Elsas et al.,2012)。土壤是微生物的天然过滤器,不能完全被土壤固相颗粒固定吸附的病原微生物,可通过土壤迁移至地下水,也可通过污灌、粪肥施用和昆虫传播等进入植物体内,产生二次污染威胁人类健康。对不同病原微生物在环境中迁移行为的研究结果表明,病原微生物自身性质、土壤条件和环境条件是影响病原菌在土壤中迁移的重要因素,而这些因素通过影响吸附作用发挥作用(Bradford et al.,2013;姚志远,2015;Liu et al.,2013)。国内外也开展了一系列研究来揭示土壤组分与病原菌结合机理及其对病原菌活性的影响机制,朱永官等(2017)建立了用于研究黏粒矿物表面病原菌吸附的密度梯度离心法,定量研究土壤胶体表面病原微生物吸附;Zhao 等(2015)从热力学角度阐释了土壤矿物与病原菌的界面反应机理;Cai 等(2013)从单细胞水平获得病原菌与土壤矿物相互作用力,揭示了土壤胶体表面病原菌胞外聚合物的空间效应机制;Liu 等(2013)从细胞代谢热可以表征细胞活性这一独特视角,阐明了土壤胶体和矿物对细菌代谢活性的影响机制,提出了细菌与矿物相互作用力和结合方式是决定细菌活性关键因子的观点。

长期以来,研究人员致力于食品、医学领域中的病原微生物的研究,土壤中病原微生物的存活及其对人体健康的污染风险未能引起足够重视。此外,病原微生物对土著微生物群落结构及稳定性影响的研究还很少，更多的是单方面侧重于土著微生物对外源菌的影响，少量关注土著微生物与病原微生物之间关系的研究也往往集中在灭菌和不灭菌土壤之间的比较上，无法确定随病原微生物入侵发生变化的土著微生物的种类，且研究结果往往不一致。因此，深入研究病原微生物对土著微生物群落结构及稳定性的影响对深入认识其生态风险具有重要意义。综合国内外的研究还可以发现，有关病原菌环境行为的研究还停留在宏观尺度，微观机制的研究非常有限。未来研究可以借助激光共聚焦显微镜和原子力显微镜，通过光谱和力谱技术的联合使用，在单细胞和分子水平阐明病原菌与土壤组分的界面过程；结合转录组学与蛋白质组学技术，期望在病原菌对土壤组分响应的分子机制以及土著微生物与病原菌协同竞争分子机制方面取得突破。

1.3 展 望

土壤生产力与生态环境功能的形成与演化，集中体现了人为活动影响下污染物在土壤中的多介质-多界面-多要素耦合的微观污染界面过程，以及由这些过程所调控的污染物在农田系统中的残留积累及其与农田生产力/农产品质量下降的相互作用与耦合关系。深入研究土壤生物系统响应有机和生物污染的基本特性，明确主导受污染土壤生产力演变的功能微生物种群及作用机制及其与土壤中关键生源要素物质循环的耦合机理，突破制约污染土壤生产力恢复和提升的理论瓶颈，提出重建和优化污染土壤生态功能的综合调控新原理，不仅对土壤的可持续利用具有极其重要的科学意义和实践指导价值，还将极大地推动我国土壤资源的科学使用和管理研究。开展我国土壤有机和生物污染与防控机制的系统研究，揭示农业主产区重点种植制度下农田系统中土壤水-矿物-有机质-微生物-作物互作调控典型有机和生物污染物在多介质体系及其界面中的迁移、转化、降解、积累、循环规律及其相互作用关系和内在分子机理，发展重点种植体系土壤典型有机和生物污染的强化削减调控新原理与综合防控新措施，形成具有我国特色的有机和生物污染过程研究方法及污染缓解与削减的技术原理，可为建立实现土壤安全和提升农田地力的理论体系、提高污染土壤资源再生利用效率、保障国家农产品安全和人体健康提供重大科学支撑。

未来研究工作可从研究对象、研究方法、科研水平等多个方面进行重点突破，具体包括：

（1）在地表和地下生态过程研究层面上探明重点种植制度下典型有机和生物污染物在农田系统中土壤水-矿物-有机质-微生物-植物互作界面上的微观污染过程，力争在 ^{14}C 溯源的污染物结合残留、病原微生物存活传播、抗性基因增殖扩散、生源要素耦合的农药还原转化等污染形成与发展过程研究方面取得原创性的重大理论成果，从"跟跑者"向"并行者"甚至"领跑者"转变。

（2）在方法论方面突破现有土壤有机和生物污染与防控机制研究方法和技术瓶颈，结合化学和生物学手段，建立若干表征土壤关键微生物功能群及调控典型有机和生物污染物在农田系统中降解转化/存活传播/增殖扩散的功能基因的新方法；结合 ^{14}C 放射性同位素示踪手段，建立同位素标记化合物自主制备、土壤中结合残留污染物分布/释放/降解/转化等过程的定量研究，以及结合残留污染物的分子结构定性研究的方法系统。

（3）在土壤生态自净功能方面，以稻田为模型，在理论层面上揭示稻田土壤中碳、铁、硫等关键生源要素氧化还原耦合污染物还原转化的化学-微生物学介导机制，构建具有中国特色的湿地土壤氧化还原过程及其环境效应研究的技术方法系统与实验平台，提升我国土壤生态学研究的水平和国际竞争力。

（4）在农田污染防控层面，明确我国农业主产区重点种植制度下土壤中典型有机和生物污染物的主要农业投入来源，建立污染因子监测与评估指标体系，并通过土壤生态环境因子调控和农田人为调控，提出若干有效的综合防控原理与措施。

从有效实现上述重点突破出发，未来重点研究任务建议以支撑我国在土壤污染、农产品安全、生态环境健康等领域的国家重大需求以及阻控污染和重建健康土壤为核心，以解析高强度利用和人为干预下土壤有机/生物污染的形成过程和影响因素为突破口，从以下四个方面展开：

（1）土壤有机/生物污染特征与源解析。针对有机/生物污染物种类多样、由其引起的土壤污染特征和污染来源尚不明确的科学问题，利用现有农业农村部产地环境长期监测网络系统，研究典型农田生态系统中代表性农药、抗生素、酞酸酯、激素、病原微生物的污染特征，定量解析肥料、农药、农膜等农业投入品中上述污染物来源，为土壤有机/生物污染的源头控制提供数据基础和依据。

（2）土壤污染演变规律及其主控因素。以有机和生物污染物在自然、复杂农田系统中土壤水-矿物-有机质-微生物-作物互作界面上多介质、多要素耦合的物理、化学和生物学过程为核心，结合考虑污染物类型和不同农田系统污染现状的差异，研究旱作耕地/水旱轮作稻田中典型农药在土-气-生/土-水-生的多界面迁移转化行为与过程、设施菜地中典型酞酸酯和激素的土-气-水-生多界面迁移转化行为与过程，解析参与典型农药、酞酸酯和激素代谢的关键功能微生物菌群，揭示土壤组成、生物因子、外源有机质等对农药、酞酸酯和激素的锁定与活化的调控作用与机制；研究粪肥施用土壤中抗生素和抗性基因的污染水平和时空分布特征、不同区域土壤中典型人畜共患病原菌的来源与分布特征，揭示水平转移的主要抗性基因种类及关键限制因子、解析病原菌与土壤胶体界面反应过程，阐明土壤抗性基因的增殖扩散过程和机理，以及土壤病原微生物的存活与传播机制。

（3）污染物对农田系统的影响途径、效应与机制。围绕旱作耕地/水旱轮作稻田中典型农药、设施菜地中典型酞酸酯和激素、粪肥施用土壤中典型抗生素，以及不同区域土壤中典型人畜共患病原菌对农田系统中生物（微生物、作物、蚯蚓等）的致毒效应和影响机制，结合考虑污染物类型和不同农田系统污染现状的差异，探讨农药、酞酸酯、激素、抗生素对土壤微生物（含群落结构、功能和遗传多样性）的影响规律、对蚯蚓的急性与亚急性毒性效应及其在土壤-作物系统中的定向累积特征，揭示抗生素污染与抗性基因增殖扩散及其与环境因子之间的互作关系，阐明土壤多物种生物膜与病原菌互作的分子调控机理。

（4）农业主产区有机/生物污染土壤自净功能重建原理、关键途径和技术对策。结合微观机制与宏观效应开展系统研究，基于精准质量平衡手段研究典型有机污染物在农田系统中形成结合残留的主控因素、结合残留物的成键类型、生物可利用性及其稳定性，揭示降低土壤结合残留污染的方法原理；研究基于环境友好材料（生物炭、铁基/碳基纳米颗粒、功能微生物代谢电子供体/受体/穿梭体等）及农艺管理措施（淹水-落干、水肥耦合等）强化削减土壤有机/生物污染的调控原理；协同项目研究所有工作成果，最终提出区域尺度上生态效应与农田持续生产力协同增进的绿色、多赢和可持续的污染综合防控理论和措施。

参 考 文 献

陈莉, 李超, 马海峰. 2015. 有机农药污染土壤的修复方法研究进展. 环境保护与循环经济, 35（7）：39-42.

何艳, 冯佳胤, 徐建明. 2018. 我国农田有机和生物污染研究工作展望：基于"农田有毒有害化学/生物污染与防控机制研究"国家重点研发计划项目工作的思考. 农业环境科学学报, 37（11）：20-23.

侯愷. 2019. 污染土壤修复技术综述. 江西化工, 4：26-29.

李林, 陈进斌, 周裕涵. 2019. 我国有机污染土壤用异位热脱附技术现状与发展趋势. 广州化工, 47（12）：29-30，38.

汪霞娟, 崔芬祺. 2019. 我国农田土壤有机农药污染现状及检测技术. 黑龙江环境通报, 43（1）：28-29.

阳文锐, 王如松, 李锋. 2008. 废弃工业场地有机氯农药分布及生态风险评价. 生态学报, 28（11）：5454-5460.

杨代凤, 刘腾飞, 谢修庆, 等. 2017. 我国农业土壤中持久性有机氯类农药污染现状分析. 环境与可持续发展, 42（4）：40-43.

姚志远. 2015. 土壤中大肠杆菌 O157:H7 存活和微生物群响应机制的研究. 杭州：浙江大学博士学位论文.

叶小梅. 2007. 畜禽养殖场排放物病原微生物危险性调查. 生态与农村环境学报, 23（2）：66-70.

曾庆涛. 2019. 农田土壤典型抗生素抗性基因污染及其土–气迁移研究. 杭州：浙江大学博士学位论文.

朱永官, 陈青林, 苏建强, 等. 2017. 环境中抗生素与抗性基因组的研究. 科学观察, 12（6）：60-62.

Binh C T, Heuer H, Kaupenjohann M, et al. 2008. Piggery manure used for soil fertilization is a reservoir for transferable antibiotic resistance plasmids. FEMS Microbiology Ecology, 66（1）：25-37.

Bradford S A, Morales V L, Zhang W, et al. 2013. Transport and fate of microbial pathogens in agricultural settings. Critical Reviews in Environmental Science and Technology, 43：775-893.

Brennan F P, Abram F, Chinalia F A, et al. 2010. Characterization of environmentally persistent *Escherichia coli* isolates leached from an Irish soil. Applied and Environmental Microbiology, 76：2175-2180.

Cai P, Huang Q Y, Walker S L. 2013. Deposition and survival of Escherichia coli O157:H7 on clay minerals in a parallel plate flow system. Environmental Science & Technology, 47：1896-1903.

Centers F D. 1999. Outbreak of *Escherichia coli* O157:H7 and *Campylobacter* among attendees of the Washington County Fair—New York, 1999. Morbidity and Mortality Weekly Report, 48：803-804.

Chen G X, Walker S L. 2012. Fecal indicator bacteria transport and deposition in saturated and unsaturated porous media. Environmental Science & Technology, 46（16）：8782-8790.

Chen J, Yu Z T, Michel M F Jr, et al. 2007. Development and application of real-time PCR assays for quantification of *erm* genes conferring resistance to macrolides-lincosamides-streptogramin B in livestock manure and manure management systems. Applied & Environmental Microbiology, 73（14）：4407-4416.

Cheng W X, Chen H, Su C, et al. 2013. Abundance and persistence of antibiotic resistance genes in livestock farms: a comprehensive investigation in eastern China. Environment International, 61：1-7.

Cui E P, Gao F, Liu Y, et al. 2018. Amendment soil with biochar to control antibiotic resistance genes under unconventional water resources irrigation: proceed with caution. Environmental Pollution, 240：475-484.

Duan P, Ma T, Yue Y, et al. 2019. Fe/Mn nanoparticles encapsulated in nitrogen-doped carbon nanotubes as peroxymonosulfate activator for acetamiprid degradation. Environmental Science: Nano, 6 (6): 1799-1811.

Fahrenfeld N, Knowlton K, Krometis L A, et al. 2014. Effect of manure application on abundance of antibiotic resistance genes and their attenuation rates in soil: field-scale mass balance approach. Environmental Science & Technology, 48: 2643-2650.

Feng J Y, Shentu J, Zhu Y J, et al. 2020. Crop-dependent root-microbe-soil interactions induce contrasting natural attenuation of organochlorine lindane in soils. Environmental Pollution, 257: 113580.

Feng J Y, Xu Y, Ma B, et al. 2019. Assembly of root-associated microbiomes of typical rice cultivars in response to lindane pollution. Environment International, 131: 104978.

Ferens W A, Hovde C J. 2011. *Escherichia coli* O157:H7: animal reservoir and sources of human infection. Foodborne Pathogens and Disease, 8: 465-487.

Franz E, Semenov A V, Bruggen A H C V. 2008. Modelling the contamination of lettuce with *Escherichia coli* O157:H7 from manure-amended soil and the effect of intervention strategies. Journal of Applied Microbiology, 105 (5): 1569-1584.

Ghosh S, Lapara T M. 2007. The effects of subtherapeutic antibiotic use in farm animals on the proliferation and persistence of antibiotic resistance among soil bacteria. The ISME Journal, 1 (3): 191-203.

Graham D W, Olivares-Rieumont S, Knapp C W, et al. 2011. Antibiotic resistance gene abundances associated with waste discharges to the Almendares River near Havana, Cuba. Environmental Science & Technology, 45 (2): 418-424.

Hanning I B, Nutt J D, Ricke S C. 2009. Salmonellosis outbreaks in the united states due to fresh produce: sources and potential intervention measures. Foodborne Pathogens and Disease, 6 (6): 635-648.

He Y, Xu J M, Lv X F, et al. 2009. Does the depletion of pentachlorophenol in root-soil interface follow a simple linear dependence on the distance to root surfaces?. Soil Biology & Biochemistry, 41 (9): 1807-1813.

He Y, Xu J M, Ma Z H, et al. 2007. Profiling of PLFA: implications for nonlinear spatial gradient of PCP degradation in the vicinity of *Lolium perenne* L. roots. Soil Biology and Biochemistry, 39 (5): 1121-1129.

He Y, Xu J M, Tang C X, et al. 2005. Facilitation of pentachlorophenol degradation in the rhizosphere of ryegrass (*Lolium perenne* L.). Soil Biology & Biochemistry, 37 (11): 2017-2024.

He Y, Xu J M, Wang H Z, et al. 2006. Detailed sorption isotherms of pentachlorophenol on soils and its correlation with soil properties. Environmental Research, 101 (3): 362-372.

Hu X G, Zhou Q X, Luo Y. 2010. Occurrence and source analysis of typical veterinary antibiotics in manure, soil, vegetables and groundwater from organic vegetable bases, northern China. Environmental Pollution, 158: 2992-2998.

Ibekwe A M, Shouse P J, Grieve C M. 2006. Quantification of survival of *Escherichia coli* O157:H7 on plants affected by contaminated irrigation water. Engineering in Life Science, 6: 566-572.

Jechalke S, Kopmann C, Rosendahl I, et al. 2013. Increased abundance and transferability of resistance genes after field application of manure from sulfadiazine-treated pigs. Applied and Environmental Microbiology, 79: 1704-1711.

Jiang L, Liu Y, Liu S, et al. 2017. Adsorption of estrogen contaminants by graphene nanomaterials under natural organic matter preloading: comparison to carbon nanotube, biochar, and activated carbon. Environmental Science & Technology, 51 (11): 6352-6359.

Knapp C W, Dolfing J, Ehlert P A I, et al. 2010. Evidence of increasing antibiotic resistance gene abundances in archived soils since 1940. Environmental Science & Technology, 44: 580-587.

Li X, Xie Y, Wang J, et al. 2013. Influence of planting patterns on fluoroquinolone residues in the soil of an intensive vegetable cultivation area in northern China. Science of the Total Environment, 458-460: 63-69.

Liu L Y, Ma W L, Jia H L, et al. 2016. Research on persistent organic pollutants in China on a national scale: 10 years after the enforcement of the Stockholm Convention. Environmental Pollution, 217: 70-81.

Liu Z D, Li J Y, Hong Z N, et al. 2013. Adhesion of Escherichia coli to nano-Fe/Al oxides and its effect on the surface chemical properties of Fe/Al oxides. Colloids and Surfaces B-Biointerfaces, 110: 289-295.

Ma B, Wang H Z, Dsouza M, et al. 2016. Geographic patterns of co-occurrence network topological features for soil microbiota at continental scale in eastern China. The ISME Journal, 10 (8): 1891-1901.

Marti R, Scott A, Tien Y C, et al. 2013. Impact of manure fertilization on the abundance of antibiotic-resistant bacteria and frequency of detection of antibiotic resistance genes in soil and on vegetables at harvest. Applied and Environmental Microbiology, 79: 5701-5709.

McKinney C W, Loftin K A, Meyer M T, et al. 2010. *Tet* and *sul* antibiotic resistance genes in livestock lagoons of various operation type, configuration, and antibiotic occurrence. Environmental Science & Technology, 44: 6102-6109.

Mia S, Feike D, Balwant S. 2017. Long-term aging of biochar: a molecular understanding with agricultural and environmental implications. Advances in Agronomy, 141: 1-51.

Patel J, Millner P, Nou X, et al. 2010. Persistence of enterohaemorrhagic and nonpathogenic *E. coli* on spinach leaves and in rhizosphere soil. Journal of Applied Microbiology, 108: 1789-1796.

Pehrsson E C, Tsukayama P, Patel S, et al. 2016. Interconnected microbiomes and resistomes in low-income human habitats. Nature, 533: 212.

Popowska M, Rzeczycka M, Miernik A, et al. 2012. Influence of soil use on prevalence of tetracycline, streptomycin, and erythromycin resistance and associated resistance genes. Antimicrobial Agents and Chemotherapy, 56: 1434-1443.

Pruden A, Arabi M, Storteboom H N. 2012. Correlation between upstream human activities and riverine antibiotic resistance genes. Environmental Science & Technology, 46 (21): 11541-11549.

Qiao M, Ying G G, Singer A C, et al. 2018. Review of antibiotic resistance in China and its environment. Environment International, 110: 160-172.

Shang Y, Chen C, Zhang P, et al. 2019. Removal of sulfamethoxazole from water via activation of persulfate by Fe_3C@NCNTs including mechanism of radical and nonradical process. Chemical Engineering Journal, 375: 122004.

Su H C, Pan C G, Ying G G, et al. 2014. Contamination profiles of antibiotic resistance genes in the sediments at a catchment scale. Science of the Total Environment, 490: 708-714.

Sun J, Pan L, Tsang D C W, et al. 2018. Organic contamination and remediation in the agricultural soils of China: a critical review. Science of the Total Environment, 615: 724-740.

Sun M, Ye M, Wu J, et al. 2015. Positive relationship detected between soil bioaccessible organic pollutants and antibiotic resistance genes at dairy farms in Nanjing, Eastern China. Environmental Pollution, 206: 421-428.

van Elsas J D, Chiurazzi M, Mallon C A, et al. 2012. Microbial diversity determines the invasion of soil by a bacterial pathogen. Proceedings of the National Academy of Sciences of the United States of America, 109: 1159-1164.

Wang F H, Qiao M, Chen Z, et al. 2015. Antibiotic resistance genes in manure-amended soil and vegetables at harvest. Journal of Hazardous Materials, 299: 215-221.

Wang H Z, Zhang T X, Wei G, et al. 2014. Survival of *Escherichia coli* O157:H7 in soils under different land use types. Environmental Science and Pollution Research, 21: 518-524.

Wei R C, Ge F, Huang S Y, et al. 2011. Occurrence of veterinary antibiotics in animal wastewater and surface water around farms in Jiangsu province, China. Chemosphere, 82 (10): 1408-1414.

Wu N, Qiao M, Zhang B, et al. 2010. Abundance and diversity of tetracycline resistance genes in soils adjacent to representative swine feedlots in China. Environmental Science & Technology, 44: 6933-6939.

Wu Y, Pang H, Liu Y, et al. 2019. Environmental remediation of heavy metal ions by novel-nanomaterials: a review. Environmental Pollution, 246: 608-620.

Xu Y, He Y, Egidi E, et al. 2019. Pentachlorophenol alters the acetate-assimilating microbial community and redox cycling in anoxic soils. Soil Biology & Biochemistry, 131: 133-140.

Zhao L, Dong Y H, Wang H. 2010. Residues of veterinary antibiotics in manures from feedlot livestock in eight provinces of China. Science of the Total Environment, 408 (5): 1069-1075.

Zhao W Q, Walker S L, Huang Q Y, et al. 2015. Contrasting effects of extracellular polymeric substances on the surface characteristics of bacterial pathogens and cell attachment to soil particles. Chemical Geology, 410: 79-88.

Zhou Y, Niu L, Zhu S, et al. 2017. Occurrence, abundance, and distribution of sulfonamide and tetracycline resistance genes in agricultural soils across China. Science of the Total Environment, 599: 1977-1983.

Zhu M, Zhang L, Franks A E, et al. 2019. Improved synergistic dechlorination of PCP in flooded soil microcosms with supplementary electron donors, as revealed by strengthened connections of functional microbial interactome. Soil Biology and Biochemistry, 136: 107515.

Zhu Y G, Johnson T A, Su J Q, et al. 2013. Diverse and abundant antibiotic resistance genes in Chinese swine farms. Proceedings of the National Academy of Sciences of the United States of America, 110: 3435-3440.

第 2 章　土壤有机/生物污染特征及监测评估指标体系

2.1　土壤样品的采集与处理方法

农田土壤样品采集是探明农田污染特征的重要环节,是土壤污染物含量分析的前提。土壤样品是否具有科学性、准确性和代表性,直接决定土壤污染监测、评估工作能否有效开展。

2.1.1　土壤采样设计

采样设计是区域土壤污染调查的前期工作,是整个调查工作的准备阶段。根据调查工作的具体任务、复杂程度、区域大小以及采样精度,对采样点进行科学设计。具体的工作应从以下三个阶段着手(Arias et al., 2005):

(1) 收集拟调查区域的土壤环境相关资料。基于调查工作的性质、规模、范围和复杂程度,收集必要的土壤自然环境资料和人为干预资料。土壤自然环境资料主要包括调查区域的土壤类型、质地以及植被覆盖等自然因素;人为干预资料涵盖调查区域内农田土壤种植模式、农药化肥的使用状况、有无工业污染源、污灌及污泥利用状况等人为因素。详尽的资料收集对于获得科学全面的采样设计不可或缺。

(2) 确定采样点的布置密度和数量。调查工作的性质和经费条件是决定采样点布置密度的两个主要因素。首先,调查区域越大、调查目标污染物种类越多、区域土壤变异性越大,就需要越大的采样密度及越多的采样点。其次,经费条件极大地限制了采样点布置的疏密程度。因此,需要制定周到经济的采样方案,设置适当的样点,将经费效益最大化。

(3) 采样密度和数量确定后,如何设置采样点、点位如何分配、样点设置地块如何选择等原则性问题会对采样点的代表性产生决定性影响。采样点布置原则的确定解决三方面的问题:采样单位划分、支配因素的确定和避开可能的干扰因素。采样点的设置,分为布点和定点两个阶段。布点是将采样点标记在相应比例尺的地形图上,画出采样点分布图,一般在室内进行;而定点工作需要在采样现场进行,按照采样点分布图,到农田采样现场,选取具体合适的样点位置。

2.1.2　土壤样品采集方法

根据研究目的来确定土壤样品的采集方法,主要从以下三个方面着手:

(1) 采集类型。农田采集的土壤样品通常有两种类型:耕作层样品和剖面样品。耕作层样品一般指去除枯枝落叶的土壤表层至以下 20cm 的土壤样品；剖面样品通常指采集表层土壤至以下 60cm 深度的土壤样品，以若干长度如 20cm 分段。

（2）采样准备。准备工作包括组织准备、技术准备和物质准备。组织准备是指为了保证采集样品的代表性，无论是项目组人员自己采样还是委托地方单位采样，都需要组织一支具有环境科学、土壤学和植物学等多学科背景，经过适当培训的人员组成的专业采样队伍，对样点区域进行统一的分片采集，使采样原则和布点原则能得到认真贯彻，从而使结果准确性得以提高。技术准备主要包括准备采样位点图、交通图、大比例地形图以及采样记录表（表2-1）等。因为野外作业要求快速准确、标准化和规范化，需要采样前统一准备，以免现场匆忙对付。物质准备包括采样工具、器材以及安全防护用品等，充分的物质准备对于采样非常重要。野外采样远离城镇和居民，任何的疏忽都会给工作带来极大的困扰。

表 2-1 采样记录表范例

采样区域	省 市 县（区）		
采样人员		采样日期	
采样点编号：	采样种类：□大棚土壤（ ） □大田土壤（ ） □农膜（ ） □粪肥（ ）		
行政区域： 乡（镇） 村	作物种类：		轮作品种：
采样点位置：北纬 ° ' " 东经 ° ' "	种植年限：		
施用肥料种类、用量和频率：1. 有机肥种类 频率 用量			
2. 化肥种类 频率 用量			
施用农药种类、用量和频率：1. 2. 3.			
使用地膜情况：1. 是否使用（ ）2. 地膜种类：黑膜（ ）白膜（ ）其他（ ） 3. 地膜类型：贴地（ ）拱形（ ）其他（ ）			
采样点周围环境：距 公路 米；距 企业 米；对采样区会造成何种程度的污染？对调查结果有何影响？			
采样点联系人：	电话：		地址：
备注			

（3）采样过程。大体分为田间定点、样品采集、记录与拍照以及检查等几个主要步骤（Cunha et al.，2012）。田间定点的原则应遵循：①选择地势平坦、自然植被生长良好的地点；②远离住宅、公路、沟渠等人为干扰明显的地点；③不宜在水土流失严重、表层土壤破坏明显的地点采样；④应避免在刚施用过农药化肥的地点采样；⑤其他原则应根据实验目的适当增补。土壤样品采集包括表层取样和剖面取样。土壤表层取样的目的是了解耕作层污染状况、养分供求状况等，主要特点为：多点取样，经混合取平均值，以避免典型取样波动性大，使样品具有较好的代表性（Ling et al.，2006）；土壤剖面取样用于研究污染物质在剖面中的分布或变动，自地表起每 10～20cm 采集一个样品。在土壤样品采集过程中，要做好野外记录和样点的拍照工作。采样记录表（表2-1）需要专人负责填写。每个土壤样品或剖面采好后，需要专人仔细检查与核对。

2.1.3 土壤样品的运输和保存

土壤样品是土壤环境调查最基本的物质，是采集人员经过艰辛繁重的劳动得来的，非常珍贵。这些样品会为研究者不断提供丰富的环境信息，是十分珍贵的科学资料，因此，对其妥善运输和保存具有重要的意义（Rial-Otero et al.，2003）。

土壤样品从采集地点运送到实验室需要一定的时间，这一过程中难免会出现土壤的温度、水分以及氧气等条件的改变，这些都会不同程度地影响到土壤中污染物的状态和残留量（López-Pérez et al.，2006）。因此，为了保证样品质量没有大的改变，运输过程中需要采取必要的措施：①运输前，应将样品标签用透明胶带粘牢，粘贴在样品容器外，防止污损、模糊；②尽量使用保温箱盛放样品，或者用运输水果、蔬菜的白色泡沫箱代替，内放冰袋，密封严实；③尽可能短时间内将样品运送到实验室，放于-20℃冰箱保存。

土壤被运回实验室后，应尽快处理分析。对需要长期存放的土壤样品，要入库保存。保存方法根据分析对象有所区别。有机污染土壤应密封保存在聚乙烯塑料袋中，而用于测试酞酸酯的土壤样品则应保存在牛皮纸或铝箔里（Cunha et al.，2012）。保存期间，应定期检查样品的储存情况。

2.2 典型污染物定性定量检测方法

2.2.1 土壤样品中农药的定性定量检测方法

1. 土壤样品中有机氯农药的分析测试方法

依据《土壤和沉积物 有机氯农药的测定 气相色谱-质谱法》（HJ 835—2017）选取24种有机氯农药作为测试目标污染物，具体为：4种六六六单体（α-HCH、β-HCH、γ-HCH、δ-HCH）、4种滴滴涕单体及代谢产物（op'-DDT、pp'-DDT、pp'-DDD、pp'-DDE）、2种氯丹单体（cis-chlordane、trans-chlordane）、3种硫丹单体及硫酸盐（α-endosulfan、β-endosulfan、endosulfan sulfate）、2种七氯及代谢产物（heptachlor、heptachlor epoxide）、5种狄氏剂同系物及代谢产物（Drins：aldrin、dieldrin、endrin、endrin ketone、endrin aldehyde）、六氯苯（HCB）、甲氧滴滴涕（methoxychlor）、灭蚁灵（mirex）和三氯杀螨醇（dicofol）。

1）前处理方法

称取5.0g土壤样品，加入5mL去离子水，2500r/min涡旋混匀2min。然后加入10mL乙腈和3g NaCl，涡旋提取5min，静置过夜。第2d再次涡旋提取5min，然后8000r/min离心5min。移取8mL上清液，40℃减压旋蒸浓缩近干，氮气吹干。用1.6mL乙腈溶解，加入盛有150mg无水$MgSO_4$和50mg PSA（N-丙基乙二胺）2mL离心管中，2500r/min涡旋2min，然后5000r/min离心2min。准确移取1mL上清液氮气吹干，用正己烷溶解置于2mL进样小瓶中，待测。

2）仪器分析方法

样品中的有机氯农药含量使用气相色谱仪测定。色谱条件为：检测器，微电子捕获检测器（μECD）；色谱柱，HP-5（5% 苯基甲基硅氧烷，30m×0.32mm×0.25μm）；气化室温度 250℃；检测器温度 300℃；柱温箱温度，80℃（保持 2min）$\xrightarrow{25℃/min}$ 170℃ $\xrightarrow{5℃/min}$ 250℃（保持 2min）$\xrightarrow{25℃/min}$ 250℃（保持 2min）；载气（N_2）流速，3mL/min；隔垫吹扫气流速，3mL/min；进样量，2μL。

3）分析质量控制

分别对涵盖采样区域的典型土壤类型做添加回收率实验用于评估分析测试方法的准确度和精密度。选取黑土（黑龙江、吉林和辽宁等东北区域）、潮土（天津、山东和河南等采样区域）以及红壤（广东地区），根据这些农药的检出限（LOD）以及国家相关残留标准，添加浓度设置为 20μg/kg，24 种农药的质量控制数据如表 2-2 所示。实验结果为：平均回收率为 62.4%～124.1%，相对标准偏差为 0.5%～13.9%。本实验方法符合农药残留实验准则，满足农田有机氯农药调查监测的基本要求。

表 2-2　24 种农药的平均回收率及检出限

农药类型	平均回收率/%			检出限/（μg/kg）
	潮土	黑土	红壤	
α-HCH	109.3±6.6	102.1±5.6	110.8±4.1	0.1
β-HCH	105.8±9.4	107.7±9.5	115.5±5.1	0.1
γ-HCH	112.3±0.5	102.2±10.2	109.9±5.2	0.1
δ-HCH	110.0±9.3	101.0±8.2	111.2±1.0	0.1
op'-DDT	87.4±12.5	77.9±4.7	88.1±2.7	0.1
pp'-DDT	72.0±13.9	62.4±3.8	72.5±4.7	0.1
pp'-DDD	80.7±7.9	79.9±6.9	81.7±6.7	0.1
pp'-DDE	123.0±11.9	109.0±11.7	124.1±3.0	0.1
顺氯丹	98.1±12.0	95.5±6.1	98.9±2.1	0.1
反氯丹	99.4±12.0	97.3±2.7	100.3±2.4	0.1
α-硫丹	107.0±11.3	104.3±11.4	104.6±5.3	0.1
β-硫丹	105.8±10.6	103±8.7	100.0±6.2	0.1
硫丹硫酸盐	91.2±9.9	89.4±7.6	90.2±2.8	0.1
七氯	94.6±13.1	91.2±5.1	95.3±3.1	0.1
环氧七氯	97.7±10.3	95.5±5.5	97.2±3.4	0.1
六氯苯	93.6±12.8	90.4±9.4	94.4±2.8	0.1
艾氏剂	96.3±11.8	94.9±4.1	97.1±2.5	0.1
狄氏剂	120.2±6.6	105.8±8.4	121.6±3.9	0.1
异狄氏剂	88.1±8.6	86.5±3.9	89.1±1.4	0.1
异狄氏剂酮	123.5±8.9	121.5±7.9	121.5±3.7	0.1
异狄氏剂醛	104.6±8.7	102.5±6.2	105.7±1.3	0.1
甲氧滴滴涕	98.7±4.4	98.2±8.9	100.1±5.4	0.3
灭蚁灵	84.9±12.2	82.8±5.2	85.7±2.4	0.1
三氯杀螨醇	115.9±5.4	111.6±7.4	117.6±8.7	0.3

2. 土壤样品中阿特拉津的分析测试方法

阿特拉津是商品化玉米除草剂中的主要有效成分,其通过抑制敏感植物的光合作用来实现杂草防除的作用。因具有成本低、杂草防除效果好的特点,其自 20 世纪 50 年代问世以来,在全世界很多国家进行施用。我国东北玉米主产区常用的商品化除草剂均以阿特拉津为主要成分,其使用量尤为巨大,准确地分析检测土壤中阿特拉津是深入考察阿特拉津污染特征的必要环节与关键保障。

1) 前处理方法

称取 10g 土壤样品装于 50mL 的锥形瓶内,加入 30mL 丙酮-水溶液(9:1, v/v),静置 12h,随后将其置于恒温摇床中 140r/min 振荡 1h,振荡结束后将锥形瓶内的水土样品转入 50mL 离心管中,并用丙酮-水溶液将锥形瓶内残余样品一同洗入离心管,5000r/min 离心 5min,将上清液倒入圆底烧瓶,于旋转蒸发仪上进行旋转蒸发至液体体积为 10mL 左右,将旋转蒸发后的液体样品倒入分液漏斗中,向其中加入三氯甲烷 15mL,振荡萃取,待分液漏斗中液体静置分层后,将下层液体用装有无水硫酸钠的小漏斗过滤于干燥的圆底烧瓶中,再次旋转蒸发至液体体积小于 1mL 时,用移液枪收集样品于带有刻度的棕色样品瓶内,定容至 1mL 待测。

2) 仪器分析方法

样品中的阿特拉津含量采用气相色谱法进行测定。气相色谱仪检测器选取氢火焰离子化检测器(FID)。色谱柱采用内涂 OV1701 的毛细管柱,毛细管长度 30.0m,内径 0.53mm,膜厚 1.0cm。进样口温度为 260℃,检测器温度为 290℃,色谱柱温度为 240℃(非程序升温)。以空气和氢气作为载气,流速分别为 400mL/min 和 40mL/min。采用不分流进样的方式进样,进样量为 1μL。

3) 分析质量控制

基于上述条件分别对阿特拉津添加浓度分别为 0.50mg/kg、5.00mg/kg 和 10.00mg/kg 的土壤样品进行测试,所得结果如表 2-3 所示。结果显示,土壤中阿特拉津的添加浓度为 0.5~10mg/kg 时,上述方法对阿特拉津的回收率保持在(91.86±2.89)%~(97.76±1.16)%,标准差在 1.17%~3.04%,变异系数在 1.19%~3.33%,检出限约为 0.05mg/kg。上述有关土壤中阿特拉津的提取、测定方法及所用的气谱条件能够准确、灵敏地测定液体中阿特拉津的浓度,且能够满足农药分析的要求。

表 2-3 土壤中阿特拉津平均回收率、标准差和变异系数

添加浓度/(mg/kg)	平均回收率/%	标准差/%	变异系数/%
0.50	97.76±1.16	1.17	1.19
5.00	93.59±2.26	2.30	2.45
10.00	91.86±2.89	3.04	3.33

2.2.2 土壤样品中酞酸酯的分析测试方法

根据《固定污染源废气 酞酸酯类的测定 气相色谱法》(HJ 869—2017)和《食品安全国家标准 食品中邻苯二甲酸酯的测定》(GB 5009.271—2016),选取17种邻苯二甲酸酯类物质作为测试目标污染物,具体为:邻苯二甲酸二甲酯(DMP)、邻苯二甲酸二乙酯(DEP)、邻苯二甲酸二异丁酯(DIBP)、邻苯二甲酸二丁酯(DBP)、邻苯二甲酸二(2-甲氧基)乙酯(DMEP)、邻苯二甲酸二(4-甲基-2-戊基)酯(BMPP)、邻苯二甲酸二(2-乙氧基)乙酯(DEEP)、邻苯二甲酸二戊酯(DPP)、邻苯二甲酸二己酯(DHXP)、邻苯二甲酸丁基苄酯(BBP)、邻苯二甲酸二(2-丁氧基)乙酯(DBEP)、邻苯二甲酸二环己酯(DCHP)、邻苯二甲酸(2-乙基己基)酯(DEHP)、邻苯二甲酸二正辛酯(DNOP)、邻苯二甲酸二异壬酯(DINP)、邻苯二甲酸二苯酯(DPHP)、邻苯二甲酸二壬酯(DNP)。

1. 前处理方法1

称取土壤样品5g,加约同等质量的事先烘干的无水硫酸钠(混匀)于叠好的滤纸筒内,封好纸筒口,放入索式提取器的提取管内。提取管上端连接冷凝管,下端连接装有70mL丙酮和正己烷(1∶1,v/v)混合溶液的提取瓶,置于56℃的恒温水浴锅中,抽取24h。提取液经旋转蒸发仪旋转蒸至1~2mL后,加入正己烷混匀,再旋转蒸发浓缩至1mL,最后将得到的样品转移到测样瓶内(Yang et al., 2013)。PAEs广泛存在于塑料制品中,为避免试验过程中对试验样品造成污染,本试验所有器皿均选用玻璃器皿,使用前经过洗涤液水清洗并在无水乙醇中浸泡后放入恒温电热箱中(115℃)烘干,最后在加入检测样品前用正己烷进行润洗。

2. 前处理方法2

称取10g土壤于玻璃离心管中,加入30mL浸提剂(丙酮∶正己烷=1∶1,v/v)。离心管用铝箔密封,用聚丙烯盖拧紧。将样品涡旋1min,放置过夜。次日用超声清洗仪超声提取30min,然后以2000r/min的转速,离心5min,取上清液。再加入20mL浸提剂(丙酮∶正己烷=1∶1,v/v)提取土壤样品两次,每次超声提取15min,然后以2000r/min的转速,离心5min,取上清液。将三次上清液约70mL合并于250mL旋蒸瓶中,旋转蒸发浓缩至1~2mL,旋转蒸发的条件为:压力370Pa、转速120r/min和水浴温度40℃。然后加入5mL的正己烷置换丙酮,将上清液浓缩至约1mL,用于之后的步骤净化。

将浓缩的上清液用2g Na_2SO_4 和5g中性硅胶填的玻璃柱(22.7cm×10mm id,id指内直径)进行净化。Na_2SO_4 和中性硅胶在使用前需要在马弗炉中400℃烘烤4h以去除可能存在的酞酸酯污染,烘烤后保存在玻璃干燥器皿中降至室温使用。用2mL正己烷对填好的净化柱进行四次活化,弃去活化液,依次上样品,收集于带刻度的250mL旋蒸瓶。用2mL浸提剂(丙酮∶正己烷=1∶1,v/v)洗脱5次,收集于带刻度的250mL旋蒸瓶中。用旋转蒸发仪将洗脱液浓缩至少于1mL,再用正己烷将洗脱液定容至1mL用于仪器分析。

3. 仪器分析方法

样品中的酞酸酯使用气相色谱-质谱联用仪（Gas Chromatography-Mass Spectrometer，GC-MS）测定。色谱条件：色谱柱，HP-5 MS 毛细管柱（Ultra Inert，30m×0.25mm×0.25μm）。进样口温度设置为250℃。升温程序：初始温度60℃（保持1min），以20℃/min的速率升至220℃（保持1min），以5℃/min的速率升至280℃（保持5min）。质谱条件：将电子能量设置为70eV，检测电压为1.012kV；电子轰击离子源（EI）；离子源温度和传输线温度分别为230℃和305℃。在选择离子监测（SIM）模式下分析酞酸酯。在恒流模式下，载气流速（He）为1.5mL/min，以非脉冲不分流模式进样，进样体积为1μL。

4. 分析质量控制

本试验由程序空白、加标回收和样品平行等 QA/QC 控制监控整个分析过程，整个分析流程的质量控制均符合美国环境保护署（USEPA）的要求。分别对涵盖采样区域的典型土壤类型（黑土、潮土）做添加回收试验用于评估分析测试方法的准确度和精密度，添加浓度为1μg/g，结果见表2-4。本试验方法加标回收率的范围为75.6%～117%，相对标准偏差均低于15%，符合 USEPA 小于30%的要求。为了保证最低浓度满足测试要求，依照色谱峰3倍基线/噪声比（信噪比）来进行核算15种 PAEs 的检测限（LOD）。本试验方法能够满足农田土壤酞酸酯调查监测的基本要求。

表2-4 16种酞酸酯的保留时间、特征离子、回收率（加标浓度为1mg/kg）及检出限（$n=3$）

化合物	保留时间/min	特征离子（m/z）	回收率（黑土）/%	RSD/%	回收率（潮土）/%	RSD/%	样品空白浓度/($n=3$，μg/kg)	检测限/(g/kg)
DMP	7.62	16377135	89.6	4.5	75.6	9.76	ND	4.5
DEP	8.48	1499377	103.7	6.7	81.8	10.2	ND	3.5
DIBP	10.17	149167121	87.1	4.4	89.8	10.7	ND	2.0
DBP	10.89	149135121	86.3	4.2	106	11.8	24.3±2.5	1.8
DMEP	11.21	149167121	90.7	3.4	87.9	9.17	ND	2.2
BMPP	11.9	149167121	89.8	8.6	81.9	10.6	ND	2.0
DEEP	12.24	149135121	92.9	6.3	96.2	10.8	ND	3.8
DPP	12.61	149121167	88.1	4.2	82.8	10.8	ND	2.7
DHXP	14.70	149121167	101.7	7.8	86.3	11.0	ND	2.3
BBP	14.84	14913592	97.7	9.2	101	10.9	ND	2.5
DBEP	16.27	149135197	99.8	4.7	112	10.9	ND	3.2
DCHP	16.91	149167135	97.1	9.6	92.1	10.4	ND	5.8
DEHP	17.16	16713593	90.6	9.1	109	12.4	29.5±3.9	7.8
DNOP	19.53	149135167	106.1	4.9	98.2	10.6	ND	6.8
DINP	21.61	293149167	93.6	5.6	—	—	ND	0.50
DPHP	17.26	25577135	—	—	99.2	10.6	ND	5.2
DNP	22.03	149135167	—	—	117	10.3	ND	6.6

注：ND 表示低于检测限。

2.2.3 土壤样品中抗生素的定性定量检测方法

在查阅大量文献并结合调查问卷的基础上,选取 4 类(20 种)常用抗生素作为测试目标污染物,具体为:四环素类 4 种,多西环素(doxymycin,DOX)、四环素(tetracycline,TC)、土霉素(oxytetracycline,OTC)、金霉素(chlortetracycline,CTC);喹诺酮类 7 种,恩诺沙星(enrofloxacin,ENR)、诺氟沙星(norfloxacin,NOR)、培氟沙星(pefloxacin,PEF)、环丙沙星(ciprofloxacin,CIP)、氧氟沙星(ofloxacin,OFL)、沙拉沙星(sarafloxacin,SAR)、洛美沙星(lomefloxacin,LOM);磺胺类 6 种,磺胺嘧啶(sulfadiazine,SDZ)、磺胺吡啶(sulfapyridine,SPD)、磺胺甲基嘧啶(sulfamerazine,SMR)、磺胺甲噁唑(sulfamethoxazole,SMZ)、磺胺二甲氧嘧啶(sulfadimidine,SDM)、磺胺间二甲氧嘧啶(sulfadimethoxine,SMX);大环内酯类 3 种,红霉素(erythromycin,ERY)、罗红霉素(roxithromycin,ROX)、泰乐菌素(tylosin,TYL)。

1. 前处理方法

称取 5.00g 冻干过 60 目筛的土壤样品,加入 0.40g Na_2EDTA、10.0mL 磷酸盐缓冲液和 10.0mL 乙腈溶解,2500r/min 涡旋 5min,8000r/min 离心 5min,将上清液全部转入梨形瓶中。再加入 5.0mL 磷酸盐缓冲液和 5.0mL 乙腈重复提取一次,合并上清液。40℃旋蒸至 15.0mL 以下以完全去除乙腈,旋蒸液过 0.45μm 尼龙滤膜,再用超纯水稀释至 80mL 左右,用甲酸-氨水调节其 pH 至 4 左右,开始过 PEP-2(6mL/500mg,天津博纳艾杰尔科技有限公司)净化柱。过柱前,预先用 6.0mL 甲醇、6.0mL 超纯水(用甲酸调节其 pH 至 4 左右)活化 PEP-2 净化柱;过柱后,用 6.0mL 甲醇洗脱 PEP-2 净化柱。将洗脱液氮吹(室温)至近干,1.0mL 甲醇-水溶液(1:1,v/v)复溶,3000r/min 涡旋 30s 左右,过 0.22μm 尼龙滤膜,4℃保存,待 LC-MS/MS 上机。

2. 仪器分析方法

采用超高效液相色谱-串联质谱联用仪(AB SCIEX 4500Q LC-MS/MS)测定土壤中的抗生素含量。液相色谱参考条件:Kinetex F5 100 色谱柱(100mm×2.1mm×2.6μm);柱温,40℃;进样体积,5μL;流速,0.40mL/min。二元梯度泵,流动相 A 为 0.1%甲酸-水溶液,流动相 B 为乙腈,采用梯度洗脱程序(表 2-5)。

表 2-5 目标抗生素梯度洗脱程序

时间/min	流动相	时间/min	流动相
0	95% A	6.5	5% A
0.5	95% A	7.5	60% A
0.6	80% A	7.6	95% A
4.0	55% A	10	95% A

质谱条件:离子源,电喷雾电离(ESI+);气帘气压力,30psi[①];碰撞气流速,中等流

---

① 1psi=6.895×10^3Pa。

速；喷雾电压，5500V；雾化温度，550℃；雾化气压力，55psi；辅助加热气压力，55psi。检测方式：MRM。各物质的检测参数见表2-6。

表2-6 20种目标抗生素的质谱参数、回收率（加标浓度为10μg/kg）及检测限

化合物	母离子 (m/z)	定量离子 (m/z)	保留时间 /min	去簇电压 /V	碰撞能 /eV	回收率 /%	RSD /%	检测限 /（μg/kg）
DOX	445.2	428.2	2.80	26	25	79	9.5	0.5
TC	445.2	410.2	2.20	26	20	81	9.5	0.15
OTC	461.2	425.5	2.10	20	19	116	16.1	0.5
CTC	479.2	462.2	2.60	30	20	96	6.5	0.2
ENR	360.1	316.1	2.30	28	80	28	8.6	0.01
NOR	320.1	276.1	2.10	30	20	90	1.7	0.2
PEF	334.1	316.1	2.10	27	80	63	2.4	0.02
CIP	332.1	231.1	2.20	35	25	99	1.7	0.1
OFL	362.2	317.6	2.10	35	28	49	1.5	0.3
SAR	386.0	299.3	2.20	28	15	55	7.4	0.01
LOM	352.1	264.5	2.20	32	22	45	2.8	0.04
SDZ	251.1	108.0	1.90	28	27	70	2.8	0.01
SPD	250.1	156.1	2.00	40	10	65	4.6	0.02
SMR	265.2	156.1	2.10	28	20	90	1.3	0.02
SMZ	254.1	156.0	2.90	30	20	72	2.2	0.02
SDM	279.1	186.1	2.20	34	24	69	2.5	0.05
SMX	254.1	156.0	3.40	25	17	72	1.6	0.01
ERY	734.5	576.4	3.40	26	30	36	6.2	0.02
ROX	837.6	679.5	4.30	30	50	45	4.8	0.01
TYL	916.6	174	3.70	47	150	51	5.5	0.01

3. 分析质量控制

本试验由程序空白、加标回收和样品平行等QA/QC控制监控整个分析过程，评估分析测试方法的准确度和精密度。四类抗生素的回收率、检测限如表2-6所示，线性方程浓度范围由0.1~100μg/kg的7个浓度组成，其R^2值均大于0.99，方法回收率为28%~116%，相对标准偏差（RSD）均小于20%，说明该方法具有良好的重现性。

2.2.4 土壤样品中激素的定性定量检测方法

根据文献报道的类固醇激素最低可见有效浓度（LOECs）以及激素在污水处理厂、大型养殖场等主要来源的检出率和浓度，选择雌酮（estrone，E1）、17β-雌二醇（17β-estradiol，E2）、雌三醇（estriol，E3）、睾酮（testosterone，TES）、雄烯二醇（androstenedione，AED）、1,4-雄烯二酮（androstratenedione，ADD）、去氢孕酮（dydrogesterone，DDG）以及孕酮（progesterone，P4）为目标污染物。其中，E1、E2、DDG和P4是具有极强内分泌干扰特性的典型代表。

1. 前处理方法

称取 1~2g 干燥土壤，放入 8mL 离心管中，加入 8mL 甲醇及 E1-d_4、P4-d_9 和 17β雌二醇-d_3 等内标物质，超声萃取 20min。萃取期间避光并不断换水以保持水温稳定。萃取过程循环 3 次。每次萃取后的样品放入离心机，在 3000r/min 的条件下离心 20min。将三次离心后的上清液合并（约 24mL 甲醇），转移至 1L 棕色瓶中，并加入纯水定容至 800mL 左右，过 SPE 柱（Oasis HLB 小柱，200mg，6mL）。过柱前，加入 6mL 甲醇三次、6mL 纯水 2 次活化 SPE 柱；然后将内径约 0.2mm 的特氟龙管道接入固相萃取小柱，另一端置入 1L 棕色瓶中，抽真空，让液体以 10mL/min 的流速流出；最后用 6mL 甲醇洗脱 SPE 柱，流出液收集在 8mL 离心管中，氮吹至约 1mL。将液体转移置棕色进样小瓶，继续氮吹至 0.5mL，最后用 0.5mL 纯水定容至 1mL，待测。

2. 仪器分析方法

采用超高效液相色谱-串联质谱联用仪（AB SCIEX 4500Q LC-MS/MS）测定土壤中的激素含量。仪器测定参数：仪器样品室设置 15℃ 低温以保证样品稳定。样品用 Venusil C_{18} 色谱柱（2.1mm×100mm，内径 3μm 颗粒）进行分离，色谱柱前接入保护住（4.6mm×2.1mm）。流动相保持 0.4mL/min 流速。洗脱梯度为：60% 乙腈保持 3min，然后升至 98% 乙腈，保持 0.5min，降至 60% 乙腈，保持 0.1min，最后维持 60% 乙腈，运行至 10min。质谱使用 ESI+ 或 ESI-离子源模式以及多反应监测（MRM）模式。最优质谱条件为：气帘气压力，25psi；碰撞气流量，800mL/min；离子喷雾电压，5500V；温度，650℃；喷雾气体压力，55psi；加热气体压力，60psi。

3. 分析质量控制

萃取样品过程中加入流程空白、空白加标、加标回收率实验，以验证整个萃取流程的准确度与精密度。每 20 个样品中选取 2 个，做平行实验以确保实验的重现性。实验过程中确定方法的检出限和定量限。其中，检出限是信噪比为 3 时所对应的样品浓度，定量限是信噪比等于 10 时所对应的样品浓度。结果表明（表 2-7），目标化合物的回收率范围为（87±5）%~（112±12）%，检测限为 0.01~0.05μg/kg。

表 2-7 类固醇激素基本信息及检测条件

编号	名称	英文名	CAS 号	分子量	检测模式（ESI+ 或 ESI-）	母离子（m/z）	子离子（m/z）	碰撞能/eV	去簇电压/V	回收率/%	检测限/(μg/kg)
1	雌酮	estrone	53-16-7	270.37	—	269.1	145.1*	−45	−144	92±8	0.01
							142.9	−66	−150		
2	17β-雌二醇	17β-estradiol	50-28-2	272.38	—	271.0	144.9*	−53	−128	87±5	0.02
							143.2	−53	−128		

续表

编号	名称	英文名	CAS 号	分子量	检测模式（ESI+或ESI-）	母离子（m/z）	子离子（m/z）	碰撞能/eV	去簇电压/V	回收率/%	检测限/(μg/kg)
3	雌三醇	estriol	50-27-1	288.38	—	287.0	143.1*	−57	−140	90±5	0.05
							145.0	−57	−140		
4	睾酮	testosterone	58-22-0	288.42	+	289.2	97.1*	30	114	96±11	0.01
							109.1	30	102		
5	雄烯二酮	androstenedione	63-05-8	286.41	+	287.2	97.1*	26	90	112±12	0.01
							109.1	30	90		
6	1,4-雄烯二酮	androstratenedione	897-06-3	284.39	+	285.1	121.1*	28	85	102±9	0.01
							151.1	20	91		
7	去氢孕酮	dydrogesterone	152-62-5	312.45	+	313.3	43.1*	74	109	92±11	0.02
							91.2	69	73		
8	孕酮	progesterone	57-83-0	314.22	+	316.1	97.1*	27	119	98±8	0.01
							109.1	34	110		

*定量离子。

2.2.5 土壤样品中病原菌的定性定量检测方法

土壤中的外源病原菌污染主要来自畜禽粪便、生活污水等，通过污染作物在人畜中引起食源性疾病流行，危害人民群众身体健康和畜牧业生产。本书针对土壤中危害较大的、常见的人（畜）致病菌设计特异性引物探针，通过定量PCR（qPCR）的方法检测土壤样本DNA中病原菌的存在情况。

经过前期实验筛选，最终使用了3组探针分别检测3种病原菌。虽然这三种病原菌不能完整覆盖全部的经农田传播的食源性致病菌，但可被视为是农田病原菌污染的生物标记物，指示土壤中病原菌污染的状态。这三种病原菌分别是：①致病性大肠杆菌 O157:H7，采用 stx 基因探针（$stx2$）；②致病性沙门氏菌，采用 $invA$ 基因探针（$invA2$）；③致病性猪链球菌，采用 gdh 基因探针（gdh）（表2-8）。

表 2-8 引物探针的设计

检测对象	目的基因	引物名称及引物序列（5'-3'）
致病性大肠杆菌 O157:H7	$stx2$	O157_stx2f: CCATGACAACGGACAGCAGTT O157_stx2r: TGTCGCCAGTTATCTGACATTC
致病性沙门氏菌	$invA2$	SAL_invA2f: ACAGTGCTCGTTTACGACCTGAAT SAL_invA2r: AGACGACTGGTACTGATCGATAAT
致病性猪链球菌	gdh	STR_gdhf: AAGTTCCTCGGTTTTGAGCA STR_gdhr: GCAGCGTATTCTGTCAAACG

这些基因探针均针对病原菌的毒力因子设计，在非致病菌中不存在，具有显著特异性，能够最大限度上避免假阳性。另外，PCR检出限低，方法也具有很高的灵敏性。

此外，由于土壤中 DNA 的多样性较高，因此个别情况下引物探针会有一些非特异性的扩增产物。为此，针对检验阳性的结果会进一步检查 qPCR 产物的溶解曲线。由于非特异性扩增产物与特异性扩增产物具有完全不同的溶解曲线，因此用溶解曲线可以鉴定特异性扩增产物的存在。

整个检测过程分为土壤总 DNA 的提取、qPCR 实验和 qPCR 结果分析等三个步骤。

1. 土壤总 DNA 的提取

采用商业化土壤 DNA 提取试剂盒来完成这一操作，需要的仪器设备有 DNA 提取试剂盒、旋涡振荡仪、离心机、1.5mL 离心管、恒温水浴锅、100%异丙醇、无水乙醇、制冰机等。DNA 的提取步骤参照相应土壤 DNA 提取试剂盒的说明书进行（不同公司产品可能会有差异）。

提取获得的土壤 DNA 可以使用凝胶电泳、NanoDrop 微量核酸浓度检测仪或者 PCR 方法检测。在凝胶电泳中观察时，土壤 DNA 应当可以呈现为弥散性条带，条带亮度可能会因 DNA 浓度差异而略有不同；NanoDrop 仪器读数一般在 10ng/μL 以上；当使用 16S 通用引物 27F 和 1492R 进行常规 PCR 扩增时，可以得到特异性扩增条带。满足以上条件的样品可以进行下一步检测。

2. qPCR 实验

所用到的仪器和试剂有：QuantStudio 6 Flex System（384-well Plate）、Sigma-Aldrich KAPA SYBR FAST qPCR Kit、Bio-Rad Hard-Shell 384-Well PCR Plates 和 Bio-Rad Microseal PCR Plate Sealing Film 等。定量方法采用 SYBR Green 方法。每一个 PCR 体系包含 5μL 的土壤 DNA 和 5μL 的 qPCR Master Mix。所采用的扩增程序为标准程序，PCR 完成后做 70~90℃的溶解曲线。在 qPCR 实验中，使用不加模板的体系作为负对照（NTC，即用 5μL 的 H_2O 替换土壤 DNA），使用病原菌基因组 DNA 梯度稀释作为标准样品和正对照。

3. qPCR 结果分析

采用 QuantStudio Real-Time PCR Software（v1.2）和 R（http://www.r-project.org）。使用 QuantStudio Real-Time PCR Software 打开 PCR 结果文件，设置样品在 384 孔板中的排列次序、样品类型、重复等信息，取默认设置分析 CT 值，之后在导出页面将分析结果导出为文本文档。

综合 qPCR 结果的 CT 值和溶解曲线分析得到病原菌是否存在，样品中病原菌的含量根据标准曲线计算得出。

阴性对照（NTC）的 CT 值也作为一个重要的参考线来判断是否有病原菌的存在。CT 值大于 NTC 的 CT 值的样品会被判定为不含病原菌，CT 值小于 NTC 的 CT 值的样品首先被列为疑似样品。疑似样品会进一步地结合溶解曲线检测是否有病原菌的特征 PCR 产物存在。对于存在病原菌的样品，按照引物探针与对应靶基因标准品的扩增结果计算标准曲线。然后根据标准曲线和测试土壤 DNA 的 CT 值计算出病原菌的相对含量。

2.3 代表性农业主产区土壤有机/生物污染特征

2.3.1 东北玉米和大豆主产区土壤农药污染特征

采样点位的布设：沿东北黑土带，根据纬度的高低，选择黑龙江、吉林、辽宁三个省份九个市（县）的设施农业土壤及玉米大田土壤开展后续的指标分析工作。上述九个采样区域横跨松嫩、辽河和三江平原这些典型东北地区农业生产区域。上述各取样点的土壤均为东北典型黑土。采样点如图 2-1 所示。

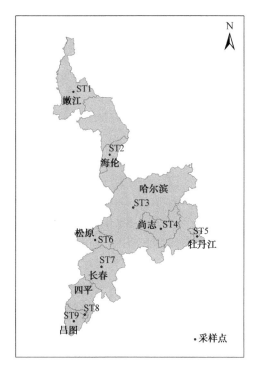

图 2-1 采样位点分布图

上述各采样点所对应的行政区域如表 2-9 所示。

表 2-9 采样点信息

编号	省份	城市
ST1	黑龙江	嫩江
ST2	黑龙江	海伦
ST3	黑龙江	哈尔滨
ST4	黑龙江	尚志
ST5	黑龙江	牡丹江

续表

编号	省份	城市
ST6	吉林	松原
ST7	吉林	长春
ST8	吉林	四平
ST9	辽宁	昌图

1. 东北玉米主产区土壤有机氯农药污染水平

东北三省玉米田表层土壤的40个土壤样品中残留的有机氯农药主要以氯丹、滴滴涕和三氯杀螨醇为主，40个土壤样品中三种农药的检出率均大于75%，三种农药残留平均值分别占总有机氯农药残留的45.05%、15.33%和13.63%，三者的贡献率之和高达74.01%（图2-2）。各采样点农药残留量变异度较大，氯丹、滴滴涕和三氯杀螨醇的残留范围分别为3.9~332.6μg/kg、4.8~61.2μg/kg和ND~370.1μg/kg。

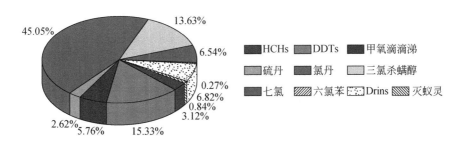

图 2-2　东北地区玉米田表层土壤中各类OCPs污染贡献率

其中，氯丹的残留主要以顺氯丹的形式存在（图2-3），各采样点土壤中顺氯丹的浓度都要高出反氯丹2倍以上，个别点位高达百倍以上，也有些点位已检测不到反氯丹的存在。滴滴涕在玉米田土壤中的残留以 pp'-DDT 为主，各采样点的比例均在70%以上。代谢产物 pp'-DDD 和 pp'-DDE 在所有采样点的检出率大于90%，但检出浓度较低，浓度范围分别为 ND~1.01μg/kg 和 0.77~3.57μg/kg，各采样点中 pp'-DDE 的残留量均高于 pp'-DDD。三氯杀螨醇在各采样点中的检出率为75%，残留量差异较大，残留浓度范围为 ND~370.1μg/kg，残留中值仅为 2.6μg/kg，表明三氯杀螨醇仅在少数点位有明显污染。其他OCPs土壤残留浓度较低，均值均小于10μg/kg，六氯苯的均值最小，仅为0.33μg/kg。

2. 东北玉米主产区土壤阿特拉津的季节变化规律

对2017年度春、夏、秋三个季节于东北玉米主产区典型点位采集的玉米农田土壤中阿特拉津的残留水平进行分析，所得的分析结果如表2-10所示。

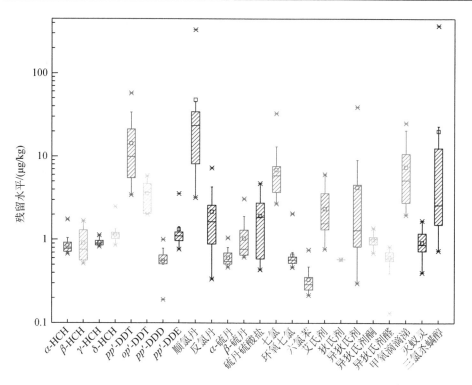

图 2-3 东北地区玉米田表层土壤中各类 OCPs 污染水平

表 2-10 各采样点不同季节阿特拉津残留水平

采样点位	阿特拉津残留浓度/（mg/kg）		
	春季	夏季	秋季
嫩江（ST1）	0.122±0.006b	未检出	未检出
海伦（ST2）	未检出	未检出	未检出
哈尔滨（ST3）	0.146±0.012a	0.081±0.013a	未检出
尚志（ST4）	0.154±0.014a	0.075±0.009b	未检出
牡丹江（ST5）	0.117±0.007bc	未检出	未检出
松原（ST6）	未检出	未检出	未检出
长春（ST7）	0.088±0.010c	未检出	未检出
四平（ST8）	0.120±0.013b	未检出	未检出
昌图（ST9）	0.129±0.013b	0.090±0.005a	未检出

注：不同小写字母代表相同季节不同地区阿特拉津残留水平存在显著性差异（$P<0.05$）。

表 2-10 的结果表明，阿特拉津在东北地区的分布存在着较为明显的季节差异。其中，春季各地区玉米农田土壤中阿特拉津的检出率高达 77.78%，这一结果也与阿特拉津为东北玉米主产区玉米农田较为常用的除草剂的情况相一致。阿特拉津在上述地区土壤中的残留水平随着季节的变化逐渐降低，夏季土壤样品中阿特拉津检出率仅为 33.3%。在 2018 年度

秋季土壤样品中均未有效地检测到阿特拉津的存在。上述结果说明，阿特拉津在土壤的残留表现出较为明显的季节变化差异。另外，春季所采集的土壤样品中，除海伦、松原和长春等地外，其余采样点所检测到的阿特拉津平均残留水平均超过《土壤环境质量标准（修订）》（GB 15618—2008）中所规定的 0.1mg/kg 的限制标准，超标率达 66.7%。分析上述现象的原因可能是春季为东北地区春玉米的播种季节，同时也是除草剂阿特拉津施用的主要时期，因此土壤中检出水平相对较高。

通过上述研究发现，春季东北地区典型农田土壤中阿特拉津的检出率较高。因此，进一步关注春季东北地区典型农田土壤中阿特拉津残留水平，所得结果如图 2-4 所示。

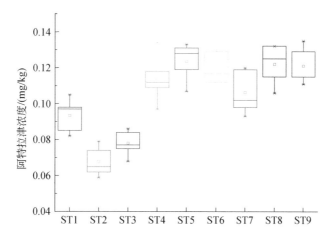

图 2-4　春季东北典型区域农田阿特拉津残留分布规律统计

ST1～ST9 代表不同采样点，具体采样点信息同前所示，$n=5$

对所测定的结果进一步分析发现（图 2-4），各地区的阿特拉津残留水平分别为：嫩江，0.082～0.105mg/kg；海伦，0.059～0.079mg/kg；哈尔滨，0.068～0.086mg/kg；尚志，0.097～0.134mg/kg；牡丹江，0.107～0.133mg/kg；松原，0.112～0.130mg/kg；长春，0.093～0.120mg/kg；四平，0.106～0.1323mg/kg；昌图，0.111～0.135mg/kg。综合比较表 2-10 和图 2-4 的数据发现，上述九个地区的阿特拉津残留水平存在一定的地区差异。牡丹江（ST5）、四平（ST8）以及昌图（ST9）地区阿特拉津残留均值明显高于长春、哈尔滨、海伦与嫩江地区。其中，四平、昌图地区均为阿特拉津检出水平稍高的区域。

3. 东北大豆主产区土壤有机氯农药污染特征

对东北大豆田 25 个表层土壤样品进行 24 种 OCPs 的残留量分析（图 2-5），发现其中除 op'-DDT、狄氏剂和异狄氏剂醛检出率较低，在 40% 以下外；其他 21 种农药均普遍检出，检出率为 60%～100%。检出的农药残留浓度普遍很低，除 pp'-DDT、顺氯丹和三氯杀螨醇的浓度中值分别为 7.0μg/kg、27.4μg/kg 和 5.9μg/kg 外，其他农药的残留中值均低于 5.0μg/kg。但采样点位的残留水平差异较大，如 pp'-DDT、顺氯丹、甲氧滴滴涕和三氯杀螨醇的最大残留浓度分别为 165.7μg/kg、63.2μg/kg、64.8μg/kg 和 35.4μg/kg，个别点位的污染水平应受到关注。

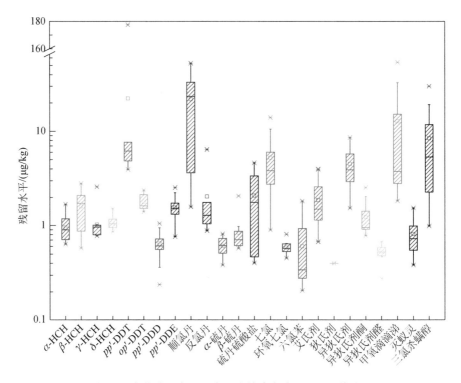

图 2-5 东北地区大豆田表层土壤中各类 OCPs 污染水平

大豆地中总 OCPs 的污染主要由 DDTs（29.21%）、氯丹（27.95%）、甲氧滴滴涕（12.98%）以及 Drins（8.58%）所贡献，总贡献率为 78.72%（图 2-6）。DDTs 在我国已禁止使用近 40 年，但其在大豆田中的残留仍普遍检出，总浓度范围为 6.0~168.6μg/kg，主要以 pp'-DDT 的形式存在，贡献率为 54.3%~98.3%。DDTs 残留量明显高于除氯丹外的其他有机氯农药，这可能归因于 DDTs 历史上的大量使用及其超长的半衰期（Niu et al.，2017）。氯丹在美国已于 1988 年禁止使用，但在我国作为白蚁驱杀剂大量使用至 2010 年，大量氯丹残留在土壤中。氯丹在大豆地中的污染水平为 2.9~70.4μg/kg，其中，顺氯丹贡献率高达 57.9%~97.9%。工业氯丹中顺式和反式异构体大致比例为 1∶1，反氯丹比顺氯丹在环境中更容易降解，因此可以推测氯丹的残留主要是历史使用所致（Li et al.，2018）。甲氧滴滴涕作为 DDTs 的替代有机氯农药，在大豆地中也有较高水平的检出，浓度为未检出（ND）~64.8μg/kg，浓度平均值达到 14.7μg/kg。三氯杀螨醇是现代农业中常用的有机氯杀虫剂，大豆地土壤中的浓度为 ND~35.4μg/kg，平均浓度达到 9.6μg/kg，对土壤环境的生态影响不可忽视，其在环境中的暴露对鱼类、土壤动物和人类有毒性和雌激素效应。其他种类的 OCPs 虽然也有较高的检出率，但污染水平显著低于以上四种农药，在此不做讨论。

2.3.2 黄淮海潮土区小麦主产区土壤农药污染特征

采样布点原则：以山东、河南、河北三大小麦主产区作为采样区，按照《土壤环境监测技术规范》（HJ/T 166—2004）的田间采样规则，对所选市县区域的 200 亩以上地块进行

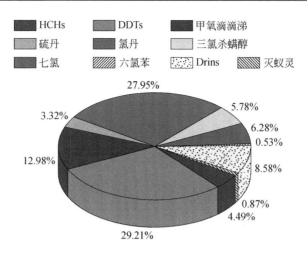

图 2-6 东北地区大豆田表层土壤中各类 OCPs 污染贡献率

土壤样品的采集。将小麦采样区域分成面积相等的几部分（网格划分一般为 25 块），每网格内布设一个采样点，为了保证样品的代表性，采取梅花点法采集混合样。每个区域采样数的确定参照《土壤环境监测技术规范》要求，并结合当地情况和工作量确定。

研究人员在 2018 年的 5~6 月，在山东、河南、河北三大小麦主产区进行土壤样品采集。分别在山东省的六个县区、河北省的三个县区、河南省的三个县区布点采样（图 2-7）。

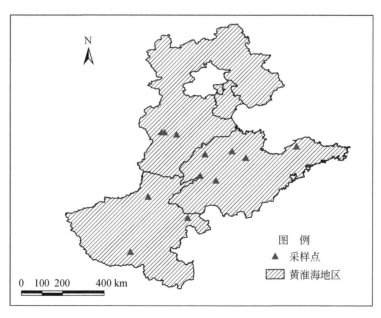

图 2-7 黄淮海小麦主产区土壤样品采集区域分布图

上述各采样点所对应的行政区域如表 2-11 所示。

表 2-11 采样点信息

编号	省份	市县区
1	山东省	东阿县
2	山东省	惠民县
3	山东省	桓台县
4	山东省	平原县
5	山东省	泰安市
6	山东省	招远市
7	河北省	辛集市
8	河北省	藁城区（石家庄市）
9	河北省	石家庄市
10	河南省	新乡市
11	河南省	驻马店市
12	河南省	商丘市

以 2018 年数据为例，分析了山东、河南、河北三省小麦主产区农田土壤 HCHs、DDTs、毒死蜱（chlorpyrifos，Chl）、阿特拉津和三氯杀螨醇农药的分布特征。首先，考察了黄淮海小麦主产区农田土壤中五种农药的污染分布状况，DDTs 类农药和 HCHs 类农药的中间值、平均值、最高值分别为 51.0μg/kg 和 32.8μg/kg、56.7μg/kg 和 53.4μg/kg、179.2μg/kg 和 350.2μg/kg。从图 2-8 可以看出，黄淮海小麦主产区农田土壤 DDTs 类农药残留量数据分布相对 HCHs 类农药比较集中，它的中值和平均值数值相接近，总体污染水平均比 HCHs 类农药高。但是，HCHs 的残留量水平出现了一些高值点，比 DDTs 的高值点更高，这些高数据点需要关注；DDTs 和 HCHs 类农药在小麦土壤中高于国家《土壤环境质量 农用地土壤污染风险管控标准（试行）》(GB 15618—2018) 限定标准的数据点分别有 15 个和 29 个（总数据点 225 个），分别集中在 2 个和 3 个采样区，其中一个地区的 DDTs 和 HCHs 的数值均高，说明采样区历史残留问题较为严重。此外，这两种有机氯农药在每个采样区中均有检出，检出率为 100%。同时考察了毒死蜱、阿特拉津和三氯杀螨醇的农药分布特征，与有机氯类农药相比，它们的农药含量平均值分别为 2.2μg/kg、10.0μg/kg 和 4.5μg/kg，含量水平相对较低。这三种农药中毒死蜱以及阿特拉津都有较高的迁移风险，在表层土壤上的监测数值对深层土壤以及地下水层的残留风险给予警示作用；在小麦土壤中能够监测到三氯杀螨醇，它的降解产物对 DDTs 累积有一定贡献，使得同样为历史残留有机氯类农药，DDTs 的含量与 HCHs 相比较，更具有相对集中且总体含量水平高的特点。

比较了 DDTs 类农药在黄淮海小麦主产区中山东、河北和河南三个地区的分布特征，如图 2-8（c）所示：山东、河北、河南三个地区 DDTs 的分布平均值和中值分别为 61.7μg/kg、38.9μg/kg、53.4μg/kg 和 62.6μg/kg、32.0μg/kg、33.0μg/kg。从图 2-8（c）可以看出，河北地区除了一些高数据点，大部分数据点落在了 100μg/kg 水平下，而山东和河南地区总体分

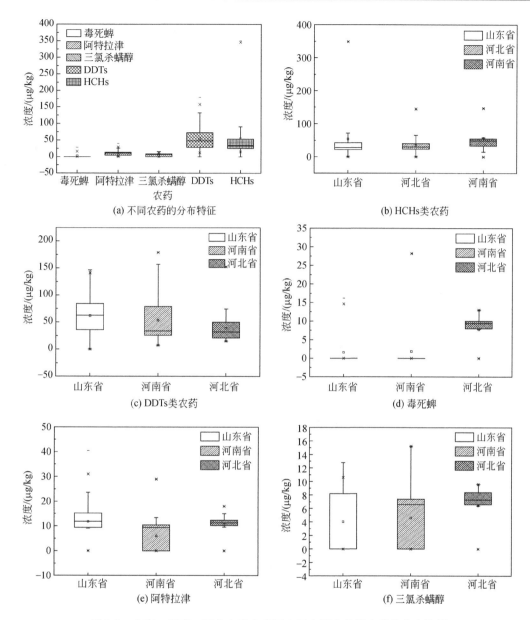

图 2-8 山东、河南、河北小麦主产区农田土壤中各类农药的分布特征

布部分超过 100μg/kg 水平数据点较多,风险相对较大,可以进一步探究这种风险来源。

比较了毒死蜱、阿特拉津和三氯杀螨醇农药在黄淮海小麦主产区中山东、河北和河南三个地区的分布特征,如图 2-8(d)~(f)所示。山东、河南、河北三个地区毒死蜱的分布平均值分别为 1.59μg/kg、1.84μg/kg、7.71μg/kg;阿特拉津的分布平均值分别为 11.8μg/kg、6.0μg/kg、10.6μg/kg;三氯杀螨醇的分布平均值分别为 4.04μg/kg、4.60μg/kg、6.40μg/kg。这三种农药在相同时间的采样节点下,阿特拉津残留浓度高于三氯杀螨醇,三氯杀螨醇高于毒死蜱,但都在较低的浓度范围内,河北采样区的毒死蜱农药检出率较高为 80%,其他地区检出率低;阿特拉津农药可能作为上茬作物用药的残留存在,该药的迁移风险值得关注。三氯杀螨醇农药的检出,说明存在向环境中释放 DDTs 农药的风险。

2.3.3 长江中下游和珠江三角洲水稻主产区土壤农药污染特征

1. 长江中下游水稻主产区农田农药污染特征

参照 GB 23200.113—2018 食品安全国家标准选取 22 种水稻常用农药,建立包括烯啶虫胺、呋虫胺、甲胺磷、二氯喹啉酸、噻虫嗪、氟啶虫酰胺、噻虫胺、吡虫啉、啶虫脒、乐果、氯噻啉、噻虫啉、氟啶虫胺腈、甲基吡啶磷、噻唑膦、灭线磷、苯醚甲环唑、辛硫磷、丙溴磷、HCHs、毒死蜱、DDTs 等 22 种农药的土壤样品多残留分析方法。

采样点位的布设如图 2-9 所示。

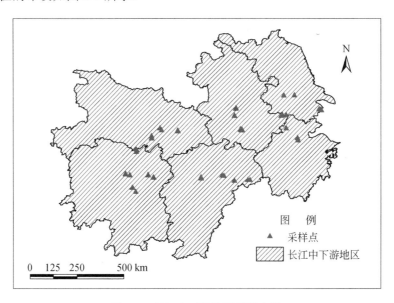

图 2-9 长江中下游地区采样点图

上述各采样点所对应的行政区域如表 2-12 所示。

表 2-12 采样点信息

编号	省市	市县区	编号	省市	市县区
1	湖北省	监利市	10	江西省	南昌县
2	湖北省	仙桃市	11	安徽省	庐江县
3	湖北省	京山市	12	安徽省	铜陵市
4	湖北省	武汉市新洲区	13	江苏省	南京市栖霞区
5	湖南省	长沙县	14	江苏省	宜兴市
6	湖南省	华容县	15	浙江省	杭州市萧山区
7	湖南省	湘乡市	16	浙江省	长兴县
8	湖南省	桃江县	17	上海市	崇明区
9	江西省	贵溪市			

长江中下游 6 省 1 市 17 个市县区水稻主产区样品中共检出农药 10 种,以 DDTs、吡虫啉、啶虫脒和苯醚甲环唑为主。按检出浓度高低排序:DDTs＞二氯喹啉酸＞啶虫脒＞苯醚甲环唑＞毒死蜱＞吡虫啉＞噻虫嗪＞噻虫胺＞辛硫磷＞HCHs,且相应最高值均高于 0.01mg/kg(图 2-10 和图 2-11)。检测结果表明,除有机氯农药外,其他均为当季施用农药,检测量均低于农产品限量值,不会造成水稻的残留超标。

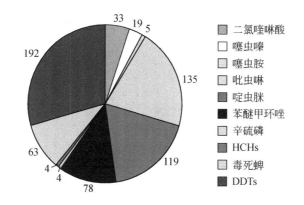

图 2-10 长江中下游水稻田土壤中各类农药污染检出样品个数

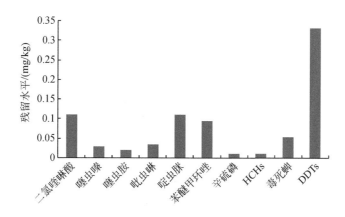

图 2-11 长江中下游水稻田土壤中各类农药的残留水平

2. 珠江三角洲水稻主产区土壤农药污染特征

珠江三角洲(简称"珠三角")地区 40 个水稻田表层土壤样品中 24 种 OCPs 的平均浓度、检出率等描述性统计数据如表 2-13 所示。其中,α-HCH、pp'-DDT、pp'-DDE、β-硫丹、硫丹硫酸盐和七氯检出率为 100%,六氯苯、环氧七氯和异狄氏剂酮的检出率均大于 80%,而 op'-DDT、顺氯丹、狄氏剂和灭蚁灵检出率较低,均在 25% 及以下,其他 OCPs 的检出率为 33.3%~75.0%。各类 OCPs 平均浓度为 0.4(狄氏剂、异狄氏剂醛)~32.6μg/kg(七氯),残留量较高的依次为七氯、pp'-DDT(11.0μg/kg)和反氯丹(9.3μg/kg)。各采样点表层土壤中 OCPs 残存浓度变异较大,变异系数为 0.1~3.1。

表 2-13 珠三角地区水稻田表层土壤中 24 种有机氯农药污染水平

有机氯农药	最小值/(μg/kg)	最大值/(μg/kg)	中值/(μg/kg)	平均值/(μg/kg)	标准偏差	变异系数	分位 1/4	分位 3/4	检出率/%
α-HCH	1.7	2.5	1.8	1.9	0.3	0.1	1.8	1.8	100.0
β-HCH	0.0	6.3	1.9	2.2	2.1	0.9	0.6	3.4	75.0
γ-HCH	0.0	2.3	1.1	1.1	1.0	1.0	0.0	2.2	58.3
δ-HCH	0.0	2.3	1.0	1.1	1.0	1.0	0.0	2.1	58.3
$\sum$HCHs	4.8	10.1	5.4	6.3	1.9	0.3	4.8	6.7	100.0
pp'-DDT	3.3	34.8	8.0	11.0	8.8	0.8	6.5	12.9	100.0
op'-DDT	0.0	10.5	0.0	1.8	3.5	1.9	0.0	1.3	25.0
pp'-DDD	0.0	4.2	1.3	1.2	1.3	1.0	0.0	1.5	33.3
pp'-DDE	0.3	16.7	2.2	3.3	4.5	1.4	1.0	3.2	100.0
$\sum$DDTs	6.6	55.7	14.1	17.3	13.3	0.8	9.2	19.7	100.0
顺氯丹	0.0	10.4	0.0	1.0	3.0	3.1	0.0	0.0	16.7
反氯丹	0.0	99.5	0.1	9.3	28.5	3.1	0.0	2.3	50.0
$\sum$氯丹	0.0	100.7	0.1	10.3	28.8	2.8	0.0	2.9	50.0
α-硫丹	0.0	1.5	0.7	0.7	0.6	1.0	0.0	1.3	58.3
β硫丹	0.8	3.8	3.2	2.9	0.9	0.3	2.7	3.4	100.0
硫丹硫酸盐	1.3	17.5	2.9	5.0	4.8	1.0	1.8	7.1	100.0
$\sum$硫丹	2.1	22.8	6.4	8.6	5.6	0.6	5.3	10.4	100.0
七氯	11.5	71.1	25.8	32.6	20.7	0.6	14.5	45.7	100.0
环氧七氯	0.0	2.1	1.6	1.3	0.7	0.5	1.3	1.7	83.3
$\sum$七氯	13.7	73.1	26.7	33.9	20.6	0.6	16.1	47.3	100.0
六氯苯	0.0	6.0	1.2	2.0	1.6	0.8	1.0	3.0	91.7
艾氏剂	0.0	1.8	0.0	0.5	0.7	1.4	0.0	0.9	41.7
狄氏剂	0.0	2.2	0.0	0.4	0.9	2.0	0.0	0.2	25.0
异狄氏剂	0.0	1.4	0.5	0.5	0.5	1.0	0.0	1.0	58.3
异狄氏剂酮	0.0	2.6	1.8	1.5	0.9	0.6	1.1	2.2	83.3
异狄氏剂醛	0.0	1.8	0.0	0.4	0.7	1.9	0.0	0.3	25.0
$\sum$Drins	1.0	6.3	2.8	3.3	1.7	0.5	2.2	4.9	100.0
甲氧滴滴涕	0.0	7.2	0.0	1.6	2.8	1.8	0.0	1.7	33.3
灭蚁灵	0.0	3.6	1.8	1.9	1.1	0.6	1.4	2.6	16.7
三氯杀螨醇	0.0	18.8	1.0	4.7	6.8	1.5	0.0	6.5	33.3

注：$\sum$HCHs，α-HCH、βHCH、γ-HCH 和 δ-HCH 的总量；$\sum$DDTs，pp'-DDT、op'-DDT、pp'-DDD 和 pp'-DDE 的总量；$\sum$硫丹，α-硫丹、β-硫丹和硫丹硫酸盐的总量；$\sum$氯丹，顺氯丹和反氯丹的总量；$\sum$七氯，包括七氯和环氧七氯；$\sum$Drins，包括艾氏剂、狄氏剂、异狄氏剂、异狄氏剂酮、异狄氏剂醛。

珠三角地区水稻田表层土壤样品中各类OCPs贡献率如图2-12所示。所占比例较高的依次为七氯（33.93%）、氯丹（20.55%）、DDTs（17.31%）、硫丹（8.61%）和HCHs（6.25%），五种农药的平均值占总OCPs的86.65%。以前的众多研究表明DDTs、氯丹、硫丹和HCHs是农业历史上常用的有机氯杀虫剂，同时也是土壤中检出率较高的OCPs（Li J et al.，2016；Pan et al.，2017；Zhang et al.，2012）。而七氯虽然不作为杀虫剂单独施用于农田，但其作为工业氯丹的组分随氯丹一起进入农田土壤中，七氯和氯丹在农田土壤中的残留水平呈明显的正相关（Zhang et al.，2012）。

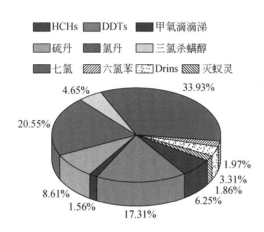

图2-12 珠三角地区水稻田表层土壤中各类OCPs污染贡献率

2.3.4 我国典型设施菜地土壤有机/生物污染特征

1. 典型设施菜地土壤有机氯农药的污染特征

黄淮海和东北地区是我国主要的设施蔬菜生产区域，在这两个区域的7个省市即河南、山东、天津、河北、辽宁、吉林和黑龙江依据当地的设施面积成比例选取88个设施菜地采样点，采集其中表层土壤进行测试，24种OCPs的平均浓度、中浓度、最小值、最大值等描述性统计数据如图2-13所示。其中，除环氧七氯、狄氏剂和异狄氏剂的检出率在30%以下，其他各种有机氯农药的检出率均为70%以上。各种OCPs平均浓度为1.3（环氧七氯）~27.4μg/kg（顺氯丹），前五位的依次为顺氯丹、β-HCH（24.0μg/kg）、α-硫丹（19.9μg/kg）、三氯杀螨醇（19.1μg/kg）和β-硫丹（17.2μg/kg）。各采样点表层土壤中OCPs变异很大，变异系数为0.5~6.0。

不同采样区域的OCPs总量如图2-14所示。各区域表层土壤中OCPs的总量差异较大，从平均值看，污染程度从低到高的次序为：河南（80.1μg/kg）≈天津（81.1μg/kg）<辽宁（94.4μg/kg）<山东（116.3μg/kg）<河北（135.1μg/kg）<黑龙江（144.5μg/kg）<吉林（259.4μg/kg）；各地的OCPs残留中值的大小也遵循以上的排序。从以上结果可知，黑龙江、吉林、河北和山东地区设施菜地污染较为严重，而河南、天津和辽宁地区的有机氯农药残留水平相对较低。这样的结果可能是由气候、施药的科学性以及监管程度的差异造成

的。而硫丹在个别点位可能存在不合理用药情况。吉林、黑龙江和山东地区的各采样点之间表层土壤中 OCPs 差异较大。

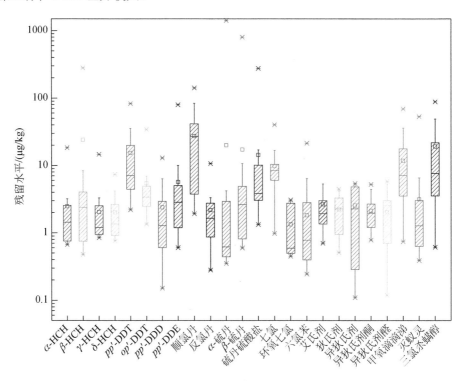

图 2-13　中国主要设施蔬菜区域菜地表层土壤中各类 OCPs 污染水平

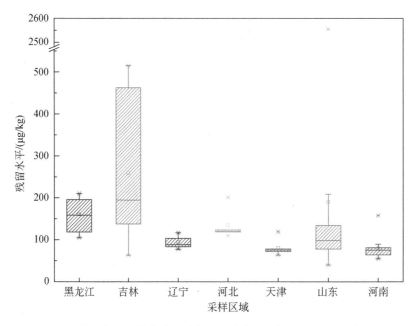

图 2-14　中国主要设施蔬菜区域菜地土壤中 24 种 OCPs 总量污染水平

第 2 章 土壤有机/生物污染特征及监测评估指标体系

几大类 OCPs 对各个采样区域表层土壤中 OCPs 总量的贡献率如图 2-15 所示，各地区的主要污染物种类有很大差别。其中，滴滴涕在七个省市采样点中的残留水平在所有 OCPs

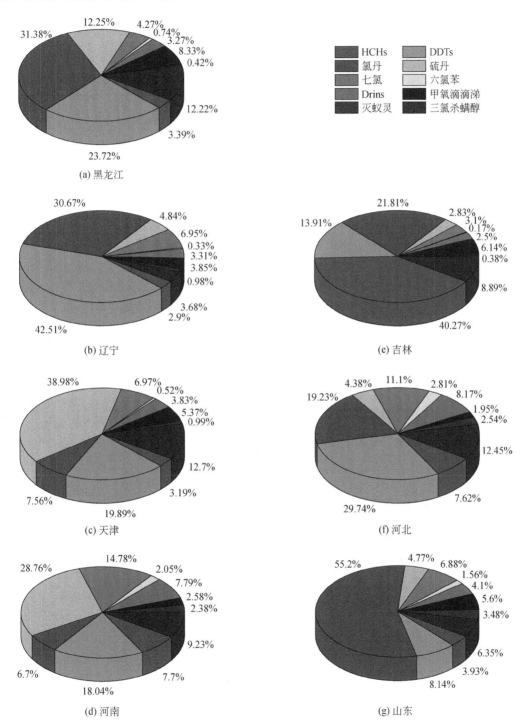

图 2-15 有机氯农药在各地区菜地表层土壤中的贡献率

类别中都在前三位，除了吉林和山东，其他五个地区 DDTs 在总 OCPs 的残留量占比均在 18%以上，尤其是辽宁地区所占比例高达 42.51%。氯丹是另一种在各采样点残留水平普遍较高的有机氯农药，尤其是在山东地区，在总 OCPs 中占比超过 50%，东北三省比例均达到 20%以上，河北地区占比为 19.23%。HCHs 在吉林地区总 OCPs 的残留量占比最高（高达 40.27%），在河南和河北地区占比达到了 7%以上，在其他地区占比较小，普遍在 4%以下。硫丹是天津、河南和黑龙江设施菜地土壤中主要的有机氯农药品种，所占比例分别为 38.98%、28.76%和 12.25%。三氯杀螨醇在各采样区域普遍检出，除辽宁地区外，其他六省市 OCPs 占比均在 6%以上。七氯在河南和河北中的总 OCPs 残留中所占比例在 11%以上。其他种类的有机氯农药在采样区域中污染水平相对较低，不展开论述。

2. 典型设施菜地土壤酞酸酯污染特征

对东北三省主要设施农业黑土 9 个代表性地区的不同土壤深度 15 种 PAEs 含量检测分析，发现不同土层深度的土壤均有 PAEs 检出，其中，DEHP、DBP、DEP、DMP 在各个采样点检出率为 100%。DEHP、DBP、DEP 和 DMP 4 种 PAEs 总量占 PAEs 总量的 68.84%～90.51%。其余 11 种 PAEs 的平均浓度均小于 0.1mg/kg，污染水平较低（图 2-16）。15 种 PAEs 在黑土区的分布结果表明：设施农业黑土 PAEs 污染情况要高于非设施农业黑土。表层土壤（0～20cm）中∑PAEs 含量最高，∑PAEs 含量随着土层深度的增加显著降低。表层土壤

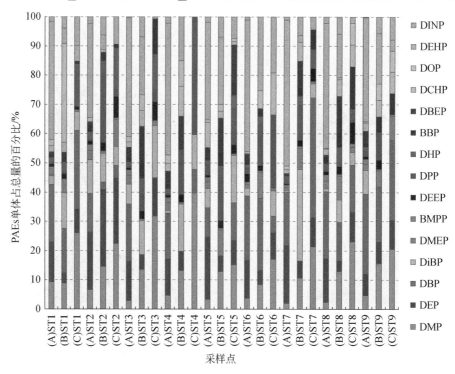

图 2-16 东北地区设施菜地不同土壤剖面中 15 种 PAEs 的百分比组成

A，0～20cm；B，20～40cm；C，40～60cm

浓度较高的DBP和DEHP,随土壤深度的增加其浓度下降的规律更为明显。而DMP、DEP等短链PAEs化合物的水溶性较高、K_{oc}较小,易随灌溉迁移到土壤深层,呈现出浓度随土层深度的增加而增加的规律。

对黄淮海地区的全部117个表层土壤样品进行统计分析,如图2-17所示,发现在16种酞酸酯中,按照检出率排序依次为DBP、DEHP、DIBP、DMEP、DMP、DNOP、DEP、BBP,检出率分别为94.9%、93.2%、80.3%、77.8%、73.5%、66.7%、65.0%、63.2%,BMPP、DEEP、DPP、DHXP、DCHP、DPhP、DNP均低于检出限。土壤中16种酞酸酯的总浓度为66.7～3585.3μg/kg,平均值为959.0μg/kg,检出率为100%。六种美国环境保护署推荐的优先控制的酞酸酯(DMP、DEP、DBP、DNOP、DEHP和BBP)的总浓度为66.7～3423.4μg/kg,平均值为755.5μg/kg,检出率为100%。说明酞酸酯已经成为黄淮海地区农田中普遍存在的污染物,其污染值得关注。

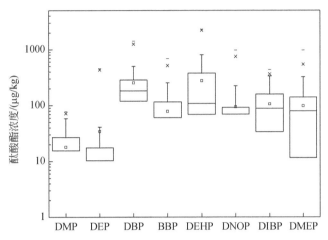

图2-17 黄淮海地区设施菜地土壤中8种PAEs的残留水平

而对于酞酸酯单体来说,DEHP的平均浓度为296.3μg/kg,浓度范围为ND～2313.7μg/kg,其次是DBP和DNOP,平均浓度分别为268.4μg/kg和141.6μg/kg,浓度范围分别为ND～1412.8μg/kg和10.1～927.1μg/kg,由此可以说明,DEHP、DBP和DNOP是黄淮海地区农田土壤中的主要酞酸酯类污染物。根据美国推荐的土壤控制标准(DMP为20μg/kg,DEP为71μg/kg,DBP为81μg/kg)(Department of Environmental Conservation, 1994),DBP的超标率最高,有88.03%的样品超过土壤控制标准;其次是DMP,有64.59%样品超标;然后是DEP,有8.55%的样品超标,DEHP、BBP、DNOP均未超标。但规定的六种酞酸酯均未达到土壤治理标准水平(DMP为2000μg/kg、DEP为7100μg/kg、DBP为8100μg/kg)。

另一个值得关注的问题是邻苯二甲酸酯含量随深度的变化情况。如图2-18所示,所研究的六种邻苯二甲酸酯均存在下渗的情况,在各层的土壤中均有检出。各种邻苯二甲酸酯的分布规律又不尽相同。DMP在各层间含量相当,但因其水溶性强、易于散失,其在各层中污染程度均不高。DEP因为类似的化学结构和物理性质,其分布规律与DMP类似。DBP作为主要污染物,其含量较高,各层的污染程度相同。BBP和DEHP主要集中于中层土壤中（20～40cm），但各层的残留浓度也较高。

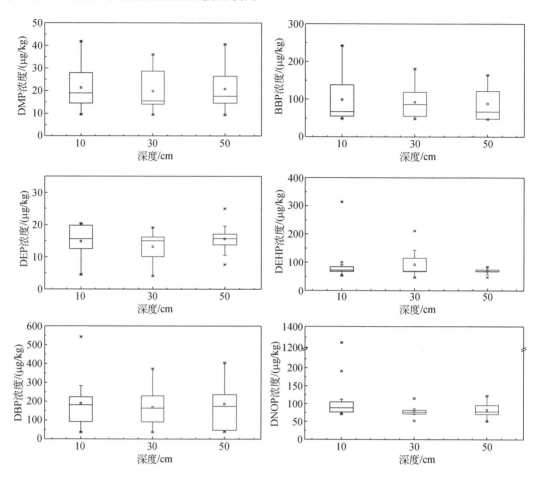

图 2-18 六种主要 PAEs 在黄淮海地区设施菜地不同深度土壤中的残留水平

3. 黄淮海地区典型设施菜地土壤抗生素污染特征

黄淮海地区典型菜地土壤中 20 种抗生素含量如表 2-14 所示。所有土壤样品中均不同程度地检测出抗生素残留，20 种抗生素的浓度范围为 0.84～603.79μg/kg，平均浓度为 55.36μg/kg，低于长三角地区（分别为 4.55～2010μg/kg，86.1μg/kg）（Sun et al.，2017），变异系数为 4.13。其中，TCs 和 QNs 抗生素检出浓度较高，分别为 0.38～505.60μg/kg 和 0.03～285.14μg/kg；相较而言，SAs 和 MLs 抗生素的检出浓度较低，分别为 ND～1.88μg/kg 和 ND～2.28μg/kg（表 2-15）；平均含量分别为 4.98～42.79μg/kg（TCs）、0.26～20.17μg/kg（QNs）、ND～0.07μg/kg（SAs）、0.05～0.26μg/kg（MLs）。此外，18.58% 的样品中 20 种抗生素浓度超过兽药国际协调委员会（VICH）规定的土壤生态效应触发值（100μg/kg），4.46% 的样品中单一抗生素浓度超过此值；抗生素总浓度在 50～100μg/kg 的样品占 14.16%，总浓度在 0～50μg/kg 的样品占 67.26%。单个化合物检出浓度最高的是 NOR（242.60μg/kg），其次是 CTC（242.10μg/kg）、OTC（209.50μg/kg）和 DOX（160.14μg/kg）。此外，各类抗

生素的检出率波动较大，1.79%（SDM）～100%（ENR、OFL）不等。其中，TCs 抗生素检出率较高，单个化合物的检出率为 95.54%～99.11%；其次是 QNs 抗生素，除 SAR 外，单个化合物的检出率均高于 85%；SAs 抗生素检出率均低于 31%（SMZ 除外）；MLs 抗生素检出率相对稳定，在 65% 左右。农田土壤中 TCs 和 QNs 是主要抗生素残留，分别占 20 种抗生素浓度的 56.66% 和 42.94%，其平均含量分别为 5.85μg/kg 和 2.31μg/kg，极显著高于 MLs（0.03μg/kg）和 SAs（0.015μg/kg）（$P<0.01$）。

表 2-14 黄淮海地区典型菜地土壤中 20 种抗生素含量

化合物	范围/（μg/kg）	均值/（μg/kg）	检出率/%
DOX	ND～160.14	9.92	99.11
TC	ND～28.28	1.61	98.21
OTC	ND～209.50	10.12	98.21
CTC	ND～242.10	9.44	95.54
ENR	0.01～56.78	3.06	100.00
NOR	ND～242.60	4.11	86.61
PEF	ND～153.44	3.79	85.71
CIP	ND～71.30	5.10	99.11
OFL	0.02～85.04	7.28	100.00
SAR	ND～5.48	0.12	53.57
LOM	ND～2.00	0.10	95.54
SDZ	ND～0.55	0.01	30.36
SPD	ND～0.06	0.00	16.96
SMR	ND～0.02	0.00	17.86
SMZ	ND～0.08	0.08	55.36
SDM	ND～1.80	0.00	1.79
SMX	ND	0.00	19.64
ERY	ND～0.46	0.02	66.07
ROX	ND～2.10	0.08	66.96
TYL	ND～0.34	0.02	61.61

注：ND 为未检出。

研究区内各省市典型菜地土壤中抗生素残留情况如表 2-15 所示。从中可知，研究区内各省市土壤中抗生素残留差异显著：同一省市的土壤中不同种类抗生素残留存在显著性差异（$P<0.05$），各类抗生素残留浓度的顺序为 TCs＞QNs＞SAs（MLs）；不同省市土壤中同种抗生素残留也存在显著性差异（$P<0.05$）。20 种抗生素平均浓度分别为：82.24μg/kg（山东）＞35.81μg/kg（天津）＞28.34μg/kg（河南）＞13.44μg/kg（河北）。各省市菜地土壤中各种抗生素的残留浓度、检出率差异显著，可能是由抗生素自身性质决定的（如 TCs、QNs 容易被土壤颗粒吸附，SAs、MLs 易随地表径流迁移）。

表 2-15 研究区内各省市菜地土壤中各类抗生素含量

抗生素类型	抗生素含量/（μg/kg）			
	山东	天津	河南	河北
TCs	0.38~505.60（11.21）	1.01~217.58（6.09）	0.74~207.82（4.54）	0.51~23.48（1.55）
QNs	1.66~285.14（5.30）	0.12~27.95（0.54）	0.03~246.90（2.39）	0.40~29.20（1.02）
SAs	ND~1.88（0.03）	0.01~0.17（0.01）	ND~0.86（0.01）	ND~0.21（0.01）
MLs	ND~2.28（0.06）	ND~1.29（0.05）	ND~0.27（0.01）	ND~0.01（0）
20 种抗生素	2.32~603.79（82.24）	1.19~219.16（35.81）	0.84~247.98（28.34）	1.68~33.65（13.44）

注：含量均以土壤干重计；ND 表示未检出；括号内数据为平均值。

4. 黄淮海地区典型设施菜地土壤激素污染特征

选择河南、河北、天津和山东 3 省 1 市采集农田土壤开展后续的污染监测工作。黄淮海地区代表性的作物以蔬菜及部分粮食为主，包括黄瓜、丝瓜、尖椒、茄子、豆角、大葱、大蒜、小麦、玉米、西红柿、芹菜等。类固醇激素的检出率如图 2-19 所示。黄淮海地区类固醇激素的总检出率为 32.9%~90.2%，其中，山东、河南、河北和天津设施菜地类固醇激素检出率为 37.2%~94.9%、0~88.5%、0~91.3% 和 14.6%~93.4%，说明类固醇激素在黄淮海地区设施菜地中普遍存在。这些数据和文献报道值类似（3.13%~100%）（Zhang et al., 2015）。研究同时发现，类固醇激素土壤检出率和抗生素的土壤检出率也很接近（Zeng et al., 2019），说明两者的来源相似。据文献报道，抗生素和激素主要来自粪肥农用和污水灌溉（Liu et al., 2012a；Zeng et al., 2019）。在 8 种类固醇激素中，P4 的检出率最高（90.2%），其次是 AED（87.8%）、E1（75.6%）、E2（63.4%）、TES（50%）、DDG（46.3%）、ADD（42.1%）以及 E3（32.9%）。P4 是一种天然孕激素，可由女性及雌性牲畜大量分泌，广泛存在于人体及动物粪便和尿液中，并通过粪肥农用以及污水灌溉进入农田（Fent, 2015）。AED 和 ADD 检出率也较高，主要原因是好氧条件下 P4 和 TES 容易转化为 AED 和 ADD（Lee et al., 2003；Marsheck et al., 1972；Yang et al., 2019）。雌激素中 E2 和 E3 的检出率是文献报道值（4%~7%）的 4~9 倍，主要原因可能是土壤中 E1 向 E2 和 E3 发生生物转化（Adeel et al., 2017）。

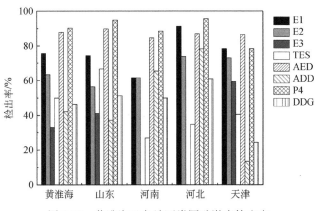

图 2-19 黄淮海及各地区类固醇激素检出率

黄淮海和各地区类固醇激素、雌激素、雄激素和孕激素平均含量如图 2-20 所示。黄淮海地区设施菜地土壤类固醇激素平均浓度为（4.59±3.53）μg/kg，雌激素、雄激素和孕激素的平均浓度为（1.86±2.12）μg/kg、（1.41±1.55）μg/kg 和（1.33±1.87）μg/kg，其中雌激素占的含量比例最大（40.6%）。山东、河南、河北和天津设施菜地土壤中类固醇激素总平均浓度分别为（9.11±6.15）μg/kg、（3.33±3.54）μg/kg、（3.63±3.55）μg/kg 和（3.74±3.55）μg/kg。总体而言，山东、河南、河北和天津设施菜地类固醇激素平均浓度和文献报道值比较接近（Liu et al.，2012a；Zhang F S et al.，2015；Zhang J N et al.，2019）。8 种类固醇激素中，DDG 是唯一的合成类孕激素，广泛用于人类避孕、疾病治疗、动物促生长剂等。Fent（2015）报道，2010 年瑞士全年消耗 DDG 为 35kg，而国内目前未有 DDG 消耗量的报道，也鲜有 DDG 的土壤检出率和含量水平的报道。

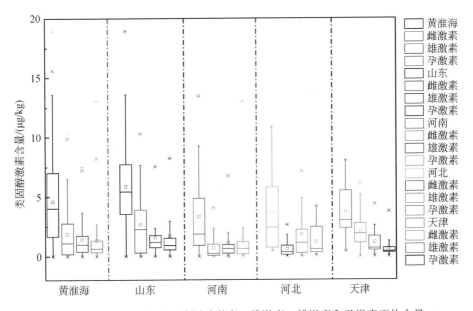

图 2-20 黄淮海和各地区类固醇激素、雌激素、雄激素和孕激素平均含量

2.3.5 典型设施菜地土壤病原菌污染特征

采样点的设置选取了寿光（山东）、嘉兴（浙江）、武清（天津）、运城（河南）、中牟（河南）、滦县和滦南县（河北）的设施菜地。菜地种植的作物包括菠菜、番茄、黄瓜、尖椒等多种常见蔬菜。不同的采样点施用的肥料类型有所差异，有些以猪粪、鸡粪成分的农家肥为主，有些施用稻壳和复合肥，还有些仅施用化肥。对这些采样点的土壤样品进行 DNA 提取和 qPCR 实验检测后，在总计 81 个样品中共发现 17 个样品疑似有病原菌污染。通过观察土壤样品的 DNA 定量结果（图 2-21），发现病原菌 qPCR 结果中的疑似样品的 Ct 值基本都在 30 以上，说明即便是含有病原菌，其丰度仍然极低。

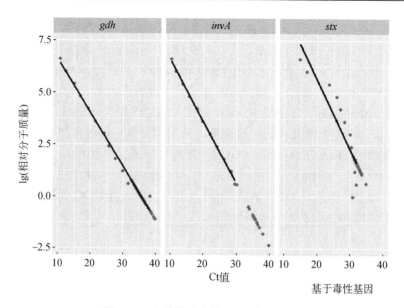

图 2-21 土壤样品中的 DNA 定量结果

绿色为梯度稀释的标准品,红色为负对照,蓝色为测试样品

对于疑似样品,通过比较样品扩增产物与标准品扩增产物的溶解曲线来检查样品是否为特异性扩增(图 2-22)。结果显示,来自天津市武清区高村镇高村的一个土壤样本(WQ-1,自编号 soil-60)有大肠杆菌 O157:H7 检出;来自山东寿光的一个土壤样品(SG-33,自编号 soil-37)的溶解曲线虽然与标准品溶解曲线的 Tm 值有差异,但是仅通过溶解曲线不

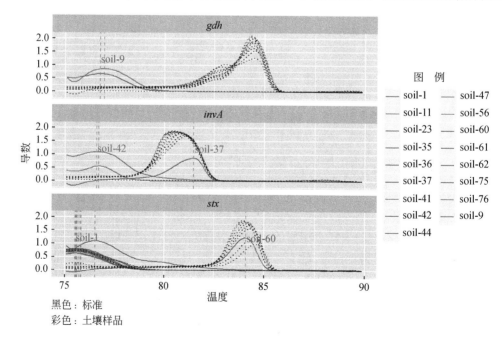

图 2-22 疑似样品的溶解曲线与标准品溶解曲线的比较

能排除有致病性沙门氏菌检出，仍为疑似。WQ-1 样品土壤主要以未经腐熟的猪粪为主要肥料来源，推测可能是病猪的粪便中沙门氏菌经施肥进入土壤，且时间不长，病原菌尚未消亡。

总体上，土壤样品中致病性病原菌的检出率很低，只有 1%（因确认检出数仅有 1 个，该数字不具有统计学意义），同时检出样品中病原菌的丰度极低，在最低检出限附近。这样的结果预示着自然状态下，病原菌在进入土壤后不能长时间存活。因此，在生产经营活动中，只要能够确保粪肥经过腐熟，同时将粪肥施用的时间安排在植物生长早期以给予充足时间让病原菌消亡，基本不会有活体病原菌微生物感染蔬菜现象的产生。

2.4 代表性农业主产区农田有机/生物污染农业投入品来源解析

2.4.1 典型设施菜地土壤酞酸酯污染来源解析

土壤中酞酸酯污染来源十分广泛，农膜及其残留物、肥料和污泥施用、污水灌溉、大气沉降等均能引起土壤的酞酸酯污染。

农业塑料薄膜是土壤中酞酸酯的最主要来源之一。温室大棚的广泛应用促进了我国农业的发展，也保障了农产品的供应。据统计，我国的农膜使用量从 1990 年的 48 万 t 增长到了 2016 年的 260 万 t（Lü et al., 2018）。但是，伴随着我国农业生产的发展，特别是设施农业中塑料农膜的大量使用，土壤中出现大量的农膜残留。研究发现，地膜残留量为总使用量的 1/4～1/3，这些残留的覆盖膜长期存在于土壤并向土壤中释放出酞酸酯类污染物质（徐刚等, 2005）。根据 Li C 等（2016）的研究，农膜中 15 种 PAE 的含量可以达到 30.8mg/kg，其中 DEHP、DIBP 和 DBP 是主要种类，最高含量分别可以达到 15.9mg/kg、16.7mg/kg 和 11.2mg/kg。除了上述的酞酸酯，DCHP、BBP、DNOP 和 DNP 等也被用于塑料制品中（Zeng et al., 2008）。由于酞酸酯不是以化学键与塑料的母体结合，因此在光照和高温下很容易脱落进而释放到土壤、空气和水等环境介质中。土壤酞酸酯污染水平与从塑料薄膜残体中释放的酞酸酯相关，使用农膜的土壤中酞酸酯含量明显增高。例如，在南京郊区的设施蔬菜农场土壤中，有塑料膜的土壤中的酞酸酯浓度比没有塑料膜的土壤高 79.3%～610%（Wang et al., 2013）。与非耕种土壤相比，农业土壤中酞酸酯的浓度更高，这表明在农业生产中广泛使用含酞酸酯的产品（如塑料薄膜）可能会导致酞酸酯含量升高（Wu et al., 2015）。此外，农膜的使用量、颜色、厚度、覆盖方式、覆盖年数等因素均影响农膜中酞酸酯的释放及其在土壤中的积累。对于农业发达的山东省来说，其地膜使用量高于广东、河北等省，土壤中酞酸酯浓度也更高（Lü et al., 2018）。陈永山等（2011）提出黑色地膜覆盖的土壤中酞酸酯含量较高，可能是因为黑色地膜容易吸收热量，使地膜温度升高而降低了增塑剂与 PVC 的结合强度，导致地膜中的酞酸酯较易向环境中释放。Fu 和 Du（2011）研究发现，农膜的厚度越高，其产品性能越强，覆盖的蔬菜中 DEHP 含量越高。Wang 等（2013）对南京城郊的设施菜地土壤中酞酸酯进行测定，发现土壤中酞酸酯浓度取决于以酞酸酯为增塑剂的农膜使用形式，如棚膜、拱膜和地膜共用的耕种 8～12 年的蔬菜农场土壤中酞酸酯浓度高于棚膜和地膜共用的耕种超过 10 年的酞酸酯浓度。在山东半岛，酞酸酯浓度与蔬菜温室的棚龄之间存在正相关关系（Chai et al.，2014）。Song 等（2018）对不同年限的大棚温室进行调查，也发现随着年限的增加，土壤中酞酸酯的残留浓度增加。

商业化学肥料、有机肥料在生产、加工、包装、运输过程中，会接触到很多的塑料制品，因此造成肥料中可能含有酞酸酯，而含有酞酸酯肥料的施加，会一定程度上增加土壤中酞酸酯含量。有调查研究发现，化学肥料中 6 种酞酸酯总含量在 0.001～2.80mg/kg（Mo et al.，2008），也有研究报告指出，商业有机肥料中的 6 种酞酸酯总含量约为 2.95mg/kg（Wang et al.，2013），而其中 DBP 和 DEHP 占总量的 90%以上。因为农家肥营养全面、成本低廉，所以被大量施用，但其中也检测到了一定含量的酞酸酯。在家禽家畜粪便的检测中发现，DEHP、DBP、DMP 和 DEP 是其中主要的酞酸酯，总含量超过 2.5mg/kg，而且家禽粪便的施用率越高，土壤中酞酸酯浓度越高（Mo et al.，2008）。在我国南方地区的农田中，沉积物和污泥也被用作肥料，因此也可能导致酞酸酯在农田土壤中累积（Wang et al.，2013）。

工业生产中排放的废气、废水中含有各种有害的无机物和有机物，废气和废水分别通过大气沉降和下渗作用将有害物质带入土壤以及地下水中，造成土壤和地下水的污染。研究发现，工业区的空气沉降物中酞酸酯占主导地位，其来源与企业排放的废气有关，酞酸酯在化工废水中的检出率达到 94.7%（王晓丹等，2012）。大量排放的工业废水导致酞酸酯在地下水中累积（王程等，2009），因此，将污染地下水用于灌溉会导致土壤中酞酸酯的累积（Chai et al.，2014）。目前，关于我国地下水中酞酸酯的研究报道较少，国内地下水酞酸酯污染较重的区域主要集中在珠三角、淮河流域，地下水中酞酸酯的主要成分均为 DBP、DEHP（Liu et al.，2014）。酞酸酯的分布还受到水体流动、悬浮颗粒物的沉降以及人为活动的影响。大气沉降所引起的迁移，使得酞酸酯的污染程度会随污染源距离的增加而降低。调查显示，在电子废弃拆迁区附近的表层土壤中酞酸酯的平均含量从最接近污染源的 23.24mg/kg 降到距离其 100m 处的 1.33mg/kg（张中华等，2010）。同样，北京地区的调查结果表明，离市区距离越远，土壤中酞酸酯含量就越低（Xia et al.，2011）。

此外，农药也是酞酸酯的次要来源之一。在设施菜地中，烷基链较短的酞酸酯，如 DMP、DEP 和 DBP 可用作农药中的溶剂。李辉（2018）发现，在精异丙甲草胺、乙草胺和氯氟吡氧乙酸异辛酯 3 个乳油样品中检出 DEHP，检出浓度为 23～68mg/kg，DMP、DBP 和 BBP 也均有检出。同样，作为次要来源的还有污染土壤和大气的流动。对 PAEs 的空气-土壤交换的研究表明，污染的土壤可以造成 PAEs 大气污染进而迁移。先前的研究表明，土壤中酞酸酯的主要损失之一是空气的挥发（Sun et al.，2018）。与其他五种美国环境保护署有限控制的酞酸酯相比，DMP 更容易在空气中挥发，随着酞酸酯的辛醇-水分配系数的增加，其挥发性减小，更不容易从土壤中挥发到空气中。露天农田存在的潜在污染源可能使其成为污染土壤，进而通过空气流通和大气沉降造成酞酸酯污染的扩散，这也就解释了为什么在有些研究中发现，设施菜地与露天农田酞酸酯的污染差异不明显。

酞酸酯作为一类易水解、流动性强易转移的物质，尽管现在人们对它的源解析进行了很多研究，也取得了一定的成果，但对于农田土壤的源解析仍然有诸多问题需要解决。面对我国设施菜地严重的酞酸酯污染现状，源解析的工作就显得迫切而有意义。为了弄清这个问题，必须做到以下几点：①要充分了解酞酸酯的污染源及情况，污染源是源解析工作中的重点，现在的研究主要集中在酞酸酯的直接来源即农膜和肥料之上，然而像农药、大气沉降和一些潜在的污染源研究得较少，势必造成一些疏漏，因此需要甄别发现并全面了解酞酸酯的污染源及其特性，为解析工作打好基础。②要掌握酞酸酯在各种环境介质之间的迁移转化等环境行为，尤其是烷基链较短的酞酸酯容易挥发转移，设施菜地作为一种较复杂的体系涉及土-水-气等多种环境介质和人为干预，因此，掌握酞酸酯的迁移转化对于其溯源就显得尤为重要。③要摸清酞酸酯代谢路径及产物，酞酸酯由于其酯键易于水解断裂，其半衰期也较短，从几天到几月不等，那么，摸清酞酸酯的代谢路径及产物的情况，通过酞酸酯的种类、浓度及相应的代谢产物的情况来推断不同来源对污染情况的贡献度，进而深入解析就成为研究酞酸酯源解析中不可或缺的一个部分。综上所述，酞酸酯的源解析是一项复杂而长期的工作，这项工作与保障粮食安全有着很大的联系，是一项既具有科学意义又具有实际意义的工作。

2.4.2 典型设施菜地土壤抗生素污染来源解析

土壤是抗生素重要的汇。目前，在不同类型土壤中均检测出抗生素残留，浓度在 μg/kg～mg/kg 级别，其中，设施菜地土壤中抗生素污染最为严重。土壤中的抗生素来源包括天然源和人为源。自然界存在于土壤中的微生物（包括细菌、真菌、放线菌属）或高等动植物自身可以合成抗生素，但是其在环境中的本底值总体是非常低的，这就是土壤环境中抗生素的主要天然来源。研究表明，畜禽粪肥农用、污泥农用、污水灌溉、中水回用是农田土壤中抗生素的人为来源。相较之下，人为源是土壤中抗生素的主要来源。

畜禽粪肥农用是将抗生素引入土壤的主要途径。据统计，一个万头猪场每年向环境排放的兽用抗生素为 300～500kg。对华北地区多个禽畜养殖基地粪便样品进行检测，结果表明金霉素检出浓度最高（125μg/kg）（Wan et al.，2013）；而浙北地区规模化养殖场畜禽粪中四环素、土霉素、金霉素平均残留量分别为 1.57mg/kg、3.10mg/kg、1.80mg/kg（张慧敏等，2008）。规模化养殖场产生的大量畜禽粪便直接或者经简单堆肥处理后做成有机肥施用于菜地、农田和果园中。在设施农业中，某些地区有机肥施用量占总施肥量的比例高达 61%～88%（张彦才等，2005）。2010 年我国设施大棚的面积为 467 万 hm^2，约占全球设施大棚总面积的 80%（Zeng et al.，2019），而当年畜禽粪便的排放量为 45 亿 t，按照上述比例施肥，相当于每公顷施用 100～150t 畜禽粪便粪肥，这将导致土壤中的抗生素残留达每公顷数百克。据报道，2007 年我国畜禽养殖业产生的粪便量约为 2.43 亿 t，而绝大部分（80% 以上）含有抗生素的畜禽粪便未经无害化处理或经简单堆肥处理作为有机肥直接施于农田。加之设施农业对水肥需求量大，施肥量、施肥频率显著高于传统农业，畜禽粪肥中的抗生素长期不断输入和土壤的吸附作用，将导致抗生素在土壤中持久存在。在现行"一控两减三基本"的方针指导下，有机肥替代是一种行之有效的措施。在有机肥施入农田之前，有机肥中的抗生素污染问题必须引起足够的重视。

污泥农用、污水灌溉、中水回用等将水体中的抗生素引入土壤，诱发二次环境污染。同时，污泥农用、污水灌溉、中水回用具有明显的地域特征，不同灌区土壤抗生素污染成因各异，因此，须结合实际情况具体分析土壤抗生素的来源。由于抗生素不能完全被机体吸收，未被机体吸收的部分主要以排泄物的形式进入下水道并入城市污水管网，最终汇入城镇污水处理厂。然而现有的常规水处理技术很难完全将其去除。以 A^2/O 工艺为例，其对 10 种抗生素的去除率均低于 65%（李士俊和谢文明，2019），因此在污水处理厂出水中可以检测到不同浓度的抗生素残留。此外，抗生素还会被活性污泥吸附。污水中已经检测到大量抗生素的存在，浓度在 µg/L～mg/L 级别，污泥中抗生素浓度可达到几 mg/kg。污水作为灌溉用水，污泥作为肥料和土壤改良剂应用于土壤中，会导致抗生素在土壤中蓄积。在水产养殖中，抗生素直接投放到水中，造成水体污染；或富集在底泥沉积物中，通过污水灌溉、底泥农用等途径进入土壤中。药品与个人护理品（PPCPs）中抗生素类药物未经无害化处理直接丢弃也是土壤抗生素的来源之一。另外，为防治水果、蔬菜和观赏性植物细菌性病害而喷洒抗生素，是抗生素进入土壤的另一重要途径。

目前，关于土壤中抗生素来源的研究还处于源识别阶段，即定性分析了抗生素的主要来源，而未对各种来源进行定量解析，因此，无法确定各种来源对土壤中抗生素残留的贡献率。土壤污染物源解析研究主要针对持久性有机污染物（如多环芳烃、滴滴涕、二噁英等），源解析方法主要分为源清单法、扩散模型法、受体模型法。其中，受体模型法是指通过对土壤样品和排放源样品中对源有指示作用的示踪物进行分析，定性识别受体的源类，并定量确定各类源对受体的贡献的方法，其克服了其他方法的不足而成为土壤污染物源解析研究中最主要的技术手段（李娇等，2018）。已有利用受体模型法定量解析土壤中 PAHs、OCPs、PCBs 等来源，水体中抗生素、PAHs 来源的研究报道，而关于定量解析土壤中抗生素污染来源的文献报道相对较少。朱秀辉等（2017）利用层次分析法定量解析了广州市北郊蔬菜基地土壤中四环素类抗生素的来源，结果表明，粪肥对土壤中 3 种四环素类抗生素的残留贡献率为 53.07%；商业性有机肥的残留贡献率为 24.32%，灌溉水的残留贡献率较低（8.44%）。

2.4.3 典型设施菜地土壤激素污染来源解析

研究显示，类固醇激素在农田土壤中的检出率高达 90.2%，而目前关于类固醇激素的大范围调查鲜有报道。类固醇激素在土壤中的含量受到多种因素影响，其中，粪便类型、粪便施用率、施用周期、降水量、气温、土壤含水率、耕作方式、施肥后的降水时间等均对土壤类固醇激素的含量有显著的影响。

畜禽粪便被认为是土壤中类固醇激素的重要来源（Liu et al.，2013，2012b）。例如，Liu 等报道，中国华南地区养猪场中可检出 8～28 种类固醇激素，其在猪粪、养殖场冲刷水和悬浮颗粒物中的浓度分别为 2.2 ± 0.1～14400 ± 394µg/kg、6.1 ± 2.3～10800 ± 3190ng/L 和 5.0 ± 0.2～225 ± 79.4µg/kg（Liu et al.，2012b）。Liu 等发现在养殖废水中孕激素的含量范围为 2.31～6150ng/L，悬浮颗粒物中的浓度范围为 1.36～98.3ng/L，固相中的浓度范围为 1.57～3310µg/kg。研究报道，中国有 40%～95%的大型养殖场粪便以及 20%的散养家禽粪便用于农田施肥。通过粪肥农用，大量的类固醇激素进入土壤，可被植物吸收累积从而影响人类内分泌系统，也可在降水或灌溉的条件下流失，进入地下水或地表水，从而对周边水生生态系统造成内分泌干扰效应。污水处理厂也是土壤类固醇激素的重要来源。Chang 等（2011）报道了国内 7 座污水处理厂进出水中类固醇激素的含量，发现 60%～96%的含量中均有雄性激素贡献。Shen 等（2019）调查了北京市污水处理厂中 62 种孕激素及其代谢产物的浓度，发现其最高浓度为 1866ng/L。据估算，全国约 6.65%的农田均用污水进行灌溉，灌溉导致大量类固醇激素的残留（方玉东，2011）。

类固醇激素是一类中度疏水性物质。与持久性有机污染物不同，类固醇激素在农田水-土体系中具有一定的迁移性。截至目前，国内外研究报道了农药、抗生素和酞酸酯在土壤中的含量及时空分布规律，但类固醇激素的含量分布鲜有报道。针对黄淮海地区设施菜地类固醇激素的污染现状，开展深入的源解析工作非常有意义。解决此问题，需做到以下几点：①收集更详尽的大范围畜禽养殖数据，如养殖场数量，牲畜出栏量、存栏量，各地区粪肥施用量和使用方式，污水灌溉量及灌溉周期等；这些重要因素均有助于分析类固醇激素的来源。②掌握类固醇激素在土壤环境中的迁移转化规律。虽然大量文献报道类固醇激素在好氧土壤中会发生快速的生物转化，但仍有研究报道类固醇激素具有很长的持久性。另外，在降水或灌溉条件下，类固醇激素可通过地表径流、地下渗流等方式进入水体。然而，目前很多研究结果不一致，对其迁移的关键因素挖掘不到位，因此，掌握类固醇激素在土壤中的迁移转化微观机制非常重要。最后，类固醇激素容易在迁移的过程中发生生物转化，因此，其结构性质也会发生巨大变化。例如，羟基化作用将导致类固醇激素的极性增加，迁移性更强。因此，除了要实时监测类固醇激素的含量之外，也要定量研究类固醇激素转化产物的含量，从而在根本上推测类固醇激素的来源。综上所述，全国性大数据以及类固醇激素的迁移转化规律对厘清类固醇激素的来源非常重要，是今后需要开展的重要工作。

2.5 典型种植制度下土壤污染因子监测与评估指标体系初探

农业生产过程中农业投入品的大量使用造成了农田土壤环境中各类有毒有机/生物污染物的残留，对农田土壤的可持续利用、农产品安全和地下水安全造成了潜在威胁。建立国家土壤环境监测网，开展土壤环境质量监测，对及时了解土壤环境质量和土壤环境管理具有重要的意义，而设立科学、完备的监测指标体系是开展土壤环境质量评价、土壤污染风险评估、土壤环境质量变化趋势预测的基础。

欧洲的土壤监测工作开展较早，具备成熟的先进经验，而我国国家土壤环境监测网的运行刚刚起步，欧洲国家建立的监测指标体系给了我们一些启示：一是在关注土壤污染的基础上，进一步关注土壤环境可持续性和功能性，构建包含物理-化学-生物等综合的监测指标体系；二是建立动态调整的监测指标体系，一方面要根据各阶段土壤环境管理目标不断丰富指标体系，另一方面要考虑我国不同地区不同种植制度土壤环境质量状况，建立差异化的监测指标体系。我国的土壤环境监测与评估指标体系建立尚处在起步阶段，本章仅对建立典型种植制度下土壤有机/生物污染因子的监测与评估指标体系进行初探。

2.5.1 典型种植制度土壤中有机/生物污染因子监测指标的筛选原则

典型大田作物和设施菜地土壤农药监测指标筛选原则：①基于我国现有的土壤中农药管控标准中规定的农药；②基于我国各类作物登记农药种类中广泛使用的农药；③结合田间地头调查发现的农药使用包装和调查问卷统计的结果；④选择实际土壤污染调查中检出频率和浓度较高的农药。

典型设施菜地土壤酞酸酯监测指标筛选原则：①美国环境保护署推荐控制的 16 种酞酸酯；②选择实际土壤污染调查中检出频率和浓度较高的酞酸酯种类。

典型设施菜地土壤抗生素和激素监测指标筛选原则：①基于畜禽养殖行业中使用量大、畜禽粪便中残留浓度较高的抗生素和激素种类进行筛选；②选择实际土壤污染调查中检出频率和浓度较高的抗生素和激素种类。

典型设施菜地土壤病原菌监测指标筛选原则：选取土壤中危害较大的、常见的人畜共患致病菌。

2.5.2 典型种植制度土壤中有机/生物污染因子监测指标

基于以上原则，研究人员对小麦、水稻、玉米、大豆和设施菜地几种典型种植制度土壤中的有机/生物污染物监测指标进行了筛选，并针对所筛选出的监测指标，进一步梳理、总结评估依据与标准，初步建立了典型种植制度土壤中各类有机/生物污染物的监测指标体系（表 2-16 和表 2-17）。

表 2-16 典型大田作物农药监测指标

种植制度	监测农药种类
小麦	DDTs、HCHs、吡虫啉、毒死蜱、苯磺隆
玉米	DDTs、HCHs、乙草胺、阿特拉津、异丙甲草胺
水稻	DDTs、HCHs、丁草胺、毒死蜱、吡虫啉、啶虫脒
大豆	DDTs、HCHs、氟磺胺草醚、乙草胺、异丙甲草胺、精喹禾灵

表 2-17 典型设施菜地有机污染物监测指标

污染物类别	污染物名称
农药	DDTs、HCHs、毒死蜱、吡虫啉
酞酸酯	邻苯二甲酸二甲酯、邻苯二甲酸二乙酯、邻苯二甲酸二丁酯、邻苯二甲酸丁基苄酯、邻苯二甲酸（2-乙基己基）酯、邻苯二甲酸二正辛酯
抗生素	土霉素、金霉素、多西环素、四环素、恩诺沙星、诺氟沙星、培氟沙星、环丙沙星、氧氟沙星
激素	雌酮、17β-雌二醇、雌三醇、睾酮、雄烯二酮、1,4-雄烯二酮、去氢孕酮、孕酮
病原菌	大肠杆菌 O157:H7、沙门氏菌、猪链球菌

2.5.3 典型种植制度土壤中有机/生物污染因子评估指标确立原则

评估对象的确定：应该针对不同的种植制度、不同的污染物类别，确定相应的评估对象，如土壤微生物、地下水和人体健康等。土壤微生物群落在营养循环、土壤结构维持、有害化学物质的代谢和植物害虫的控制中起关键作用。微生物对环境的变化较敏感，其最直接的反应是微生物群落的多样性和结构的变化。水溶性较强、容易下渗的污染物应该评估其对地下水的污染风险。此外，建议评价污染物的人体健康风险。

评估模型的选择：关于评估模型国内外有很多参考，也可根据控制要求、级别具体制定不同的风险管控值，可以根据具体需求、可能提供的测试数据结果、可能提供的背景数据资料来选取适合的评估方法。

由于有机/生物污染物种类繁多，致毒机理不尽相同，加之地理位置和种植制度的差异，土壤有机/生物污染因子监测与评估指标的确立是一项复杂的工程，需要经过多年系统的土壤环境数据监测、统计分析、模型评估，以及从环境管理的角度综合考量确定，并根据各阶段土壤环境管理目标不断丰富指标体系，建立差异化的、动态调整的监测与评估指标体系。本章仅就几种典型种植制度下土壤有机/生物污染因子监测与评估指标体系的建立进行初步探索，以期起到抛砖引玉的作用。

参 考 文 献

陈永山，骆永明，章海波，等. 2011. 设施菜地土壤酞酸酯污染的初步研究. 土壤学报，48（3）：516-523.
方玉东. 2011. 我国农田污水灌溉现状、危害及防治对策研究. 农业环境与发展，28（5）：1-6.
李辉. 2018. 邻苯二甲酸酯类和吡咯烷酮类高风险农药助剂的检测方法研究. 北京：中国农业科学院硕士学位论文.
李娇，吴劲，蒋进元，等. 2018. 近十年土壤污染物源解析研究综述. 土壤通报，49：232-242.
李士俊，谢文明. 2019. 污水处理厂中抗生素去除规律研究进展. 环境科学与技术，42：17-29.
王程，刘慧，蔡鹤生，等. 2009. 武汉市地下水中酞酸酯污染物检测及来源分析. 环境科学与技术，（10）：124-129.
王晓丹，杨杰，严浩，等. 2012. 兰州市西固区大气降尘中邻苯二甲酸酯分布特征及来源分析. 地球与环境，40（3）：336-341.
徐刚，杜晓明，曹云者，等. 2005. 典型地区农用地膜残留水平及其形态特征研究. 农业环境科学学报，24（1）：79-83.
张慧敏，章明奎，顾国平. 2008. 浙北地区畜禽粪便和农田土壤中四环素类抗生素残留. 生态与农村环境学报，24（3）：69-73.
张彦才，李巧云，翟彩霞，等. 2005. 河北省大棚蔬菜施肥状况分析与评价. 河北农业科学，9：61-67.
张中华，金士威，段晶明，等. 2010. 台州电子废物拆解地区表层土壤中酞酸酯的污染水平. 武汉工程大学学报，32（7）：28-32.
朱秀辉，曾巧云，解启来，等. 2017. 广州市北郊蔬菜基地土壤四环素类抗生素的残留及风险评估. 农业环境科学学报，36：2257-2266.

Adeel M, Song X, Wang Y, et al. 2017. Environmental impact of estrogens on human, animal and plant life: a critical review. Environment International, 99: 107-119.

Arias M, Torrente A C, López E, et al. 2005. Adsorption-desorption dynamics of cyprodinil and fludioxonil in vineyard soils. Journal of Agricultural & Food Chemistry, 53: 5675-5681.

Chai C, Cheng H, Ge W, et al. 2014. Phthalic acid esters in soils from vegetable greenhouses in Shandong Peninsula, East China. PLoS One, 9: e95701.

Chang H, Wan Y, Wu S, et al. 2011. Occurrence of androgens and progestogens in wastewater treatment plants and receiving river waters: comparison to estrogens. Water Research, 45: 732-740.

Cunha J P, Chueca P, Garcera C, et al. 2012. Risk assessment of pesticide spray drift from citrus applications with air-blast sprayers in Spain. Crop Protection, 42: 116-123.

Department of Environmental Conservation. 1994. Determination of soil cleanup objectives and cleanup levels (TAGM 4046) //Conservation DOE. New York: Department of Environmental Conservation.

Fent K. 2015. Progestins as endocrine disrupters in aquatic ecosystems: concentrations, effects and risk assessment. Environment International, 84: 115-130.

Fu X, Du Q. 2011. Uptake of di-(2-ethylhexyl) phthalate of vegetables from plastic film greenhouses. Journal of Agricultural & Food Chemistry, 59 (21): 11585-11588.

Lee L S, Strock T J, Sarmah A K, et al. 2003. Sorption and dissipation of testosterone, estrogens, and their primary transformation products in soils and sediment. Environmental Science & Technology, 37: 4098-4105.

Li C, Chen J Y, Wang J H, et al. 2016. Phthalate esters in soil, plastic film, and vegetable from greenhouse vegetable production bases in Beijing, China: concentrations, sources, and risk assessment. Science of the Total Environment, 568: 1037-1043.

Li J, Chen C L, Li F D. 2016. Status of POPs accumulation in the Yellow River Delta: from distribution to risk assessment. Marine Pollution Bulletin, 107: 370-378.

Li Q F, Lu Y L, Wang P, et al. 2018. Distribution, source, and risk of organochlorine pesticides (OCPs) and polychlorinated biphenyls (PCBs) in urban and rural soils around the Yellow and Bohai Seas, China. Environmental Pollution, 239: 233-241.

Ling W, Xu J, Gao Y, 2006. Dissolved organic matter enhances the sorption of atrazine by soil. Biology & Fertility of Soils, 42: 418-425.

Liu S, Ying G G, Liu Y S, et al. 2013. Degradation of norgestrel by bacteria from activated sludge: comparison to progesterone. Environmental Science & Technology, 47: 10266-10276.

Liu S, Ying G G, Zhang R Q, et al. 2012a. Fate and occurrence of steroids in swine and dairy cattle farms with different farming scales and wastes disposal systems. Environmental Pollution, 170: 190-201.

Liu S, Ying G G, Zhou L J, et al. 2012b. Steroids in a typical swine farm and their release into the environment. Water Research, 46: 3754-3768.

Liu X, Shi J, Bo T, et al. 2014. Occurrence of phthalic acid esters in source waters: a nationwide survey in China during the period of 2009—2012. Environmental Pollution, 184: 262-270.

López-Pérez G C, Arias-Estévez M, López-Periago E, et al. 2006. Dynamics of pesticides in potato crops. Journal of Agricultural and Food Chemistry, 54: 1797-1803.

Lü H X, Mo C H, Zhao H M, et al. 2018. Soil contamination and sources of phthalates and its health risk in China: a review. Environmental Research, 164: 417-429.

Marsheck W J, Kraychy S, Muir R. 1972. Microbial degradation of sterols. Applied Microbiology, 23: 72-77.

Mo C H, Cai Q Y, Li Y H, et al. 2008. Occurrence of priority organic pollutants in the fertilizers, China. Journal of Hazardous Materials, 152: 1208-1213.

Niu L L, Xu C, Zhang C L, et al. 2017. Spatial distributions and enantiomeric signatures of DDT and its metabolites in tree bark from agricultural regions across China. Environmental Pollution, 229: 111-118.

Pan H W, Lei H J, He X S, et al. 2017. Levels and distributions of organochlorine pesticides in the soil-groundwater system of vegetable planting area in Tianjin City, Northern China. Environmental Geochemistry and Health, 39: 417-429.

Rial-Otero R, Cancho-Grande B, Arias-Estevez M, et al. 2003. Procedure for the measurement of soil inputs of plant-protection agents washed off through vineyard canopy by rainfall. Journal of Agricultural and Food, 51: 5041-5046.

Shen X, Chang H, Shao B, et al. 2019. Occurrence and mass balance of sixty-two progestins in a municipal sewage treatment plant. Water Research, 165: 114991.

Song Y, Xu M, Li X N, et al. 2018. Long-term plastic greenhouse cultivation changes soil microbial community structures: a case study. Journal of Agricultural and Food Chemistry, 66 (34): 8941-8948.

Sun J T, Pan L L, Tsang D, et al. 2018. Organic contamination and remediation in the agricultural soils of China: a critical review. Science of the Total Environment, 615: 724-740.

Sun J T, Zeng Q T, Tsang D, et al. 2017. Antibiotics in the agricultural soils from the Yangtze River Delta, China. Chemosphere, 189: 301-308.

Wan W N, Chen X, Ju X H, et al. 2013. Simultaneous determination of residual antibiotics in livestock manure by solid phase extraction-ultra-high performance liquid chromatography tantem mass spectrometry. Chinese Journal of Analytical Chemistry, 41: 993-999.

Wang J, Luo Y M, Teng Y, et al. 2013. Soil contamination by phthalate esters in Chinese intensive vegetable production systems with different modes of use of plastic film. Environmental Pollution, 180: 265-273.

Wu W, Hu J, Wang J Q, et al. 2015. Analysis of phthalate esters in soils near an electronics manufacturing facility and from a non-industrialized area by gas purge microsyringe extraction and gas chromatography. Science of the Total Environment, 508: 445-451.

Xia, X, Yang L, Bu Q, et al. 2011. Levels, distribution, and health risk of phthalate esters in urban soils of Beijing, China. Journal of Environmental Quality, 40 (5): 1643-1651.

Yang F, Wang M, Wang Z. 2013. Sorption behavior of 17 phthalic acid esters on three soils: effects of pH and dissolved organic matter, sorption coefficient measurement and QSPR study. Chemosphere, 93 (1): 82-89.

Yang X, Lin H, Dai X, et al. 2019. Sorption, transport, and transformation of natural and synthetic progestins in soil-water systems. Journal of Hazardous Materials, 384: 121482.

Zeng F, Cui K Y, Xie Z Y, et al. 2008. Phthalate esters (PAEs): emerging organic contaminants in agricultural soils in peri-urban areas around Guangzhou, China. Environmental Pollution, 156: 425-434.

Zeng Q, Sun J, Zhu L. 2019. Occurrence and distribution of antibiotics and resistance genes in greenhouse and open-field agricultural soils in China. Chemosphere, 224: 900-909.

Zhang A, Fang L, Wang J, et al. 2012. Residues of currently and never used organochlorine pesticides in agricultural soils from Zhejiang province, China. Journal of Agricultural and Food Chemistry, 60: 2982-2988.

Zhang F S, Xie Y F, Li X W, et al. 2015. Accumulation of steroid hormones in soil and its adjacent aquatic environment from a typical intensive vegetable cultivation of North China. Science of the Total Environment, 538: 423-430.

Zhang J N, Yang L, Zhang M, et al. 2019. Persistence of androgens, progestogens, and glucocorticoids during commercial animal manure composting process. Science of the Total Environment, 665: 91-99.

第3章 稻田中典型农药的迁移转化行为、过程与效应

3.1 稻田典型农药的环境归趋特征与多界面迁移转化规律

3.1.1 稻田系统中典型农药的环境归趋特征

目前，我国有关稻田系统中农药的迁移、分布、代谢、转化特征等方面研究已有诸多报道。不同农药在稻田田面水-土壤水-植物体系中的消解规律不同，大多数农药在稻田施用后的消解过程均符合一级动力学，与农药性质、区域气候条件、土壤环境、农药施用方式、剂型、剂量、次数、间隔期等有关。这些因素也会影响农药在稻田田面水、土壤、作物（包括稻米）中的残留量（表3-1）。田间农药动态监测研究表明，农药在各介质中的残留水平与施药浓度和施药次数呈正相关，但收获期糙米中的易降解农药超标率较低。

表3-1 稻田田面水、土壤与作物中农药含量变化的特征值

农药名称	地点（研究时间）	$T_{1/2}$/d			参考文献
		田面水	土壤	作物	
吡蚜酮 (pymetrozine)	湖南长沙（2013年）	5.7	10.4	7.3	王子希（2014）
	湖南长沙（2014年）	7.0	12.1	8.4	
虫酰肼 (tebufenozide)	湖南长沙（2012年）	2.84	7.54	3.16	蒋诗琪（2015）
	湖南长沙（2013年）	2.67	7.56	3.87	
	浙江杭州（2012年）	6.28	7.52	7.70	
	浙江杭州（2013年）	1.67	8.10	7.62	
	吉林长春（2012年）	6.21	4.50	3.85	
	吉林长春（2013年）	3.89	12.60	3.79	
三环唑 (tricyclazole)	湖南长沙（2008年）	7.87	11.07	7.48	李佳（2010）
	湖南长沙（2009年）	8.32	10.86	7.67	
	浙江杭州（2008年）	8.22	10.74	7.88	
	浙江杭州（2009年）	7.97	11.42	7.70	
	广西南宁（2008年）	8.58	10.56	8.02	
	广西南宁（2009年）	9.00	10.91	8.11	

续表

农药名称	地点（研究时间）	$T_{1/2}$/d			参考文献
		田面水	土壤	作物	
吡蚜酮 （pymetrozine）	湖南长沙（2009年）	7.34	14.53	11.45	李佳（2011）
	湖南长沙（2010年）	6.62	14.87	6.78	
	浙江杭州（2009年）	9.07	13.35	11.21	
	浙江杭州（2010年）	6.57	13.69	5.24	
杀螺胺乙醇胺盐 （niclosamide ethanolamine）	湖南长沙（2009年）	1.69	13.86	7.70	伍一红（2012）
	湖南长沙（2010年）	1.82	11.55	6.93	
	贵州贵阳（2009年）	3.01	13.86	6.93	
	贵州贵阳（2010年）	2.10	13.86	6.93	
	浙江杭州（2009年）	1.73	9.90	5.33	
	浙江杭州（2010年）	1.93	8.66	6.30	
烯啶虫胺 （nitenpyram）	湖南长沙（2009年）	1.84	2.78	4.78	臧纯（2012）
	湖南长沙（2010年）	1.88	2.09	4.89	
	贵州贵阳（2009年）	2.00	2.15	4.95	
	贵州贵阳（2010年）	1.90	2.01	4.71	
	浙江杭州（2009年）	1.96	2.18	4.66	
	浙江杭州（2010年）	1.81	2.05	4.71	
	湖南长沙（2012~2013年）			0.8~2.9	魏凤（2015）
	吉林长春（2012~2013年）			1.6~3.3	
	贵州贵阳（2012~2013年）			1.4~2.4	
二甲四氯胺盐 （dimethylammonium 4-chlor-o-tolyloxyaceta）	浙江杭州（2009年）	6.76	7.15	5.76	周圣超（2012）
	浙江杭州（2010年）	5.97	7.05	5.64	
	湖南长沙（2009年）	5.78	7.11	6.68	
	湖南长沙（2010年）	5.75	7.13	6.46	
	贵州贵阳（2009年）	6.53	6.77	5.50	
	贵州贵阳（2010年）	5.86	7.38	5.52	
2,4-滴丁酸 （2,4-dichlorophenoxybutyric acid）	安徽合肥（2014年）	0.9	14.1	4.7	音袁（2016）
	安徽合肥（2015年）		20.4	1.1	
	广东湛江（2014年）		7.1	2.3	
	广东湛江（2015年）		7.0	11.7	
	湖北武汉（2014年）	2.5		7.8	
	湖北武汉（2015年）	5.9	34.7	4.6	
稻瘟酰胺 （fenoxanil）	湖南长沙（2010年）	5.72	9.25	5.31	许磊（2012）
	湖南长沙（2011年）	5.5	9.83	5.64	

续表

农药名称	地点（研究时间）	$T_{1/2}$/d			参考文献
		田面水	土壤	作物	
稻瘟酰胺 （fenoxanil）	广西南宁（2010年）	7.04	8.26	5.51	许磊（2012）
	广西南宁（2011年）	6.93	8.39	5.41	
	浙江杭州（2010年）	6.09	7.85	6.90	
	浙江杭州（2011年）	5.39	9.47	5.49	
醚菌酯 （kresoxim-methyl）	湖南长沙（2010年）			5.90	
	湖南长沙（2011年）			5.29	
	广西南宁（2010年）			5.53	
	广西南宁（2011年）			5.53	
	浙江杭州（2010年）			6.26	
	浙江杭州（2011年）			5.39	
	江苏南京（2012年）	2.03	3.01	9.32	殷星（2014）
	江苏南京（2013年）	0.83	2.79	6.52	
	江西南昌（2012年）	15.72	12.36	3.15	
	江西南昌（2013年）	7.42	5.44	6.86	
	广西南宁（2012年）	4.84	3.72	6.87	
	广西南宁（2013年）	7.43	8.54	4.71	
噻呋酰胺 （trifluzamide）	江苏南京（2014年）	1.3	5.3	7.4	亓育杰（2016）
	江苏南京（2015年）	1.9	3.1	9.3	
	山东淄博（2014年）	3.5	7.6	8.7	
	山东淄博（2015年）	2.2	6.0	7.8	
	广东广州（2014年）	4.6	7.9	10.7	
	广东广州（2015年）	3.7	5.3	13.9	
氯虫苯甲酰胺 （chlorantraniliprole）	安徽（2010年）	5.0	8.3	9.9	段劲生等（2016）
	安徽（2011年）	4.3	9.0	8.2	
	湖南（2010年）	4.1	8.8	9.2	
	湖南（2011年）	3.1	7.6	8.9	
	广西（2010年）	4.6	7.3	8.9	
	广西（2011年）	3.8	6.6	8.0	
稻瘟酰胺 （fenoxanil）	湖南长沙（2012年）	3.8	13.9	3.1	谭红（2015）
	湖南长沙（2013年）	3.6	13.7	3.3	
	吉林长春（2012年）	4.5	7.2	5.1	
	吉林长春（2013年）	1.0	7.5	4.5	
	贵州贵阳（2012年）	1.8	10.1	4.7	
	贵州贵阳（2013年）	3.1	20.4	5.8	

续表

农药名称	地点（研究时间）	$T_{1/2}$/d 田面水	$T_{1/2}$/d 土壤	$T_{1/2}$/d 作物	参考文献
咪鲜胺 （prochloraz）	湖南长沙（2012年）	1.8	11.0	1.0	谭红（2015）
	湖南长沙（2013年）	3.2	12.6	1.7	
	吉林长春（2012年）	1.4	5.1	1.7	
	吉林长春（2013年）	1.4	5.6	4.8	
	贵州贵阳（2012年）	1.8	10.8	1.4	
	贵州贵阳（2013年）	2.5	11.6	4.0	
呋虫胺颗粒剂 （dinotefuran）	湖南长沙	2.2	3.7	11.5	王全胜（2015）
	浙江诸暨	6.2	5.0	3.2	
	福建厦门	2.8	6.6	5.2	
呋虫胺可溶性粉剂 （dinotefuran）	湖南长沙	1.1	2.4	4.4	
	浙江诸暨	2.2	4.3	1.6	
	福建厦门	1.4	3.5	4.0	
肟菌酯 （trifloxystrobin）	浙江诸暨、福建厦门、湖南长沙（2013~2014年）	0.5~3.8	2.6~5.1	3.1~7.5	曹梦超（2015）
己唑醇 （hexaconazole）	湖南长沙（2013年）	2.08	8.61	5.72	任颖俊（2015）
	湖南长沙（2014年）	2.39	12.69	7.40	
	广西南宁（2013年）	2.22	9.51	6.46	
	广西南宁（2014年）	2.01	12.74	8.28	
	浙江杭州（2013年）	2.52	11.90	6.41	
	浙江杭州（2014年）	2.40	12.49	5.71	
盐酸吗啉胍 （moroxydine hydrochloride）	贵州贵阳（2012年、2013年）	2.18~14.52	9.11~20.26	8.07~12.07	周验旭（2015）
己唑醇 （hexaconazole）	江苏南京（2009年）	5.0~7.0	6.8	1.0	韩玲娟（2012）
	江苏南京（2010年）	5.0~7.0	9.1	4.1	
	江西南昌（2009年）	5.0~7.0	5.5	1.0	
	江西南昌（2010年）	5.0~7.0	8.7	1.0	
	天津（2009年）	5.0~7.0	4.4	1.0	
	天津（2010年）	5.0~7.0	2.3	1.0	
苯醚甲环唑 （difenoconazole）	湖南长沙（2008年）	7.03	8.61	6.38	胡瑞兰（2010）
	湖南长沙（2009年）	6.60	8.82	5.43	
	云南昆明（2008年）	6.03	7.06	5.96	
	云南昆明（2009年）	5.77	7.70	5.23	
	浙江杭州（2008年）	7.14	6.84	7.11	
	浙江杭州（2009年）	7.43	7.81	5.92	

续表

农药名称	地点（研究时间）	$T_{1/2}$/d			参考文献
		田面水	土壤	作物	
丙环唑 （propiconazole）	湖南长沙（2008年）	6.75	8.63	6.03	胡瑞兰（2010）
	湖南长沙（2009年）	6.99	8.73	5.71	
	云南昆明（2008年）	5.92	6.64	5.24	
	云南昆明（2009年）	5.45	7.10	5.10	
	浙江杭州（2009年）	6.94	8.81	8.03	
	浙江杭州（2009年）	7.37	7.31	6.14	
喹啉铜（oxin-copper）	湖南长沙（2013年）	5.14	11.63	4.95	肖浩（2015）
	浙江杭州（2013年）	5.38	16.08	5.87	
	广西南宁（2013年）	5.22	13.08	5.68	
氯环唑 （epoxiconazole）	长沙郊区（2013年）	4.62	21.00	4.36	戴亮（2015）
	长沙郊区（2014年）	4.09	9.72	4.37	
	北京郊区（2013年）	2.60	12.16	2.37	
	北京郊区（2014年）	3.10	10.65	5.71	
溴虫腈 （chlorfenapyr）	江苏南京（2011年）	2.88	6.36	9.60	孙晓燕（2013）
	江苏南京（2012年）	2.91	3.80	6.86	
	天津（2011年）	2.14	6.84	12.10	
	天津（2012年）	4.78	8.37	7.3	
	江西南昌（2011年）	4.89	7.92	15.40	
	江西南昌（2012年）	4.91	4.52	7.70	
甲萘威 （carbaryl）	江苏南京（2011年）	0.55	4.02	2.71	武霓（2013）
	江苏南京（2012年）	1.30	1.87	3.01	
	天津（2011年）	0.98	11.89	1.38	
	山东淄博（2012年）	0.54	1.02	5.66	
	江西南昌（2011年）	0.92	12.67	2.77	
	江西南昌（2012年）	1.43	12.60	1.87	
二氯喹啉酸 （quinclorac）	湖南长沙（2010年）	2.58	7.14	3.12	张宇（2013）
	湖南长沙（2011年）	3.74	3.44	3.03	
	浙江杭州（2010年）	2.94	9.33	2.49	
	浙江杭州（2011年）	3.51	5.91	1.68	
	广西南宁（2010年）	5.66	4.66	3.11	
	广西南宁（2011年）	3.46	9.27	2.36	
毒死蜱 （chlorpyrifos）	河南（水稻分蘖期第一次施药）	0.9	3.6	1.5	赵成林（2013）
	河南（水稻分蘖期第二次施药）	1.0	3.3	2.8	

续表

农药名称	地点（研究时间）	$T_{1/2}$/d 田面水	$T_{1/2}$/d 土壤	$T_{1/2}$/d 作物	参考文献
毒死蜱（chlorpyrifos）	河南（水稻拔节期第三次施药）		3.8	1.7	赵成林（2013）
毒死蜱（chlorpyrifos）	河南（水稻拔节期第四次施药）		4.2	2.8	赵成林（2013）
三唑酮（triadimefon）	河南（水稻分蘖期）	1.1	3.8	1.0	赵成林（2013）
三唑酮（triadimefon）	河南（水稻拔节期第二次施药）		2.7	0.8	赵成林（2013）
三唑酮（triadimefon）	河南（水稻拔节期第三次施药）		3.9	1.1	赵成林（2013）
丁草胺（machette）	河南（水稻苗期）	1.6	3.9		赵成林（2013）
丁草胺（machette）	河南（水稻分蘖期）	1.5	3.3	3.2	赵成林（2013）
吡蚜酮（pymetrozine）	江苏南京（2017年）			1.7	翟丽菲（2018）
噻呋酰胺（thifluzamide）	江苏南京（2017年）			4.13	翟丽菲（2018）
嘧菌酯（azoxystrobin）	江苏南京（2017年）			4.75	翟丽菲（2018）
吡虫啉（imidacloprid）	江苏南京（2017年）			7.70	翟丽菲（2018）
噁唑酰草胺（metamifop）	江西南昌（2007年）	7.4	14.3	2.2	罗婧（2010）
噁唑酰草胺（metamifop）	江西南昌（2008年）	3.3	9.1	1.5	罗婧（2010）
硫苯脲（thiobencarb）	伊朗 Dashtnaz（2008年）	1.6~4.4	40.8~73.7		Mahmoudi 等（2013）
稻思达（丙炔噁草酮；oxadiargyl）	伊朗 Dashtnaz（2008年）	2.2~2.8	13.3~36.5		Mahmoudi 等（2013）
三氟氧胞苷（trifloxystrobin）	浙江诸暨（2013年）	3.8	4.4	4.1	Cao 等（2015）
三氟氧胞苷（trifloxystrobin）	福建厦门（2013年）	0.7	3.5	7.5	Cao 等（2015）
毒死蜱（chlorpyrifos）	四川盐亭（2017年）	0.3	5.0	0.7	刘慧云等（2020）

在水稻分蘖期田间（江苏南京）施用 25%吡蚜酮制剂量为 24g/亩 1 次的情况下，水稻植株上的吡蚜酮原始沉积量为 1.69μg/kg，半衰期为 1.7d，糙米中的最终残留量远低于我国和欧盟规定在糙米中的最大残留安全限量值（MRL），在谷壳上并未检出吡蚜酮残留（翟丽菲，2018）。稻瘟酰胺和咪鲜胺在湖南长沙稻田环境中的残留研究表明，按推荐使用剂量 50g/亩、施药 2 次，在安全间隔期 14d 收获的稻米中稻瘟酰胺和咪鲜胺的残留量均低于 MRL（谭红，2015）。吡蚜酮在湖南长沙稻田田面水中的半衰期为 5.7~7.0d，在稻田土壤中的半衰期为 10.4~12.1d，在水稻植株中的半衰期为 7.3~8.4d（王子希，2014）。湖南长沙、浙江杭州、吉林长春三地农药消解动态试验结果表明，虫酰肼在稻田田面水、土壤、水稻植株中半衰期分别为 1.67~6.28d、4.50~12.60d、3.16~7.70d（蒋诗琪，2015）。吡蚜酮在湖

南长沙和浙江杭州两地稻田田面水、土壤、水稻植株中的消解均符合一级动力学（李佳，2011）。在湖南长沙、云南昆明以及浙江杭州的农药残留动态研究发现，苯醚甲环唑和丙环唑在稻田田面水中的平均半衰期分别为6.67d和6.57d，在土壤中的平均半衰期分别为7.81d和7.87d，在植株中的平均半衰期分别为6.01d和6.04d；且在施药21天后，糙米中的农药残留量均低于检出限（胡瑞兰，2010）。苯氧羧酸类选择性除草剂二甲四氯胺盐在湖南长沙、浙江杭州和贵州贵阳三地稻田田面水、水稻植株和稻田土壤的半衰期分别为5.75～6.67d、5.50～6.68d、6.77～7.38d，且消解均符合一级动力学；在正常收获期，稻田土壤、稻秆、谷壳和糙米中的二甲四氯胺盐残留量均低于最低检测限（周圣超，2012）。醚菌酯和稻瘟酰胺在湖南长沙、浙江杭州和广西南宁三地稻田中的消解均较快，且均符合一级动力学；在施药后14d时，醚菌酯和稻瘟酰胺在水稻植株、稻田土壤和田面水中的消解率均达46%以上，在35d时其消解率均达90%以上（许磊，2012）。噁唑酰草胺在江西南昌稻田田面水、土壤、水稻植株中的消解过程符合一级动力学，其消解半衰期分别为3.3～7.4d、9.1～14.3d、1.5～2.2d；其三种代谢物的残留量很低，并且消长的规律性不明显；施药后83～90d，土壤、水稻植株、稻米和稻壳样品中噁唑酰草胺及其代谢物的残留量均小于最低检测限（罗婧，2010）。烯啶虫胺在湖南长沙、吉林长春和贵州三地水稻植株上的消解较快，且均符合一级动力学方程，平均半衰期分别为1.8d、2.3d和1.9d（魏凤，2015）。三环唑在湖南长沙、浙江杭州和广西南宁三地稻田田面水中的消解半衰期为7.87～9.00d，平均半衰期为8.33d；在土壤中的消解半衰期为10.56～11.42d，平均半衰期为10.93d；在水稻植株中的消解半衰期为7.48～8.11d，平均半衰期为7.81d（李佳，2010）。类似的，二氯喹啉酸水分散粒（张宇，2013）、氟环唑（戴亮，2015）、己唑醇（任颖俊，2015）、甲萘威（武霓，2013）、喹啉铜（肖浩，2015）、氯虫苯甲酰胺（段劲生等，2016）、噻呋酰胺（亓育杰，2016）、三唑磷（马新生，2012）、烯啶虫胺（臧纯，2012）、杀螺胺乙醇胺盐（伍一红，2012）、溴虫腈（孙晓燕，2013）、哒螨灵（潘思竹，2016）等在稻田田面水、土壤及水稻植株中的消解均遵循一级动力学方程，在糙米中的残留量低于我国规定的MRL标准。

毒死蜱、三唑酮、丁草胺在稻田田面水、土壤及植株的消解速率不同，且在水稻苗期、分蘖期及拔节期不同生长阶段存在差异。以毒死蜱为例，在分蘖期，不同介质中的消解速率快慢依次为田面水＞植株＞土壤；在水稻拔节期，消解速率仍然是植株＞土壤，但毒死蜱在不同施用期间内各介质中的分布规律不一致，并无显著变化趋势。毒死蜱、三唑酮、丁草胺在各介质中的残留水平与施药浓度和次数呈正相关，三种农药在土壤表层0～5cm的残留量最大（赵成林，2013）。不同剂型农药的消解速率和趋势可能不同。以呋虫胺为例，在浙江诸暨、福建厦门、湖南长沙三地的试验结果表明，其颗粒剂在田面水和水稻植株中的含量均呈先升后降的趋势，而其可溶性粉剂呈持续下降趋势；同一试验点的田面水和植株中以颗粒剂消解较慢；在土壤中两种剂型均有前期上升趋势，同一试验点颗粒剂的半衰期比可溶性粉剂的长；同一试验点颗粒剂在稻米中的残留量低于可溶性粉剂（王全胜，2015）。天气状况的变化和不同地区水稻土理化性质的差异会导致农药在稻田土壤中的消解速率有所不同（韩玲娟，2012）。在浙江诸暨、福建厦门、湖南长沙三地的田间试验结果表明，肟菌酯在水稻植株上的消解较快，可归因于分蘖期水稻植株的快速生长；植株中的肟菌酯残留量在施药后一周内显著减少，并在之后的几周内以较慢的速率进一步消解；田面水中肟菌酯的残留浓度在 3～5d 之内便已急剧降低；在稻田土壤中的残留水平呈现一段递增的过程，而土壤中先增后降的变化可能是肟菌酯的理化性质导致其在田面水与土壤之间发生了动态吸附平衡，并在后期逐渐释放（曹梦超，2015）。对水稻田中氯虫苯甲酰胺的消解动态研究中也有类似发现（Zhang et al.，2012）。广东湛江、安徽合肥和湖北武汉三地的田间试验结果表明，当地的自然条件对水稻植株、土壤和田面水中酸性除草剂 2,4-滴丁酸的消解有一定的影响，环境温度高、土壤有机质含量多、土壤呈弱碱性等条件有利于该农药的消解（音袁，2016）。

综上所述，农药在稻田系统中的消解过程与归趋特征受到多种自然环境因子及农艺因素的综合影响或调控。针对水稻登记农药种类繁多、不同类型的农药环境行为差异较大的特点，应对不同区域、不同环境、种植制度及农艺措施下稻田农药污染情况、消解规律、农产品中农药残留进行系统研究，为农药的科学合理使用及污染防治提供依据。

3.1.2 灌溉及田间条件对稻田系统中农药迁移转化的影响

南方地区是我国水稻种植的主要区域。水旱轮作（水稻与其他作物、蔬菜轮作）能够改善土壤理化特性，使有机质更新加速，提高土壤孔隙度和土壤微生物的多样性，利于土壤养分被有效利用（吴余粮和蒋凯，2014）。漫灌模式可能造成稻田通气条件变差，影响水稻根系呼吸，从而出现病虫害及植株早衰等现象（李阳生等，2002；程建平等，2006；邢素林等，2018）。水稻种植期适当的水分亏缺有利于提高产量，同时改善稻米的品质（Yang et al.，2003）。合理的节水灌溉可能达到最佳经济效益，节水灌溉策略也因此得到推广。

值得注意的是，旱作易形成大孔隙从而发生优先流，可使污染物和病原体随之快速运移（Köhne et al.，2009）。水稻生长期的灌溉-排水过程可产生类似的结果（杨燕，2018）。干湿交替引起土体胀缩、土壤动物活动增强，促进水稻等植物的根系延伸，从而形成更多土壤大孔隙。养分（氮、磷等）、有机污染物（农药等）可随水分通过这些土壤大孔隙迁移（张维，2015），可能导致地下水污染，产生人体健康风险。

2007 年起，自甲胺磷等高毒有机磷农药被禁用后，毒死蜱成为用量最大的有机磷杀虫剂。世界卫生组织（WHO，2009）将毒死蜱的危害分类为"Ⅱ类中等危害"，对人等非靶标生物体有害。毒死蜱易于被吸附并发生降解，其主要降解产物 3,5,6-三氯-2-吡啶醇（3,5,6-trichloro-2-pyridinol，TCP）被美国环境保护署归类为持久性和易迁移性物质（Armbrust，2001），且比其母体具有更高毒性。第三世界人体暴露化学物质研究基金会发现，91%人体内有毒死蜱和 TCP 残留（杨欢，2017）。因此，应重点关注毒死蜱施用于稻田后的环境归趋，查明其主要影响因素。

刘慧云等（2020）依托四川盐亭农田生态系统国家野外科学观测研究站，在持续淹水和间歇淹水两种水分管理方式下开展了毒死蜱在紫色土发育的水旱轮作农田中的迁移转化与环境归趋研究，探明了毒死蜱及其主要降解产物 TCP 在田面水、土壤固相与水相和水稻植株中的分布特征。通过室内模拟培养实验，揭示了温度、微生物等对水稻土-上覆水体系中毒死蜱迁移转化行为的影响规律。

大田试验与观测结果表明（图 3-1），水稻生长后期施用毒死蜱 3d 后田面水中的浓度降低 90%以上，主要归因于表层土壤的强吸附作用；毒死蜱的主要降解产物 TCP 浓度在施药

6d 后降至初始浓度的 10%左右,此后保持较低浓度。土壤孔隙水中的毒死蜱浓度明显低于田面水,总体保持在较低水平,10cm 深处土壤孔隙水中的毒死蜱浓度总体稍高于 50cm 深处土壤孔隙水,可能是由于下渗水中的毒死蜱在垂直迁移过程部分为耕作表层土壤所吸附。10cm 深处土壤孔隙水中的 TCP 浓度呈现先升后降的趋势,而 50cm 深处 TCP 浓度基本保持在较低水平且未发生较大波动。耕作层土壤孔隙水 TCP 浓度在初期的持续上升可能是由于土壤固相表面所吸附的毒死蜱发生降解持续生成 TCP 并释放到孔隙水中。间歇淹水处理的干湿交替作用使耕作层土壤孔隙水中的毒死蜱浓度总体明显降低。推测有两个方面的原因:①土壤含水量下降,水土比降低,有利于吸附,从而使下渗水通量及其毒死蜱浓度降低;②排干期土壤中容易形成裂隙,氧化条件改善,微生物群落结构发生改变,可能导致土壤固相所吸附的毒死蜱的降解作用增强,从而使可解吸进入土壤孔隙水中的毒死蜱减少,水相浓度降低。在 50cm 深度,田面无水阶段土壤孔隙水的毒死蜱浓度出现异常高值,很可能是因为田面水排干后 2d 有一场短时强降雨事件(总降雨量为 52.4mm,降雨历时 2h,最大雨强为 53.6mm/h),雨水携带初期由表层土壤解吸的毒死蜱随优先流通过新形成的大孔隙快速到达深层土壤。另外,间歇灌溉处理稻田 50cm 深处土壤孔隙水中在施药后共出现两个 TCP 浓度峰值,分别是施药后第 12d(强降雨)和第 23d(灌溉),说明降雨和灌溉事件均能使 TCP 向孔隙水的释放及淋失强度显著增加。因此,应同时关注农药母体毒死蜱及其弱吸附性主要降解产物 TCP 的迁移规律。

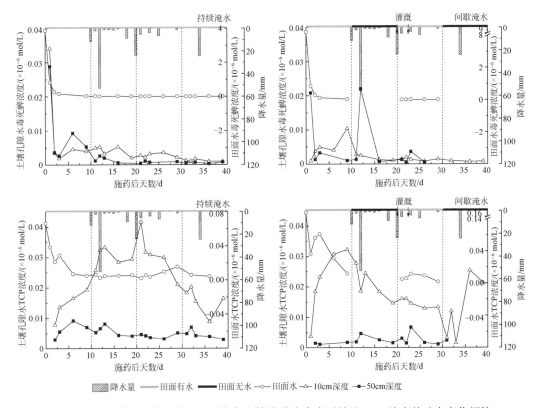

图 3-1 不同灌溉条件下稻田田面水与土壤孔隙水中毒死蜱及 TCP 浓度的动态变化规律

水分管理对稻田中西草净（simetryn）、苯噻草胺（mefenacet）、禾草丹（thiobencarb）三种除草剂环境行为的影响研究表明，施药后应在 1 周内（比日本推荐的 3~4d 田面水保持期要长）保持田面水尽量维持较浅的水深，使除草剂浓度经自然消解下降至较低水平，有效减少随降雨径流对受纳水体的污染物输出负荷（Watanabe et al., 2007）。对于不同除草剂应设置不同的田面水保持期（Newhart, 2002）。

就稻田土壤的农药残留而言，毒死蜱施用 1d 后就能在深层土壤（45~50cm 深度）中检出，但其含量较低，主要分布在 0~5cm 深度（0.09~2.89mg/kg）；施药 7d 后则大部分仅在表层 0~5cm 层检出（0.08~0.23mg/kg），此后至收获期毒死蜱均仅能在表层 0~5cm 中检出。收获时，水稻植株各部位的毒死蜱含量如表 3-2 所示，大小顺序为秸秆＞根＞叶片＞水稻籽粒。其他研究则发现：秸秆＞籽粒外壳＞籽粒（Zhang et al., 2012；Fu et al., 2015）。在持续淹水和间歇淹水两种水分管理方式下稻谷中的毒死蜱含量都远小于《食品安全国家标准　食品中农药最大残留限量》（GB 2763—2019）规定稻谷中最大残留限量（0.5mg/kg）。水分管理可影响毒死蜱在植物体内的富集部位，间歇淹水处理秸秆中毒死蜱含量显著高于持续淹水处理。此外，土壤干湿交替能增强植株根系活力，促进其生长发育，使其干物质量提高 9.15%（与持续淹水处理相比）（吕银斐等，2016）。

表 3-2　收获时植株各部位毒死蜱含量

处理	水稻籽粒（去壳）/（mg/kg）	秸秆/（mg/kg）	叶片/（mg/kg）	根/（mg/kg）
持续淹水	0.005±0.001	0.89±0.11	0.41±0.13	0.53±0.05
间歇淹水	0.008±0.001	3.79±0.07	0.39±0.07	0.53±0.01

水稻土溶液（土壤水提液）室内培养实验结果表明（图 3-2），夏季白昼的高温（40℃）条件有利于提高水中毒死蜱及 TCP 的降解速率，但对最终达到的 TCP 平衡浓度的影响不大。微生物显著影响 TCP 生成，未灭菌条件下 TCP 的生成量明显高于灭菌条件，推测存在微生物可分解利用毒死蜱，而水解作用可能对毒死蜱向 TCP 的转化过程做主要贡献。

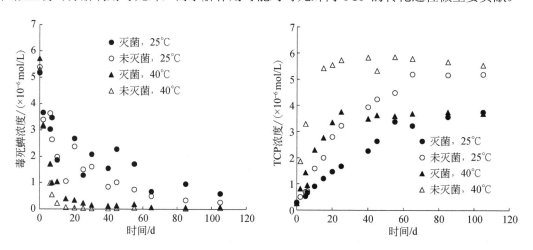

图 3-2　室内灭菌与非灭菌条件下温度对水稻土溶液中毒死蜱及 TCP 浓度动态变化的影响

室内水稻土-上覆水（深度3cm）体系培养实验结果表明（图3-3），温度及微生物均能显著影响上覆水中TCP的浓度：不论有菌与否，高温都有利于TCP的生成，温度不仅影响毒死蜱微生物降解作用，也影响其水解作用。上覆水中的降解产物TCP会发生进一步的降解，这种现象在25℃、未灭菌条件下尤为明显。由于土壤对毒死蜱的强吸附作用，上覆水中毒死蜱浓度从第10d起基本保持稳定的低浓度，高温（40℃）条件下上覆水中毒死蜱浓度低于低温（25℃）条件下，可能是高温促进了毒死蜱的降解。

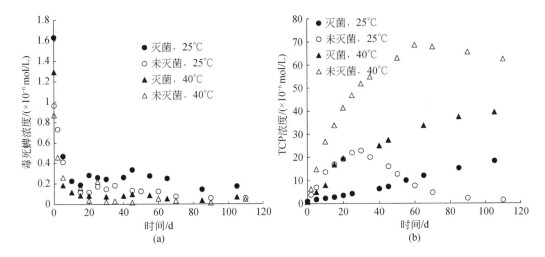

图3-3 室内灭菌与非灭菌条件下温度对上覆水毒死蜱（a）及TCP（b）浓度动态变化的影响

在上覆3cm水层条件下土壤中毒死蜱和TCP含量随时间的变化动态如图3-4所示，表明高温明显促进土壤中毒死蜱降解生成大量TCP，并向上覆水释放（图3-3），这与大田试验中观测到的田面水和表层土壤孔隙水中TCP浓度昼高夜低的节律性变化相一致。因此，建议稻田排水应在TCP浓度较低的清晨实施，以减少对农田沟渠水体的污染。

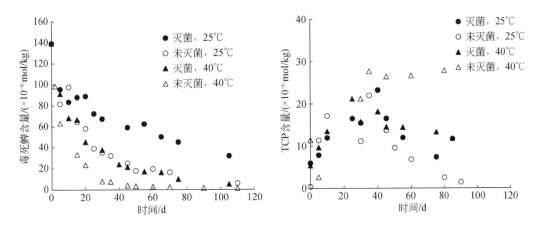

图3-4 室内灭菌与非灭菌条件下温度对水稻土毒死蜱及TCP含量动态变化的影响

综上所述，农药施入稻田后在田面水-土壤界面的迁移转化动态受昼夜温差及微生物活动的影响较大，而灌溉制度可能对农药残留在植株不同部位的分布规律产生显著影响。在实际生产中,应该根据农药及其主要有害降解产物的吸附特性与消解规律,优化水分管理与排灌措施,以减少农药及其降解产物的渗漏和径流流失,降低其对地表水和地下水的污染风险。

3.1.3 稻田土壤中农药迁移模型

农药在土壤中的迁移行为是其稻田环境归趋特征的一个重要方面,受到诸多因素影响,包括农药的溶解性与吸附-解吸特征、土壤质地等。土壤中存在一些不同类型的大孔隙(如干缩裂隙、动物穴洞、植物根系通道等),成为优先流发生的通道。优先流是相对土壤平衡入渗流(基质流)而言的,一般指水分和溶质绕过基质沿着优先路径快速运移的现象。在暴雨事件中,农药易随优先流快速迁移至土壤深层,从而对浅层地下水构成污染风险(Flury,1996)。

以毒死蜱为例,该农药本身易于被土壤吸附,不易迁移,但其降解产物 TCP 水溶性强、吸附性弱,极易迁移,故而成为受到关注的重点污染物。水旱轮作稻田原状土柱的室内模拟降雨实验结果表明,非反应性溶质(Br^-)的突破曲线表现出明显的非对称性和拖尾现象(图 3-5),说明水分在土柱中的运移受优先流的强烈影响(Lei et al.,2018)。

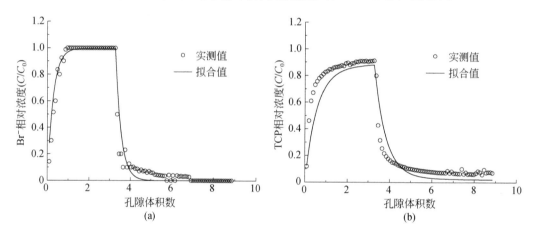

图 3-5 双区模型对水旱轮作农田原状土柱实验 Br^-(a)和 TCP(b)迁移行为的模拟结果

Lei 等(2018)采用双区非平衡对流扩散模型,假定存在可动水区和不可动水区,对流扩散过程发生在可动水区,可动水与不可动水区之间的反应性溶质(即污染物)交换受溶质扩散到不可动区域交换点的限制。控制方程为

$$\beta R\frac{\partial C_m}{\partial T} + (1-\beta)R\frac{\partial C_{im}}{\partial T} = \frac{1}{P_m}\frac{\partial^2 C_m}{\partial Z^2} - \frac{\partial C_m}{\partial Z} \tag{3-1}$$

$$(1-\beta)R\frac{\partial C_{im}}{\partial T} = \omega(C_m - C_{im}) \tag{3-2}$$

其中,

$$\beta = \frac{\theta_m + f\rho K_d}{\theta_v + \rho K_d} \tag{3-3}$$

$$\omega = \frac{\alpha L}{q} \tag{3-4}$$

$$P_m = \frac{v_m L}{D_m} \tag{3-5}$$

式中，C 为污染物浓度，mg/L；T 为时间，h；D_m 为可动水区弥散系数，cm²/h；Z 为距污染物加入端的距离，cm；v 为平均孔隙水速度，cm/h；R 为阻滞因子；ρ 为土壤干容重，g/cm³；θ_v 为体积含水量，cm³/cm³；θ_m 为可动水体积含量，cm³/cm³；K_d 为吸附常数，L/kg；f 为与可动水区平衡的吸附点分数；β 为可动水占比；ω 为水动力驻留时间与污染物在不可动水区运动的特征时间的比率；α 为可动水与不可动水区之间污染物交换速率的一阶质量传递函数，1/h；P 为 Peclet 数；L 为长度，cm；下标 m 和 im 为可动水区和不可动水区。

模型中的水力学参数由 Br⁻穿透曲线反演求得，TCP 反应性参数由批量等温吸附平衡实验获得（表 3-3）。结果表明，采用双区非平衡对流扩散方程能较好地模拟 TCP 在耕作层原状土柱中的迁移行为（$R^2>0.99$，MSE<0.0009）（图 3-5），发现 TCP 的迁移明显受化学与物理非平衡过程的双重影响，这与 TCP 较低的吸附常数、土体中强烈的优先流现象和较好的孔隙连接度有关。

表 3-3 水旱轮作农田原状土柱双区迁移模型参数

参数	值
D_m/(cm²/h)	12.64
β/%	32.63
ω	0.10
P	1.35
α	0.0148
f	0.2670
R	3.84
K_d/(L/kg)	1.22

在未来研究中，应同时探究农药母体及其主要有毒有害降解产物的环境归趋与迁移特征，并关注农药通过大孔隙优先流的快速渗漏作用，提高模型模拟与预测的准确性，为农药污染风险评估提供科学依据。

3.2 稻田典型农药与生源要素耦合的生物转化机制

水稻作为我国最主要的粮食作物，其生产、加工、流通、储备的正常进行是国计民生的重要保障。同时，稻米也是世界一半以上人口的主要食物。据 2014 年联合国粮食及农业组织（FAO）统计，目前全球稻田种植面积约为 $1.6\times10^8 hm^2$，其中约 90%的稻田集中在亚洲。中国地域辽阔，水热资源丰富，凡是能满足水稻生长所需的气候条件并且具有排灌能力的地方均有水稻种植。目前，我国的稻田种植面积大约为 $2.99\times10^7 hm^2$，占全国总耕地的27%左右，全球稻田种植面积的19%，其中90%左右的稻田分布于淮河以南的广大亚热带地区，近年来北方稻区面积逐步扩大，比例上升。从流域而言，稻田集中于长江流域，其占全国稻田面积的60%左右（Zhang et al.，2005）。稻田生态系统是在人工定向培育下形成的一类开放度很高的农田生态系统，同时也是人工湿地生态系统的重要组成部分，在陆地生态系统中发挥着重要作用，其构成可以概括为作物系统、土壤系统与人为环境，具有独特的生物多样性（Amundson et al.，2015）。水稻土不仅具有一般土壤的物理、化学和生物过程，还具有因其湿地属性所特有的氧化-还原交替过程中诱发的一些特殊化学和生物过程（如 Fe、S、As 等元素的氧化-还原、有机质的厌氧分解等），造成稻田生态系统的结构功能、物质循环强度与能量流动途径均与一般旱地农田生态系统有显著差异，兼有旱地与湿地土壤生态系统的某些特点（徐琪等，1998）。

物质循环和能量流动是生态系统最基本的两个功能。物质循环可根据循环的范围和周期分为地质大循环和生物小循环，其中，生物小循环是维持生态系统的基本机制之一。目前，关于生态系统中物质循环的研究十分活跃，从某一特定生态系统到整个生物圈、地圈均开展了相关研究工作，据研究，在地壳内已发现的 100 多种元素中，只有 30～40 种元素参与生物小循环，主要是碳、氮、磷、硫、铁等生命活动所需的营养元素，这些营养元素的循环与平衡不仅影响着系统生产力的大小，同时也影响着人类赖以生存的环境。不仅如此，人类的生产生活也影响着 C、N、P 等元素生物地球化学循环。稻田生态系统作为一种典型的农田生态系统，其元素循环过程受到自然与人为因素的双重影响，稻田特有的水耕熟化作用可以促进有机碳的保持与增长，施肥措施能显著改变氮的转化过程。水稻土淹水后，氧气的消耗改变土壤氧化还原电位，微生物群落迅速演变并参与土壤的关键元素氧化还原的电子传递。稻田土壤关键生物地球化学循环涉及多种反应以及多种功能微生物的参与，因此，稻田生态系统物质循环也是近年来较活跃的研究领域，其物质循环的状况和强度不仅强烈影响着该生态系统的生产力大小，也将对全球环境产生一定的影响（吴海明，2014）。

3.2.1 稻田土壤中的主要生源要素

1. 稻田土壤中的碳元素

碳是地球上一切生命的基础，几乎所有的生物地球化学循环过程都与碳有关。土壤是连接大气圈、水圈、岩石圈和生物圈的重要纽带，同时也是地球表层系统中最大的碳库，据估计，地球表面 1m 土层中的有机碳为 1500～2000Pg（$1Pg=10^{15}g$），无机碳为 900～1200Pg，其总量约为大气碳库的 3.3 倍、生物碳库的 4.5 倍，在全球碳循环中起着关键作用（张文龙，2011）。土壤无机碳主要由土壤溶液中的 HCO_3^-、土壤空气中的 CO_2 和土壤中淀积的碳酸盐等组成，其中碳酸盐的含量占绝对优势。土壤有机碳的来源较多，主要有腐殖质、光合碳、动植物残体以及外源碳的添加。土壤有机质是土壤固相的重要组成部分，在土壤结构、土壤功能和生态系统服务中发挥关键作用，并影响生态系统生产力和作物产量。同时，土壤有机质还发挥着缓冲土壤水分、养分循环，影响土壤对污染物的吸收和固定，缓冲土壤酸化、调节农田温室气体排放和养育地表生物多样性等多种生态系统服务功能

(Mosier，1998)。

大气中的 CO_2 通过植物的光合作用形成有机碳化合物,开始了碳元素在陆地生态系统中的循环,而后又通过消费者和分解者的一系列生命活动还原为 CO_2 返回到大气中,这构成了碳元素生物循环的基本轮廓,同时也是生态系统中能量传递最基本的途径。生态系统的两个基本功能——物质循环和能量流动,通过碳元素的生物循环有机地结合在一起,这是其他元素无法取代的(陈森林,2010)。同时,有机碳的合成、转运与分解对生态系统中其他物质的循环速度和强度有着极其重要的影响。在好氧条件下,土壤有机碳在微生物的作用下分解为 CO_2,直接排放到大气中或是被微生物同化固定并转化为土壤有机质;而在厌氧条件下,土壤有机碳在一系列的微生物发酵分解作用下产生小分子有机酸,最终形成甲烷排放到大气中。农田生态系统碳循环具有固碳周期短、蓄积量大等特点,是全球碳库中最活跃的部分。在耕种、施肥和灌溉等农艺措施的影响下,农田生态系统中土壤碳库的质和量发生迅速变化,这种变化不仅改变了土壤肥力及作物产量,同时也给区域及全球环境带来影响。稻田生态系统碳周转的稳定性受系统内生命体营养元素需求状况和周围环境营养元素平衡状态的共同影响。在相对稳定的条件下,稻田生态系统碳循环的微生物过程受土壤关键营养元素化学计量比的调控。当稻田土壤中投入大量外源有机碳时,土壤微生物会对相应营养元素矿化酶的合成和活力进行调节以达到适宜的碳氮磷化学计量比,满足微生物的生长需求,从而调控土壤有机质的分解与转运过程。通常情况下,稻田土壤有机碳含量要明显高于旱地土壤。研究认为稻田土壤长期处于淹水状态,土壤微生物活性受到直接影响,进而影响有机质的分解速率,导致土壤有机质的分解速率要低于旱地土壤,这使得稻田土壤要比旱地土壤更有利于土壤有机碳的累积。

2. 稻田土壤中的氮元素

氮是植物生长发育所需的大量营养元素,施用氮肥可以提高土壤氮元素的供应能力,促进作物稳定生长,实现作物的增产。土壤中的氮元素主要以有机氮和无机氮的形式存在,其中85%以上的氮元素以有机氮形式存在,除部分氨基酸、多肽等小分子化合物能够被植物直接吸收利用外,大部分的有机氮均不能被植物直接吸收利用。土壤中的无机氮主要有 NO_3^-、NO_2^-、交换性 NH_4^+、非交换性 NH_4^+,以及含量很低的 N_2、N_2O 和 NO。土壤中的氮元素形态转化主要包括氨化作用、硝化作用、反硝化作用、固氮作用等。NH_4^+ 和 NO_3^- 经过土壤微生物转化形成微生物氮,实现了土壤无机氮的微生物固持。土壤中的有机氮(腐殖质、蛋白质和核酸等)在多种微生物酶的作用下逐级分解成简单的氨基化合物,这些简单的氨基化合物又在微生物的作用下分解成 NH_3(白玲,2014)。自养和异养微生物均能够在好氧条件下,将土壤有机质矿化形成的以及施肥引入的 NH_4^+ 氧化为 NO_3^- 或 NO_2^-,其中化能自养型硝化细菌是这一过程的主要参与者,它们能够利用 CO_2、H_2CO_3 或 HCO_3^- 作为碳源并从 NH_4^+ 的氧化中获得能量。与铵态氮(NH_4^+-N)相同,硝化作用形成的硝态氮(NO_3^--N)也是植物容易吸收利用的氮元素,但硝态氮容易淋失进入地下水,同时硝化过程也能够产生具有破坏臭氧层作用的 N_2O。在一定条件下,NO_3^-、NO_2^- 可以由反硝化细菌逐步还原成为 NO、N_2O 和 N_2。在生态系统中,硝化作用减少了 NH_3 的挥发损失,但形成的硝态氮又极易淋失进入地下水污染水源,同时也会通过反硝化作用造成更多的损失,并且对大气造成污染。在稻田土壤中,反硝化作用不仅会产生温室气体对臭氧层造成危害,还会造成氮元素的直接损失。同时,氮肥的大量施用促进了反硝化细菌的活性,导致更多的氮元素通过反硝化作用流失。土壤反硝化作用的适宜 pH 为 6~8,许多研究认为偏碱性的土壤环境有利于反硝化作用的进行,即较低的 pH 会影响反硝化细菌的活性,但在 pH 低于 3.5 的酸性土壤中仍发现由反硝化作用造成的明显氮元素损失。研究发现,稻田土壤中的反硝化作用要高于林地、旱地、茶园土壤,其中的主要原因是淹水条件促进了有机碳、氮的积累并提高了厌氧微生物的活性。而在旱地土壤中,可以利用秸秆还田的方式降低土壤中的反硝化速率,并减少反硝化过程中 N_2O 的排放(王晶莹,2012)。

3. 稻田土壤中的磷元素

磷是植物生长发育所需的三大营养元素之一,在生命的遗传和新陈代谢中,发挥着极其重要的作用。土壤中的磷元素可根据其存在形态分为有机磷和无机磷。其中,无机磷是农田土壤中的主体,一般占土壤磷库的 60%~80%。无机磷主要包括矿物态磷、吸附态磷和土壤溶液中的磷,植物吸收的磷主要来自土壤溶液中的磷。有机磷是土壤磷库的重要组成部分,然而大部分有机磷不能被植物直接吸收利用,只能通过矿化分解间接为植物提供磷元素。不同形态磷元素的植物有效性也不相同,植物生长发育所需的磷主要来自土壤磷库中的速效磷(Olsen-P),农业生产中一直将土壤中速效磷含量的高低作为土壤磷元素丰缺的标准(李娟,2016)。土壤 Olsen-P 是对植物最为有效的磷元素形态,张凤华等(2008)研究发现,0~20cm 土层中土壤 Olsen-P 占土壤磷累积量的 16.6%~28.9%。周全来等(2006)对稻田土壤研究发现,Olsen-P 与施磷量呈正相关。一般认为磷元素积累中大约有 10%是由 Olsen-P 贡献的。农田土壤中磷元素的形态和含量受多种因素的影响,如土壤类型、土壤性质、地理位置、气候条件、作物种植方式和施肥方式等。在水稻种植过程中有大量的磷肥被施入稻田,由于土壤的固磷能力强,磷元素很快被固定为植物难利用的形态,导致磷肥的利用率低,一般只有 10%~25%(Shen et al.,2004)。

4. 稻田土壤中的硫元素

硫是含硫氨基酸和蛋白质的基本元素,也是植物生长发育所需的 16 种营养元素之一。作为继氮、磷、钾之后植物生长发育所需的第四位营养元素,硫元素在植物体内主要参与光合作用、呼吸作用、氮固定、蛋白质和脂类物质合成等重要的生理生化过程。稻田生态系统中硫元素的主要来源形式包括降水输入、大气干沉降、地表径流、地下水的硫投入和肥料中硫的输入、土壤渗漏硫的输出、土壤有机硫的矿化与固定和作物吸收利用等。土壤中的硫元素以有机硫和无机硫两种形式存在,其中,无机硫主要以水溶性硫酸盐、吸附态硫酸盐(如土壤黏粒矿物、铁铝氧化物和有机质所吸附的硫酸盐)和不溶态(如 $CaSO_4$、FeS_2 或元素硫)等形式存在,其中水溶性硫和吸附态硫具有植物有效性,作物可以直接吸收利用(曹媛媛,2008)。同时,土壤无机硫的分布情况受土壤 pH 的影响很大。土壤中的有机硫主要存在于腐殖质、动植物残体以及一些微生物产生的代谢产物中。耕作层土壤中的硫元素一般以有机硫为主,需要转化成无机硫后才能被植物吸收利用。土壤中的硫元素主要通过有机硫的矿化固定、硫黄和硫化物的氧化、硫酸盐的吸附和生物稳定作用进行转化，主要是有机硫与无机硫的动态转化过程。在氧化条件下，有效硫以无机硫酸盐的形式存在；而在强还原条件下，氧化态硫被还原成硫化物。硫代硫酸盐是硫氧化过程中的典型中间产物，当水稻生长过程中有硫代硫酸盐产生时，通常和硫酸盐还原强度升高一同被作为硫元素循环正在进行的标志，而这个硫元素循环是在根际有氧区硫的氧化与相邻的厌氧非根际区硫酸盐的还原之间交替进行的（孙丽娟，2017）。

5. 稻田土壤中的铁

铁是植物生长发育所需的微量营养元素，同时铁的氧化还原过程也是稻田土壤的重要特征之一。土壤中的铁主要以氧化物、碳酸盐、硅酸盐等各种矿物相的形式存在，其中铁氧化物是铁的生物地球化学循环的主体，直接或间接影响土壤中其他元素的生物地球化学过程。常见的氧化铁有赤铁矿（α-Fe_2O_3）、针铁矿（α-FeOOH）、纤铁矿（γ-FeOOH）、磁赤铁矿（γ-Fe_2O_3）和水铁矿[$Fe(OH)_3$]（保学明等，1978）。大部分氧化铁存在于土壤黏粒中并随黏粒移动，并且经常在氧化淀积和还原淋溶两种过程之间交替变化。铁的氧化还原过程是一个电子传递的过程，通常伴有质子的参与，而这一过程受土壤pH、氧化还原强度（Eh）、有机质含量以及铁还原菌等因素影响。研究表明，铁的氧化还原反应在干湿交替的土壤中最为频繁，同时铁的氧化还原过程影响着土壤中其他各种物质的迁移转化、成土发育、养分形态及有效性等生物化学过程，还制约着污染物（如重金属、有机污染物等）的形态转化和运移归趋。土壤中氧化铁之间的转化一般可以概括为老化和活化两个过程。老化过程即土壤溶液中的铁离子水解形成氢氧化铁单体，经过聚合和缩合形成水合氧化铁，进而形成晶态氧化铁，而活化过程就是老化的逆过程（曹媛媛，2008）。红壤或由红壤发育而成的水稻土中含有丰富的氧化铁，由于氧化铁颗粒小比表面积大、边缘正负电荷不平衡、表面带有净电荷，矿物表面化学特性极为活跃（张家铭和王明光，1995）。

综上所述，碳、氮、磷、硫、铁等生命活动所需的营养元素在稻田土壤生态系统循环中发挥着重要作用，其中，碳周转的稳定性受系统内生命体营养元素需求状况和周围环境营养元素平衡状态的共同影响。氮作为植物生长发育所需的大量营养元素在土壤中主要以有机氮和无机氮的形式存在，无机氮通过氨化作用、硝化作用、反硝化作用、固氮作用等实现在土壤中的氮元素形态转化，有机氮则在多种微生物酶的作用下逐级分解成简单的氨基化合物从而参与土壤中氮元素的循环。农田土壤中磷元素的形态和含量受多种因素的影响，其中，无机磷是土壤磷库中的主体，是植物吸收磷的主要供给者，大部分有机磷不能被植物直接吸收利用，需要通过矿化分解间接为植物提供磷元素。硫元素作为植物生长发育所需的基本元素之一，在稻田土壤中的循环与转化主要通过有机硫的矿化固定、硫黄和硫化物的氧化、硫酸盐的吸附和生物稳定作用进行，主要是有机硫与无机硫的动态转化过程。由于稻田土壤长期处于淹水状态，铁的氧化还原反应过程在稻田土壤中最为频繁，同时铁的氧化还原过程影响着土壤中其他各种物质的迁移转化、成土发育、养分形态及有效性等生物化学过程，还制约着污染物（如重金属、有机污染物等）的形态转化和运移归趋。

3.2.2 稻田土壤微生物与生源要素转化的耦合

1. 稻田土壤中的微生物

稻田土壤中的微生物种类繁多，主要包括细菌、放线菌、真菌和藻类等，其中大多数的土壤微生物都是异养型微生物，需要分解有机质以支撑其生长繁殖。研究表明，我国主要稻区平均每克水稻土耕层含有细菌 300 万～2000 万个，约占土壤微生物总量的 90%；放线菌为 10 万～300 万个；真菌数量只有 0.7 万～12 万个，数量最低（曹正邦等，1959）。一般而言，稻田土壤的肥力水平越高，其所包含的微生物的数量和种类也越多。同时，稻田土壤中的微生物数量也与耕作制度、施肥、烤田等农艺措施密切相关。水旱轮作和水稻种植期间的烤田改变了土壤的通气性和氧化还原状况，使其更有利于微生物的生长和繁殖，加强了好氧微生物的生命活动，促进了土壤养分的有效化。微生物在稻田土壤剖面中的分布也与土壤有机质含量、土壤结构状况等因素密切相关。稻田土壤耕作层中的土壤有机质含量高，有较好的团聚体结构，具有较好的通气、透水性，比较适合微生物尤其是好氧微生物的生存，因此，其中的微生物数量和种类丰富。犁底层由于土体紧实、通气性差、有机质和其他营养元素含量较低，所含微生物数量较少，而犁底层以下的心土层中的微生物数量更少。虽然不同种类的微生物在剖面中的分布不尽相同，但总体趋势均为表层土壤的微生物数量多于底层土壤。土壤团聚体是土壤微生物生长繁殖的主要场所，而土壤孔隙也影响微生物的分布，良好的土壤团聚体中的大小孔隙之间的比例协调，有利于各种微生物的繁殖，同时团聚体越小，微生物所能够接触到的表面积越大，可利用的营养物质和繁殖空间越广，微生物数量也越高，其中细菌主要集中在内部孔隙，而其他种类的微生物主要生存在外部孔隙（田慧，2007）。土壤微生物是稻田生态系统的重要组成部分，控制着稻田生态系统的主要功能，氨化作用、硝化作用、反硝化作用、固氮作用、纤维素分解作用、腐殖质的分解与合成作用，硫、磷、铁及其他元素的转化等过程均离不开微生物的参与。土壤微生物不仅参与土壤物质转化，促进土壤养分循环，提高土壤养分的生物有效性，同时其代谢物也是植物的营养成分，进一步丰富土壤有机质组成。因此，土壤微生物不仅是土壤有机质转化的执行者，也是植物营养元素的活性库。土壤微生物的生命活动能够直接影响土壤的物理、化学和生物学性质，而土壤微生物的多样性和群落结构能够在一定程度上反映稻田生态系统的基本状况，因此，土壤微生物参数可以作为土壤生态系统评价的敏感指标，同时保持土壤微生物的生态过程和多样性是农业生产赖以生存的基础（顾超，2017）。

2. 稻田土壤中生源要素间的耦合关系

水稻土作为一种典型的人为土壤，受到自然环境和人类活动的双重影响，其中的元素循环过程也与其他生态系统具有明显差别，尤其是淹水后氧气的消耗改变了土壤的氧化还原梯度，同时微生物的群落也在迅速演变，并参与土壤关键元素氧化还原的电子传递过程。因此，研究不同氧化还原梯度下土壤-植物-微生物相互作用，是明晰陆地生态系统生物地球化学循环过程的关键（图 3-6）。稻田土壤中各种来源和形态的有机物质，最终都在微生物的分解矿化作用下重新进入土壤生物地球化学循环（图 3-7）。

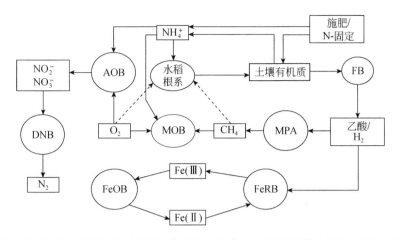

图 3-6 稻田碳氮铁循环的好氧和厌氧微生物过程之间的相互耦合作用示意图（吴金水等，2015）

实线箭头表示相关的微生物过程，虚线箭头代表扩散过程；生物体表示为圆形，为微生物过程，矩形框为反应的底物；FB，发酵菌（fermenting bacteria）；MPA，产甲烷古菌（methane-producing archaea）；FeRB，铁还原菌（iron reducing bacteria）；MOB，甲烷氧化菌（methaneoxidizing bacteria）；FeOB，铁细菌铁氧化细菌（iron oxidising bacteria）；AOB，氨氧化细菌（ammonium oxidising bacteria）；DNB，反硝化细菌（denitrifying bacteria）

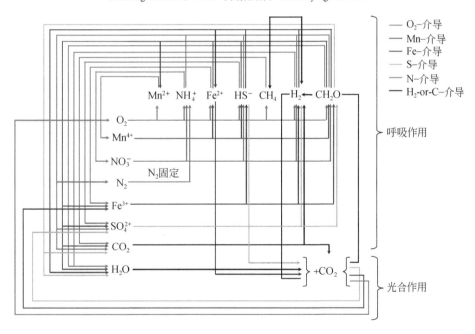

图 3-7 微生物介导的氢、碳、氮、氧、硫和铁循环的耦合网络（吴金水等，2015）

3. 稻田土壤微生物参与的碳氮耦合

稻田土壤氧化还原状态频繁交替强烈地影响着碳-氮循环过程，同时土壤碳氮循环过程之间也互相依赖，紧密联系。Ge 等（2015）利用碳同位素连续标记技术研究水稻光合碳的土壤传输和转化及其对氮肥施用的响应，发现施氮水平较高时水稻新鲜根际碳能够得到明显淀积，土壤微生物量碳更新率也受到显著影响。稻田甲烷氧化与氨氧化是典型的稻田土壤碳氮耦合。甲烷氧化细菌和硝化细菌含有结构和功能相似的关键基因,具有一定遗传进化关系。甲烷氧化菌含有与氨单加氧酶功能相似的甲烷单加氧酶,纯培养实验表明甲烷氧化菌能够发挥硝化作用并产生 N_2O,但目前还未证实其在田间发挥相同作用(Sutka et al., 2003)。同时,甲烷氧化细菌和氨氧化细菌可以互相利用底物生长。

4. 稻田土壤微生物参与的碳氮磷耦合

稻田土壤磷元素微生物转化同样与碳氮生物地球化学循环相互耦合。土壤微生物在促进磷元素吸收的同时也会加快土壤有机质的周转(Hodge et al., 2001)。Sinsabaugh 等(2009)发现土壤和沉积物中碳氮磷比例能够控制不同生态系统中养分和能量的流向,而异养型微生物同化碳氮磷的酶活性呈现出固定的计量关系。同样,Sinsabaugh 和 Follstad shah(2012)揭示了土壤和沉积物生态系统中,碳氮磷利用在生态酶计量上存在的普遍比率关系,从而控制不同生态系统中养分和能量流向。研究表明,厌氧铁氧化菌能够调节水稻磷元素和氮元素的吸收过程(Chen et al., 2008)。而微生物对磷元素的活化需要碳源供给,碳磷同位素双标记法揭示了葡萄糖和丙氨酸能够刺激磷元素的微生物活化(Spohn et al., 2013)。

5. 稻田土壤微生物参与的氮铁耦合

土壤铁的生物有效性主要是由微生物介导的土壤铁氧化还原所决定的,而土壤氧化还原势的改变还调控其他元素的氧化还原过程。水成土和底泥中有机质分解、矿质元素溶解与侵蚀、地质矿物形成、重金属离子移动或固定(Wang et al., 2009)、养分利用(Moore et al., 2001)和温室气体排放(Kampschreur et al., 2011)等过程中均有微生物铁氧化作用发生。而微生物铁还原是发生在厌氧沉积物与淹水土壤中微生物过程的重要组成部分。目前已证实微生物对 Fe(Ⅱ)的氧化作用可与 NO_3^-、ClO_3^-、ClO_4^- 的还原过程相耦合(Weber et al., 2006)。同样,微生物介导的 NO_3^- 还原耦联 Fe(Ⅱ)(溶解态和非溶解态)氧化作用也广泛存在于稻田土壤生境中(Ratering and Schnell, 2001)。Ding 等(2014)利用基于 $^{15}N-NH_4^+$ 的稳定性同位素示踪技术和乙炔(C_2H_2)抑制技术,首次证明了稻田土壤中存在铁氨氧化过程,表明提高 Fe(Ⅲ)水平可促进铁氨氧化反应,从而刺激稻田土壤中氮元素损失。

6. 稻田土壤微生物参与的碳氮铁耦合

稻田土壤中可能存在与碳元氮铁生物地球化学循环相关的微生物耦合。在氧化还原电势较低的厌氧非根际土壤中,NO_3^- 依赖型厌氧铁氧化菌能够利用外界 Fe(Ⅱ)作为电子供体氧化 NO_3^-,并利用释放出的能量进行生长繁殖。NO_3^- 作为厌氧铁氧化过程中必需的电子受体,受到氨氧化(好氧微域)或厌氧氨氧化(厌氧微域)的调控。铁还原菌广泛地存在于稻田土壤中,同时也是厌氧铁氧化产物 Fe(Ⅲ)与稻田土壤有机碳代谢过程紧密相关的关键因素。在淹水条件下,稻田土壤有机质分解不彻底,造成乙酸、丙酸、乳酸以及丁酸等易降解有机酸的累积,这为铁还原菌提供了丰富的电子供体。乙酸可以作为电子供体将 Fe(Ⅲ)还原为 Fe(Ⅱ),而 Fe(Ⅱ)在厌氧条件下将 NO_3^--N 还原为 NO_2^--N,NO_2^--N 与可溶性土壤有机质又可以形成络合物,这就是碳氮铁耦合微生物机理的铁轮假设(Davidson et al., 2003)。此外有研究发现,铁还原条件会严重抑制产甲烷过程,并认为铁还原菌和产甲烷菌对共同底物（如乙酸和 H_2 等）的竞争是造成抑制的主要原因（Reiche et al.，2008），而且铁还原还会促进 N_2O 释放（Huang et al.，2009）。

7. 稻田土壤微生物参与的碳氮磷硫铁等多元素耦合

土壤有机质与氮、磷、硫、铁等关键元素之间相互耦合，这种耦合关系加剧了这些元素生物地球化学循环的复杂性和不确定性。稳定同位素技术和宏基因组分析表明，厌氧氨氧化菌可以通过乙酰 CoA 途径固定二氧化碳（Schouten et al.，2004），而厌氧氨氧化菌和化能自养的氨氧化微生物本身就是重要的碳库，其活性与动态直接影响着碳的源汇平衡。此外，目前已经发现了耦合厌氧甲烷氧化与亚硝酸盐还原的细菌和古菌（Ettwig et al.，2010；Haroon et al.，2013）。稻田土壤中主导硫生物地球化学循环的微生物除了参与硫氧化还原外，也参与其他元素生物循环。研究证明，硫酸盐还原菌能够参与甲烷的厌氧氧化过程和含氮有机物的产氨过程（贺纪正等，2015）。总而言之，稻田生态系统诸元素循环紧密耦合，并调控和驱动生物地球化学过程。

土壤微生物是稻田生态系统的重要组成部分，控制着稻田生态系统的主要功能，氨化作用，硝化作用，反硝化作用，固氮作用，纤维素分解作用，腐殖质的分解与合成作用，硫、磷、铁及其他元素的转化等过程均离不开微生物的参与，水稻土壤作为一种典型的人为土壤，受到自然环境和人类活动的双重影响，其中的元素循环过程也与其他生态系统具有明显差别，尤其是淹水后氧气的消耗改变了土壤的氧化还原梯度，同时微生物的群落也在迅速演变，且在土壤中碳、氮、磷、硫、铁等生命活动所需的营养元素循环过程中发挥重要作用，包括碳氮耦合、碳氮磷耦合、氮铁耦合、碳氮铁耦合、碳氮磷硫铁多元素耦合等。

3.2.3 稻田卤代类农药的微生物降解与生源要素转化的关系

卤代类农药由于卤素原子的存在而具有良好的化学稳定性和热稳定性，大多数卤代类农药进入环境后，在短时间内很难被降解，能够在土壤、水体和农作物之间迁移和积累。此外，卤素原子的强吸电子效应使得农药分子极性增加，更易与生命细胞内的酶系统结合，卤素的取代会导致其毒性的增强。因此，卤代类农药的施用极易对生态环境安全和人类健康造成严重的危害，卤代类农药在环境中的命运也成为广泛关注的热点。

1. 卤代类农药的微生物降解机制

微生物是卤代类农药在环境中消除的主力军，微生物编码的酶在卤代类农药的脱卤、去毒、降解方面起着关键作用（Copley，1998）。由于卤代类农药的高毒、难降解和生物易富集等特点，微生物的脱卤机制一直是学术界关注的热点。截至目前，卤代类农药的微生物脱卤主要有以下几种方式。

（1）水解脱卤。水解脱卤通常在卤代烷烃的降解过程中比较常见，如氯乙酸、2-氯丙酸、1,2-二氯乙烷的水解脱氯酶（der Ploeg et al.，1991）。这类水解脱卤酶以水分子作为亲核试剂，通过羟基取代卤素原子催化碳—卤键的断裂，并生成相应的醇类物质。例如，菌株 *Sphingobium japonicum* UT26 中的水解脱氯酶 LinB 可将 1,3,4,6-四氯-1,4-环己二烯（林丹降解的中间产物）水解脱去两个氯原子生成 2, 5-二氯-2, 5-环己二烯-1, 4-二醇（Nagata et al., 1997）。然而，关于卤代芳烃类农药的水解脱卤机制报道极少。Wang 等（2010）从百菌清降解菌株 *Pseudomonas* sp.CTN-3 中克隆到了一个全新的水解脱氯酶基因 *Chd*，其编码的水解脱氯酶 Chd 属于金属-β-内酰胺酶家族，它可以催化百菌清 4 号位氯水解生成 4-羟基百菌清，且该反应不需要辅酶 A 和 ATP 的参与。Chd 介导的水解脱氯机制与之前报道的菌株 *Pseudomonas* sp.CBS3 中的 4-氯苯甲酸脱氯系统完全不同，该系统由 4-CBA-CoA 连接酶、4-氯苯甲酰-CoA 脱氯酶和 4-羟基苯甲酰-CoA 硫醇酯酶组成，4-氯苯甲酸在这 3 个酶的协同作用下并且借助于辅酶 A 和 ATP 完成水解脱氯反应（Scholten et al., 1991）。

（2）氧化脱卤。氧化脱卤是好氧微生物参与卤素代谢的一种重要方式，氧化酶是催化这一反应的关键。例如，杀虫剂毒死蜱的主要水解产物 TCP 在双组分单加氧酶系（由单加氧酶 TcpA1 和黄素还原酶 TcpB1 组成）作用下转化为 3, 6-二羟基吡啶-2, 5-二酮（Cao et al., 2013）；除草剂 2, 4, 5-三氯苯氧乙酸降解菌株 *Burkholderia cepacia* AC1100 中的双组分单加氧酶系 TftCD 负责将 2, 4, 5-三氯苯酚先氧化脱氯生成 2, 5-二氯对苯二酚，然后继续氧化脱氯生成 5-氯-1, 2, 4-三羟基苯（Xun, 1996）；菌株 *Sphingobium chlorophenolicum* ATCC 39723 中的五氯苯酚 4-单加氧酶 PcpB 以 NADH 作为电子供体和 H 供体催化五氯苯酚氧化脱氯生成四氯对苯二酚（Cai and Xun, 2002）。尽管卤代芳烃的好氧脱卤途径已有较多报道，但卤素原子的强电子吸附效应导致苯环上电子云密度降低，以至于氧化酶不易于攻击这类缺电子的化合物（Arora et al., 2012）。因此，氧化脱卤并非卤代有机物在环境中降解的主要途径。

（3）还原脱卤。卤素原子的强电子吸附效应导致与卤素相连的碳或者苯环上电子云密度降低，在厌氧或缺氧的低氧化还原电位条件下，易受到还原酶催化的亲核攻击，卤素原子易被亲核取代。因此，还原脱卤是卤代有机物在环境中消除的主要途径，其中脱卤呼吸型厌氧微生物起着主导作用。这类微生物以卤代有机物（卤代芳烃、卤代烷烃、卤代烯烃等）为呼吸链的最终电子受体，在还原脱卤酶（reductive dehalogenase, RDs）的作用下发生还原脱卤反应，并耦合电子传递磷酸化产生能量，以满足自身生长、代谢等生理活动的需要（Ni et al., 1995; Agarwal et al., 2017）。这类还原脱卤酶通常具有以下三个典型特征：①被细胞膜结合蛋白锚定在细胞膜上（Holliger et al., 2006）；②需要以维生素 B_{12} 作为辅因子参与电子传递过程进而催化还原脱卤反应（Banerjee and Ragsdale, 2003）；③对氧气十分敏感（Smidt and de Vos, 2003）。在呼吸型还原脱卤过程中，还需要电子供体的参与，例如，厌氧菌株 *Desulfitobacterium frappieri* 以亚硫酸盐、硫代硫酸盐、硝酸盐为电子供体把五氯苯酚转化为 3-氯苯酚（Bouchard et al., 1996）；厌氧菌株 *Desulfitobacterium chlororespirans* 以乳酸为电子供体将除草剂溴苯腈和碘苯腈还原脱卤生成对羟基苯甲腈（Cupples et al., 2005）。除了厌氧微生物的呼吸型还原脱卤以外，在好氧微生物中也发现相似的还原脱卤机制。溴苯腈降解菌株 *Comamonas* sp.7D-2 中的还原脱卤酶 BhbA 催化溴苯腈水解产物 3, 5-二溴-4-羟基苯甲酸发生连续两步还原脱溴反应，依次生成 3-溴-4-羟基苯甲酸和 4-羟基苯甲酸（Chen et al., 2013）。有意思的是，BhbA 具有厌氧微生物呼吸型还原脱卤酶的典型特征，例如，存在 2 个高度保守的 Fe-S 簇，与细胞膜结合蛋白相互作用并定位于细胞膜上等。但也存在明显的不同：BhbA 对氧气不敏感，且以 NADPH 作为电子供体；

BhbA 催化的脱卤反应不偶联能量代谢等。

（4）脱卤化氢作用。脱卤化氢作用是由脱卤化氢酶作用下脱去卤代有机物相邻两个碳原子上的卤素原子和氢原子（即脱去 1 分子卤化氢）并形成双键的过程。例如，菌株 *Sphingobium japonicum* UT26 中的脱卤化氢酶 LinA 催化杀虫剂林丹（又名γ-六氯环己环或γ-六六六）起始降解的连续两步反应，脱去 2 分子氯化氢并形成 2 个双键，生成 1,3,4,6-四氯-1,4-环己二烯（Trantirek et al.，2001）。

（5）硫醇取代脱卤。在谷胱甘肽硫转移酶的作用下，还原型谷胱甘肽的硫醇基团对卤代有机物的亲电子中心发动亲核攻击，并替换电负性高的卤素原子。例如，菌株 *Sphingobium japonicum* UT26 中的脱卤酶 LinD 利用还原型谷胱甘肽可将 2,5-二氯对苯二酚（林丹下游代谢的主要中间产物）逐步脱去两个氯原子生成对苯二酚（Miyauchi et al.，1998）；菌株 *Sphingomonas chlorophenolica* ATCC 39723 中的脱卤酶 PcpC 利用还原型谷胱甘肽催化四氯苯对二酚进行连续的还原脱氯反应，生成 2,6-二氯对苯二酚（Orser et al.，1993）。

事实上，卤代类有机物的微生物脱卤机制除上述 5 种外，还存在水合脱卤（Vlieg and Janssen，1991）、甲基转移脱卤（Vannelli et al.，1998）、分子内取代脱卤（Vlieg et al.，2001）等作用机制。然而，这些脱卤机制的研究报道极少，且在卤代类农药的微生物代谢过程中尚未发现。

2. 稻田卤代农药微生物降解与生源要素转化耦合

土壤中活跃的氧化还原反应在某些化学元素包括许多有机污染物的氧化还原转化方面起着非常重要的作用。在自然环境中，反硝化反应、铁还原反应、硫酸盐还原反应以及产甲烷反应等生物化学反应均与卤代有机污染物的还原脱卤反应相关，土壤中的氧化还原电位将会显著影响有机污染物以及生源要素的转化。同时，自然环境中的大多数卤代有机污染物的还原脱卤过程与土壤中的生源要素的转化相伴相生，但是还原脱卤与微生物介导的生源要素氧化还原过程的耦合作用机制尚不明确。

Chuang 等（未发表）研究证实，在淹水或排干情况下，土壤微生物是红壤稻田土中林丹去除的主要驱动力。通过比较不同土层和土壤水分条件下的林丹半衰期发现（表 3-4），淹水可以显著促进林丹在表土中的降解，其半衰期由排干条件下的 104d 左右缩短到 9d 左右；然而淹水并未明显地促进林丹在心土中的降解，尤其是林丹在排干条件下的降解速度更快。

表 3-4　红壤表土和心土中林丹去除的拟一阶动力学方程和半衰期

土层	水分	拟一阶动力学方程	R^2_{adj}	半衰期/d
表土（0～20cm）	淹水	$y=-0.077x+4.11$	0.885	9 ± 0.1^d
	排干	$y=-0.007x+3.562$	0.756	104.5 ± 5.5^a
心土（20～40cm）	淹水	$y=-0.019x+3.428$	0.908	37.7 ± 3.1^b
	排干	$y=-0.036x+3.149$	0.877	19.6 ± 1.8^c

注：同一列数字后不同字母表示经 Duncan 检验显著性差异（$P<0.05$）。

土壤微生物过程通常伴随着生源要素的转化和利用，而这些过程也受到林丹等土壤污染物的影响。Chuang 等（未发表）研究发现，在红壤稻田土中添加林丹，会影响土壤生源要素的转化，如易氧化有机碳（ROC）、Fe（Ⅱ）和磷酸盐等，而这种影响在淹水条件下更为明显。同时，土壤细菌 beta 多样性也表现出相同的变化趋势（图 3-8）。这些结果表明，红壤稻田表土中的土壤细菌群落比心土层中的土壤细菌群落更加敏感。此外，在排干条件下，林丹对土壤细菌群落的影响更明显。Bray-Curtis 距离的冗余分析（dbRDA）表明，土壤水分有效性和生物修复方法对表土和心土的土壤细菌群落结构均有显著影响，心土的土壤细菌群落结构受到的影响更为明显（图 3-8）。在淹水条件下，红壤稻田土中的 Fe（Ⅱ）和 PO_4^{3-} 的浓度较高，而在排干条件下，生物刺激处理能够明显增加土壤 pH。此外，Fe（Ⅱ）、NH_4^+ 和土壤 pH 是红壤稻田土壤细菌群落结构的主要生源要素；而 NO_3^- 对心土的土壤细菌群落的影响显著高于对表土的土壤细菌群落的影响（图 3-8）。

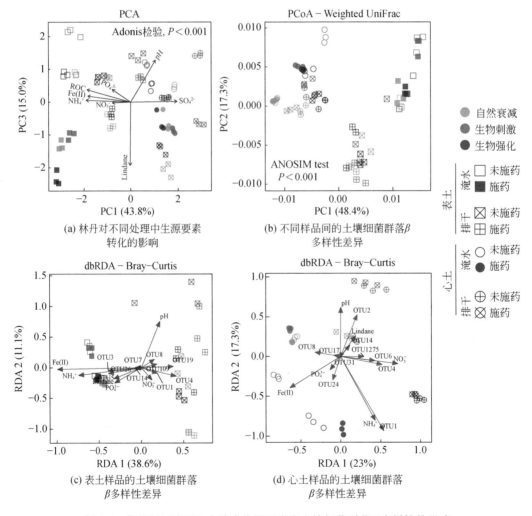

图 3-8　林丹对红壤稻田土壤中生源要素和土壤细菌群落 β 多样性的影响

稻田土壤中活跃的氧化还原反应在土壤生源要素转化以及有机污染物的氧化还原转化方面起着非常重要的作用，同时氧化还原梯度的改变会影响土壤本身的群落组成，从而影响微生物介导的生源要素转化以及有机污染物的降解。

稻田土作为一种典型的人为土壤，其元素循环过程受到自然与人为因素的双重影响，碳、氮、磷、硫、铁等生命活动所需的营养元素在稻田土壤生态系统循环中发挥着重要作用，同时铁的氧化还原过程影响着土壤中其他各种物质的迁移转化、成土发育、养分形态及有效性等生物化学过程，还制约着污染物（如重金属、有机污染物等）的形态转化和运移归趋。土壤微生物是稻田生态系统的重要组成部分，控制着稻田生态系统的主要功能，氨化作用、硝化作用、反硝化作用、固氮作用、纤维素分解作用、腐殖质的分解与合成作用，硫、磷、铁及其他元素的转化等过程均离不开微生物的参与，微生物作为土壤中生源要素转化的主要参与者，同时也是土壤中有机污染物的主要分解者，在土壤中有机污染物的脱毒及降解过程中发挥重要作用。此外，由于水稻土壤特有的淹水条件，通过氧气的消耗改变土壤氧化还原电位，在土壤生源要素转化以及有机污染物的氧化还原转化方面起着非常重要的作用，同时微生物群落组成也在迅速演变并参与土壤的关键元素氧化还原的电子传递，因此，稻田土壤中大多数卤代有机污染物的微生物降解与土壤中的生源要素的转化往往相伴相生。

3.3 稻田典型农药的生态学效应

土壤生态系统是陆地生态系统的核心，人类对土壤资源的"过度"开发利用，导致了一系列土壤生态环境问题，如水土流失、肥力下降、土壤酸化、环境污染、生物多样性衰退等。农药是现代农业必不可少的生产资料，其保障了农业生产安全和农产品的有效供应，但它们也是农田环境的主要污染物，带来了生态环境问题，对土壤生态系统安全构成潜在威胁。农药直接作用于土壤中的植物、动物、微生物，对土壤生物的数量、种类、结构等产生各类生态毒理效应，进一步影响农田中有机质分解、养分循环利用等生态系统功能与物质循环。

3.3.1 植物生态效应

农田土壤中对植物产生影响的农药主要为化学除草剂。一方面，除草剂针对性地去除杂草，是防治田间草害、提高农业生产效率必不可少的生产资料；另一方面，除草剂也可对作物产生药害，如使用不当会导致减产、作物品质下降等负面效应。

农药具有毒物兴奋效应，影响植物的生长发育、生理特性和产量品质等。毒物兴奋效应是指有毒物质在低剂量条件下可促进机体生长，体现在促进植物生长发育、提高出芽率、增加生物量等，而农药的高剂量使用则会抑制有机体生长（陶功华，2007；苍涛等，2012；Calabrese et al.，1999）。低剂量的草甘膦可以刺激稗草的生长（Schabenberger et al.，1999），而乙草胺、二氯喹啉酸、苯噻草胺和莎稗磷等使用不当均会造成稻株矮化和僵苗等药害症状（黄河和熊治廷，2010；张承东等，2001）。农药对作物的效应比较复杂，同一种农药可能会对同一种植物的不同生理过程产生抑制或促进作用。Sembdner 和 Parthier（1993）的研究结果表明，茉莉酸甲酯和茉莉酸可以抑制种子萌发、幼苗生长、光合作用和叶绿素的形成，但促进了果实成熟、插条生根等生理过程。地乐胺、乙草胺也加快了大豆苗期根腐病的发生程度（陈立杰等，1999）。这种影响直接导致了作物产量的降低。例如，在大田条件下，施用 2, 4-D 丁酯和苯磺隆后，小麦千粒重和产量分别降低 113.8kg/hm² 和 167.1kg/hm²（张定一等，2007）。不同类型的除草剂影响程度也不尽相同，在玉米和大豆田中施用普施特和乙草胺，它们虽然都对大豆产量产生极显著影响，但是普施特影响更为显著（王克勤，2005）。张定一等（2007）的研究结果表明四种除草剂对强筋小麦的影响不尽相同，2, 4-D 丁酯和苯磺隆抑制了叶片 SPAD 值和净光合速率，导致千粒重和产量降低，精噁唑禾草灵的影响相对较小，而施用甲基二磺隆后，大田千粒重和产量均有所提高。不仅是除草剂，杀虫剂对植物也可产生毒害作用。乐果是防治水稻螟虫、稻飞虱等虫害的常用农药，其植物毒理效应也引起关注。Pandey 等（2015）发现，乐果可以刺激木豆幼苗的生长，它在叶片内的积累促使叶绿素含量升高。小黄三叶草、禾叶繁缕和鬼苦苣菜施加乐果后，这些作物的发芽率和植物的生物量明显提高（Hector et al.，2004）。

农药对植物细胞和组织的影响是其产生毒害作用的重要原因。微核试验研究结果表明，除草剂对蚕豆根尖细胞微核率的影响与其种类和浓度有关。例如，当甲基对硫磷浓度达到 3.77% 以上，诱导微核率在 31.30% 以上时，其可造成对环境的重度污染（周宏治，2000）。在莠去津、草甘膦和马来酰肼对微核形成的影响研究中发现，马来酰肼对土壤中生长的幼苗有很高的诱变性，而莠去津在营养缺乏的土壤中对幼苗产生诱变作用，草甘膦对幼苗没有产生诱变作用（Marco et al.，1992）。除草剂对植物细胞的影响延伸至植物组织的生长。宋宏峰等（2014）研究报道，施百草枯后，毛桃幼苗根系细胞电解质渗透率在初期显著升高，其细胞受损导致根总体积、总根长、总表面积以及根尖数显著减少，叶片净光合速率、气孔导度、蒸腾速率下降，植株干物质积累量也显著降低。异丙甲草胺抑制了水稻幼苗主根及茎的伸长，同时侧根和根毛的生长也受到不同程度的抑制作用，与 rac-异丙甲草胺相比，S-异丙甲草胺毒性更大（谢飞，2011）。与之类似，敌草隆降低了光合自养植物毛状根尖的伸长率（Ninomiya et al.，2002）。卢一辰（2016）用异丙隆处理水稻幼苗，发现其提高了水稻幼苗组织中丙二醛含量，抑制了水稻幼苗的根叶生长和叶绿素含量，造成水稻幼苗组织的氧化损伤，影响了水稻的正常生长。毒虫畏和腈苯唑抑制了洋葱根系分生组织活动（Türkoğlu，2012）。有机氯农药林丹和十氯酮导致玉米根部细胞中 Ca^{2+} 数量增多、半胱天冬酶活性加强，产生严重致毒效应，引起细胞程序性死亡，抑制了玉米细胞分裂和生长（Blondel et al.，2014）。

农药对植物的氨基酸、可溶性糖、钾等矿物元素、光合和叶片气孔功能等方面均可产生不同影响（余月书等，2008，2017；刘建祥等，2001；Youngman et al.，1990）。施用一定浓度的喹硫磷后，棉花中的总糖含量及植株中的总酚含量和氨基酸含量均有所增加，乙酰甲胺磷的施用促使棉花叶片中的氨基酸含量提高（Abdullah et al.，2006）。丁草胺等除草剂的衍生物使植物氨基酸含量增加，促进了新老根系的更替，加快了新根产生和老根衰竭（张宗炳，1988；周光来，2002）。作物的光合作用受到农药的影响，例如，扑虱灵、井冈霉素、蚍虫林、杀虫双和三唑磷在水稻营养生长期施用后显著降低了作物光合作用的效能，光合速率抑制率可达32%（吴进才等，2003），异噁草酮导致大麦叶片中叶绿素含量降低，光合速率下降（Kaňa et al.，2004）。异丙隆降低了水稻幼苗的叶绿素含量，对根叶生长的抑制作用造成了水稻幼苗组织的氧化损伤，导致水稻不能正常生长（卢一辰，2016）。这些农药对植物叶片的气孔组织造成了损伤，例如，丙炔氟草胺导致葡萄叶片的气孔导度急剧下降（Bigot et al.，2007），草甘膦导致大豆的光合速率、气孔导度下降（原向阳等，2006）。Qiu等（2004）报道了部分农药对玉米素核苷酶含量的抑制作用。大豆根瘤的形成和固氮活力受到氟乐灵的抑制，氟乐灵施用量为1.0~2.5kg/hm²时，大豆产量下降1.7%~9.4%（辛明远等，1985）。

植物保护酶是作物体内重要的生理生化指标，农药施用造成它们含量的变化，进而影响作物生长。除草剂处理葡萄叶片后，叶片中过氧化氢酶（CAT）和过氧化物酶（POD）活性显著提高，中部叶片超氧化物歧化酶（SOD）活性有所增加，但上部和下部叶片的SOD活性降低（谭伟等，2011）。也有人发现燕麦幼苗在除草剂作用下，丙二醛含量一直高于对照组，SOD、POD含量先增高后降低（宋旭东和赵桂琴，2015；刘欢等，2015）。赵长山等（2009）的研究表明，莎稗磷的施用导致水稻叶绿素含量和根系活力降低，并诱导其体内的SOD活性提高，在270~810g/hm²的浓度范围内，施药量越高，SOD活性增加越多。异丙隆对水稻幼苗的毒性作用激活了其体内抗氧化酶系，SOD、漆酶（laccase）、POD、APX的活力，用于抵抗异丙隆带来的氧化胁迫（卢一辰，2016）。

总体来看，农药尤其是除草剂对作物的光合作用、植株碳水化合物合成、叶片同化物输出的抑制作用导致作物各项功能下降、不利于作物生长，但这种影响与农药品种及施用浓度有关。与之相反，在农药胁迫下，作物靶标酶系和防御酶系则处于较高水平。

3.3.2 动物生态效应

土壤动物是土壤中和落叶下生存着的各种动物的总称，常见的有蚯蚓、蚂蚁、鼹鼠、变形虫、轮虫、线虫、壁虱、蜘蛛、潮虫、千足虫等。土壤动物是农田生态系统中的重要组成部分，它们在土壤中的生存活动影响了土壤有机质的形成、土壤结构及土壤物理化学性质的变化。农药的施用直接或间接作用于土壤动物，对其生长发育、繁殖等生命活动造成毒害，导致其群落结构和多样性的变化。

土壤污染生态毒理诊断研究上，常用的土壤指示污染动物是蚯蚓。蚯蚓是土壤大型动物的主要类群，通过摄食、挖掘等活动改善土壤的物理、化学和生物属性，提高土壤孔隙度、排水能力和通气性能，对作物的生长和发育有重要的促进作用。蚯蚓能敏感反映土壤污染程度，是土壤农药污染的重要指示生物，被用来评测农药的污染生态风险（蔡道基等，1986；Gestal and Dis，1998）。蚯蚓死亡率（14d-LD50/LC50）是最常用来评价农药对蚯蚓毒性的指标（Xiao et al.，2006）。但在实际田间条件下，蚯蚓长期接触土壤中低剂量农药时，蚯蚓并不会快速死亡而是处于慢性中毒状态，主要表现为生长繁殖的抑制作用、蚓体超微结构及遗传物质损伤、行为能力和体内生化指标的变化。

研究报道，农药对蚯蚓表现出明显的生长毒性。毒死蜱污染浓度为10mg/kg时，对土壤中赤子爱胜蚓繁殖抑制率即可达到32.26%，毒死蜱污染浓度为25mg/kg时，抑制率高达80.97%（程燕等，2015）。对硫磷不仅对蚯蚓精子量、产蚓茧数量和孵化幼蚓数有显著影响，蚯蚓中毒后，身体蜷曲引起的肌肉功能变化使它们在土壤中移动困难，从而造成蚯蚓进食能力减弱甚至丧失，其生长受到抑制（Bustos-Obregón and Goicochea，2002）。据报道，吡虫啉对土壤中蚯蚓的行为能力的影响，导致蚯蚓掘洞长度、洞穴覆盖范围和洞穴再利用率等均出现明显的下降（Capowiez et al.，2004）。毒死蜱处理土壤中，赤子爱胜蚓暴露7d后，80mg/kg 和 100mg/kg 处理组，蚯蚓体重比对照下降了 14.7%和 15.0%；28d 后，80mg/kg 和 100mg/kg 处理下，蚯蚓体重也明显降低了 9.8%和 15.7%。已有研究表明，体重下降是氯乙酰胺、五氯苯酚等有机氯杀虫剂，苯菌灵、多菌灵等杀真菌剂和乙草胺、百草枯、甜菜宁等除草剂使赤子爱胜蚓中毒的典型症状之一（姜锦林等，2014）。

农药对蚯蚓的超微结构损伤较蚯蚓体重损失率更为敏感。超微结构损伤包括细胞水平和亚细胞水平的细胞核、细胞膜及遗传物质的损伤。例如，农药残留导致壮伟环毛蚓肠黏膜上皮细胞核内外膜的核周腔发生局部扩张，细胞核内核膜附近染色体呈不规则的团块集中分布，以及上皮细胞的细胞核内染色质稀疏，核膜发生断裂，染色质外溢，遗传物质损伤（郭永灿等，1997）。人工土壤中，吡虫啉、噻虫啉和氯噻啉对赤子爱胜蚓皮肤和胃肠道细胞具有毒性，导致其黏液分泌细胞内细丝状物质减少直至消失，对蚯蚓肠道和皮肤细胞造成损伤，同时减少了体腔细胞内 DNA 数量（冯磊，2014）。

农药对土壤动物的毒性作用改变了其在土壤中的数量和类群，并随着农药影响程度的增加而减少。Bandeira 等（2019）评估了吡虫啉对三种土壤中两种蚯蚓的毒性和风险，结果表明，施用吡虫啉后，蚯蚓在土壤中的数量均有所降低，降低幅度与吡虫啉的施用浓度和土壤类型有关，例如，吡虫啉施用浓度从 4mg/kg 提高至 64mg/kg 时，土壤中蚯蚓的数量从略有减少到无检出，但不同土壤中的降低幅度不同，即吡虫啉的毒性还受到土壤类型影响。敌百虫杀虫剂对南方农田土壤动物的染毒模拟实验结果表明，当敌百虫施用浓度为 5g/L 时，土壤动物有 20 类，与对照接近，个体数量为 160 只，低于对照的 235 只；当其施用量增加为 32g/L 时，土壤动物种类则减少至 10 类，个体数量则减少至 58 只，说明敌百虫的施用导致土壤动物的个体数量和类群数减少，施用浓度越高，其毒性越大。不仅是杀虫剂，除草剂对土壤动物也有不利影响（朱丽霞等，2011）。苯磺隆浓度为 0.2~1.3g/L 时，除草剂处理的土壤与对照相比，土壤动物类群数、个体总数及群落的多样性指数均有所降低，苯磺隆处理浓度越高，减少得越多（李淑梅等，2008）。蔡小宇等（2019）调查了十多种稻田常用农药对土壤动物群落的影响，发现农药的施用减少了土壤动物的个体数，对照样地获得土壤动物 542 个，常规农药样地、高毒农药样地分别为 339 个、299 个；高毒农药样地与对照样地的动物类群数差异极显著。一般来说，杀虫剂对土壤动物群落结构的影响显著，除草剂对土壤动物的毒性相对较弱，且属于慢性影响。

在实际田间条件下，农药大多为中低剂量，一般不会导致土壤动物的快速死亡，但其长期与农药接触后处于慢性中毒状态，表现为生长繁殖受到抑制，行为能力、体内生化指标产生变化，甚至超微结构及遗传物质受到损伤。

3.3.3 微生物生态效应

土壤生态系统中，微生物数量之巨、种类之多是其他生态系统不可比拟的，它们在土壤肥力的形成中起到了关键性作用，直接或间接推动有机质分解、腐殖质的形成与转化、土壤结构性的形成与保持等。近年来，随着土壤污染问题日益突出，微生物对污染物的净化作用受到关注，其是土壤生态功能的重要组成部分。反之，污染物对微生物的毒害作用，影响了微生物在土壤中的数量、种类、多样性和生态功能，威胁着土壤生态安全。

1. 对土壤微生物数量的影响

农药直接影响土壤微生物的数量。Widenfalk 等（2004）发现即使异丙隆和溴氰菊酯在允许浓度暴露下也会引起微生物群落毒性效应，导致沉积物中的细菌活性和数量均下降。这种毒性效应甚至干扰微生物呼吸、生物合成等，最终导致其全部死亡（DeLorenzo et al.，2001）。苯噻草胺能促使好氧细菌数量的增加，但不利于真菌和放线菌的生长（杜宇峰和叶央芳，2005）。可见，农药对土壤微生物数量的影响可能不明显，也可表现为抑制或促进作用，产生哪一种结果与农药种类和剂量密切相关。

通常，低剂量农药可能刺激土壤微生物生长，剂量过高则会对其产生抑制作用，但这些影响作用均会随着培养时间的延长而逐渐消失。张仕颖等（2014）通过平板培养法发现，丁草胺在 0.3~1.5mg/kg 下可以刺激放线菌、好氧细菌及自生固氮菌的生长，同时抑制真菌生长；低浓度下，其抑制了放线菌增殖，对细菌、真菌数量影响不明显。水田土壤中添加 100mg/L 和 500mg/L 甲基对硫磷，在培养 10d 后，细菌的数量与不加农药的对照相比变化明显，从 $2.93×10^6$CFU/g 干土增加至 $2.02×10^7$CFU/g 干土和 $3.26×10^7$CFU/g 干土，但低浓度甲基对硫磷对土壤微生物数量影响不大（曹慧等，2004）。由于杀菌剂等可以直接杀灭微生物，即使较低浓度也可以剧烈改变微生物在土壤中的数量。例如，每千克干土加入 50mg 多菌灵时，对红壤稻田土和紫色稻田土壤的 SRB 种群数量抑制率分别达到 43%和 19%（陈中云等，2004）。Shan 等（2006）用浓度为 2.0mg/kg 和 4.0mg/kg 的毒死蜱处理土壤后，发现细菌和放线菌的数量有所降低，7~14d 后可恢复至对照水平；当毒死蜱处理浓度为 10mg/kg 时，细菌、真菌和放线菌数量降低，恢复时间延长。稻田土壤中使用杀菌剂噻菌茂，浓度为 0.2mg/kg 时，施药初期细菌生长受抑制，7d 后菌群生长至对照水平；而施药浓度为 100mg/kg 时，细菌生物量较对照组显著下降，第 28d 仍未恢复（左晓霞等，2014）。

2. 对土壤微生物群落多样性的影响

农药对土壤微生物的影响进一步表现为微生物多样性的改变。Dave 等（2003）选取了异丙草胺和阿特拉津除草剂，研究了除草剂长期施用对农田土壤微生物的影响，发现氨氧化细菌、放线菌、甲烷氧化菌（Ⅰ型、Ⅱ型）和酸杆菌属这些微生物种群发生了显著变化。用甲胺磷处理土壤，刺激了真菌数量的增加，但抑制了固氮菌和放线菌的生长（朱南文等，1999）。土壤中厚壁菌门在 10mg/kg 阿特拉津刺激下，数量明显增加（王军，2012）。棉隆的输入刺激了伯克霍尔德菌属（*Burkholderia*）和芽孢杆菌属（*Bacillus*）细菌相对丰度的明显增加（Hjelmso et al.，2014）。耕地和休耕土壤中施加甲草胺除草剂后，兼性厌氧杆菌和厌氧梭状芽孢杆菌数量增多，在微生物群落中成为优势菌种（Béatrice et al.，2013）。苄嘧磺隆常用来消灭稻田的阔叶杂草，谢晓梅等（2004）在室内使用不同剂量的苄嘧磺隆处理稻田土，结果表明处理组的异养型细菌数量在所有培养期内持续减少，高浓度处理组减少最快。

毒死蜱是一种广谱性有机磷杀虫剂，广泛用于防治果树、水稻、小麦、棉花、蔬菜等作物上的多种害虫，在土壤中残留期较长。10～300mg/kg 的毒死蜱可显著抑制土壤中的好养固氮细菌、总细菌数及氮固定（Martinez-Toledo et al.，1992）。Biolog 技术研究表明，浓度分别为 4mg/kg、8mg/kg 和 12mg/kg 的毒死蜱处理土壤后，毒死蜱显著抑制了 Biolog 微孔板的单孔平均颜色变化率，说明毒死蜱对土壤微生物功能多样性有短暂或短期的影响（Fang et al.，2009）。用末端限制性片段长度多态性（T-RFLP）技术分析根际土细菌，1倍及以上推荐剂量毒死蜱处理土壤后，前 30d 棉花根际土壤细菌群落多样性受到显著抑制，第 60d 时基本恢复到对照组水平；毒死蜱浓度越高，细菌群落多样性恢复越缓慢（Yu et al.，2015）。事实上，土壤来源对土壤微生物群落变化的影响更大，农药对土壤微生物群落的影响规律因土壤类型的差异而有所不同（Wang et al.，2011）。例如，在 28d 培养期内，毒死蜱施用量为 600g/hm² 时，红壤性水稻土细菌群落的恢复时间为 28d，而在紫色土水稻土中，恢复时间是 14d，表明毒死蜱对红壤水稻土细菌群落多样性的抑制作用要大于紫色土水稻土（袁新杰，2019）。

农药的类型、浓度、残留时间及土壤类型等环境变量在控制微生物群落组成中十分重要，一般来说，高毒高浓度对土壤微生物的毒害作用大，土壤类型、时间、特定农业操作、管理系统以及田间空间差异对土壤微生物群落的影响作用依次下降（Bossio et al.，1998）。

3. 对微生物遗传多样性的影响

土壤微生物的遗传多样性是在基因水平上所携带的各种遗传物质和遗传信息的总和，由碱基排列顺序和数量决定，是生物多样性的基础和最重要的部分，也是生态毒理风险评估的重要内容（贺纪正和王军涛，2015；张薇等，2005）。应用 PCR-DGGE 宏基因组测序等现代生物技术，发现农药污染可以改变微生物 DNA 序列，并通过基因水平转移等对土壤微生物遗传多样性产生影响。

Seghers 等（2003）采集了被莠去津和异丙草胺污染 20 年的土壤，发现除草剂污染土壤比未污染土壤对其他外来污染物的耐受能力更强，可能是污染土壤的细菌为了生存启动了自身高效降解基因的表达系统，或是通过基因水平转移获取了更高效的降解基因。姚晓华等（2006）报道了 0.5mg/kg 的啶虫脒会对微生物群落基因的多样性产生影响。土壤施用农用化学品后，与未施用土壤群落 DNA 序列的相似性系数较小，施用农药的土壤之间 DNA 序列相似性指数较高（姚健等，2000）。高浓度氟磺胺草醚（37.5mg/kg、375mg/kg）处理下，固氮菌基因 *nifH* 丰度有所下降，浓度越高，下降幅度越大，高浓度氟磺胺草醚对其产生了毒害作用（吴小虎，2014）。Cycon 等（2013）研究结果表明，吡虫啉可导致土壤优势菌群的多样性发生显著变化，而且 DGGE 图谱新条带的产生表明某些细菌发生了进化，获得了降解吡虫啉的功能。Martin-Laurent 等（2006）将 66 株以莠去津为唯一碳源和氮源的降解菌投入莠去津污染土壤中，通过核糖体间隔指纹分析发现，大部分菌种的基因结构被改变。

当细菌面对某些环境选择压力时，其内部的一些功能基因可在细菌间发生水平转移（Herrick et al.，1997）。例如，莠去津和硝基甲苯在几株菌的协同作用下彻底降解，每株菌只负责其中一步或者几步。然而，同一实验中，又分离出一株能完全独自降解这两种化合物的单一菌株，表明环境中的不同菌株可通过基因水平转移交流遗传信息，进而进化出完整的降解途径（de Souza et al.，1998；Snellinx et al.，2003）。Topp 等（2000）报道了类诺卡氏属菌株中莠去津的起始降解酶由 *trzN* 编码，而非 *atzA* 编码。进一步研究证实了 *trzN* 基因广泛存在土壤微生物中，可以通过水平转移重组降解基因簇（Piutti et al.，2003）。郭亚楠（2011）以莠去津为目标污染物，通过 FISH 技术分析了阿特拉津降解基因 *atzA* 在基因工程菌和土著菌之间的转移情况。发现接种基因工程菌后，MBR 和 CAS 反应器中基因工程菌密度快速下降后保持稳定，*atzA* 基因平均相对丰度先减小后增加，说明经过长期适应，*atzA* 基因不仅存在于基因工程菌中，也可转移至土著细菌细胞中。污染物降解基因的水平转移，可以高效促进环境中污染物的降解，增强微生物修复效果。

农药对土壤中微生物生态的影响与其种类及浓度有关，一般认为杀菌剂、杀真菌剂及熏蒸剂等能直接毒杀微生物的农药，即便是低剂量施用，它们也能对微生物群落产生明显的影响。而杀虫剂和除草剂在正常施药剂量范围不会对土壤微生物产生明显影响，只有在大剂量施用情况下才会抑制或消灭某些敏感型微生物。农药的毒害作用不仅表现为土壤微生物生物量的减少，其种群结构及多样性、甚至遗传特性也可能随之发生改变。

3.3.4 对生态系统功能与物质循环的影响

农药对土壤中植物生长发育、动物和微生物结构及多样性的影响，最终导致土壤生态系统功能和物质循环的变化。

1. 呼吸作用

土壤产生并释放 CO_2 的过程称为土壤呼吸作用，多用来评价土壤肥力。土壤呼吸作用的影响与农药的种类、浓度和土壤的性质有关。例如，土壤呼吸在苯噻草胺、吡虫啉杀虫剂作用下减弱（黄智等，2002；刘惠君等，2001），而多菌灵可以增强土壤呼吸作用（王占华等，2005）。不同农药对土壤呼吸都有一定程度影响，但这种影响会随着农药的停止施用逐渐恢复。农药的用量也会影响土壤呼吸。孔凡彬等（2008）报道了不同浓度的氰草津对土壤呼吸的影响，发现只有在高浓度处理下，氰草津对土壤呼吸抑制作用才比较明显。同一种农药对不同土壤的呼吸作用影响也可能是不同的，施用甲嘧磺隆后，棕壤中微生物的呼吸作用受到了明显的抑制，红壤中微生物呼吸作用表现为在低浓度下受抑制和高浓度下被促进，而潮土中微生物的呼吸作用得到了促进（张晶等，2017）。

2. 土壤酶活

土壤中所有的复杂生化反应几乎都有脱氢酶、磷酸酶、脲酶等酶的参与，农药对土壤酶活的影响是评价农药生态安全的一个重要指标。农药对土壤酶活性的影响比较复杂，其本体化合物及其代谢产物在一定程度上都会影响土壤酶活性。Raju 和 Venkateswarlu（2014）研究发现，处理浓度在 $0.25 \sim 1.0 kg/hm^2$ 的乙酰甲胺磷和噻嗪酮农药都会显著降低土壤中蔗糖酶、淀粉酶的活性。土壤酸性磷酸酶和脲酶在受到毒死蜱的作用后活性会降低，毒死蜱对过氧化氢酶和蔗糖酶活性的影响与暴露剂量、时间呈正相关（王金燕等，2017）。吕栋栋

(2014)发现在处理前期，嘧菌酯对红壤中脲酶活性的抑制作用与浓度呈正相关；黑土中脲酶活性受嘧菌酯影响较小，而棕壤中脲酶基本不受影响。通过田间小区试验发现，低浓度阿特拉津在污染初期可以刺激脲酶活性，而高浓度呈现抑制状态（王金花等，2004）。Gianfreda 等（1995）研究表明，土壤中蔗糖酶在草甘膦和百草枯作用下活性会增强。此外，部分农药对土壤酶活有短暂的抑制作用，推荐剂量下的吡虫啉在施用初期对土壤脱氢酶、磷酸酶和脲酶有抑制作用，但在 28d 后抑制作用消失，酶活逐渐恢复（Cycon et al.，2013）。由此可见，土壤酶活的变化与农药的浓度及影响时间有关。

3. 氮元素循环

土壤中微生物主要通过氨化作用、反硝化作用和固氮作用来主导氮元素的循环。随着农药的大量施用，农药对微生物在氮元素循环中的影响作用不容忽视，其一直受到学者们的广泛关注。

农药能明显抑制土壤的氨化作用和消化作用。Kucharski 等（2009）发现戊唑醇、吡丙醚、三氟甲磺隆和麦草畏对氨化作用都有明显的影响，其中，三氟甲磺隆和麦草畏的联合使用对氨化作用有非常强烈的抑制作用。28 种除草剂中的 6 种除草剂在有效浓度为 5mg/kg 时，抑制了土壤的硝化作用，而几乎所有的除草剂在有效浓度为 50mg/kg 时都会抑制硝化作用（Martens and Bremner，1993）。施用百菌清、氯嘧磺隆、西马津等农药后，土壤硝化作用减弱主要与土壤中氨氧化古菌（AOA）和氨氧化细菌（AOB）数量的减少有关（张满云等，2015；Zhang et al.，2016；Yang et al.，2014；Wan et al.，2014）。

农药对土壤硝化作用的抑制导致土壤总矿化氮量降低。Jana 等（2004）研究了在百草枯和氯乙氟灵处理下土壤总矿化氮量的变化，两种农药用量越大总矿化氮量减少得越多。土壤氮矿化的抑制强度与除草剂施用量呈正相关（El-Ghamry et al.，2001），随着时间的增加这种影响逐渐减小（徐建民等，2000）。

农药对反硝化细菌及反硝化作用的影响并不一致。Martinez-Toledo 等（1992）研究发现，杀虫剂毒死蜱和甲基对硫磷对土壤中反硝化细菌及反硝化作用没有显著影响。陈中云等（2003）系统研究了丁草胺、多菌灵和呋喃丹对土壤中反硝化细菌的影响，发现低浓度处理（1mg/kg）下，丁草胺和呋喃丹会刺激反硝化细菌生长，而这三种农药在高浓度下会显著抑制反硝化细菌的生长，对反硝化作用的影响也随之变化。Chen 等（2019）和 Su 等（2019）也证实土壤中的反硝化作用会受到百菌清的抑制，并且土壤排放的 N_2O 量增多。

农药导致植物固氮能力减弱。例如，精喹禾灵、氟比甲禾灵、乙草胺和异丙甲草胺通过影响共生固氮菌的结瘤能力导致植株含氮量大大降低（张猛等，2008）。有研究表明，氯嘧磺隆能够通过抑制结瘤量、减少根瘤内固氮酶相关活性抑制根瘤固氮能力（顾燕萍，2019）。农药的施用可以导致土壤中可培养的固氮菌数量、*nifH* 基因丰度的降低（Zhang et al.，2013；Wu et al.，2014），如高浓度的萘甲胺对植物生长和细菌数量有消极影响，特别是对固氮菌有抑制作用（Elbashier et al.，2016）。

土壤生态系统中能量流动、物质循环和信息传递健康稳定运转，土壤的生态功能才能得以实现。农药的过量施用对土壤生态系统造成严重的威胁，此外，不同类型的农药不仅对目标生物有毒害作用，还具有一定的广谱性，它们对土壤中各类生物数量、结构、多样性，甚至遗传性的影响进一步导致土壤呼吸作用、酶活、氮元素循环等生态功能和物质流动发生一定变化。

参 考 文 献

白玲. 2014. 有机无机肥配施对滴灌棉田氮素转化生物学过程的影响研究. 石河子：石河子大学硕士学位论文.

保学明，刘志光，于天仁. 1978. 水稻土中氧化还原过程的研究Ⅸ. 水溶态亚铁的存在形态. 土壤学报，15（2）：174-181.

蔡道基，张壬午，李治祥，等. 1986. 农药对蚯蚓的毒性与危害性评估. 农村生态环境，2（2）：14-18.

蔡小宇，单正军，姜锦林，等. 2019. 农药对稻田生态系统中土壤动物群落的影响. 江苏农业科学，47（15）：307-312.

苍涛，王彦华，俞瑞鲜，等. 2012. 蜜源植物常用农药对蜜蜂急性毒性及风险评价. 浙江农业学报，24（5）：853-859.

曹慧，崔中利，周育，等. 2004. 甲基对硫磷对红壤地区土壤微生物数量的影响. 土壤，（6）：654-657.

曹梦超. 2015. 肟菌酯在稻田环境中的消解特性及降解因子研究. 杭州：浙江大学硕士学位论文.

曹媛媛. 2008. 不同环境下水稻土硫和重金属形态转化及微生物生态研究. 杭州：浙江大学硕士学位论文.

曹正邦，郝文英，游长芬，等. 1959. 水稻土的微生物学特性（Ⅰ）华东华中主要类型水稻土中微生物数量及其活动性的研究. 土壤学报，（Z2）：218-226.

陈立杰，刘惕若，李海燕，等. 1999. 地乐胺（dibutralin）对大豆幼苗根腐病、核酸和蛋白质的影响. 沈阳农业大学学报，30（3）：330-333.

陈森林. 2010. 南方红黄壤地区土壤微生物碳素循环相关基因多样性研究. 南京：南京农业大学硕士学位论文.

陈中云，闵航，吴伟祥，等. 2003. 农药污染对水稻田土壤反硝化细菌种群数量及其活性的影响. 应用生态学报，14（10）：1765-1769.

陈中云，闵航，张夫道，等. 2004. 农药污染对水稻田土壤硫酸盐还原菌种群数量及其活性影响的研究. 土壤学报，（1）：97-102.

程建平，曹凑贵，蔡明历，等. 2006. 不同灌溉方式对水稻生物学特性与水分利用效率的影响. 应用生态学报，17（10）：1859-1865.

程燕，姜锦林，卜元卿，等. 2015. 毒死蜱对蚯蚓生长和繁殖的影响. 农药学学报，17（3）：362-365.

戴亮. 2015. 氟环唑在稻田环境中的残留消解及土壤吸附研究. 长沙：湖南农业大学硕士学位论文.

杜宇峰，叶央芳. 2005. 除草剂苯噻草胺对水稻田土壤微生物种群的影响. 应用与环境生物学报，（6）：747-750.

段劲生，王梅，董旭，等. 2016. 氯虫苯甲酰胺在水稻及稻田环境中的残留动态. 植物保护，42（1）：93-98.

冯磊. 2014. 三种新烟碱类杀虫剂对蚯蚓的影响. 北京：中国农业科学院硕士学位论文.

顾超. 2017. 水旱轮作稻田土壤厌氧氨氧化及其影响因素的研究. 杭州：浙江大学硕士学位论文.

顾燕萍. 2019. 氯吡嘧磺隆对大豆结瘤和根瘤固氮的影响. 南宁：广西大学硕士学位论文.

郭亚楠. 2011. 阿特拉津生物强化处理及土著降解细菌定向进化特性研究. 石家庄：河北科技大学硕士学位论文.

郭永灿, 王振中, 赖勤, 等. 1997. 农药污染对蚯蚓的群落结构与超微结构影响的研究. 中国环境科学, 17（1）: 67-71.

韩玲娟. 2012. 己唑醇在稻田环境中的残留动态及环境行为研究. 南京: 南京农业大学硕士学位论文.

贺纪正, 陆雅海, 傅博杰, 等. 2015. 土壤生物学前沿. 北京: 科学出版社.

贺纪正, 王军涛. 2015. 土壤微生物群落构建理论与时空演变特征. 生态学报, 35（20）: 6575-6583.

胡瑞兰. 2010. 苯醚甲环唑和丙环唑在稻田中的残留消解与吸附. 长沙: 湖南农业大学硕士学位论文.

黄河, 熊治廷. 2010. 镉和乙草胺及苄嘧磺隆对水稻种子萌发的影响. 安徽农业科学, 38（31）: 17549-17552.

黄智, 李时银, 刘新会, 等. 2002. 苯噻草胺对土壤中过氧化氢酶活性及呼吸作用的影响. 环境化学, 21（5）: 66-69.

姜锦林, 程燕, 卜元卿, 等. 2014. 农药对蚯蚓的生长和繁殖毒性及其在生态风险评价中的应用. 农业科学与管理, 35（9）: 23-32.

蒋诗琪. 2015. 虫酰肼的稳定性和在水稻及环境中的消解、残留研究. 长沙: 湖南农业大学硕士学位论文.

孔凡彬, 杨义钧, 徐瑞富, 等. 2008. 莠去津、氰草津对土壤微生物功能的影响. 江苏农业学报, 24（1）: 39-43.

李佳. 2010. 三环唑在稻田生态环境中的残留降解与水解研究. 长沙: 湖南农业大学硕士学位论文.

李佳. 2011. 吡蚜酮在稻田中的残留降解及其在土壤中的吸附解吸. 长沙: 湖南农业大学硕士学位论文.

李娟. 2016. 不同施肥处理对稻田氮磷流失风险及水稻产量的影响. 杭州: 浙江大学硕士学位论文.

李淑梅, 盛东峰, 许俊丽. 2008. 苯磺隆除草剂对农田土壤动物影响的研究. 土壤通报, 39（6）: 1369-1371.

李阳生, 李绍清, 李达模, 等. 2002. 杂交稻与常规稻对涝渍环境适应能力的比较研究. 中国水稻科学, 16（1）: 45-51.

刘欢, 慕平, 赵桂琴, 等. 2015. 除草剂对燕麦产量及抗氧化特性的影响. 草业学报, 24（2）: 41-48.

刘惠君, 郑巍, 刘维屏. 2001. 新农药吡虫啉及其代谢产物对土壤呼吸的影响. 环境科学, 22（4）: 74-76.

刘慧云, 关卓, 程建华, 等. 2020. 间歇灌溉对稻田毒死蜱迁移转化特征的影响. 农业工程学报, 36（1）: 214-220.

刘建祥, 杨肖娥, 吴良欢, 等. 2001. 低钾胁迫对水稻叶片光合功能的影响及其基因型差异. 作物学报, 27（6）: 1000-1006.

卢一辰. 2016. 小麦和水稻对异丙隆和阿特拉津的毒性反应及代谢降解机制的研究. 南京: 南京农业大学博士学位论文.

吕栋栋. 2014. 嘧菌酯对不同土壤中的土壤酶和微生物活性的影响. 泰安: 山东农业大学硕士学位论文.

吕银斐, 任艳芳, 刘冬, 等. 2016. 不同水分管理方式对水稻生长、产量及品质的影响. 天津农业科学, 22（1）: 106-110.

罗婧. 2010. 噁唑酰草胺在水稻及环境中的残留动态及丙澳磷在土壤中的吸附与迁移研究. 南京: 南京农业大学硕士学位论文.

马新生. 2012. 三唑磷在水稻及其环境中的分布、迁移与残留. 杭州: 浙江大学硕士学位论文.

潘思竹. 2016. 吡蚜酮·哒螨灵悬浮剂中哒螨灵在水稻上的残留分析与消解动态研究. 贵阳: 贵州大学硕士学位论文.

亓育杰. 2016. 噻呋酰胺的环境行为及在稻田残留动态研究. 南京: 南京农业大学硕士学位论文.

任颖俊. 2015. 己唑醇和春雷霉素在稻田中的残留及吸附研究. 长沙：湖南农业大学硕士学位论文.

宋宏峰, 郭磊, 张斌斌, 等. 2014. 除草剂对毛桃幼苗生长与光合的影响. 园艺学报, 41 (11): 2208-2214.

宋旭东, 赵桂琴. 2015. 不同种类除草剂对燕麦幼苗生理生化指标的影响. 草原与草坪, 35 (4): 54-60.

孙丽娟. 2017. 硫肥对土壤-水稻系统铜迁移转化的影响及作用机制. 杭州：浙江大学博士学位论文.

孙晓燕. 2013. 溴虫腈的环境行为及稻田中的残留动态研究. 南京：南京农业大学硕士学位论文.

谭红. 2015. 稻瘟酰胺和咪鲜胺在稻田中的残留消解及水解研究. 长沙：湖南农业大学硕士学位论文.

谭伟, 王慧, 翟衡. 2011. 除草剂对葡萄叶片光合作用及贮藏营养的影响. 应用生态学报, 22 (9): 2355-2362.

陶功华. 2007. 低剂量兴奋效应作用机制的研究进展. 中山大学研究生学刊, 28 (1): 16-21.

田慧. 2007. 耕作制度对南方稻田土壤微生物及酶影响的研究. 长沙：湖南农业大学硕士学位论文.

王金花, 朱鲁生, 孙瑞莲, 等. 2004. 阿特拉津对两种不同施肥条件土壤脲酶的影响. 农业环境科学学报, 23 (1): 162-166.

王金燕, 孙华忠, 卜元卿, 等. 2017. 毒死蜱对紫金山森林土壤酶活力及微生物毒性影响研究. 生态毒理学报, 12 (4): 210-218.

王晶莹. 2012. 农肥和化肥对土壤氮素转化和功能细菌多样性的影响. 哈尔滨：东北农业大学硕士学位论文.

王军. 2012. 莠去津对土壤微生物群落结构及分子多样性的影响. 泰安：山东农业大学博士学位论文.

王克勤. 2005. 除草剂对高油大豆产量及品质的影响. 中国农学通报, 21 (11): 311-313.

王全胜. 2015. 呋虫胺两种剂型在稻田系统的残留特征及加工因子研究. 杭州：浙江大学硕士学位论文.

王占华, 周兵, 袁星. 2005. 4种常见农药对土壤微生物呼吸的影响及其危害性评价. 农药科学与管理, 26 (6): 13-16.

王子希. 2014. 吡蚜酮在稻田中的残留降解及水生生态毒理评价. 长沙：湖南农业大学硕士学位论文.

魏凤. 2015. 三种剂型烯啶虫胺在不同生态区稻环境中的消解动态及残留规律研究. 长沙：湖南农业大学硕士学位论文.

吴海明. 2014. 人工湿地的碳氮磷循环过程及其环境效应. 济南：山东大学博士学位论文.

吴金水, 葛体达, 胡亚军. 2015. 稻田土壤关键元素的生物地球化学耦合过程及其微生物调控机制. 生态学报, 35 (20): 6626-6634.

吴进才, 许俊峰, 冯绪猛, 等. 2003. 稻田常用农药对水稻3个品种生理生化的影响. 中国农业科学, 36 (5): 536-541.

吴小虎. 2014. 氟磺胺草醚对土壤微生物多样性的影响. 北京：中国农业科学院博士学位论文.

吴余粮, 蒋凯. 2014. 水旱轮作模式的可持续发展探析. 浙江农业科学, (6): 813-815.

伍一红. 2012. 杀螺胺乙醇胺盐在稻田中的残留降解与环境行为研究. 长沙：湖南农业大学硕士学位论文.

武霓. 2013. 甲萘威环境行为及在稻田中的残留动态研究. 南京：南京农业大学硕士学位论文.

肖浩. 2015. 喹啉铜在稻田中的残留消解及其毒性效应. 长江：湖南农业大学硕士学位论文.

谢飞. 2011. 异丙甲草胺对玉米和水稻生态毒性的手性差异性研究. 杭州：浙江工商大学硕士学位论文.

谢晓梅, 廖敏, 黄昌勇, 等. 2004. 除草剂苄嘧磺隆对稻田土壤微生物活性和生物化学特性的影响. 中国水稻科学, (1): 69-74.

辛明远, 张英武, 牛建泽. 1985. 氟乐灵对作物影响的研究. 植物保护学报, (1): 63-68.

邢素林, 马凡凡, 吴蔚君, 等. 2018. 水分管理对水稻产量、品质及氮磷流失的影响研究综述. 中国稻米, 24 (3): 16-20.

徐建民, 黄昌勇, 安曼, 等. 2000. 磺酰脲类除草剂对土壤质量生物学指标的影响. 中国环境科学, 20(6): 491-494.

徐琪, 杨林章, 董元华. 1998. 中国稻田生态系统. 北京: 中国农业出版社.

许磊. 2012. 稻瘟酰胺和醚菌酯的同时检测及其在稻田中的残留降解. 长沙: 湖南农业大学硕士学位论文.

杨欢. 2017. 两种农药和代谢物在水稻籽粒中的残留分布及消解研究. 北京: 中国农业科学院硕士学位论文.

杨燕. 2018. 不同水耕年限稻田土壤大孔隙分布与优先流特征研究. 武汉: 华中师范大学硕士学位论文.

姚健, 杨永华, 沈晓蓉, 等. 2000. 农用化学品污染对土壤微生物群落DNA序列多样性影响研究. 生态学报, 20(6): 1021-1027.

姚晓华, 闵航, 袁海平. 2006. 啶虫脒污染下土壤微生物多样性. 生态学报, 26(9): 3074-3080.

音袁. 2016. 2,4-滴丁酸的残留分析研究及其在水稻和土壤中的降解规律. 南京: 南京农业大学硕士学位论文.

殷星. 2014. 嘧菌酯的环境行为及在水稻上的残留动态研究. 南京: 南京农业大学硕士学位论文.

余月书, 吴进才, 王芳, 等. 2008. 吡虫啉胁迫对水稻可溶性糖、游离氨基酸及钾等矿物元素含量的影响. 扬州大学学报, 29(1): 85-89.

余月书, 张志国, 白露, 等. 2017. 几种农药对大花萱草"金娃娃"光合速率、叶绿素及可溶性糖含量的影响. 上海农业学报, 33(1): 84-87.

原向阳, 毕耀宇, 王鑫, 等. 2006. 除草剂对抗草甘膦大豆光合作用和蒸腾作用的影响. 农业现代化研究, 27(4): 311-313.

袁新杰. 2019. 毒死蜱对农田土壤细菌群落和多样性的影响. 南京: 南京农业大学硕士学位论文.

臧纯. 2012. 烯啶虫胺在稻田中的残留降解及其在五种供试土壤中的吸附研究. 长沙: 湖南农业大学硕士学位论文.

翟丽菲. 2018. 稻田常用农药在水稻上的沉积量差异及残留动态研究. 南宁: 广西大学硕士学位论文.

张承东, 韩朔睽, 张爱茜. 2001. 除草剂苯噻草胺胁迫对水稻活性氧清除系统的影响. 农业环境保护, 20(6): 411-417.

张定一, 杨武德, 党建友, 等. 2007. 除草剂对强筋小麦产量及生理特性的影响. 应用与环境生物学报, 13(3): 294-300.

张凤华, 贾可, 刘建玲, 等. 2008. 土壤磷的动态积累及土壤有效磷的产量效应. 华北农学报, 23(1): 168-172.

张家铭, 王明光. 1995. 台湾红壤及森林土壤中之氧化铁. 土壤学报, (1): 14-22.

张晶, 陈秋初, 关丽萍, 等. 2017. 甲嘧磺隆和炔草酯对土壤微生物呼吸强度和氮转化的影响. 农药学学报, 19(2): 203-210.

张满云, 滕应, 任文杰, 等. 2015. 百菌清的重复施用对于土壤硝化作用及其分子机制的研究. 广东: 第八次全国土壤生物与生物化学学术研讨会暨第三次全国土壤健康学术研讨会.

张猛, 王金信, 段敏, 等. 2008. 除草剂对花生根瘤菌共生固氮的影响. 花生学报, 37(1): 42-45.

张仕颖, 夏运生, 肖炜, 等. 2014. 丁草胺污染对高产水稻土微生物区系的影响. 生态环境学报, 23(4): 679-684.

张薇, 魏海雷, 高洪文, 等. 2005. 土壤微生物多样性及其环境影响因子研究进展. 生态学杂志, 24(1): 48-52.

张维. 2015. 紫色土坡地产流过程及胶体迁移研究. 北京: 中国科学院大学博士学位论文.

张文龙. 2011. 镇域尺度农田生态系统地上生物量遥感估算及地表有机碳储量研究. 泰安: 山东农业大学硕士学位论文.

张宇. 2013. 二氯喹啉酸在稻田环境中降解动态及吸附研究. 长沙: 湖南农业大学硕士学位论文.

张宗炳. 1988. 农药对农田生态系统的影响 (2). 生态学杂志, 7 (4): 30-34.

赵长山, 闫春秀, 何付丽, 等. 2009. 莎稗磷对水稻生理生化特性的影响. 植物保护, 35 (1): 50-54.

赵成林. 2013. 毒死蜱、三唑酮、丁草胺在稻田环境中的消解、分布、残留行为研究. 新乡: 河南科技学院硕士学位论文.

周光来. 2002. 丁草胺对水稻根系活力和 C/N 的影响. 湖北民族学院学报, 20 (2): 37-39.

周宏治. 2000. 农药甲基对硫磷污染环境的微核研究. 四川大学学报 (自然科学版), 37 (S1): 62-66.

周全来, 赵牧秋, 鲁彩艳, 等. 2006. 施磷对稻田土壤及田面水磷浓度影响的模拟. 应用生态学报, 17 (10): 1845-1848.

周圣超. 2012. 2 甲 4 氯胺盐在稻田中的残留降解与水解研究. 长沙: 湖南农业大学硕士学位论文.

周验旭. 2015. 盐酸吗啉胍在水稻田中的残留消解动态及其水解. 长沙: 湖南农业大学硕士学位论文.

朱丽霞, 陈素香, 陈清森, 等. 2011. 敌百虫对南方农田土壤动物多样性的影响. 土壤, 43 (2): 264-269.

朱南文, 胡茂林, 高廷耀. 1999. 甲胺磷对土壤微生物活性的影响. 农业环境保护, (1): 5-8.

左晓霞, 张赫琼, 曹楚彦, 等. 2014. 噻菌茂在稻田土壤中的微生物降解及对土壤细菌种群数量的影响. 农药学学报, 16 (4): 467-471.

Abdullah N M M, Singh J, Sohal B S. 2006. Behavioral hormoligosis in oviposition preference of *Bemisia tabaci* on cotton. Pesticide Biochemistry and Physiology, 84 (1): 10-16.

Agarwal V, Miles Z D, Winter J M, et al. 2017. Enzymatic halogenation and dehalogenation reactions: pervasive and mechanistically diverse. Chemical Reviews, 117 (8): 5619-5674.

Amundson R, Berhe A A, Hopmans J W, et al. 2015. Soil and human security in the 21st century. Science, 348 (6235): 1261071.

Armbrust K L. 2001. Chlorothalonil and chlorpyrifos degradation products in golf course leachate. Pest Management Science, 57 (9): 797-802.

Arora P K, Sasikala C, Ramana C V. 2012. Degradation of chlorinated nitroaromatic compounds. Applied Microbiology and Biotechnology, 93 (6): 2265-2277.

Bandeira F O, Alves P R L, Hennig T B, et al. 2019. Toxicity of imidacloprid to the earthworm *Eisenia andrei* and collembolan *Folsomia candida* in three contrasting tropical soils. Journal of Soils and Sediments, 20 (4): 1997-2007.

Banerjee R, Ragsdale S W. 2003. The many faces of vitamin B_{12}: catalysis by cobalamin-dependent enzymes. Annual Review of Biochemistry, 72 (1): 209-247.

Béatrice L, Nicolas G, Solange K, et al. 2013. Removal of alachlor in anoxic soil slurries and related alteration of the active communities. Environmental Science and Pollution Research International, 20 (2): 1089-1105.

Bigot A, Fontaine F, Clément C, et al. 2007. Effect of the herbicide flumioxazin on photosynthetic performance of grapevine (*Vitis vinifera* L.). Chemosphere, 67 (6): 1243-1251.

Blondel C, Melesan M, San Miguel A, et al. 2014. Cell cycle disruption and apoptosis as mechanisms of toxicity of organochlorines in *Zea mays* roots. Journal of Hazardous Materials, 276: 312-322.

Bossio D A, Scow K M, Gunapala N, et al. 1998. Determinants of soil microbial communities: effects of agricultural management, season, and soil type on phospholipid fatty acid profiles. Microbial Ecology, 36(1): 1-12.

Bouchard B, Beaudet R, Villemur R, et al. 1996. Isolation and characterization of *Desulfitobacterium frappieri* sp. nov., an anaerobic bacterium which reductively dechlorinates pentachlorophenol to 3-chlorophenol. International Journal of Systematic and Evolutionary Microbiology, 46 (4): 1010-1015.

Bustos-Obregón E, Goicochea R I. 2002. Pesticide soil contamination mainly affects earthworm male reproductive parameters. Asian Journal of Andrology, 4 (3): 195-199.

Cai M, Xun L. 2002. Organization and regulation of pentachlorophenol-degrading genes in *Sphingobium chlorophenolicum* ATCC 39723. Journal of Bacteriology, 184 (17): 4672-4680.

Calabrese E J, Baldwin L A, Holland C D. 1999. Hormesis: a highly generalizable and reproducible phenomenon with important implications for risk assessment. Risk Analysis, 19 (2): 261-281.

Cao L, Xu J, Wu G, et al. 2013. Identification of two combined genes responsible for dechlorination of 3, 5, 6-trichloro-2-pyridinol (TCP) in *Cupriavidus pauculus* P2. Journal of Hazardous Materials, 260: 700-706.

Cao M C, Li S Y, Wang Q S, et al. 2015. Track of fate and primary metabolism of trifloxystrobin in rice paddy ecosystem. Science of the Total Environment, 518-519: 417-423.

Capowiez Y, Rault M, Mazzia C, et al. 2004. Earthworm behaviour as a biomarker — a case study using imidacloprid. Pedobiologia, 47 (5-6): 542-547.

Chen K, Huang L, Xu C, et al. 2013. Molecular characterization of the enzymes involved in the degradation of a brominated aromatic herbicide. Molecular Microbiology, 89 (6): 1121-1139.

Chen X P, Zhu Y G, Xia Y, et al. 2008. Ammonia-oxidizing archaea: important players in paddy rhizosphere soil?. Environmental Microbiology, 10 (8): 1978-1987.

Chen Y, Su X, Wang Y, et al. 2019. Short-term responses of denitrification to chlorothalonil in riparian sediments: process, mechanism and implication. Chemical Engineering Journal, 358: 1390-1398.

Copley S D. 1998. Microbial dehalogenases: enzymes recruited to convert xenobiotic substrates. Current Opinion in Chemical Biology, 2 (5): 613-617.

Cupples A M, Sanford R A, Sims G K, et al. 2005. Dehalogenation of the herbicides bromoxynil (3, 5-dibromo-4-hydroxybenzonitrile) and ioxynil (3, 5-diiodino-4-hydroxybenzonitrile) by *Desulfitobacterium chlororespirans*. Applied and Environmental Microbiology, 71 (7): 3741-3746.

Cycon M, Markowicz A, Borymski S, et al. 2013. Imidacloprid induces changes in the structure, genetic diversity and catabolic activity of soil microbial communities. Journal of Environmental Management, 131: 55-65.

Dave S, Kristof V, Dirk R, et al. 2003. Effect of long-term herbicide applications on the bacterial community structure and function in an agricultural soil. FEMS Microbiology Ecology, 46 (2): 139-146.

Davidson E A, Chorover J, Dail D B. 2003. A mechanism of abiotic immobilization of nitrate in forest ecosystems: the ferrous wheel hypothesis. Global Change Biology, 9 (2): 228-236.

de Souza M L, Newcombe D, Alvey S, et al. 1998. Molecular basis of a bacterial consortium: interspecies catabolism of atrazine. Applied and Environmental Microbiology, 64 (1): 178-184.

DeLorenzo M E, Scott G I, Ross P E. 2001. Toxicity of pesticides to aquatic microorganisms: a review. Environmental Toxicology and Chemistry, 20 (1): 84-98.

der Ploeg J V, van Hall G, Janssen D B, et al. 1991. Characterization of the haloacid dehalogenase from *Xanthobacter autotrophicus* GJ10 and sequencing of the dhlB gene. Journal of Bacteriology, 173 (24): 7925-7933.

Ding L J, An X L, Li S, et al. 2014. Nitrogen loss through anaerobic ammonium oxidation coupled to iron reduction from paddy soils in a chronosequence. Environmental Science & Technology, 48 (18): 10641-10647.

Elbashier M M A, Shao X M, Mohmmed A, et al. 2016. Effect of pesticide residues (Sevin) on carrot (*Daucus carota* L.) and free nitrogen fixers (*Azotobacter* spp.). Agricultural Science, 7 (2): 93-99.

El-Ghamry A M, Huang C, Xu J. 2001. Combined effects of two sulfonylurea herbicides on soil microbial biomass and N-mineralization. Journal of Environmental Sciences, 13 (3): 311-317.

Ettwig K F, Butler M K, Le Paslier D, et al. 2010. Nitrite-driven anaerobic methane oxidation by oxygenic bacteria. Nature, 464 (7288): 543.

Fang H, Yu Y L, Chu X Q, et al. 2009. Degradation of chlorpyrifos in laboratory soil and its impact on soil microbial functional diversity. Journal of Environmental Sciences, 21 (3): 380-386.

Flury M. 1996. Experimental evidence of transport of pesticides through field soils—a review. Journal of Environmental Quality, 25 (1): 25-45.

Fu Y, Liu F F, Zhao C L, et al. 2015. Distribution of chlorpyrifos in rice paddy environment and its potential dietary risk. Journal of Environmental Sciences, 35 (9): 101-107.

Ge T, Liu C, Yuan H, et al. 2015. Tracking the photosynthesized carbon input into soil organic carbon pools in a rice soil fertilized with nitrogen. Plant and Soil, 392 (1/2): 17-25.

Gestal C A M, Dis W A. 1998. The influence of soil characteristics on the toxicity of four chemicals to the earthworm *Eisenia fetida andrei* (Oligochaeta). Biology and Fertility of Soils, 6 (3): 262-265.

Gianfreda L, Sannino F, Violante A. 1995. Pesticide effects on the activity of free, immobilized and soil invertase. Soil Biology and Biochemistry, 27 (9): 1201-1208.

Haroon M F, Hu S, Shi Y, et al. 2013. Anaerobic oxidation of methane coupled to nitrate reduction in a novel archaeal lineage. Nature, 500 (7464): 567.

Hector A, Wilby A, Latsch O G, et al. 2004. Phyto-activity of biocides used to manipulate herbivory: tests of three pesticides on fourteen plant species. Basic and Applied Ecology, 5 (4): 313-320.

Herrick J B, Stuart-Keil K G, Ghiorse W C, et al. 1997. Natural horizontal transfer of a naphthalene dioxygenase gene between bacteria native to a coal tar-contaminated field site. Applied and Environmental Microbiology, 63 (6): 2330-2337.

Hjelmso M H, Hansen L H, Baelum J, et al. 2014. High-resolution melt analysis for rapid comparison of bacterial community composition. Applied and Environmental Microbiology, 80 (12): 3568-3575.

Hodge A, Campbell C D, Fitter A H. 2001. An arbuscular mycorrhizal fungus accelerates decomposition and acquires nitrogen directly from organic material. Nature, 413 (6853): 297.

Holliger C, Wohlfarth G, Diekert G. 2006. Reductive dechlorination in the energy metabolism of anaerobic bacteria. FEMS Microbiology Reviews, 22 (5): 383-398.

Huang B, Yu K, Gambrell R P. 2009. Effects of ferric iron reduction and regeneration on nitrous oxide and methane emissions in a rice soil. Chemosphere, 74 (4): 481-486.

Jana T K, Debnath N C, Basak R K. 2004. Effect of herbicides on decomposition of soil organic matter and mineralization of nitrogen in fluventic ustochrept soil. Journal of Interacademicia, 8 (2): 197-206.

Kampschreur M J, Kleerebezem R, de Vet W W J M, et al. 2011. Reduced iron induced nitric oxide and nitrous oxide emission. Water Research, 45 (18): 5945-5952.

Kaňa R, Špundová M, Ilík P, et al. 2004. Effect of herbicide clomazone on photosynthetic processes in primary barley (*Hordeum vulgare* L.) leaves. Pesticide Biochemistry and Physiology, 78 (3): 161-170.

Köhne JM, Köhne S, Šimůnek J. 2009. A review of model applications for structured soils: a water flow and tracer transport. Journal of Contaminant Hydrology, 104 (1-4): 4-35.

Kucharski J, Bacmaga M, Wyszkowska J. 2009. Effect of herbicides on the course of ammonification in soil. Journal of Elementology, 14 (3): 477-487.

Lauga B, Girardin N, Karama S, et al. 2013. Removal of alachlor in anoxic soil slurries and related alteration of the active communities. Environmental Science and Pollution Research, 20 (2): 1089-1105.

Lei W J, Tang X Y, Zhou X Y. 2018. Transport of 3, 5, 6-trichloro-2-pyrdionl (a main pesticide degradation product) in purple soil: experimental and modeling. Applied Geochemistry, 88: 179-187.

Mahmoudi M, Rahnemaie R, Es-haghi A, et al. 2013. Kinetics of degradation and adsorption-desorption isotherms of thiobencarb and oxadiargyl in calcareous paddy fields. Chemosphere, 91 (7): 1009-1017.

Marco A D, Simone C D, Raglione M, et al. 1992. Importance of the type of soil for the induction of micronuclei and the growth of primary roots of *Vicia faba* treated with the herbicides atrazine, glyphosate and maleic hydrazide. Mutation Research, 279 (1): 9-13.

Martens D A, Bremner J M. 1993. Influence of herbicides on transformations of urea nitrogen in soil. Journal of Environmental Science & Health Part B, 28 (4): 377-395.

Martinez-Toledo M V, Salmeron V, Gonzalez-Lpoez. 1992. Effect of the insecticides methylpyrimifos and chlorpyrifos on soil microflora in an agricultural loam. Plant and Soil, 147 (1): 25-30.

Martin-Laurent F, Barrès B, Wagschal I, et al. 2006. Impact of the maize rhizosphere on the genetic structure, the diversity and the atrazine-degrading gene composition of cultivable atrazine-degrading communities. Plant and Soil, 282: 99-115.

Miyauchi K, Suh S K, Nagata Y, et al. 1998. Cloning and sequencing of a 2, 5-dichlorohydroquinone reductive dehalogenasegene whose product is involved in degradation of γ-hexachlorocyclohexane by *Sphingomonas paucimobilis*. Journal of Bacteriology, 180 (6): 1354-1359.

Moore J K, Doney S C, Glover D M, et al. 2001. Iron cycling and nutrient-limitation patterns in surface waters of the World Ocean. Deep Sea Research Part II: Topical Studies in Oceanography, 49 (1/3): 463-507.

Mosier A R. 1998. Soil processes and global change. Biology and Fertility of Soils, 27 (3): 221-229.

Nagata Y, Miyauchi K, Damborsky J, et al. 1997. Purification and characterization of a haloalkane dehalogenase of a new substrate class from a gamma-hexachlorocyclohexane-degrading bacterium, *Sphingomonas paucimobilis* UT26. Applied and Environmental Microbiology, 63 (9): 3707-3710.

Newhart K. 2002. Rice pesticide use and surface water monitoring 2002. Cincinnati: Department of pesticide regulation, California Environmental Protection Agency.

Ni S, Fredrickson J K, Xun L, et al. 1995. Purification and characterization of a novel 3-chlorobenzoate-reductive dehalogenase from the cytoplasmic membrane of *Desulfomonile tiedjei* DCB-1. Journal of Bacteriology, 177 (17): 5135-5139.

Ninomiya K, Oogami Y, Kino-Oka M, et al. 2002. Elongating responses to herbicides of heterotrophic and photoautotrophic hairy roots derived from pak-bung plant. Journal of Bioscience and Bioengineering, 93 (5): 505-508.

Orser C S, Dutton J, Lange C, et al. 1993. Characterization of a *Flavobacterium glutathione* S-transferase gene involved in reductive dechlorination. Journal of Bacteriology, 175 (9): 2640-2644.

Pandey J K, Dubey G, Gopal R. 2015. Study the effect of insecticide dimethoate on photosynthetic pigments and photosynthetic activity of pigeon pea: laser-induced chlorophyll fluorescence spectroscopy. Journal of Photochemistry & Photobiology, B: Biology, 151: 297-305.

Piutti S, Semon E, Landry D, et al. 2003. Isolation and characterisation of *Nocardioides* sp. SP12, an atrazine-degrading bacterial strain possessing the gene trzN from bulk- and maize rhizosphere soil. FEMS Microbiology Letters, 221 (1): 111-117.

Qiu Z H, Wu J C, Dong B, et al. 2004. Two-way effect of pesticides on zeatin riboside content both rice leaves and roots. Crop Protect, 23 (4): 1131-1136.

Raju M N, Venkateswarlu K. 2014. Effect of repeated applications of buprofezin and acephate on soil cellulases, amylase, and invertase. Environmental Monitoring and Assessment, 186 (10): 6319-6325.

Ratering S, Schnell S. 2001. Nitrate-dependent iron (II) oxidation in paddy soil. Environmental Microbiology, 3 (2): 100-109.

Reiche M, Torburg G, Küsel K. 2008. Competition of Fe (III) reduction and methanogenesis in an acidic fen. FEMS Microbiology Ecology, 65 (1): 88-101.

Schabenberger O, Tharp B E, Kells J J, et al. 1999. Statistical tests for hormesis and effective dosages in herbicide dose response. Agronomy Journal, 91 (4): 713-721.

Scholten J D, Chang K H, Babbitt P C, et al. 1991. Novel enzymic hydrolytic dehalogenation of a chlorinated aromatic. Science, 253 (5016): 182-185.

Schouten S, Strous M, Kuypers M M M, et al. 2004. Stable carbon isotopic fractionations associated with inorganic carbon fixation by anaerobic ammonium-oxidizing bacteria. Applied and Environmental Microbiology, 70 (6): 3785-3788.

Seghers D, Verthe K, Reheul D, et al. 2003. Effect of long-term herbicide applications on the bacterial community structure and function in an agricultural soil. FEMS Microbiology Ecology, 46 (2): 139-146.

Sembdner G, Parthier B. 1993. The biochemistry and the physiological and molecular actions of jasmonates. Annual Review Plant Physiol Plant Molecular Biology, 44: 569-589.

Shan M, Fang H, Wang X, et al. 2006. Effect of chlorpyrifos on soil microbial population and enzyme activities. Journal of Environmental Science-China, 18 (10): 4-5.

Shen J, Li R, Zhang F, et al. 2004. Crop yields, soil fertility and phosphorus fractions in response to long-term fertilization under the rice monoculture system on a calcareous soil. Field Crops Research, 86 (2/3): 225-238.

Sinsabaugh R L, Follstad Shah J J. 2012. Ecoenzymatic stoichiometry and ecological theory. Annual Review of Ecology, Evolution, and Systematics, 43: 313-343.

Sinsabaugh R L, Hill B H, Follstad S J J. 2009. Ecoenzymatic stoichiometry of microbial organic nutrient acquisition in soil and sediment. Nature, 462 (7274): 795.

Smidt H, de Vos W M. 2003. Anaerobic microbial dehalogenation. Annual Review of Microbiology, 58 (1): 43-73.

Snellinx Z, Taghavi S, Vangronsveld J, et al. 2003. Microbial consortia that degrade 2,4-DNT by interspecies metabolism: isolation and characterisation. Biodegradation, 14 (1): 19-29.

Spohn M, Ermak A, Kuzyakov Y. 2013. Microbial gross organic phosphorus mineralization can be stimulated by root exudates—a ^{33}P isotopic dilution study. Soil Biology and Biochemistry, 65: 254-263.

Su X, Chen Y, Wang Y, et al. 2019. Disturbances of electron production, transport and utilization caused by chlorothalonil are responsible for the deterioration of soil denitrification. Soil Biology and Biochemistry, 134: 100-107.

Sutka R L, Ostrom N E, Ostrom P H, et al. 2003. Nitrogen isotopomer site preference of N_2O produced by *Nitrosomonas europaea* and *Methylococcus capsulatus* bath. Rapid Communications in Mass Spectrometry, 17 (7): 738-745.

Topp E, Mulbry W M, Zhu H, et al. 2000. Characterization of S-triazine herbicide metabolism by a *Nocardioides* sp. isolated from agricultural soils. Applied and Environmental Microbiology, 66 (8): 3134-3141.

Trantirek L, Hynkova K, Nagata Y, et al. 2001. Reaction mechanism and stereochemistry of γ-hexachlorocyclohexane dehydrochlorinase LinA. Journal of Biological Chemistry, 276 (11): 7734-7740.

Türkoğlu Ş. 2012. Determination of genotoxic effects of chlorfenvinphos and fenbuconazole in *Allium cepa* root cells by mitotic activity, chromosome aberration, DNA content, and comet assay. Pesticide Biochemistry and Physiology, 103 (3): 224-230.

Vannelli T, Studer A, Kertesz M A, et al. 1998. Chloromethane metabolism by *Methylobacterium* sp. strain CM4. Applied and Environmental Microbiology, 64 (5): 1933-1936.

Vlieg J E, Janssen D B. 1991. Bacterial degradation of 3-chloroacrylic acid and the characterization of *cis*- and *trans*-specific dehalogenases. Biodegradation, 2 (3): 139-150.

Vlieg J E, Tang L, Spelberg J H, et al. 2001. Halohydrin dehalogenases are structurally and mechanistically related to short-chain dehydrogenases/reductases. Journal of Bacteriology, 183 (17): 5058-5066.

Wan R, Wang Z, Xie S. 2014. Dynamics of communities of bacteria and ammonia-oxidizing microorganisms in response to simazine attenuation in agricultural soil. Science of the Total Environment, 472: 502-508.

Wang G, Li R, Li S, et al. 2010. A novel hydrolytic dehalogenase for the chlorinated aromatic compound chlorothalonil. Journal of Bacteriology, 192 (11): 2737-2745.

Wang Q F, Zhang S Y, Zou L, et al. 2011. Impact of anthracene addition on microbial community structure in soil microcosms from contaminated and uncontaminated sites. Biomedical and Environmental Sciences, 24 (5): 543-549.

Wang X J, Chen X P, Yang J, et al. 2009. Effect of microbial mediated iron plaque reduction on arsenic mobility in paddy soil. Journal of Environmental Sciences, 21 (11): 1562-1568.

Watanabe H, Nguyen M H T, Souphasay K, et al. 2007. Effect of water management practice on pesticide behavior in paddy water. Agricultural Water Management, 88 (1-3): 132-140.

Weber K A, Achenbach L A, Coates J D. 2006. Microorganisms pumping iron: anaerobic microbial iron oxidation and reduction. Nature Reviews Microbiology, 4 (10): 752.

WHO. 2009. The WHO recommended classification of pesticides by hazard and guidelines to classification: 2009. Stuttgart, Germany: Wissenschaftliche Verlagsgesellschaft mbH: 24-26.

Widenfalk A, Svensson J M, Goedkoop W. 2004. Effects of the pesticides captan, deltamethrin, isoproturon, and pirimicarb on the microbial community of a freshwater sediment. Environmental Toxicology and Chemistry, 23 (8): 1920-1927.

Wu X, Xu J, Dong F, et al. 2014. Responses of soil microbial community to different concentration of fomesafen. Journal of Hazardous Materials, 273: 155-164.

Xiao N, Jing B, Ge F, et al. 2006. The fate of herbicide acetochlor and its toxicity to *Eisenia fetida* under laboratory conditions. Chemosphere, 62 (8): 1366-1373.

Xun L. 1996. Purification and characterization of chlorophenol 4-monooxygenase from *Burkholderia cepacia* AC1100. Journal of Bacteriology, 178 (9): 2645-2649.

Yang J C, Zhang J H, Wang Z Q, et al. 2003. Postanthesis water deficits enhance grain filling in two-line hybrid rice. Crop Science, 43 (6): 2099-2108.

Yang L, Li X, Li X, et al. 2014. Bioremediation of chlorimuron-ethyl-contaminated soil by *Hansschlegelia* sp. strain CHL1 and the changes of indigenous microbial population and N-cycling function genes during the bioremediation process. Journal of Hazardous Materials, 274: 314-321.

Youngman R R, Leigh T F, Kerby T A, et al. 1990. Pesticides and cotton: effect on photosynthesis growth and fruiting. Economic Entomology, 83 (4): 1549-1557.

Yu X X, Zhao Y T, Cheng J, et al. 2015. Biocontrol effect of *Trichoderma harzianum* T4 on brassica clubroot and analysis of rhizosphere microbial communities based on T-RFLP. Biocontrol Science and Technology, 25 (12): 1493-1505.

Zhang M, Xu Z, Teng Y, et al. 2016. Non-target effects of repeated chlorothalonil application on soil nitrogen cycling: the key functional gene study. Science of the Total Environment, 543: 636-643.

Zhang X, Li X, Zhang C, et al. 2013. Responses of soil nitrogen-fixing, ammonia-oxidizing, and denitrifying bacterial communities to long-term chlorimuron-ethyl stress in a continuously cropped soybean field in Northeast China. Annals of Microbiology, 63 (4): 1619-1627.

Zhang X, Shen Y, Yu X Y, et al. 2012. Dissipation of chlorpyrifos and residue analysis in rice, soil and water under paddy field conditions. Ecotoxicology and Environmental Safety, 78: 276-280.

Zhang X, Wang D, Fang F, et al. 2005. Food safety and rice production in China. Resource Agricultural Modernization, 26 (1): 85-88.

第4章 土壤中酞酸酯和激素的多界面迁移转化机制与效应

4.1 土壤中酞酸酯的多界面迁移转化机制与效应

4.1.1 土壤中酞酸酯多界面迁移转化

酞酸酯一般指的是邻苯二甲酸与4～15个碳的醇形成的酯，又名邻苯二甲酸酯，酞酸酯类化合物一般呈无色透明油状黏稠液体，挥发性很低，有特殊气味，不溶于水，急性毒性较低，溶于大多有机溶剂。酞酸酯的制取方法通常是先从萘和邻二甲苯催化氧化生成邻苯二甲酸酐，邻苯二甲酸酐经醇酯化后形成酯或混合酯化合物。酞酸酯的基本结构如图4-1所示。表4-1列出了16种常见酞酸酯类化合物的物理化学特性。

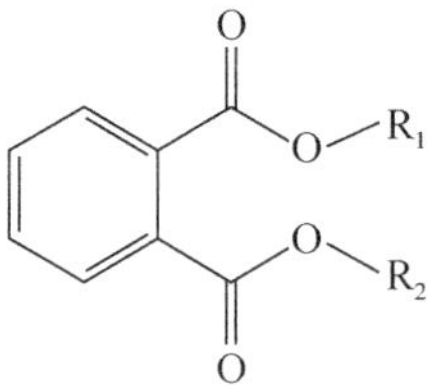

图4-1 酞酸酯的基本结构图

表4-1 16种常见酞酸酯类化合物的物理化学特性（Staples et al., 1997）

名称缩写	中文名	分子量/(g/mol)	辛醇-水分配系数/($\lg K_{ow}$)	水溶性/(mg/L)	蒸汽压/mmHg
DMP	邻苯二甲酸二甲酯	194.18	1.6	4000	0.00308
DEP	邻苯二甲酸二乙酯	222.24	2.42	1080	0.0021
DBP	邻苯二甲酸二丁酯	278.34	4.5	11.2	2.01×10^{-5}
BBP	邻苯二甲酸丁基苄酯	312.36	4.73	2.69	5.28×10^{-6}
DEHP	邻苯二甲酸（2-乙基己基）酯	390.56	7.6	0.27	1.42×10^{-7}
DIBP	邻苯二甲酸二异丁酯	278.3	4.11	20.0	5.8×10^{-4}
DMEP	邻苯二甲酸二（2-甲氧基）乙酯	282.3		1737	
BMPP	邻苯二甲酸二（4-甲基-2-戊基）酯	334.45			

续表

名称缩写	中文名	分子量/(g/mol)	辛醇-水分配系数/(lgK_{ow})	水溶性/(mg/L)	蒸汽压/mmHg
DEEP	邻苯二甲酸二（2-乙氧基）乙酯	310.34			
DPP	邻苯二甲酸二戊酯	306.4	3.27	108	1.04×10^{-3}
DHXP	邻苯二甲酸二己酯	334.45		0.24	0.1
DBEP	邻苯二甲酸二（2-丁氧基）乙酯	366.45			
DCHP	邻苯二甲酸二环己酯	330.42		0.2	
DPHP	邻苯二甲酸二苯酯	446.66			
DNP	邻苯二甲酸二壬酯	418.61	8.6	0.00038	6.81×10^{-6}
DOP	邻苯二甲酸丁基苄基酯	390.56	8.1	0.022	1.00×10^{-7}

酞酸酯的迁移转化受诸多环境因素的影响，主要有 pH、盐度、有机质等（曾微，2018）。通常情况下，pH 对极性或者离子化有机化合物在土壤吸附过程中的影响强于非离子性疏水有机化合物，pH 不仅决定可离子化有机化合物的离解程度，还影响沉积物/土表面性质和有机质构型等（曾微，2018）。在酸/碱性较大时，短链化合物如 DMP、DEP 等容易发生水解现象，使其在水溶液中的溶解度降低。陈雅婷等（2005）在研究 pH 对酞酸酯吸附行为的影响时，测定了 DMP、DEP 和 DBP 在不同条件下的水解常数，结果表明，DMP 和 DEP 的水解速度常数与试液 pH 有密切关系，加酸和碱都能催化加快 DMP 和 DEP 的水解速度，但 DBP 的水解速度常数受 pH 影响不大，而张丹（2010）研究发现，溶液中加酸或加碱均会增加酞酸酯的解吸量。化合物吸附进程还受水体盐度的影响，溶液中存在的金属离子会通过改变土壤或沉积物表面特性以及有机质的性质而影响有机化合物的吸附（程雅婷，2005）。已有研究发现，酞酸酯在土壤中的分布与土壤中有机质的含量有关，一般来说，有机质含量越高，酞酸酯在土壤中的吸附量越多（Zhang et al.，2014）。Yang F 等（2013）在 4 种土壤中添加了 17 种酞酸酯进行了批次吸附实验，研究结果显示，酞酸酯的吸附与其疏水性呈正相关。

1. 酞酸酯土–气/土–水界面迁移

环境中酞酸酯的主要传播介质是空气和水，其中最主要的迁移过程是挥发和溶解。酞酸酯与塑料分子间的作用力主要为氢键或范德华力等物理作用力，因此，邻苯二甲酸酯极易从塑料制品中挥发至大气中。由于空气中的酞酸酯会强烈地吸附在悬浮颗粒物上，因此，空气中的酞酸酯主要存在于固体颗粒物上，然后进入土壤和沉积物中，这是酞酸酯在大气中的主要环境行为。另外，还有一小部分会吸收紫外光进行光解（王佳斌，2018）。通过干湿沉降作用，大气中邻苯二甲酸酯可以向土壤和水体中迁移，同样土壤和水体中的邻苯二甲酸酯也能够缓慢释放到其他环境介质中，这个过程是一个动态平衡过程，使得酞酸酯最后在各类环境介质间达到平衡状态（朱媛媛等，2010）。朱媛媛等（2012）采用基于实测浓度的逸度模型探讨了酞酸酯在空气和土壤两相间的迁移方向和迁移通量，不同酞酸酯单体在空气和土壤两相间的迁移方向，受其在空气和土壤中的污染水平、理化性质和土壤性质等因素影响较大。

酞酸酯是一种疏水性有机化合物，在水环境中易被水体中的悬浮颗粒物吸附，进入水体后经沉淀、吸附和交换等作用容易在沉积土中积累，从而影响酞酸酯的迁移转化（谷成刚等，2017）。结构不同的酞酸酯化合物在土-水界面的迁移释放情况有所差异，当土-水界面达到平衡时，DMP、DEP、DBP 等短链有机物均存在从沉积土向水相迁移的趋势，长链有机物如 DEHP 则由水相向沉积土迁移，水体上部有所扰动以及水体中悬浮颗粒物较多也有可能对其迁移释放产生一定影响（杨杉等，2016）。在测定酞酸酯有机物土壤的吸附系数 K_{oc} 后，甘家安等（1996）发现其辛醇-水分配系数 K_{ow}、水溶解度 S 与 K_{oc} 之间有良好的相关性。吴艳华等研究发现，酞酸酯的疏水性越强，固相-水分配系数（K_d）越大，酞酸酯则越容易被黏土矿物吸附，三种酞酸酯在黏土矿物上的吸附量的顺序均表现为 DMP<DEP<DBP，与酞酸酯的疏水性呈正相关关系，且黏土矿物对三种酞酸酯的吸附量随温度的增加而减少（Wu et al.，2015）。张媛（2007）发现 DMP 在沉积物上的解吸过程分为快解吸和慢解吸两个过程，用动力学方程加以描述和分析后，发现其解吸过程其实是一个非均相扩散过程。如图 4-2 所示，Wu 等（2018）探究了外源水溶性有机物对土壤吸附 DBP 的影响，发现由于黑土中有机质含量较高，无论是否存在外源性有机污染物，黑土对 DBP 的平衡吸附量要

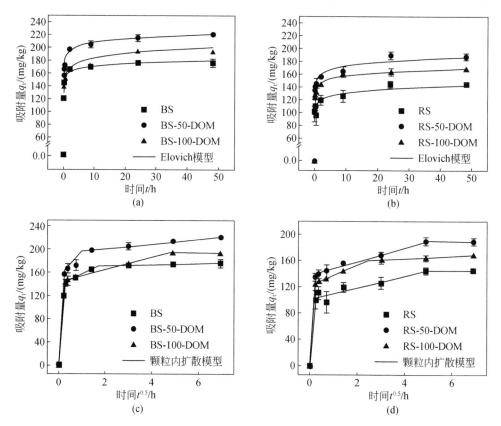

图 4-2　50mg/L 和 100mg/L 外源可溶性有机质对邻苯二甲酸二丁酯在红壤（RS）和黑土（BS）上的吸附动力学拟合曲线的影响（Wu et al.，2018）

大于红壤，利用颗粒内扩散模型对数据进行拟合，发现土壤颗粒内扩散过程分为三个阶段，第一阶段，DBP被迅速吸附到土壤外表面，发生快速的液膜扩散；第二阶段，孔隙扩散或颗粒内扩散，且颗粒内扩散不是该过程的唯一限速步骤，吸附过程也受其他步骤的控制，如液膜扩散；第三阶段，DBP在土壤中的吸附达到平衡。

2. 酞酸酯土–植/气–植界面迁移

酞酸酯能否被植物吸收，并在植物体内发生转移，与酞酸酯的亲水性、可溶性、极性和分子量，植物根系对酞酸酯的直接吸收以及酞酸酯的相对亲酯性有关（于晓章等，2015）。植物体内酞酸酯的来源主要有两种：①植物根系吸收土壤溶液中的酞酸酯，随后酞酸酯随蒸腾流，通过木质部被转运至地上部分，如植物的茎、叶和果实等，通过该种途径富集的植物包括玉米、大豆等（Sun et al.，2015；甘家安等，1996），这部分酞酸酯主要富集在植物有机组分里（Cai et al.，2008；Chen et al.，2005）。②酞酸酯先从土壤中挥发至大气中，然后通过叶片等地上部分富集于植物体内的有机组织中，这类植物主要为叶菜类植物，包括菜心等（曾巧云等，2007）。由于种植方式、环境条件以及蔬菜品种的差异，蔬菜吸收环境中酞酸酯的方式各不相同，也可同时进行以上两种方式的吸收。但是，由于酞酸酯本身的高沸点和低蒸气压，土壤和水中的酞酸酯几乎不会挥发到空气中，而原本存在于空气中的酞酸酯也会吸附于悬浮颗粒物上，且吸附效果强烈，因此在实际环境中，空气中酞酸酯的含量很少。然而在密闭环境中，空气中邻苯二甲酸酯含量会增高，使得蔬菜叶面对其吸收增加（王佳斌，2018）。宋广宇等（2010）采用黄棕壤进行上海青盆栽试验，在收获时，将上海青地上部分为新叶和老叶两个部分，分别采集、测定其生物量和酞酸酯的含量，发现DEHP在上海青各部分的分布情况是根系＞幼叶＞老叶，土壤DEHP含量低于根系含量，表明上海青可以吸收累积DEHP，并向地上部输运，由新生组织向成熟组织运移。饶潇潇等（2017）研究了花生对土壤中邻苯二甲酸酯的吸收累积特征，发现随着土壤中邻苯二甲酸酯污染水平的增高，花生植株各部位DBP和DEHP含量均呈现显著升高趋势，且在不同的污染水平下，花生根系DBP和DEHP含量显著高于其他部位。李桂祥等（2013）对金橘园土壤及金橘中酞酸酯污染特征进行了分析，发现金橘果实主要是通过果实外表皮直接吸收塑料大棚中的酞酸酯蒸气对酞酸酯进行吸收积累。

酞酸酯的理化性质、植物的种类及状态和土壤类型都会影响植物对邻苯二甲酸酯的吸收与富集。通常，如果酞酸酯类的$\lg K_{ow}$＞3.5，降解速率小，该类邻苯二甲酸酯被植物根系吸收后，仅有小部分会转运至地上部（甘家安等，1996；王爱丽，2011）；如果邻苯二甲酸酯类的$1<\lg K_{ow}<3.5$，该类酞酸酯被根系吸收后，会更易被转运至植物地上部（甘家安等，1996）。菜心茎叶中酞酸酯主要来源于根系的吸收转移，DBP被根系吸收后比DEHP更易转运至地上部，DEHP则大部分仍保留于植物的地下部（曾巧云等，2007）。研究发现，DBP在水稻各部分的富集浓度大小为叶＞根＞茎＞粒，大麦根系对DEHP的富集量较小，其叶片中的DEHP浓度则大于根部，表明大麦对DEHP富集途径主要为叶片（Schmitzer et al.，1988）。酞酸酯在植物体内的积累和分配除了受酞酸酯本身理化性质和浓度以及时间的影响外，还受到其他环境因素的影响，如温度、pH、营养条件、通风情况等（王佳斌，2018）。

3. 土壤-植物系统中酞酸酯的代谢转化

土壤中酞酸酯可以通过淋溶、挥发、生物或非生物降解等途径减少，其中主要还是微生物的降解作用及植物的吸收作用（张建等，2010）。酞酸酯在土壤中迁移转化等行为与其来源及本身的理化性质和土壤的环境条件等因素有关（Duarte-Davidson and Jones，1996）。有研究发现，土壤中的微生物对酞酸酯的降解也符合一级动力学方程，并且碳链越短的酯降解效果越好，降解速率越高（张建等，2010）。资料显示（Gavala et al., 2003），在厌氧条件下，DMP、DEP、DBP等短链的酞酸酯生物降解速度较快，而同样条件下的DOP、DEHP的降解速率则慢很多，无论是在厌氧还是好氧环境条件下，其生物降解率都随烷基链含碳数的增加而降低，但是厌氧条件下酞酸酯生物降解率较低。

植物体内的酞酸酯会与植物体内的各种过氧化物酶、羟化酶、糖化酶、脱氢酶以及细胞色素等植物酶相互作用而发生代谢转化。通常，有机污染物在植物细胞内的代谢分为3个阶段：①通过酶的作用获得亲水性官能团，从而促进后续的代谢过程；②在前一阶段获得的亲水性官能团与细胞内源性分子结合，形成具有醚键、酯键、硫醚键等的产物；③结合产物转移至非活性部位，通常水溶性较强的被运输至液泡内部，而水溶性较差的转移至细胞壁中（Wilken et al., 1995）。植物对酞酸酯的降解过程是通过根系分泌物以及微生物的参与实现的（Wilken et al., 1995），植物根系分泌物会改变微生物的群落结构，从而强化微生物活性（Sun et al., 2010）或诱导微生物产生污染物降解酶（王爱丽，2011）。

目前，关于酞酸酯在植物细胞内部代谢详细过程的研究较少。有研究发现，酞酸酯在植物体内的代谢过程主要位于根部，并且可能与羧酸酯酶有关，对DBP而言，其代谢产物主要为邻苯二甲酸单丁酯（MBP）和邻苯二甲酸（PA）（Lin et al., 2017），并且胡萝卜中DBP的水解速度大于DEHP（Sun et al., 2015）。有研究认为，酞酸酯被吸收到植物体内后，植物可将其分解，并通过木质化作用使其变成植物体的组成部分，也可通过挥发、代谢或矿化作用使其转化为CO_2和H_2O，或转化为无毒的中间代谢产物，储存在植物细胞中，达到去除酞酸酯的目的（宋广宇等，2010；檀笑等，2011）。王爱丽（2011）利用根系分泌物添加和芦苇苗土培两种方法进行了实验室模拟，定量研究了湿地植物根际酞酸酯的削减作用，发现微生物降解是根际酞酸酯削减的主要途径，植物能够提高修复效率，主要是由于植物通过根系分泌物对微生物产生刺激作用，进而促进土著微生物对沉积物中酞酸酯的降解。植物根际代谢过程中产生的营养物质被根际微生物所利用从而大量生长繁殖，并且微生物的活动也促进了植物的生长，因此，大量降低了土壤中酞酸酯的含量（王玉婷，2018）。此外，目前关于酞酸酯污染土壤的植物修复也尚处于起步阶段，已报道的对酞酸酯污染土壤具有较好修复效果的植物主要有牧草类植物黑麦草（魏丽琼等，2016）、高羊茅（Dorney et al., 1985）、苏丹草（魏丽琼等，2016）等和豆类植物紫花苜蓿（Ma et al., 2012）。Dorney等（1985）研究表明高羊茅对酞酸酯富集能力较好，可以作为酞酸酯污染土壤修复的模式植物。黑麦草和苏丹草对DEHP污染土壤的修复效率分别可以达到53.63%和50.55%（魏丽琼等，2016）。Ma等（2012）研究发现紫花苜蓿对土壤中6种酞酸酯也具有很高的去除效率，经过为期一年的修复，6种酞酸酯的总去除率可以达到80%以上，且紫花苜蓿单作、紫花苜蓿与海洲香薷、伴矿景天混作都能够有效地降低土壤中6种酞酸酯的含量，间作明显促进了土壤微生物群落和微生物功能多样性。

4.1.2 作物吸收累积酞酸酯特征及生物化学转化机制

目前，酞酸酯是我国土壤中广泛分布的有机污染物，严重威胁生态系统和农产品产地环境安全。加强酞酸酯在土壤-植物系统中的多界面迁移转化行为研究，尤其需明确实际设施菜地土壤中污染物在蔬菜体内吸收累积的来源、分布特征、界面传输与作用机理，深化土壤中酞酸酯和激素的生态效应与风险评价研究，从而为清晰认识土壤中酞酸酯和激素的污染归趋并进行科学的风险分级管理奠定理论基础，以满足我国土壤，尤其是设施菜地土壤中酞酸酯污染风险评估与农产品安全保障的迫切需求，提升我国土壤中酞酸酯和激素的污染管控与污染修复水平。

1. 土壤中酞酸酯的植物吸收累积特征

总体而言，我国土壤均已遭受到酞酸酯类化合物不同程度的污染，部分土壤酞酸酯的含量高达几百甚至上千 mg/kg，其中一些农业土壤中酞酸酯的含量也高达几十 mg/kg，超过了美国纽约州土壤酞酸酯的治理控制标准（关卉等，2007）。酞酸酯在土壤中有较强的富集作用，植物生长过程中会对土壤中的酞酸酯产生一定的吸收累积效应，植物吸收是酞酸酯在食物链中传递与富集的源头，严重影响农产品安全和人体健康（杨杉等，2016）。

以经济和粮食作物为研究对象，虽然由于研究的酞酸酯化合物的种类、作物品种和种植条件的差异，导致各研究结果不尽相同，甚至有些结论互相矛盾，但总体而言，植物对土壤中的酞酸酯吸收途径，主要有两种观点：①土壤中酞酸酯被植物根系吸收并转运到茎叶；②土壤中酞酸酯挥发到空气中，进而通过茎叶被植物所吸收累积（林梦茜等，2011）。关于土壤中酞酸酯被植物根系吸收并转运到茎叶的观点，通常认为土壤溶液中的酞酸酯可以穿过植物的根皮层进入其木质部，再沿木质部在蒸腾流的驱动下，向上转运至地上茎叶部分，累积在植物体内的有机组分中，研究最多的代表性作物有大豆、玉米等（杨杉等，2016）。植物对酞酸酯的吸收过程受酞酸酯理化性质、植物种类、土壤性质、耕作措施、环境条件等影响。通常认为，分子量小、辛醇-水分配系数（K_{ow}，$\lg K_{ow} \geqslant 5$）大的酞酸酯，如 DEP、DEHP 等更易被植物吸收，吸收累积量与土壤中污染物的浓度成正比。研究表明，当 DBP 和 DEHP 在土壤中浓度增加时，其在上海青地上部及根部累积浓度也随之增加，并且此两类污染物在根部的累积效应更加明显，表现为根部污染物的含量远高于地上部分（刘彦爱，2019）。而 DBP 在上海青中的富集因子和转移因子均高于 DEHP，说明 DBP 更易在上海青体内富集和迁移。DBP 和 DEHP 的转移因子均小于 1，说明两种污染物均不易从根部转移到地上部。膳食暴露风险评估表明，上海青可食部位 DBP 和 DEHP 对人体的风险指数均小于 1.0，健康风险较小。此外，相同条件下，上海青可食部位的 DBP 对人体的健康风险高于 DEHP。

关于土壤中的酞酸酯挥发到空气中，进而通过茎叶被植物所吸收累积的观点，由于酞酸酯理化性质的特异性，如沸点高、亨利系数和蒸气压较低等特点，污染土壤中的酞酸酯会缓慢地释放到大气中，挥发到大气中的酞酸酯，由于其较强的吸附性，大部分会强烈地吸附在颗粒物上，伴随着大气颗粒物的沉降，被大棚植物茎叶吸收积累，而仅有少量的酞酸酯以气态形式存在（林梦茜等，2011）。有研究者以菜心为对象研究了酞酸酯的吸收累积途径，发现虽然菜心茎叶可以吸收污染土壤挥发出来的 DBP 和 DEHP，但根系吸收运输才是菜心茎叶中的 DBP 和 DEHP 的主要来源途径。DBP 与 DEHP 相比，DBP 更容易被菜心从根系吸收并向地上部的茎叶运移，而 DEHP 主要残留在根部（曾巧云等，2007）。

针对以上两种目前的主流观点，究竟何种途径占主导，可能取决于多种环境条件和因素，如作物品种、同一作物的不同组织部位、环境条件、种植方式和酞酸酯自身性质等。首先就作物品种而言，已经有大量的研究表明蔬菜中酞酸酯的吸收累积浓度与品种有关，不同的蔬菜品种，其吸收酞酸酯或吸附能力不同。蔬菜对土壤中酞酸酯的吸收累积能力，汇总部分研究者的实验结果，得出以下研究结论：萝卜（根茎类）＞莴苣（茎叶类）＞青菜（叶菜类）＞菠菜（叶菜类）。空心菜、番茄、苦瓜和丝瓜的累积酞酸酯的能力较弱；羊角椒、胡萝卜、莴苣、黄瓜和大白菜累积能力中等；冬瓜累积能力最强（王绪强，2009）。

就同一作物的不同组织部位而言，用土壤老化和盆栽实验研究发现，DBP 和 DEHP 在向小麦转移的过程中，相比于秸秆和根部组织部位，DBP 和 DEHP 更容易在小麦籽粒部位中累积，浓度分别可达 0.78~2.22mg/kg 和 0.31~0.82mg/kg；相比小麦，油菜中 DBP 在油菜籽粒中累积浓度较高，通常可达 1.512~3.328mg/kg 的水平，而 DEHP 在油菜根系中的浓度要显著高于 DBP，可达 2.49~8.10mg/kg，主要原因是油菜根系表面吸附了土壤颗粒中的 DEHP；在大豆和玉米根部，检测发现 DBP 和 DEHP 的浓度分别在 0.67~2.29mg/kg 和 0.47~2.24mg/kg，而在大豆和玉米根部其他组织浓度较低，大多在 0.5mg/kg 以下（宋广宇等，2010）。与以上作物不同的是，冬瓜植株累积 DEHP 能力在各器官细胞部位存在较大差异，研究发现 DEHP 大多累积在蜡质、细胞壁、叶绿体和线粒体中，呈现出蜡质、细胞壁中的浓度之和大于叶绿体和线粒体的总和（$C_{蜡质+细胞壁} > C_{叶绿体+线粒体}$）（吴遵义，2015）。

对环境条件因素而言，以添加 DBP 与 DEHP 模拟污染土壤和辣椒为研究对象，发现相比于 DEHP，DBP 更加容易在辣椒植株内累积，且在辣椒的根、叶、果实中 DBP 含量与土壤中 DBP 的浓度呈显著正相关。更重要的是，尽管在不同污染程度的土壤中辣椒的产量没有显著的变化，但 DBP 的存在显著降低了辣椒果实的品质，表现为辣椒果实维生素 C 和辣椒素的含量下降，当土壤 DBP 浓度达到 40mg/kg 时，辣椒果实中维生素 C 与辣椒素的含量分别下降 20%左右（尹睿等，2002）。

王佳斌（2018）使用含有 DBP 和 DEP 梯度浓度的营养液，对萝卜进行水培实验，系统地考察了 DBP 和 DEP 两种酞酸酯的吸收累积特征。在含有 DBP 的水培液中，萝卜暴露天数从 1d 延长至 5d 时，萝卜根叶中 DBP 的含量随时间增加。当水培液中 DBP 浓度增加到 10mg/kg 时，暴露 5d 后，萝卜根和叶 DBP 浓度为(159.29±29.42)mg/kg 和(43.21±0.89)mg/kg（图 4-3）。与 DBP 的情况类似，在 DEP 水培实验中，萝卜暴露 3d 后，较低浓度处理组别（0~10mg/kg）叶片中 DEP 含量没有显著性差异，此时叶片吸收为主要吸收途径；在 5mg/kg 和 10mg/kg 的水培实验组中萝卜叶片中的 DEP 含量出现了较为显著的提高，此时根系吸收成为主要的吸收途径（图 4-4）。实验结果表明，DEP 和 DBP 在植物体内的含量与污染程度呈现出正相关性，暴露浓度越高，叶和根中 DBP 含量也就越高，但不是线性正相关,这说明根和茎叶对酞酸酯的吸收,只是植物吸收累积酞酸酯的途径之一。萝卜根叶中 DEP 和 DBP 的含量差异,原因可能是 DEP 的辛醇-水分配系数较 DBP 低、分子量较小、水溶性较大,这些性质差异表现为 DEP 更容易被萝卜吸收,并向茎叶运输和累积,也更容易被萝卜代谢分解。而 DBP 水溶性比 DEP 低,DBP 进入植物体内后,较长时间滞留在植物根系中,萝卜根部对 DBP 的富集明显高于叶片,呈现较强的生物富集性。

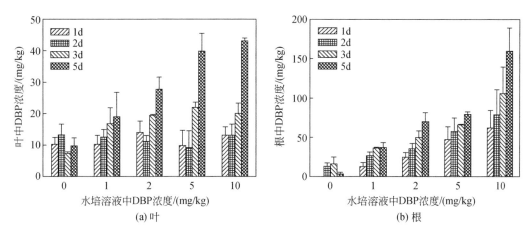

图 4-3 萝卜叶和根中 DBP 含量随时间及浓度变化情况(王佳斌,2018)

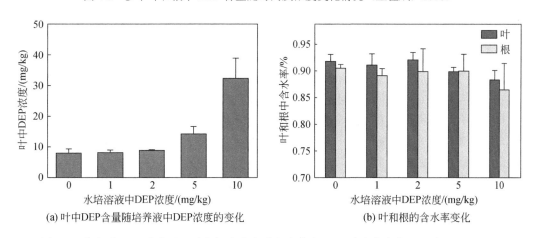

图 4-4 萝卜叶 DEP 浓度以及叶和根含水率随水溶液中 DEP 浓度的变化(王佳斌,2018)

同时,以萝卜为研究对象的水培实验中,也发现温度和营养元素如硝态氮、铵态氮显著影响萝卜对 DBP 的吸收。培养箱温度从 13~18℃升高至 25~30℃,萝卜苗的根叶对 DBP 的吸收累积量增加了 50.0%和 44.4%,这是因为温度的升高会加强萝卜的蒸腾作用,加速酞酸酯向萝卜植株内的转运。并且由于 DBP 辛醇-水分配系数较 DEP 大,DBP 主要在根中累积,不容易迁移到叶片中,根中的 DBP 浓度增量较叶片更大。此外,当体系中添加 NO_3^- 时,NO_3^- 的增加减少了萝卜对酞酸酯的吸收量(图 4-5),进一步基于 Hoagland 营养液配方,得到不同铵硝比的营养液来探究 N 元素与萝卜吸收酞酸酯的关系:随着硝酸盐浓度的增加,萝卜对酞酸酯的吸收减少;而随着铵盐浓度的增加,萝卜对酞酸酯的吸收反而增强。另外，氨/硝比的降低，萝卜根系中酞酸酯的浓度有所减少，但总体还是比只有硝酸盐的处理组高。硝态氮和铵态氮对萝卜吸收 DBP 具有两种截然相反的影响结果，硝酸根的添加显著降低了 DBP 在萝卜根叶中的累积，而铵态氮则增加了 DBP 的累积（王佳斌，2018）。

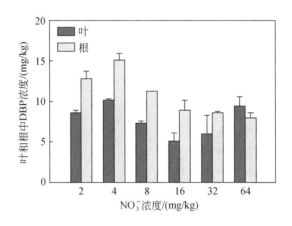

图 4-5　NO_3^- 对萝卜吸收 DBP 的影响化（王佳斌，2018）

酞酸酯自身物理化学性质等也影响其在植物体内吸收累积。在同样的土壤背景和环境条件下，同一类植物对不同类型酞酸酯的吸收累积特征存在显著的差异。以 DEHP 为例，其辛醇-水分配系数 $\lg K_{ow} > 3.5$，是一种具有很强亲脂性的酞酸酯化合物，可以强烈吸附在植物根系的表面，仅有少量转移到叶片中；而 DEP 则是 $1 < \lg K_{ow} < 3.5$ 的一类酞酸酯化合物，其被根系吸收后，由根系向植物体内的传输更为容易（杨杉等，2016）。研究者根据植物吸收转运酞酸酯这一性质，利用植物固有的生理过程或联合土壤-植物复合体系原位地吸收、转化和代谢酞酸酯，以达到降低污染、实现植物修复的目的。有研究人员通过种植如紫花苜蓿吸收土壤中的酞酸酯，这是一种植物修复土壤中污染物的直接方式，之后在植物的组织中检测到酞酸酯的非植物毒性代谢产物（王玉婷，2018）。王明林（2007）以胡萝卜、黄瓜和番茄为研究对象进行盆栽实验，系统研究了其对 DEHP 和 DBP 吸收累积特征及其机制，结果如表 4-2 所示。

表 4-2　三种受试植物中 DEHP 和 DBP 含量（王明林，2007）

受试植物	处理	DEHP/（mg/kg）				DBP/（mg/kg）			
		果实	根	茎	叶	果实	根	茎	叶
胡萝卜	10.0	—	1.49	—	2.03	—	3.39	—	1.73
	30.0	—	3.15	—	4.61	—	7.12	—	4.05
	200	—	5.09	—	7.78	—	13.91	—	7.68
黄瓜	10.0	2.88	2.62	1.81	2.19	3.92	2.15	1.97	2.75
	30.0	6.53	5.47	3.24	7.62	8.89	4.59	3.68	7.81
	200	8.57	7.82	5.83	8.47	15.87	6.68	6.15	9.22

续表

受试植物	处理	DEHP/(mg/kg)				DBP/(mg/kg)			
		果实	根	茎	叶	果实	根	茎	叶
番茄	10.0	1.80	2.67	1.42	1.38	2.87	2.32	1.99	2.12
	30.0	3.25	6.88	3.04	3.17	6.22	4.79	3.47	4.18
	200	5.04	9.16	4.94	5.87	10.65	6.32	5.57	6.55

将胡萝卜、黄瓜和番茄盆栽种植在三种不同污染程度的土壤中。这三种植物的根、叶或茎、叶中都检测到了 DBP 和 DEHP，并且植株体内不同部位的 DBP 和 DEHP 的浓度与土壤中酞酸酯的浓度呈正相关，说明这三种蔬菜累积酞酸酯和土壤的污染背景有关。在三种不同污染程度的土壤中，胡萝卜根中 DBP 浓度为 3.39～13.91mg/kg，显著高于 DEHP（1.49～5.09mg/kg），但叶片中呈现出相反的趋势，DEHP（2.03～7.78mg/kg）的浓度高于DBP（1.73～7.68mg/kg），说明同一植物的不同组织部位对不同性质酞酸酯的吸收能力存在差异。此外，胡萝卜根叶中 DBP 和 DEHP 的含量分布特征与胡萝卜根的吸收机理有关，对于分子量较低、水溶性较大的 DBP 来说，其不仅可以沿着胡萝卜直根的皮层向上运输到茎叶，还可以以另一种方式，穿透胡萝卜直根皮层而进入根核部积累；但对于分子量较大、水溶性较低的 DEHP，其主要是沿着胡萝卜根的皮层向上运输到茎叶，进入根核部的量较少。同时，胡萝卜根部的生物量远大于其皮层，因此相同处理下的胡萝卜根中的 DBP 含量高于 DEHP，胡萝卜叶中 DEHP 的含量高于其根系部位。

黄瓜和番茄对 DBP 和 DEHP 的吸收累积特征与胡萝卜截然不同。总体而言，黄瓜果实中 DBP 和 DEHP 的含量均高于番茄果实中的含量，这与大棚蔬菜酞酸酯污染调查结果相一致。无论是黄瓜还是番茄，根部检测到的 DEHP 含量均高于 DBP 含量，而在果实和茎叶中 DBP 的含量均高于 DEHP。主要原因是不同植物吸收转运酞酸酯的作用机制不同，且与酞酸酯化合物的理化性质，如分子量、辛醇-水分配系数（K_{ow}）和挥发性等也息息相关。DBP 的分子量和 K_{ow} 较小，容易通过植物的根系吸收转运，而 DEHP 的分子量和 K_{ow} 较大，容易滞留在根部，难以向地上部（茎叶）转运。因此，相同处理下的植物茎叶中 DBP 的含量都高于 DEHP，而根系中 DEHP 的含量高于 DBP。另外，DBP 也比 DEHP 更易从污染土壤中挥发到大气中，由植物茎叶累积。特别是在大棚温室中，DBP 挥发出来后难以扩散而聚集，减弱了植物的蒸腾作用，从而导致分子量和 K_{ow} 较小的 DBP，在植物茎叶中的累积。此外，DBP 和 DEHP 在植物中的迁移受蒸腾作用影响，蒸腾作用越强，污染物就越容易向茎叶运移（王明林，2007）。蔬菜吸收累积酞酸酯类污染物，除了以上探讨的因素以外，还与土壤的理化性质有关，土壤组分对酞酸酯吸附能力强，植物从土壤中吸收的量就少，因此，需要进一步研究土壤理化性质对植物吸收酞酸酯的影响（宋广宇等，2010）。

2. 土壤中酞酸酯的植物吸收与生物化学转化机制

大量研究表明，世界范围内都存在不同程度酞酸酯土壤污染问题，尤其是农业和设施菜地土壤，酞酸酯在蔬菜中检测浓度可达 mg/kg 的级别，通过食物链传递，对人体造成潜在风险。植物吸收酞酸酯后，伴随着体内的生化反应，会产生一些代谢产物，本节将系统阐述土壤中酞酸酯的植物吸收和生物化学转化机制。

1）植物对酞酸酯的吸收转运机制

植物从土壤中吸收、转运和累积酞酸酯的过程中，可以用生物浓缩因子（BCF）和转运系数（TF）来评价酞酸酯类污染物从土壤向植物体内富集浓缩的趋势。Sun 等（2015）以生菜、草莓和胡萝卜为研究对象，考察了植物吸收土壤中不同类型酞酸酯的性质差异，通过室内的沙培实验发现，三种植物在酞酸酯浓度为 0.5mg/kg 的沙子中培养 28d 后，其生物量与对照组没有显著差异，说明酞酸酯对植物的潜在毒性作用较小。进一步分析地下部分根系和地上部分叶子中酞酸酯的含量，发现了 DBP 有显著的累积，在叶子和根中的浓度分别为 0.13~2.39mg/kg 和 0.65~1.37mg/kg（图 4-6），说明三种植物对 DBP 有着显著的吸收累积作用。总体而言，其累积量顺序是胡萝卜＞草莓＞生菜（$P<0.05$）。不同种类的植物吸收酞酸酯的差异，主要缘于植物脂肪含量的差异。DBP 是疏水性化合物（$\lg K_{ow}=4.45$，表 4-3），植物根系中的脂肪含量是影响 DBP 在根系中的吸收累积的主要因素。在胡萝卜和草莓根系中，DBP（1126~2712μg/kg）的累积量显著高于叶子 [图 4-6（a）]，说明根部的高脂肪含量会优先吸收疏水性的酞酸酯污染物。此外，除了酞酸酯类污染物外，其他研究者发现根系中脂肪含量也是影响其他疏水性有机化合物在植物中吸收和转运的重要因素（Wu Q et al.，2013）。

表 4-3　酞酸酯和邻苯二甲酸酯单酯的理化性质（朱广宇，2010）

邻苯二甲酸酯	CAS	水溶性/（mg/L）	$\lg K_{ow}$	分子量	$\lg K_{oa}$	$\lg K_{ow}$（pH 6）	pK_a
DBP	84-74-2	11.2	4.45	278.4	8.63		
MEHP	117-81-7	0.003	7.50	390.6	10.5		
MBP	131-70-4	125.7	2.84	222.2		0.07	4.2
DEHP	4376-20-9	1.492	4.73	278.3		1.66	4.2

进一步深入分析了三种植物的叶片或根系的平均 BCF 值，发现 DBP 为 0.26~4.78，而 DEHP 则为 1.31~2.74。在胡萝卜根中，DBP 和 DEHP 的 BCF 值都是最高的，三种植物的根叶中，DEHP 的 BCF 值均大于 1，在草莓和胡萝卜的根系中，DBP 的 BCF 值大于 DEHP，而叶片中 DBP 的 BCF 值小于 DEHP。植物吸收土壤中的有机污染物通常以土壤孔隙水为媒介，并且通常与污染物的辛醇-水分配系数有关，根系对亲脂性较强的化合物吸收较多，而极性化合物的累积则较小。此外，DEHP 的水溶性低于 DBP，说明 DEHP 在生长介质的外部或孔隙水中的浓度可能较低，导致植株吸收受限。

作为酞酸酯的主要降解产物或者生物转化产物，邻苯二甲酸酯单酯（MPEs）越来越多地在各种环境基质中检测到。研究表明，邻苯二甲酸酯单酯可以被生物降解，酞酸酯的酯键水解过程分两步，首先生成相应的单酯（MPEs）和醇，邻苯二甲酸酯单酯进一步水解生成邻苯二甲酸和相应的醇（Gavala et al.，2003）。邻苯二甲酸单丁酯（monobutyl phthalate，MBP）是 DBP 的一级代谢产物，邻苯二甲酸（2-乙基己基）单酯 [mono-（2-ethylhexyl）phthalate，MEHP] 是 DEHP 的一级代谢产物。

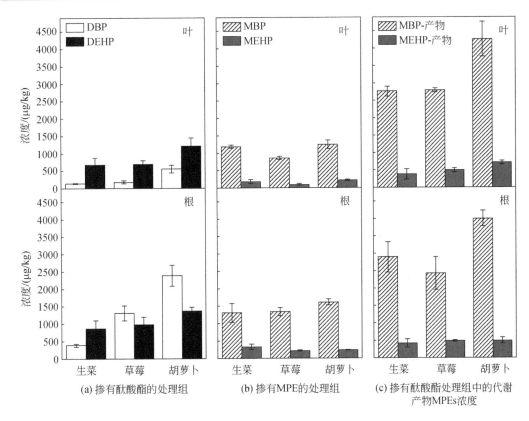

图 4-6 植物组织中酞酸酯和 MPEs 的浓度（Sun et al.，2015）

在生长培养基中添加 MBP 和 MEHP 后，三种植物吸收 MBP 和 MEHP。在胡萝卜的根叶中，MBP 的浓度稍微高于其他两种植物 [图 4-6（b）]。胡萝卜叶片的 MEHP 浓度也较高，但生菜根的 MEHP 积累量最高。此外，三种植物的叶片和根中的 MBP 浓度均高于 MEHP，这可能与它们的理化性质有关，如 $\lg K_{ow}$ 和 pK_a（表 4-3）。

采用同样的方法计算 MBP 的 BCF 值，发现始终大于 1，而 MEHP 的 BCF 值总是小于 1。根吸收中性化合物与 $\lg K_{ow}$ 呈正相关，但对于弱酸类有机化合物，可能是不适用的。一般来说，弱酸类有机化合物在环境 pH 条件下会发生部分解离，存在两种形式：中性分子和离子物种。分子解离可能导致植物根系中的累积减少，因为通常离子比相应的中性分子以更慢的速度穿过生物膜（如质膜、液泡）。由于 MPEs 是弱酸类化合物，pK_a=4.2（表 4-3），在正常的土壤 pH 范围内它们主要以电离的形式存在。对 pH 进行调整后，MBP 和 DEHP 的 $\lg K_{ow}$ 值分别为 0.07 和 1.66（表 4-3）。植物细胞膜的负电位（-71～-174mV），静电排斥作用导致 MPEs 的阴离子很难被植物吸收。在植物样品中 MBP 的 TF 值也大于 MEHP，表明 MBP 吸收后比 MEHP 更易迁移，因为弱酸类化合物从根到叶的迁移与 pH 调控的 $\lg K_{ow}$ 呈负相关（Wu Z et al.，2013）。

2）酞酸酯在植物体内生物化学转化过程机制

以往的研究表明，植物吸收的大部分疏水类化合物可以在植物体内发生转化，转化产物的中间体可能表现出不同于母体形式的生物活性。一般来说，植物体内外源性物质的代谢途径可能始于羟基化或水解反应引起的分子激活，对于酞酸酯化合物的羧酸酯结构，植物细胞内的水解作用可能是其主要的转化途径，从而导致了 MPEs 产物的形成。植物体内产生的活性氧自由基（reactive oxygen species，ROS）作为有氧代谢的副产物不断在植物体内产生，ROS 对植物代谢的分子调控如病毒防御、细胞程序性死亡和气孔关闭具有重要的意义。此外，其对植物体内的污染物转化也具有重要的意义（张怡和路铁刚，2011）。目前人们较熟知的几种植物体内的 ROS 包括超氧阴离子（$O_2^-·$）、过氧化氢（H_2O_2）、过氧化自由基（ROO·）和羟基自由基（·OH），另外，植物叶片的光合作用下会产生单线态氧（$^1O_2$）。在众多的 ROS 中，通常认为·OH 是氧化剂最强的活性物质，而 $O_2^-·$ 和 H_2O_2 通常被认为是·OH 产生的前驱体，两种物质通过电子传递或者能量转移形成·OH。因此，·OH 通常被认为是植物体内代谢污染物的主要活性物质（Mittler et al.，2004）。

Fang 等（2017）以生物炭/光体系为自由基的来源，研究其不同类型自由基对 DEP 代谢的贡献，发现·OH 是代谢 DEP 的主要物质，对 DEP 的降解贡献率在 80% 左右，而光化学过程中产生的 $^1O_2$ 对 DEP 降解的贡献率仅为 20%。进一步深入分析了 DEP 代谢的中间产物，DEP 的降解中间产物主要有 4 种，包括邻苯二甲酸单乙酯（MEP）、邻苯二甲酸（PA）和两种羟基化的 DEP（m-OH-DEP 和 OH-DEP），说明了羟基降解 DEP 的三种途径，羟基加成作用（RAF）、氢转移过程（HAT）和单电子传递过程（SET）。利用基于密度泛函理论（DFT）的量子化学计算得出了每个步骤的能量，发现 HAT3 和 RAF1 途径的吉布斯自由能为负值，分别为 −20.67kcal/mol 和 −9.8kcal/mol，说明此过程的反应可以自发发生。另外，HAT3 和 RAF1 途径的能垒也最低，分别为 4.71kcal/mol 和 8.78kcal/mol。因此，HAT3 和 RAF1 是羟基降解 DEP 的主要途径。

从图 4-7 可以看出，羟基加成和氢转移是羟基降解 DEP 的主要途径，羟基加成途径中，羟基首先加成到苯环形成 m-OH-DEP 后，进一步开环生成中间产物最终矿化成二氧化碳和

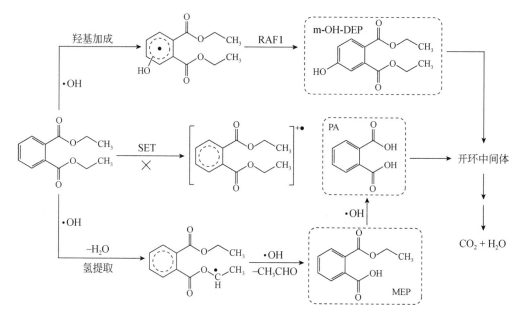

图 4-7 植物体系羟基自由基代谢 DEP 的主要途径（Fang et al.，2018）

水。HAT途径中，DEP脂肪链上的β氢被羟基进攻后断裂形成MEP，MEP另一脂肪链β氢继续被羟基攻击生成PA，PA继续开环最终矿化成二氧化碳和水（Fang et al.，2018）。

邻苯二甲酸酯在植物体内代谢产物通常与母体性质差异较大，吸收和累积特征也会发生较大的变化。研究发现，植物吸收邻苯二甲酸酯后在体内会代谢为MPEs，研究者在三种供试植物体内均检测到了MPEs的存在，根和叶样品中检测到的主要单酯代谢物为MBP和MEHP；在根叶中MBP的含量高于MEHP，并且在叶片中差异更为明显。虽然MEHP在根叶中的平均浓度与DEHP相似，MBP产生的平均浓度为3192.8μg/kg，明显高于母体（即DBP）的浓度（Sun et al.，2015），但DBP似乎比DEHP更容易受到植物代谢的影响，可能是其分子结构的差异导致的，如烷基链长度和其疏水性（表4-4）。必须指出，有机化合物的代谢产物可能在植物组织中迅速结合，结合后的代谢产物只能用特定的酶进行水解后或用放射性同位素标记法（如^{14}C）才能分析。因此，邻苯二甲酸酯在植物体内的实际代谢产物必须结合核磁共振、同位质谱等先进技术手段进行深入的分析。

表4-4　目标有机物邻苯二甲酸酯和MPEs在植物组织中的浓度　　（单位：μg/kg）

化合物	生菜		草莓		胡萝卜	
	根	叶	根	叶	根	叶
DBP吸收	127.5±6.0	382.3±42.7	171.2±39.2	1306.3±210.7	539.1±104.3	2391±293.3
DEHP吸收	653.8±205.8	872.5±224.9	689.1±97.0	976.3±205.8	1209.1±230.4	1371.4±92.9
MBP吸收	2748.1±136.5	2908.3±433.2	2786.4±56.2	2432.1±474.2	4265.5±492.4	4016.3±221.9
MEHP吸收	370.3±146.1	422.4±116.7	479.3±57.0	487±16.8	701.3±54.0	502.2±81.6
MBP产物	1183.1±50.8	1309.9±271	846±44.0	1329.2±111.4	1236.7±119.3	1606.5±88.7
MEHP产物	173±49.0	329.7±78.7	79.1±17.1	220.4±13.9	217.5±23.6	236.3±14.3

资料来源：Sun等，2015。

有学者以胡萝卜为研究对象，考察了胡萝卜细胞中邻苯二甲酸酯的代谢过程，发现无胡萝卜细胞的非生物对照处理组中，在120h的培养期内DBP和DEHP均无明显的降解过程，而含有胡萝卜细胞的生物处理组中，2h内DBP浓度从（503±5.7）μg/L迅速降低到（170±13.1）μg/L［图4-8（a）］。同样，DEHP的浓度从（503±6.2）μg/L迅速降低到（162±24.0）μg/L［图4-8（a）］。48h后，DEHP的含量低于检出限（5.0μg/L），而DBP浓度降至87.7μg/L［图4-8（a）］。与此同时也检测了邻苯二甲酸酯在培养基中的浓度变化，邻苯二甲酸酯在细胞质中被检测到，并且在初始2h内DBP和DEHP分别迅速增加至（1833±398）μg/L和（788±71）μg/L，表明邻苯二甲酸酯吸附在细胞表面或被吸收到细胞内［图4-8（b）］。然而，120h培养后，细胞质中的DBP和DEHP的浓度也迅速降低至200μg/kg［图4-8（b）］，说明邻苯二甲酸酯在细胞质中发生了降解代谢作用（Sun et al.，2015）。

为了进一步证实细胞质中DBP和DEHP的代谢作用，Sun等（2015）测定了单酯代谢产物MBP和MEHP的浓度随时间的变化［图4-8（c）和（d）］。与生长培养基中DBP和DEHP的快速消耗相对应，MBP和MEHP在前2h内迅速增加，之后呈现平缓上升的趋势。各个时间点MBP浓度为MEHP浓度的20倍左右。在培养基中没有检测到MPEs，这表明酞酸酯在细胞中进行代谢,形成的代谢产物 MPEs 没有释放到溶液中。

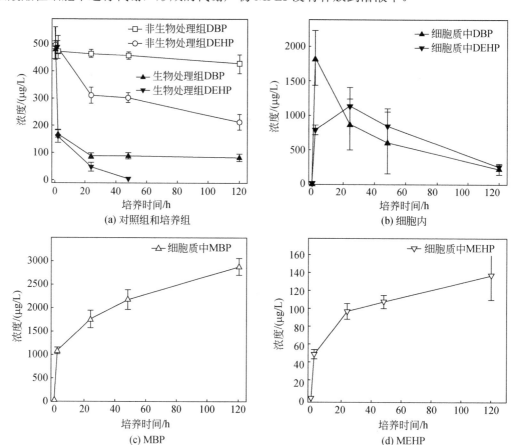

图 4-8　酞酸酯的浓度及细胞内转运生成的 MPEs 浓度(Sun et al., 2015)

在胡萝卜细胞培养基中添加 MBP 和 MEHP,进一步探讨二者的代谢过程。在没有胡萝卜细胞的对照处理组中,MBP 和 MEHP 在溶液中保持稳定 [图 4-9(a)]。与 DBP 和 DEHP 相似,在培养基中 MBP 和 MEHP 的浓度在开始时迅速下降,随后逐渐下降 [图 4-9(a)]。与细胞相关的 MBP 和 MEHP 含量在前 2h 内迅速升高,然后稳步下降 [图 4-9(b)]。MBP($R^2=0.98$)和 MEHP($R^2=0.99$)的剩余浓度的反比与培养时间 t 也是线性相关,表明在细胞培养系统中,MPEs 代谢产物也遵循二级反应动力学。计算所得的反应速率常数为 $2\times10^{-5}\text{ng}^{-1}\cdot\text{h}^{-1}$(MBP)和 $1\times10^{-4}\text{ng}^{-1}\cdot\text{h}^{-1}$(MEHP)。因此,胡萝卜细胞中 MPEs 的代谢明显快于酞酸酯(Sun et al., 2015)。

各种蔬菜植物都能吸收二酯和单酯结构的酞酸酯,然而,酞酸酯被植物吸收后,从根系向地上组织部分的迁移能力相对较差。从三种受试植物和胡萝卜细胞实验来看,一旦进入植物体内,邻苯二甲酸二酯很容易被代谢成单酯,而单烷基酯则被进一步转化。邻苯二甲酸酯向单酯的快速转化,强调了在总体风险评估中考虑邻苯二甲酸酯代谢物的重要性,包括通过食用在邻苯二甲酸污染土壤中种植的蔬菜而可能暴露于人体的重要性。后续研究需评估蔬菜和其他粮食作物在标准农学条件下邻苯二甲酸单酯的代谢情况。

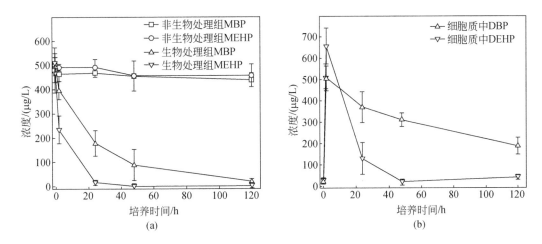

图 4-9 对照组和培养组中 MPEs 的浓度（a）及细胞内 MPEs 的浓度（b）（Sun et al., 2015）

每种处理三个平行取其平均值和标准差

4.1.3 土壤中酞酸酯的生物有效性与毒性效应

1. 土壤中酞酸酯的生物有效性

美国研究顾问委员会（US National Research Council，USNRC）在"土壤和沉积物中污染物的生物有效性"报告中定义了生物可利用性过程（bioavailability process）（USNRC，2006）。根据报告内容可知，酞酸酯从环境中进入生物体的过程包括：①结合态污染物从土壤或沉积物中释放；②结合态污染物直接向生物膜转移；③被释放的污染物向生物膜迁移；④结合/释放态污染物透过生物膜；⑤生物体内污染物向生物反应点位迁移（Ehlers and Luthy，2003）。其中，①~④环节为生物有效性过程，⑤环节为生命体内迁移过程，土壤不再起作用，不属于生物有效性过程，如图 4-10 所示。

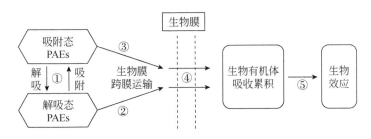

图 4-10 土壤和沉积物中酞酸酯的生物可给性过程（刘畅，2018）

目前，多数研究以化学方法和生物方法来评价环境中酞酸酯的生物有效性，而相对于化学方法，生物方法更能够直接评估酞酸酯在环境介质中的生物有效性，可以通过生物富集实验或毒性测试，测定模式生物体内富集酞酸酯的含量来评估其生物有效性。常用的土壤生物包括蚯蚓（Belfroid et al., 1995）、黑麦草（Rezek et al., 2008）、水稻（Su and Zhu，2008）和微生物（Stokes et al., 2005）等。其中，蚯蚓作为土壤动物区系的代表类群，对土壤起着重要的作用，是土壤毒性等试验的模式生物，常作为评估土壤中酞酸酯生物有效性的指示生物（Lanno et al.，2004）。研究者常采用生物蓄积法研究生物有效性，主要是将蚯蚓直接暴露于污染土壤中，待富集达到平衡后，直接测定蚯蚓体内酞酸酯的吸收累积浓度，并采用生物富集因子来评估土壤生态风险，即比较富集结束后生物体内酞酸酯的累积浓度与土壤中酞酸酯浓度，从而评价生物体对酞酸酯的富集程度。

生物有效性是一个多过程连续作用的结果，既取决于生物吸收过程，又取决于酞酸酯的赋存状态，受生物因素和非生物因素影响。生物有效性的影响因素主要包括酞酸酯理化性质、土壤理化性质、土壤生物种类、酞酸酯老化时间等环境因素。不同酞酸酯具有不同的理化性质，酞酸酯的疏水性影响其在土壤中的存在形态（游离态和结合态），进而影响其生物有效性。分子的大小也是影响其生物有效性的重要因素，分子较大的酞酸酯很难透过生物薄膜进入生物体内，而分子较小的酞酸酯较易透过生物薄膜进入生物体内，因而导致不同的生物有效性。

当酞酸酯进入土壤后，其生物有效性和毒性会随着时间的延长而逐渐降低，不容易在生物体内积累，更加难以生物降解（Morrison et al.，2000），这种现象被称为老化（aging）或固定（sequestration）。Alexander（1995）提出"老化效应"（aging effects）的概念，是指有机物与环境介质经过长时间接触，进入更细小的微孔结构，进而被隔离或难以被释放出来，导致其在土壤中的吸附/解吸行为发生变化，从而影响其在环境中的归趋。有研究者曾提出许多来解释老化原因的假设，其中有两条被广泛接受，如图4-11所示（Alexander，2000）。假设一是酞酸酯进入土壤后首先迅速吸附在土壤的表面，然后缓慢进入有机质内部，分配在其中的酞酸酯易被解吸和生物利用，表现为老化过程。假设二是酞酸酯从土壤孔隙水扩散进入土壤团聚体结构的微孔中，随着时间的延长而进入更深的吸附位点，被束缚其中，即使是微生物也对其无法利用。另一个可能的原因是酞酸酯与土壤腐殖质形成强的共价键或氢键（Gevao et al.，2001；Xing，2001）。

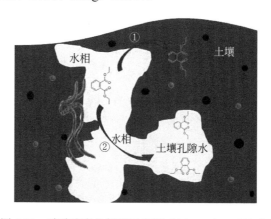

图 4-11　酞酸酯老化机理示意图（Alexander，2000）

有研究者认为酞酸酯在土壤中的老化过程符合一级衰减动力学过程（Shan et al.，2010）。对模型进行修正后得到如下衰减动力学模型公式：

$$C_{soil}=C_{soil,0} \times A \exp(-\lambda t) \tag{4-1}$$

其中，C_{soil} 为土壤中酞酸酯在 t 时刻的提取量；$C_{soil,0}$ 为土壤中 0 时刻酞酸酯的提取量；A 为常数；λ 为土壤中酞酸酯的衰减系数，h^{-1}。

有研究比较了黑土中不同酞酸酯的衰减过程（刘畅，2018），如表 4-5 所示。分析其衰减系数 λ 发现，对于短酯链酞酸酯来说（1~4 个碳链），其衰减系数较中、长酯链酞酸酯相对较大，而随着酯链长度的增加，其衰减系数逐渐降低。而酯链含有 8 个碳链的 DNOP，其衰减系数又突然增大。这可能是因为酞酸酯酯链较短，其分子体积相对较小，更容易从孔隙水扩散进入土壤团聚体结构的微孔中，被固定其中且难以从土壤中提取出来（Brusseau et al.，1989）；也可能因为短酯链的酞酸酯挥发性更高，且更易发生水解，导致表观衰减系数较大。而随着酯链的增长，意味着其体积逐渐增大，因此，酞酸酯从孔隙水扩散进入土壤团聚体结构的微孔中的效率降低，其衰减系数减小。对于较长酯链的酞酸酯（DNOP）来说，其衰减系数较大的原因可能是其疏水性更高，有机污染物更易迅速吸附在土壤的外表面，然后缓慢进入固态有机质的内部，不易被萃取剂解吸下来；或是因为其与土壤腐殖质形成较强的共价键或氢键，导致可提取量降低，因此表现其老化程度更高。对于含有同等数量碳链的酞酸酯同系物来说，直链酞酸酯比含有支链的酞酸酯的衰减系数更大，老化程度更高，如 DBP 较 DIBP 的衰减系数更大：DBP 为 $0.00525h^{-1}$，DIBP 为 $0.00468h^{-1}$。同样，DPRP 比 DIPRP 的衰减系数更大。这可能是因为 DBP（仅含直链）的辛醇-水分配系数（$\lg K_{ow}=4.43$）要高于 DIBP（含支链）的（$\lg K_{ow}=3.8$），所以更易与有机质结合，不易被解吸和生物利用，表现为老化作用。

表 4-5 黑土中拟合酞酸酯衰减过程的参数（刘畅，2018）

化合物	λ/h^{-1}	R^2	常数 A	衰减动力学 C_{soil}
DMP	4.82×10^{-3}	0.904	0.975	$1519.03\times A\exp(-\lambda t)$
DEP	6.01×10^{-3}	0.922	0.999	$2252.26\times A\exp(-\lambda t)$
DIPRP	4.30×10^{-3}	0.933	0.999	$2274.90\times A\exp(-\lambda t)$
DPRP	5.45×10^{-3}	0.934	0.990	$2235.61\times A\exp(-\lambda t)$
DIBP	4.68×10^{-3}	0.951	0.975	$1685.64\times A\exp(-\lambda t)$
DBP	5.25×10^{-3}	0.962	0.941	$1740.88\times A\exp(-\lambda t)$
BMPP	1.86×10^{-3}	0.923	0.927	$2131.91\times A\exp(-\lambda t)$
DPP	4.17×10^{-3}	0.887	0.952	$1810.99\times A\exp(-\lambda t)$
DHXP	4.47×10^{-3}	0.873	0.929	$1458.40\times A\exp(-\lambda t)$
BBP	4.81×10^{-3}	0.932	0.946	$1792.10\times A\exp(-\lambda t)$
DCHP	3.09×10^{-3}	0.870	0.944	$2233.90\times A\exp(-\lambda t)$
DHP	3.96×10^{-3}	0.808	0.903	$1073.11\times A\exp(-\lambda t)$
DEHP	1.31×10^{-2}	0.701	0.845	$712.34\times A\exp(-\lambda t)$
DPHP	4.76×10^{-3}	0.954	0.959	$1342.18\times A\exp(-\lambda t)$
DNOP	5.60×10^{-3}	0.703	0.896	$869.47\times A\exp(-\lambda t)$
DBZP	7.74×10^{-3}	0.760	0.905	$1666.02\times A\exp(-\lambda t)$

污染物的生物有效性是包含污染物的摄取、分配、储存和消除以及代谢转化等多重环境过程的综合度量，目前对于土壤中酞酸酯生物有效性的表征大多停留在土壤吸附态或解吸态的酞酸酯穿透细胞生物膜为生物体吸收累积的部分。刘彦爱（2019）研究了上海青中 DBP 和 DEHP 的生物有效性，并利用生物富集因子（bioaccumulation factors，BCF）、根系富集因子（root concentration factors，RCF）和转移因子（translocation factors，TF）等描述酞酸酯在蔬菜体内富集和转运的重要指标来预测和评价蔬菜的富集能力（表4-6）。研究结果显示，上海青对 DBP 的 RCF 值和 BCF 值分别介于 3.84~9.23 和 2.72~7.66，所有 RCF 值和 BCF 值均大于 1.0，说明土壤 DBP 很容易富集到上海青根部和地上部。上海青对 DEHP 的 RCF 值和 BCF 值分别介于 0.13~2.49 和 0.03~2.00，表明上海青根部和地上部对 DEHP 具有一定的富集能力，在大浓度处理下无明显富集效应。上海青对 DBP 的 RCF、BCF 和 TF 值均高于 DEHP，说明与 DEHP 相比，DBP 更容易在上海青体内富集和迁移。Hu 等（2005）也利用平衡分配模型研究了赤子爱胜蚓对土壤中 DBP 和 DEHP 的富集动力学过程，发现 DBP 和 DEHP 的平均生物-土壤累积因子（BSAFs）分别为 0.27 ± 0.07 和 0.17 ± 0.03。

表4-6 上海青中 DBP 和 DEHP 的富集与转运系数（刘彦爱，2019）

处理	根系富集因子（RCF）		生物富集因子（BCF）		转移因子（TF）	
	DBP	DEHP	DBP	DEHP	DBP	DEHP
CK	9.23 ± 0.01^a	2.49 ± 0.03^a	7.66 ± 0.13^a	2.00 ± 0.03^a	0.83 ± 0.01^a	0.804 ± 0.01^a
T1	8.88 ± 0.12^b	2.47 ± 0.03^a	7.09 ± 0.01^b	1.96 ± 0.02^b	0.80 ± 0.01^b	0.796 ± 0.01^a
T2	6.62 ± 0.07^c	1.51 ± 0.02^b	5.13 ± 0.05^c	0.62 ± 0.01^c	0.77 ± 0.00^{bc}	0.411 ± 0.01^b
T3	6.38 ± 0.09^d	0.92 ± 0.05^c	4.85 ± 0.02^d	0.38 ± 0.02^d	0.76 ± 0.01^{cd}	0.409 ± 0.02^b
T4	6.22 ± 0.08^d	0.38 ± 0.02^d	4.72 ± 0.05^d	0.14 ± 0.01^e	0.76 ± 0.02^{cd}	0.369 ± 0.04^c
T5	4.05 ± 0.04^e	0.19 ± 0.01^e	3.00 ± 0.03^e	0.07 ± 0.00^f	0.74 ± 0.00^{dc}	0.343 ± 0.01^c
T6	3.84 ± 0.03^f	0.13 ± 0.00^f	2.72 ± 0.02^f	0.03 ± 0.00^g	0.71 ± 0.00^e	0.267 ± 0.01^d

注：同一列数值上标不同小写字母表示不同处理组间差异性显著（$P<0.05$）。

有研究显示，陆正蚓（*Lumbricus terrestris*）可将 DEHP 水解成 MEHP 和 PA，且少量 DEHP 能够在肠道细菌如假单胞菌的协助下，进一步发生降解转化，即 PA 通过原儿茶醛和 β-羧基己二烯酸降解为 CO_2（Albro et al.，1993）。本研究进一步表明，蚯蚓在富集 DMP 的过程中，其体内母体化合物的浓度缓慢上升（图4-12），对应单酯的含量逐渐增大且远远高于母体化合物，推断单酯化合物来源于蚯蚓体内双酯的代谢转化。另外，短链酞酸酯的降解转化比例高于长酯链酞酸酯，说明其更易被生物体代谢转化，且在蚯蚓体内检测到大量的 PA。可见，酞酸酯在蚯蚓体内能够发生显著的代谢转化过程，其代谢转化作用将显著影响生物富集过程与生物有效性。尽管从理论上以被动扩散模型对土壤中酞酸酯的最大生物富集量和生物有效性进行定量表征是可行的，但鉴于生物体内酞酸酯易于代谢转化的特性，实际土壤酞酸酯风险评价过程不应简单依赖于生物有效性的量化值，更应关注其在生物体内的代谢转化形态。

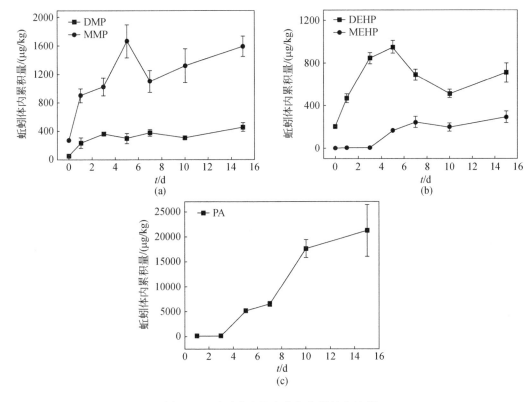

图 4-12 酞酸酯生物富集与代谢转化过程

2. 土壤中酞酸酯的毒性效应

1）酞酸酯对土壤-动植物系统的毒性效应

酞酸酯可能对生物造成多种危害，但其在生物体内的代谢复杂，生物毒性不易监测，因此酞酸酯的生态毒理效应研究越来越受到人们的关注。我国农业土壤中酞酸酯污染已经成为土壤退化的表现形式之一，因此，系统地开展酞酸酯的土壤生态毒理效应研究对于评价土壤环境质量、保障农产品安全具有重要的科学意义。蚯蚓毒理试验已广泛应用于评价污染物对土壤动物的不良效应和监测土壤生态环境的变化中。蚯蚓作为生态毒性试验的指示生物，对于生态风险评价、制定环境标准有重要的应用价值。诸多研究以赤子爱胜蚓（Eisenia fetida）为指示生物探究 DEHP 对蚯蚓机体和 DNA 的生态毒理效应，结果表明，DEHP 污染暴露会诱导激活蚯蚓体内的抗氧化酶防御系统，如超氧化物歧化酶（SOD）和过氧化氢酶（CAT）与谷胱甘肽转移酶以保护机体不受伤害，但 DEHP 仍将引起蚯蚓体内活性氧自由基（ROS）含量上升，且与 DEHP 浓度表现出剂量-效应关系。在 ROS 和过量 ROS 脂质过氧化产生的丙二醛（MDA）的共同作用下，蚯蚓细胞内的 DNA 产生损伤，且 Olive 尾矩值均随着浓度的增加而增加（图 4-13），损伤程度与 DEHP 浓度呈现剂量-效应关系，因此，DEHP 可以对蚯蚓机体和 DNA 造成一定程度的损伤，表现出较强的生态毒理效应（李恒舟，2014；Du et al.，2015；刘文军等，2017）。陈强等（2004）指出，在 DEHP 污染浓度 5mg/kg（干土）条件下培养 50d 后，蚯蚓的体重不但明显低于无 DEHP 污染的对照组,而且出现培养结束蚯蚓体重低于培养开始的现象,说明在更低污染水平,蚯蚓就能对DEHP 的毒副作用产生响应,且培养过程中蚯蚓体重下降程度与土壤中 DEHP 浓度呈现线性相关。不同于 DEHP,DMP、DEP 和 DBP 对蚯蚓组织 SOD、CAT 和乙酰胆碱酯酶(AChE)也会诱发毒性效应,其中 SOD 活性被 DMP 和 DEP 诱导增加,CAT 的活性在 DEP 和 DBP 低浓度下诱导高浓度作用下抑制,而 AChE 活性在 DEP 和 DBP 低浓度下抑制高浓度下诱导(王艳等,2014)。进一步研究显示,DMP 暴露会导致土壤中的蚯蚓觅食减少、新陈代谢降低,随着培养时间的延长其体重抑制率变大(吴石金等,2014),而 DBP 对蚯蚓的急性毒性较低,毒性效应主要体现在生殖系统,导致蚯蚓环带肿大、充血,甚至溃烂(蒋重合,2012)。

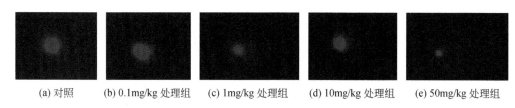

(a) 对照　　(b) 0.1mg/kg 处理组　　(c) 1mg/kg 处理组　　(d) 10mg/kg 处理组　　(e) 50mg/kg 处理组

图 4-13　蚯蚓体细胞 DNA 损伤的彗星实验图像(李恒舟,2014)

酞酸酯化合物的植物生态毒性效应在个体水平、生理、细胞与分子水平上均有较多的研究报道。酞酸酯对植物生长的抑制作用随着浓度增加而逐渐加剧。①酞酸酯能够抑制愈伤组织分化,干扰细胞分裂,使植物生长缓慢(常青等,2008)。例如,DEHP 对蚕豆幼苗生长的影响研究发现,当 DEHP 质量分数在 0.2~2mg/kg 时,幼苗主轴根尖逐渐萎缩且呈深棕色,而侧根为淡黄色,根尖细胞染色体断裂;当质量分数为 20~200mg/kg 时,主、侧根尖变黑且大部分萎缩腐烂,幼苗渐渐枯死,根尖细胞出现明显的染色体丢失。②酞酸酯能使植物叶绿体中类囊体基粒和片层解体,叶绿体结构解体,从而使光合作用受到阻碍,最终导致生物量减少(王晓娟等,2005)。TEM 扫描发现,DEHP 胁迫导致黄瓜幼苗叶肉细胞的线粒体和叶绿体膜结构损伤,淀粉粒数量和体积显著增加,细胞核-结构受到破坏(张颖等,2014)。DBP 能够使拟南芥的叶绿体及其他细胞器受到破坏,导致其生长缓慢(王晓娟等,2005)。安琼等(1999)通过田间小区施药试验,发现低剂量处理对花椰菜、菠菜、萝卜、青花菜及辣椒的幼苗生长没有明显的抑制作用,但高剂量处理对幼苗期生长有一定的障碍作用,导致生长缓慢、产量降低和品质下降。Song 等(2010)研究发现,当 DBP 和 DEHP 复合污染水平达到 100mg/kg 时,上海青的叶片失绿发黄,甚至死亡。

酞酸酯也可对植物的生理生化产生毒性,且与个体生长指标相比,生理生化指标对酞酸酯化合物的响应更为敏感。张慧芳等(2010)研究结果显示,酞酸酯浓度为 96μg/kg 时,过氧化物酶(POD)、过氧化氢酶(CAT)活性和脯氨酸(Pro)、丙二醛(MDA)含量即可表现出显著抗性反应,抵抗环境胁迫;当酞酸酯浓度为 384μg/kg 时,小麦幼苗体内可溶性糖(WSS)含量显著降低,影响细胞正常代谢。DEHP 对蚕豆幼苗 POD 活性的影响表明,当 DEHP 质量浓度较低时,随 DEHP 质量浓度的升高,蚕豆幼苗茎、叶的 POD 活性逐渐升高,当 DEHP 质量浓度较高时,POD 活性又显著降低(王诗嘉等,2010)。DBP 存在下黄瓜幼苗根部蛋白含量和根系活力降低,通过超显微结构观察到线粒体、内质网和液泡受到可见影响。此外,淀粉粒数量增加,一些淀粉粒黏附到其他细胞组分上,直接证明 DBP 胁迫可导致黄瓜幼苗细胞损伤（Zhang et al.，2015）。

邻酸酯对植物体也具有遗传毒性效应，植物根尖微核检测能较好地反映邻酸酯化合物的植物遗传毒性。段丽菊等（2013）研究了 5 种邻酸酯化合物（DMP、DEP、DBP、DEHP 和 DPrP）的遗传毒性，发现其中 3 种低浓度 DMP、DBP 和 DEHP 对蚕豆根尖具有遗传毒性，蚕豆根尖细胞微核率均显著高于阴性对照，而低浓度 DEP 和 DPrP 染毒后的蚕豆根尖细胞微核率与阴性对照组无显著性差异（$P>0.05$），这表明不同种类邻酸酯化合物因化学结构的差异性对植物产生的遗传毒性不同。张娜（2010）采用根尖微核实验研究了 DBP 的遗传毒性，发现在 DBP 的作用下，蚕小麦和绿豆根尖细胞均会受到影响，细胞中出现了染色体断片引起的微核、代谢物滞留等多种生理机能衰退现象，且发现小麦和绿豆根尖细胞的微核率随着 DEP 的浓度的增大而升高。

由此可见，土壤中邻酸酯污染水平较低时，即可对植物分子和细胞水平表现出毒害效应，但通过生理机制的自身调节可减轻或抵御这些不利影响，减缓生长抑制效应；当邻酸酯污染水平超出植物自身调节能力的范围时，可对植物个体水平产生显著的致毒效应，如生长缓慢、生物量降低和品质下降等，从而通过食物链传递影响人体健康。

2）邻酸酯对土壤微生物生态功能的影响与效应

土壤微生物作为土壤生态系统的重要组成部分，不仅对土壤养分的循环和转化以及土壤中有机类物质的矿化分解等土壤活动起到关键作用，还能够较为敏感地反映土壤微环境的变化。邻酸酯污染不仅会影响土壤质量，而且会造成土壤微生物量、酶活性和微生物多样性等变化，进而影响土壤生态系统功能。

土壤微生物量指的是土壤中体积小于 $5\mu m^3$ 的活微生物总量，主要包括细菌、真菌、放线菌和原生动物等，是土壤有机质中最活跃和最易变化部分，能敏感地反映土壤环境的变化。祝惠（2008）研究发现，邻酸酯对土壤微生物量的影响呈现先降低后升高再降低升高的波动，最终趋于稳定的趋势。王鑫宏（2010）也得到了类似的研究结果：他研究了 DEHP 对土壤微生物量碳的影响，发现不同浓度 DEHP 处理与土壤微生物量碳的变化呈现降低—升高—降低—升高最后恢复稳定的趋势。以上研究结果表明外界环境的变化尤其是外源性污染物加入会使土壤微生物量产生波动，但随着时间的推移这种波动最终趋于稳定。

土壤酶在土壤新陈代谢过程中起到重要作用，它主要来自微生物细胞或动植物残体，常被作为指示土壤微生物活性、土壤肥力和土壤质量的指标。同时，土壤酶与土壤中植物根系和土壤微生物关系紧密，因此，土壤酶活性的变化能反映土壤环境的变化。DMP、DEP 和 DOP 对土壤脲酶有明显抑制作用（Chen et al.，2013）。而祝惠（2008）研究发现，DEP 对土壤脲酶影响以抑制作用为主，而 DOP 对土壤脲酶影响呈现出低浓度激活作用高浓度抑制作用；DEP 对土壤转化酶呈现随着邻酸酯污染浓度升高"抑制—激活—抑制"作用，而 DOP 对土壤转化酶以抑制作用为主；DEP 和 DOP 对土壤磷酸酶均起到抑制作用；而 DEP 和 DOP 对土壤过氧化氢酶有一定的激活作用，但是影响并不显著。王玉蓉等（2012）研究发现，DEHP 对土壤过氧化酶的影响为低浓度激活、高浓度抑制作用；对土壤转化酶活性以抑制作用为主，且 DEHP 浓度越大抑制率越大。

除土壤酶外，王志刚等（2015）的研究还发现，低浓度 DMP 污染对黑土微生物呼吸和代谢熵具有促进作用，而高浓度 DMP 则对其具有抑制作用，并且抑制效果与 DMP 浓度成正比。祝惠（2008）研究发现，低浓度的酞酸酯对土壤呼吸的作用遵循先升高后波动变化的规律，高浓度 DEP 对土壤呼吸影响呈现波动趋势，而高浓度 DOP 对土壤呼吸的影响呈现先抑制后波动的趋势。

土壤微生物是土壤生物化学过程的重要组成部分，在土壤有机物质的分解、营养物质的转化、污染物降解以及土壤修复等方面意义重大，是评价土壤质量和健康状况的重要指标（李振高，2008）。研究发现，酞酸酯对 shannon 指数相关土壤微生物多样性表现为抑制作用，且抑制作用随酞酸酯浓度的增加而增强（郭杨，2011）。类似的，谢慧君等（2009）通过 BIOLOG 分析法研究了酞酸酯对土壤微生物功能多样性的影响，结果显示，不同浓度酞酸酯处理对土壤微生物平均颜色变化率值（AWCD）影响存在明显差异，且随着酞酸酯浓度的升高、AWCD 值增幅逐渐减小。同时，王志刚等（2015）的研究发现，DMP 污染抑制了黑土微生物丰富度和多样性，导致黑土微生物群落结构和功能代谢菌群数量发生改变，从而影响了黑土的生态系统功能。

4.2 土壤-植物系统中类固醇雌激素的污染效应

类固醇激素主要是由人或动物排泄的一种环境内分泌干扰物（endocrine disrupting chemicals，EDCs）。EDCs 主要通过模拟内源性激素，阻断、刺激或抑制激素的生物效应，干扰机体内保持自身平衡和调节发育过程的天然激素的合成、转运及清除等生物过程，从而对机体的生殖、神经和免疫系统等造成危害（Ying et al.，2002）。

4.2.1 土壤-植物系统中雌激素污染效应

随着类固醇雌激素（steroid estrogens，SEs）在各种环境介质中被不断检出，以及人们对 SEs 的生态环境危害认识的深入，其在动物体内的累积和生物效应已被广泛研究。相较而言，SEs 在土壤中的残留以及植物体内吸收、迁移、转化及其生物学效应的研究较少。但近年来逐渐有研究证实（Lu et al.，2013；Shargil et al.，2015），SEs 不但在土壤中被频繁检出，植物体内也发现了 SEs 的吸收和残留，其对人体健康的风险更加引起人们的担忧。

1. 类固醇雌激素的环境污染效应

环境中 EDCs 的含量往往较低，但在极低浓度下（ng/L 水平）即可对生物体产生严重危害，并威胁野生生物和人类的健康生存和持续繁衍，对各生态系统也会造成显著影响。多年前已有研究表明，河流中雌激素浓度为 1ng/L 就可能引起雄鲑鱼雌性化以及斜齿鳊雌雄同体的现象；在英国，雄性虹鳟鱼体内发现了通常只有雌性虹鳟鱼肝脏中才有的卵黄蛋（Hansen et al.，1998；Jobling et al.，1998）。由 EDCs 所导致的雌性化、发育缺陷、生殖障碍乃至群体灭绝等一系列问题已经引起了全世界的高度重视。美国环境保护署已经将 EDCs 列为高度优先研究和控制的污染物，并于 1999 年开始实施 EDCs 筛选行动计划（Kavlock et al.，1996）。

相比其他环境 EDCs，类固醇雌激素具有更强的内分泌干扰作用，在极低的浓度（如 0.5μg/kg、0.1ng/L）下就可能对生物体造成危害，对生态环境的影响尤为显著（Christiansen et al., 1998; Tyler et al., 1998)。环境中的类固醇雌激素主要可以分为天然雌激素和人工合成雌激素，天然雌激素包括雌酮（E1）、17α-雌二醇（17α-E2）、17β-雌二醇（17β-E2）和雌三醇（E3），人工合成雌激素包括炔雌醇（EE2）和美雌醇（MeEE2）等，它们的结构及物理化学性质如表 4-7 所示。几种雌激素的辛醇-水分配系数范围为 2.81～4.67，具有较强疏水性，在水中的溶解度较低，其中，天然雌激素的溶解度普遍大于人工合成雌激素。它们具有类似的分子结构（图 4-14），均具有 4 个碳环的结构，差异在于不同位置碳结合不同的官能团。E1 在 C-17 位上是碳基而非羟基，E3 在 C-16 位和 C-17 位上均有羟基，因此具有四种异构体。17β-E2 和 17α-E2 虽然具有相同的物理化学性质，但其中 C-17 位所连接的羧基具有不同的空间结构，两者雌激素效应即相差 500 倍，相对值分别为 100 和 0.26，可见不同的结构将极大地影响雌激素效应。上述几种类固醇雌激素的雌激素效应从大到小排序：EE2＞17β-E2＞E3＞MeEE2＞E1＞17α-E2（Combalbert and Hernandez-Raquet, 2010; Bovee et al., 2004; Kim et al., 2012; Lai et al., 2000; Quintana et al., 2004）。E1、17β-E2、17α-E2 和 E3 这几种天然雌激素之间可以互相转化。在厌氧条件下的湖水和沉积物中，E2 在产甲烷、硫酸盐、铁和硝酸盐还原条件下化学转化为 E1。而 E1 也可以被微生物通过还原反应转化为 E2（图 4-15）。

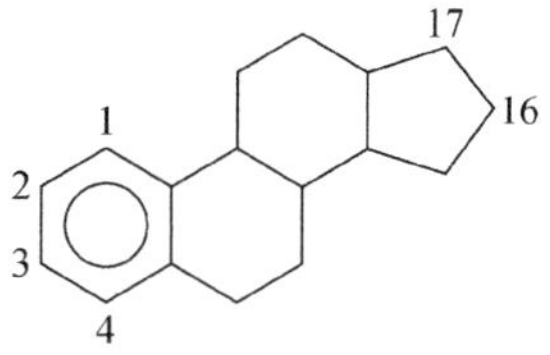

图 4-14 通用结构式 C 位置编号

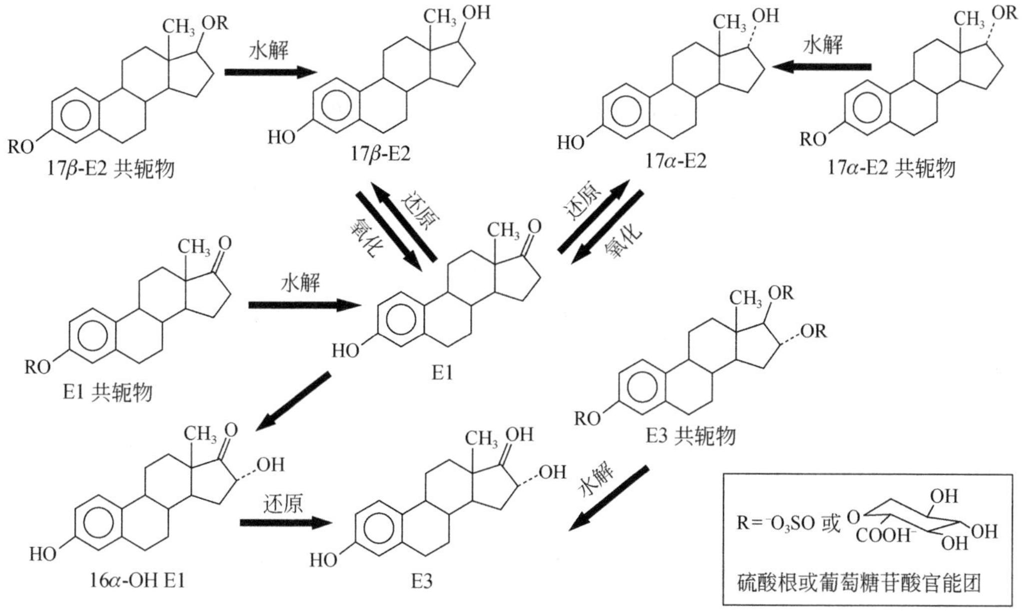

图 4-15 典型雌激素转化路径（Hutchins et al., 2007）

表 4-7　几种类固醇雌激素的物理化学特征（Combalbert and Hernandez-Raquet，2010；Kim et al.，2012）

雌激素	化学式	溶解度 /（mg/L）	辛醇-水分配系数 /lgK_{ow}	蒸气压 /Pa	pK_a	雌激素效应相对值
雌酮（E1）	$C_{18}H_{22}O_2$	13.0	3.43	3.07×10^{-8}	10.3～10.8	2.54
17β-雌二醇（17β-E2）	$C_{18}H_{24}O_2$	13.0	3.94	3.07×10^{-8}	10.71	100
17α-雌二醇（17α-E2）	$C_{18}H_{24}O_2$	13.0	3.94	3.07×10^{-8}	10.46	0.26
雌三醇（E3）	$C_{18}H_{24}O_3$	32.0	2.81	8.9×10^{-13}	10.4	17.6
炔雌醇（EE2）	$C_{20}H_{24}O_2$	4.8	4.15	6×10^{-9}	10.4	246
美雌醇（MeEE2）	$C_{21}H_{26}O_2$	0.3	4.67	10×10^{-8}	13.1	11

2. 土壤-植物系统中类固醇雌激素的残留与效应

目前，类固醇雌激素环境残留研究多集中于河流、湖泊等地表水体，有关类固醇雌激素在土壤中的残留报道较少。设施菜地因为有机肥使用量较大，极有可能存在雌激素的污染问题，Zhang等（2015）开展了调查并证实，中国北方最大的蔬菜种植基地寿光，因长期大量施用畜禽粪便已出现温室土壤中类固醇激素暴露残留。这些被吸附于土壤和粪便颗粒中的雌激素被水冲刷后会增加地表径流中类固醇激素的浓度（Mansell et al.，2011）。当农田中猪粪施用量为5000kg/hm²时，地表径流中17β-E2浓度可达3500ng/L（Nichols et al.，1998），部分吸附于矿物质颗粒和有机胶体上的激素污染物会随径流迁移，进而威胁土壤周围的水生环境（Zhang et al.，2015）。

迄今为止，有关激素的土壤环境行为研究大多采用室内模拟实验，普遍认为雌激素进入农田后会迅速被土壤吸附（Sarmah et al.，2008），并且在几小时至几天内即被微生物所降解（Colucci and Topp，2001），由于室内模拟实验与实际环境的差异，并不能反映畜禽粪便施用于土壤后雌激素的吸附降解情况。Finlay-Moore等（2000）研究发现，施用4500kg肉鸡粪便4d后，土壤中17β-E2浓度从55ng/kg增加到675ng/kg。Kjaer（2007）测定了经畜禽粪便改良后的壤质土，3个月后土壤浸出液中E1和17β-E2的浓度仍然达到68.1ng/L和2.5ng/L，说明雌激素在实际土壤环境中并不会几天内被彻底降解去除。Schuh等（2011）对一次性施用猪粪120m³/hm²的土壤进行了长时间的跟踪测定，发现土壤中17β-E2的平均浓度从施用猪粪之前的0.9ng/kg增加至一年后的202.55ng/kg，如此高浓度的残留被认为是土壤组分吸附的雌激素随雨水再次释放所致。相比于国外，我国有关土壤中雌激素的研究较为缺乏。韩伟（2010）对北京某养殖场附近农田土壤中雌激素的分析显示，E1、17α-E2和17β-E2浓度分别为ND～6.51μg/kg、ND～6.60μg/kg和ND～6.38μg/kg，但是氧化塘地下水中检出高达31.6ng/L的E1。王代懿（2015）的研究显示，30个施用畜禽粪便的大棚土壤样品均能检出E1（2103ng/kg）、17α-E2（323ng/kg）、17β-E2（87ng/kg）、E3（15ng/kg）。国内外的研究均表明农田土壤在施用畜禽粪便之后，其中雌激素含量会明显增加并残留在土壤中，因此，长期大量施用畜禽粪便造成的激素污染将是设施蔬菜生产中的一个不安全因素。

进入环境的类固醇雌激素会发生多种行为，其中吸附最为重要，决定其迁移转化的速率（Pollard and Morra，2017）。水体有大量的胶体悬浮物及底泥沉积物，而土壤则富含黏土和有机质，疏水性的雌激素会在水土界面上不断地进行吸附解吸过程。雌激素的吸附通常是一个快速的过程，Zhao 等（2016a）研究厌氧颗粒污泥对 17β-E2 的吸附，在初期的 20min 里快速吸附，在 30min 即达到吸附平衡。选取黑龙江黑土（BS）、河南黄潮土（YS）和江西红壤（RS）三种典型土壤，开展它们对 17β-E2 吸附动力学实验和吸附热力学实验，三种土壤对 E2 的吸附量均随时间增加，且能够在 100min 内达到吸附平衡。YS 和 RS 吸附速率慢于 BS，二者的平衡吸附量也约为 BS 的 1/2。拟一阶动力学、拟二阶动力学和 Elovich 模型三种模型均能较好地拟合 E2 在 BS、YS 和 RS 上的吸附过程，拟二阶动力学模型能够更好地描述 E2 的吸附全过程，更全面真实地反映吸附机理（Jia et al.，2013）。三种土壤有机质的含量为 BS>YS>RS，与吸附速率的规律一致，因此，E2 在土壤中的吸附速率与土壤有机质的含量有密切关系（图 4-16）。

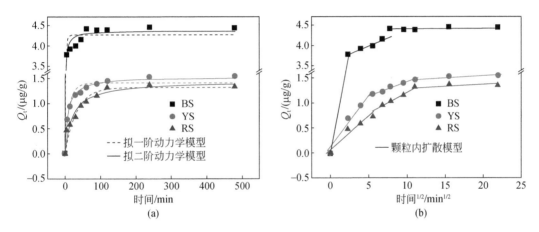

图 4-16　298K 时 BS、YS 和 RS 上的 E2 吸附动力学模型（a）及 E2 吸附到土壤上的颗粒内扩散模型（b）（m/V=0.05g/mL，C_e=100μg/L，pH=7.0，t=8h）

从三种土壤对 E2 的吸附等温线参数（表 4-8）可以看到，BS 的吸附量大于 YS 和 RS。Freundlich 和 Henrylinear 模型拟合数据 R^2 均大于 0.86，表明两者均能描述 BS、YS 和 RS 对 E2 的吸附热力学特征，且 Freundlich 模型的拟合效果更好（R^2>0.95），且 n 均大于 1，则说明 E2 在土壤中的吸附为非线性吸附，三种土壤的非线性程度类似。Henrylinear 模型拟合结果与 Freundlich 模型拟合结果相比较差，R^2>0.86，但仍能表达吸附过程，这说明 E2 在土壤中的吸附可能存在分配作用。综上所述，E2 在土壤中的吸附是多种因素共同作用的结果，总体呈现非线性。

表 4-8　E2 的吸附等温线参数

土壤	Freundlich 模型			Henrylinear 模型		D-R 模型		ΔG
	K_F	$1/n$	R^2	K_H	R^2	E	R^2	
BS	45.76	0.88	0.95	50.67	0.94	9.69	0.97	-9.73
YS	14.49	0.86	0.95	15.06	0.86	8.80	0.93	-6.72
RS	11.72	0.89	0.98	12.11	0.89	8.44	0.88	-6.18

相比对于水体以及水生生物的广泛研究，SEs 在植物体内迁移、转化及其生物学效应的研究较少。但近年来逐渐有研究（Lu et al.，2013；Shargil et al.，2015）证实，植物体内也有 SEs 的吸收和残留，尤其是在市售产品中的检出更是将其生态风险明朗化。Lu 等（2013）研究小组在美国佛罗里达市场随机采购了 8 种水果和蔬菜，其中 6 种水果和蔬菜均检出了 SEs，浓度水平达到 $1.3 \sim 2.2 \mu g/kg$。依据食品添加剂联合专家委员会（JECFA）的推荐值，所检测水果和蔬菜中 SEs 的含量明显超出了儿童每天可允许摄入量，长期摄入将对儿童产生内分泌干扰效应。尽管 Lu 的研究没有明确所调查蔬菜和水果中 SEs 的来源，但是由此可以推断，植物吸收了环境中的 SEs，并且在体内累积。当植物体内的 SEs 通过食物链进入人体后，无疑会对人体健康、生长发育造成严重的威胁。因此，SEs 的植物体吸收累积及其相关影响机制值得关注。

4.2.2 植物体系中类固醇雌激素的迁移转化及其影响因素

1. 植物体系中固醇雌激素的迁移转化特征

1）植物对 SEs 的吸收累积和迁移

近年来，SEs 在植物体内的迁移和累积已逐渐被证实。Card 等（2012）将玉米幼苗培养在含有 17β-E2、E1 及两种合成激素的溶液中发现，22d 后溶液中相应激素的浓度下降，而在玉米的根部有对应的激素检出，其中，17β-E2 浓度达到 $0.19 \mu mol/L$。萝卜的水培实验也发现，其体内有相应的 17β-E2 检出，并且当培养液 17β-E2 浓度由 $10 \mu g/L$ 增加至 $100 \mu g/L$ 时，检出浓度随之增加（魏瑞成等，2013）。另外，种植在施用污水污泥土壤中的小麦体内检出了 EE2，并且其浓度也随着污泥中 EE2 浓度的增加而增加（Cantarero et al.，2017）。以上研究说明，无论是土壤还是水溶液中的 SEs 均会被植物所吸收，且具有一定的浓度效应。同时也说明，植物在 SEs 的环境归趋中具有重要作用，可能是环境 SEs 的重要"汇"之一，进而成为 SEs 流向生物体的重要"源"。

植物对污染物的吸收主要通过其根系组织进行。植物吸收土壤中有机污染物可分为两个过程：第一个过程是有机污染物从土壤中解吸进入土壤溶液中，之后通过在溶液中扩散与植物根系接触，进而吸附于根系表面；第二个过程是附着于根系表面的有机污染物通过质外体或者共质体途径，依次经过表皮、皮层、内皮层和维管组织到达根系内部组织中（林庆祺等，2013；Adeel et al.，2017）。SEs 被植物根系吸收后，会向植物的其他部分继续传输和转运。Adeel 等（2018）通过水培实验研究了生菜对 17β-E2 和 EE2 的吸收转运，在生菜根部和地上部均有目标 SEs 的检出。多个室内栽培实验研究也在其他植物，如玉米、小麦、萝卜等的根部和叶部中同时检测到不同程度的目标 SEs（Card et al.，2012；魏瑞成等，2013；Cantarero et al.，2017）。SEs 是一类不易挥发的有机化合物，以气态形式被地上部分所吸收的可能性较小，因此，地上部分中的 SEs 主要由植物根部吸收后传输而来。另外，植物种类不同 SEs 在植物体的迁移累积会有所差异。Zheng 等（2014）向培养溶液同时添加 E1、17β-E2 和 EE2 后，将生菜和番茄置于相同条件下进行培养，结果显示，生菜植株的根部和地上部分可检出三种 SEs，并且根部浓度约为地上部分的 2 倍；而番茄只在根部检测到三种 SEs，其茎部、叶部以及果实中均检测不到任何 SEs 的存在。说明生菜中目标

SEs 的迁移量和根部的累积量比番茄的大，并且吸收的 SEs 主要累积在蔬菜的根部，但是研究者并未明确 SEs 在两种蔬菜中迁移性差异的原因。目前由于此方面的研究较少，相关机理仍有待进一步的研究。

2）植物对 SEs 的转化

植物体对 SEs 的吸收同其他有机污染物类似（Ryslava，2015），不但有对母体化合物的吸收累积，同时也会对 SEs 产生代谢或者降解转化作用。研究发现，由藻类或浮萍组成的人工污水处理系统中，水生植物的存在促使 E1 和 E2 之间发生相互转化（Shi et al.，2010）。Card 等（2013）研究也证实，玉米幼苗会使培养液中的 E1 和 17β-E2 相互转化，没有玉米幼苗的培养液中原有的 E1 或 17β-E2 浓度基本不变。分析认为可能是植物酶对 SEs 产生了氧化还原作用。另外，该研究通过玉米共生微生物的提取实验发现，在含微生物的提取液中 E1 和 17β-E2 也会发生相互转化，说明 SEs 的转化还可能与微生物的氧化还原作用相关。相似的转化作用也可能存在于植物体内（Adeel et al.，2018）。研究者将生菜培育在不同浓度的 17β-E2 营养液中，植物体内可检出 17β-E2、E1，甚至是 17α-E2，差异在于高浓度（>2000μg/L）条件下，生菜根部中可检测出 17β-E2、E1 和 17α-E2，而在低浓度（<150μg/L）条件下，只有 17β-E2 和 E1 检出，说明植物体内 SEs 的转化还与 SEs 的浓度相关，但是具体的代谢转化机制未知。

由此可见，植物可引起植物体内外的 SEs 发生相互转化，可能既涉及植物活动，又与微生物活动相关，甚至还受 SEs 浓度的影响，但是仍缺乏机理性的研究及证明。此外，17β-E2 的雌激素效应相对值约为 E1 的 40 倍，17β-E2 向 E1 的转化可看作是雌激素效应钝化的过程，反之，则为增强的过程。因此，在评价 SEs 植物吸收后可能导致的潜在健康风险时，需要考虑植物体对 SEs 相互转化过程的影响。

2. 植物体系中固醇雌激素迁移转化的影响因素

植物对土壤有机污染物的吸收可看作是由土壤、土壤液相、植物有机组分和植物液相之间一系列局部分配的过程，这些分配过程并存且相互影响，最终决定污染物向植物的迁移转化行为。因此，SEs 由土壤吸附—解吸至被植物吸收这一过程可能受土壤类型、SEs 性质和植物组成等多种因素共同作用。

1）SEs 自身理化性质对其迁移转化的影响

目前，关于有机污染物的植物吸收研究表明，有机污染物的脂溶性是影响其植物吸收累积程度的重要因素。Briggs 等（1982）早期研究大麦对 18 种不同有机污染物的吸收能力与污染物脂溶性的关系时，发现污染物的生物富集系数（RCF）与其 $\lg K_{ow}$ 值呈显著正相关。Namiki 等（2018）研究了 12 种理化性质差异较大的有机化合物在 16 种植物上的吸收行为，也得到类似结果，基本上植物吸收土壤中有机化合物与其 $\lg K_{ow}$ 值为正相关关系，即化合物的亲脂性越强，植物对其的吸收累积程度越大。SEs 的植物吸收也有类似的规律，如生菜对 E1、17β-E2 和 EE2 等脂溶性较强的化合物的吸收累积大于脂溶性较弱的咖啡因，并且三种 SEs 中脂溶性最大的 EE2 植物累积量最大（Dodgen et al.，2014）。因此，SEs 作为一类亲脂性较强的化合物不仅容易被植物所吸收，其吸收程度还可能随疏水性的增强而增大。

SEs 脂溶性还会影响其由根部向地上部分的迁移。有研究指出（Adeel et al., 2017），当污染物 $\lg K_{ow}>3.5$ 时，过高的疏水性会导致污染物难以通过维管组织发生迁移，因而污染物更容易在根部发生累积。土壤施用含有 EE2 的污水污泥后，其所种植小麦根部 EE2 含量是叶片中的 2 倍。水培实验中，胡萝卜幼苗根系中 17β-E2 的浓度是叶片中的 1.1～1.7 倍（魏瑞成等，2013），说明了 SEs 的强疏水性阻碍了其在植物体内的迁移。此外，Card 等（2012）将玉米培养在只含有 E1、17β-E2、玉米赤霉醇（α-ZAL）或玉米赤霉酮（ZAN）四种激素的溶液中，玉米根部和叶部中均能检测到相应激素的存在，但是玉米叶片中只检测出还原态激素 17β-E2 和 α-ZAL，而还原态的 17β-E2 和 α-ZAL 以及氧化态的 E1 和 ZAN 在根部均被检出，研究者认为氧化态激素难以迁移到地上部分，或是在叶片部分中只发生还原反应，说明 SEs 在植物中的迁移也可能与其氧化还原形态相关。

2）土壤性质对 SEs 植物吸收的影响

目前，有关 SEs 植物吸收累积的研究大多基于室内水培实验，对其在土壤-植物体系的相关机理研究相对有限。相比于水溶液基质，土壤体系包含有机质、矿物及各种微生物，会对 SEs 产生吸附、降解、转化等作用，使得 SEs 向植物的迁移过程复杂化。Sakurai 等（2009）比较了在种植三叶草的不同培养基中 E1 和 E2 的耗散速率，结果显示，SEs 在土壤中残留时间大于琼脂培养基。分析认为，可能是土壤对 SEs 产生了不可逆的吸附降低了植物对 SEs 的吸收，从而降低了 SEs 的耗散。Card（2011）研究也指出，由于土壤对 SEs 的吸附，植物在水培实验中的 SEs 吸收速率大于自然土壤中的吸收速率，并认为前者可代表植物在实际土壤环境中对 SEs 最大吸收限值。以上研究也进一步说明，水培实验所得结果不能完全反映 SEs 在土壤-植物体系中的实际迁移转化过程。

3）植物性质对其吸收累积 SEs 的影响

植物体主要由水、脂质、碳水化合物、蛋白质、纤维素等物质构成，这些物质在植物吸收污染物过程中起着重要作用。Chiou 等（2001）的研究指出，当有机污染物的 $\lg K_{ow} \leqslant 1$ 时，根部水分对植物吸收污染物贡献为 85%；当有机污染物的 $\lg K_{ow}=2$ 时，根部水分和脂质的作用各占 50%；而当机污染物的 $\lg K_{ow} \geqslant 3$ 时，植物的吸收几乎来自于脂质对污染物的分配作用，并且该研究还指出，植物脂质含量越高，根系对污染物的吸收量越大。其他研究也给予了证实，植物脂质是植物吸收疏水性有机污染物的主要作用成分（Gao and Zhu, 2004）。SEs 的 $\lg K_{ow}$ 基本大于 3，均具有较强的疏水性，因此，植物脂质在植物吸收 SEs 过程中起着极为重要的作用。

4.2.3 类固醇雌激素的植物毒理效应

Bonner 和 Axtman（1937）早在 20 世纪初就已经发现 E1 可刺激体外豌豆胚胎的生长。之后的进一步研究显示，SEs 还可影响植物种子的萌发。Bowlin（2014）发现，高浓度 17β-E2（10mg/L）处理组中玉米种子的萌发时间比不含 17β-E2 对照组的种子萌发时间延迟 12h。魏瑞成等（2013）探究了不同浓度 17β-E2 对萝卜生长的影响，结果显示，高浓度的 17β-E2（100μg/L）对萝卜种子的发芽势和发芽率具有抑制作用，但是低浓度（10μg/L 和 50μg/L）条件对种子的萌发具有促进作用。部分研究显示，SEs 存在会抑制生菜、番茄、玉米等作物的生长，并且不同 SEs 在相同处理浓度下对同一植物的抑制作用并无明显差别（Adeel et al., 2018; Bowlin, 2014; Guan and Roddick, 1988)。然而,部分研究却发现 SEs 能够促进植物的生长。17β-E2 浓度为 10μg/L 时,可促进萝卜的发芽和根的生长(魏瑞成等,2013);当其浓度在 10^{-15}~10^{-4}mol/L 时,可促进鹰嘴豆根系的生长(Erdal and Dumlupinar, 2011)。以上研究表明,SEs 对植物生长具有复杂的作用机制,不同植物对同一 SEs 则具有不同响应,其可能与植物的 SEs 耐受性、培养条件(培养时间、温度、湿度等)及目标 SEs 添加浓度有关。

Adeel 等(2018)通过测定发现,生菜受到不同浓度(0~10000μg/L)17β-E2 和 EE2 处理后,其体内 SOD、POD、CAT、APX 四种酶的活性及 MDA 和 H_2O_2 的含量随着两种雌激素浓度的增大而明显增大,而生菜表现为随 SEs 浓度的增大其生长明显受到抑制,说明尽管 SEs 刺激了生菜的抗氧化活性,但并不足以清除 SEs 诱导产生的 ROS,从而造成了 ROS 的累积,导致生菜发生氧化损伤,最终表现为生菜根系生长受到抑制。萝卜水培实验也发现,当 17β-E2 大于 50μg/L 时,萝卜体内 SOD、POD 和 CAT 活性会受到抑制,MDA 的含量也显著升高,相应的萝卜生理性状表现为根长和发芽率均受到抑制,说明一定浓度的 SEs 会对植物产生胁迫作用,降低植物抗氧化系统活性,造成植物体出现生理功能损伤,影响植物生长(魏瑞成等,2013)。

以上研究均说明,土壤环境中的 SEs 会向植物体系中迁移并发生累积,不仅会影响植物的生长发育,还会对人和动物的健康带来潜在风险。因此,全面了解 SEs 在土壤-植物体系中的迁移转化机理及其对植物生长发育影响机制显得尤为重要,以期为保证农田作物的安全及人类健康提供理论依据。

4.3 土壤-生物系统中酞酸酯的多过程协同消减原理

随着农业集约化程度不断提高,农田土壤酞酸酯污染日益加剧,不仅对土壤生态系统造成明显的危害,还可能会通过食物链传递进入人体,从而对人体健康构成潜在的威胁。因此,酞酸酯污染农田土壤修复已成为我国急需解决的重要环境科技问题。目前,有关酞酸酯污染土壤的修复方法,主要包括物化修复和生物修复。相比于物化修复,生物修复具有价格低廉、效果良好和环境友好等特点,对农业土壤的可持续利用具有长远的积极意义,尤其适合大面积污染农田土壤修复。有机污染农田土壤的生物修复技术总体来讲主要包括以下几个方面:动物修复、植物修复、微生物修复、植物-微生物联合修复。目前对于酞酸酯污染农田土壤,微生物修复和植物修复研究较多且修复效果较好。结合国内外研究,本节将详细介绍各种修复技术的修复机理和影响因素,以期为酞酸酯污染农田土壤修复提供相关的理论依据和技术支持。

4.3.1 动物修复

动物修复是指利用土壤动物的直接作用(如吸收、转化和分解)或间接作用(如改善土壤理化性质、提高土壤肥力、促进植物和微生物的生长)修复污染土壤的过程。土壤动物的种类繁多,常见的土壤动物有蚯蚓、蚂蚁、线虫、跳虫、轮虫、变形虫和潮虫等。蚯蚓作为土壤中生物量最大的生物之一,对维持土壤生态系统起着重要的作用。蚯蚓在土壤中的各类活动（取食、消化、排泄蚓粪、分泌黏液及掘穴等）对有机污染物在土壤中的降解和转化有着直接和间接的影响。已有研究发现蚯蚓能够将 DEHP 水解生成 MEHP 和 PA，在肠道细菌 Pseudomonas 的协助下，PA 还会进一步降解成原儿茶酸和 β 羧基己二烯二酸，最终转变为 CO_2（Albro et al., 1993）。但蚯蚓暴露在 DMP 和 DEP 污染的土壤中，生物量减少，茧生产和孵化率都会显著降低，表明酞酸酯污染土壤会抑制蚯蚓种群的生长（Feng et al., 2016），因此，在采用蚯蚓修复技术时需要综合考虑酞酸酯的污染浓度和复合程度。目前关于土壤动物修复酞酸酯污染土壤的报道还较少，今后还需加快开展动物修复酞酸酯污染土壤的研究工作，从而为酞酸酯污染土壤修复提供更多的技术支持和储备。

4.3.2 植物修复

植物修复是指利用植物及其根际对环境中污染物的吸收代谢和转化特性来净化环境的技术，具体包括忍耐或超量吸收某种或某些化学元素，植物在生长过程中对环境中某些污染物的吸收、降解、过滤和固定，植物及其根际微生物将污染物降解转化为无毒物质等（Schwitzguebel, 2017）。针对有机污染土壤，植物修复主要是通过植物吸收代谢或根际降解去除土壤中的有机污染物，这是土壤有机污染生物修复的经济、有效途径之一（Aken et al., 2010）。

1. 酞酸酯污染土壤的修复植物

目前关于酞酸酯污染土壤的植物修复处于起步阶段，已报道的对酞酸酯污染土壤具有较好修复效果的植物主要有牧草类植物黑麦草、高羊茅、苏丹草等和豆科类植物紫花苜蓿（魏丽琼等，2016；Dorney et al., 1985；Ma et al., 2012）。Dorney 等（1985）研究表明高羊茅对酞酸酯富集能力较好，可以作为酞酸酯污染土壤修复的模式植物。黑麦草和苏丹草对 DEHP 污染土壤的修复效率分别可以达到 53.63%和 50.55%（魏丽琼等，2016）。Ma 等（2012）发现紫花苜蓿对土壤中六种酞酸酯也具有很高的去除效率，经过为期一年的修复，六种酞酸酯的总去除率可以达到 80%以上。

2. 植物修复酞酸酯污染土壤的机理

同其他有机污染物相同，植物修复酞酸酯污染土壤的机理主要包括植物对酞酸酯的吸收代谢和植物根际的降解作用。

1）植物对酞酸酯的吸收代谢作用

植物去除污染物最首要的途径是直接吸收。一方面污染物由植物根部吸收后，随蒸腾流向植物地上部分迁移；另一方面植物通过叶片从大气中吸收污染物，这些污染物随植物体内的各种疏导系统中的载体转移到根部等脂类物质含量相对较高的、更利于有机污染物稳定存在和积累的部位。目前关于植物吸收酞酸酯的这两种途径均有报道，这可能与种植作物种类和环境有关。曾巧云等（2006）研究表明，菜心根系吸收转移是茎叶中酞酸酯的主要来源。与 DEHP 相比，DBP 更易被菜心根系吸收并向地上部分（茎叶）转移，而 DEHP 主要滞留在根部。然而，Schmitzer 等（1988）利用同位素示踪法发现大麦根对 DEHP 的吸收量比较小，但叶片中 DEHP 的含量要高于根中的含量，因此，他们认为作物叶片对 DEHP

吸收占优势，而根系没有富集作用。不同种类植物对酞酸酯的吸收能力和累积程度不同，而且酞酸酯在植物叶片、茎、果实和根系等器官中的含量分布因植物种类而异。吸收到植物体内的酞酸酯会与植物体内的各种过氧化物酶、羟化酶、糖化酶、脱氢酶以及细胞色素酶 P450 等植物酶相互作用而被代谢。Sun 等（2015）研究表明，酞酸酯在植物体内会被代谢为单酯。迄今为止，植物对酞酸酯吸收代谢研究多集中在食品安全方面，主要关注酞酸酯对植物尤其是农作物的污染现象以及对植物体的危害情况，而关于酞酸酯在土壤-植物系统中迁移的途径及机理研究还处于起步阶段，尤其对在亚细胞水平上的酞酸酯代谢物的转运和分布的研究还鲜见报道。因此，本书以水中溶解度较大的 DBP 作为目标污染物，深入探究了紫花苜蓿对 DBP 的吸收和代谢过程，阐明了 DBP 的代谢产物在紫花苜蓿体内亚细胞水平的分布，预期成果可为发展酞酸酯污染土壤的植物修复原理与措施提供重要理论支撑。

通过紫花苜蓿水培试验发现，培养液中 DBP 初始浓度为 10.0mg/L 时，紫花苜蓿根部和地上部均可以检测到 DBP，且根部和地上部 DBP 含量在 0~96h 内迅速增加，根部增加量远高于地上部增加量，DBP 主要积累在根部，从根部向地上部迁移较弱。如果以 DBP 的吸收量计算，紫花苜蓿体内 DBP 含量仅占培养体系总量的 0.04%；但随着培养时间延长，不论是根部还是地上部，DBP 含量均呈现出显著下降的趋势，表明 DBP 在紫花苜蓿体内发生了显著的代谢作用（图 4-17）（Ren et al.，2020）。

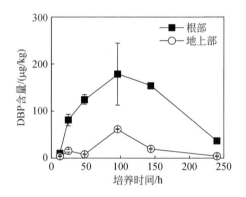

图 4-17 紫花苜蓿体内 DBP 含量随培养时间的动态变化（Ren et al.，2020）

目前，关于植物体内酞酸酯的代谢途径研究还相对较少，已报道的微生物介导 DBP 代谢途径大多为侧链降解途径，包括 β-氧化作用、转酯化或去烷基化作用和脱脂化作用（Liang et al.，2008），具体可概括为两个途径（图 4-18）：一种途径是通过 β-氧化作用降解成 DEP，进一步通过转酯化作用降解成 EMP 和 DMP；另一种途径是通过脱脂化作用降解成 MBP，进一步脱脂成邻苯二甲酸（PA）。研究发现，脱脂化作用在厌氧和好氧环境中都可发生，该过程由酯酶介导完成（Zhang et al.，2014）。为了明确紫花苜蓿体内 DBP 的降解途径，分别采用 GC-MS 检测 DEP 和 DMP，采用 HPLC-MS-MS 检测 MBP 和 PA，结果并未检测到 DEP 和 DMP，而发现植物体内存在大量的 MBP 和 PA，因此可以确定紫花苜蓿体内 DBP 的代谢途径主要为第二条途径，即脱脂化作用。

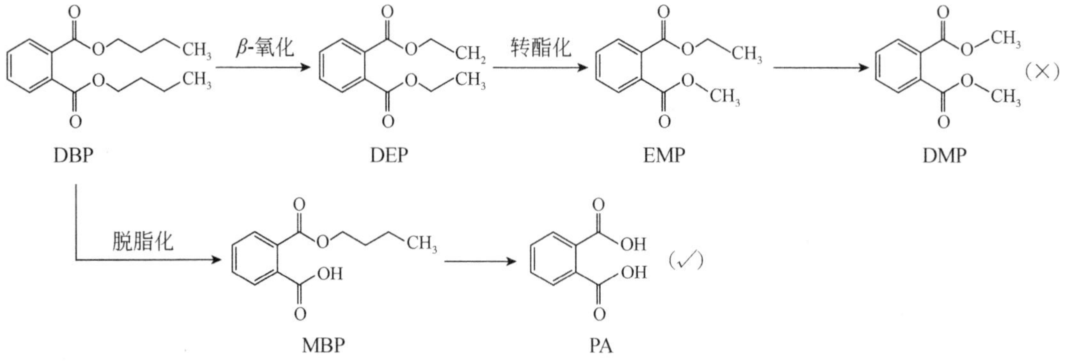

图 4-18 紫花苜蓿体内 DBP 的代谢途径（Ren et al., 2020）

通过分析紫花苜蓿地上部和根部 MBP 和 PA 的含量发现，紫花苜蓿根部对 DBP 的代谢过程发生很快，仅在培养 12h 后紫花苜蓿根部就可以检测到一定浓度的 MBP，并且在整个培养周期内，根部 MBP 含量基本保持不变（$P>0.05$），然而地上部 MBP 含量在培养初期逐渐上升，之后保持稳定，这主要是由紫花苜蓿体内 DBP 从根部向地上部的转运速率决定的（图 4-19）。相比于 MBP 含量变化，紫花苜蓿体内 PA 的含量变化呈现出明显不一样的趋势，根部与地上部 PA 含量均呈现先升高再降低，根部 PA 含量远高于 MBP 含量，表明 MBP 在紫花苜蓿体内代谢成 PA 的过程很快发生，在培养 96h 后根部与地上部 PA 含量均达到峰值，与紫花苜蓿体内 DBP 的趋势较为一致，表明 DBP 降解成 MBP 代谢过程的速率与 MBP 降解成 PA 代谢过程的速率基本一致（图 4-19）。在整个培养周期内，根部 PA 含量始终高于 MBP 含量，而地上部含量恰恰相反，即 PA 含量始终低于 MBP 含量。此外，根部两种代谢产物的含量远远高于地上部含量，而且这两种代谢产物的含量均达到了 mg/kg 级，显著高于相应部位中 DBP 的含量，表明紫花苜蓿对 DBP 的代谢作用还是较强的。随着培养时间延长，无论是根部还是地上部，PA 含量均呈现出降低的趋势，表明 PA 还存在进一步的代谢（Ren et al., 2020）（图 4-19）。

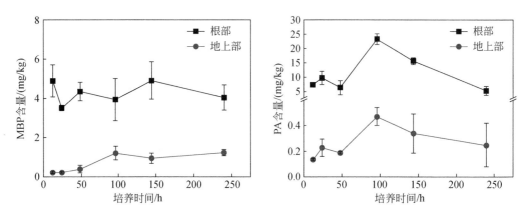

图 4-19 DBP 代谢产物在紫花苜蓿不同部位的动态特征（Ren et al., 2020）

植物细胞通常由细胞壁、细胞液及细胞器等构成，细胞核和细胞器是细胞结构的基础，在细胞生理活动中起主导作用。污染物代谢产物在细胞和亚细胞层面上的分布与植物吸收代谢污染物的能力紧密相关,所以研究 DBP 代谢产物在亚细胞中的分布有助于进一步理解植物对 DBP 的吸收和代谢机制。以往关于亚细胞分布的研究主要集中于超富集植物中重金属的相关报道,而关于酞酸酯在植物中的亚细胞分布鲜见报道。研究 DBP 代谢产物在紫花苜蓿不同部位亚细胞组分中微观分配,有助于在细胞水平上揭示紫花苜蓿体内 DBP 吸收代谢的内在机制。

由图 4-20 可知,紫花苜蓿根部和地上部中的 MBP 均主要分布于可溶性组分和细胞器中,且显著高于细胞壁中含量($P<0.05$)。随着培养时间延长,根部和地上部可溶性组分中 MBP 含量均呈现出先升高后趋于稳定的趋势,而细胞器中 MBP 含量均显现出一定程度的降低,并且可溶性组分中 MBP 含量远远高于细胞器中含量。培养后期,可溶性组分已经成为根部和地上部 MBP 存在的最主要部位。与 MBP 的亚细胞分布不同,无论是根部还是地上部,紫花苜蓿细胞壁中均未检测到 PA,PA 主要分布在可溶性组分和细胞器中,这可能是由 PA 的亲水性决定的,且可溶性组分和细胞器中 PA 的占比相差不大。培养时间为 12~144h 时,根部 PA 在可溶性组分和细胞器中的占比分别为 37.9%~66.8% 和 33.2%~62.1%,但当培养时间为 240h 时,根部 PA 完全存在于可溶性组分中,细胞器中未检测到 PA;整个试验周期内,地上部 PA 在可溶性组分和细胞器中的占比分别为 22.5%~63.4% 和 36.6%~66.4%,PA 在可溶性组分中的含量稍高于细胞器中含量。

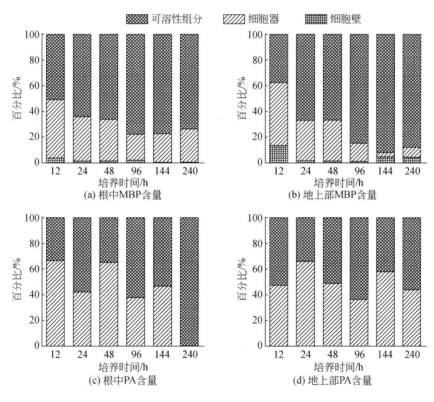

图 4-20 DBP 代谢产物在紫花苜蓿地上部和根部的亚细胞分布(Ren et al.,2020)

为了避免污染物的毒害作用，植物会将污染物选择性分布于亚细胞组织中（陈冬升等，2010）。亚细胞中有机污染物的分配对植物体内有机污染物的吸收积累、转运和代谢等过程均会产生重要影响（Kang et al.，2010；Gao et al.，2013）。可溶性组分和细胞器是 DBP 代谢产物 MBP 和 PA 的主要存在部位，这一方面可能是因为 MBP 和 PA 具有较强的亲水性，细胞壁上的 MBP 会进一步向细胞中迁移。已有研究发现，亲脂性污染物更容易固持于植物细胞壁，而亲水性污染物更容易向植物体内迁移（Aitchison et al.，2000）。另一方面，也可能是由于植物细胞壁上分布多种酶，MBP 在细胞壁上更容易发生光降解或酶催化降解（Kömp and McLachlan，2000）。而且无论是根部还是地上部，细胞壁中两种代谢产物含量均较低，可能是由于这两方面原因的共同作用。随着培养时间延长，根部或地上部可溶性组分中 MBP 含量逐渐增加，可能与细胞可溶性组分大部分是水溶液组成有关，从而利于亲水性化合物的迁移（Aitchison et al.，2000）。液泡是植物细胞的"绿肝"，细胞器中的 MBP 转运到液泡中，从而将 MBP 隔离在液泡内，以减轻 MBP 对细胞质的毒害，对紫花苜蓿维持正常新陈代谢具有至关重要的意义（Brown et al.，1989；陈冬升等，2010）。因此，细胞可溶性组分中 MBP 含量和分配比例的增加，可能是紫花苜蓿对 MBP 耐受的一种重要调控机制。通常认为细胞器是细胞发挥功能的主要器官，MBP 在根部细胞器中在 240h 仍然存在 25.8%，表明根部细胞功能在一定程度上仍然会受到 MBP 胁迫。

进一步评估了 DBP 吸收代谢占总培养体系的比例，发现在不考虑 PA 进一步代谢的情况下，DBP 的吸收代谢占总体系中 DBP 含量已经超过 9%，如果考虑 PA 的不断代谢，那么紫花苜蓿体内 DBP 的吸收代谢总量占培养体系中 DBP 总量的比例可能会远远高于 3%，因此，本书认为紫花苜蓿对 DBP 的吸收代谢对 DBP 去除的贡献不容忽视。此外，在整个培养周期内，MBP 的含量相对比较稳定，因此，在关注酞酸酯的生态毒理效应时需同时考虑次级代谢产物的风险，以便更加合理地评估酞酸酯的生态环境效应。关于植物吸收代谢作用占植物修复效率的贡献有待进一步深入研究。

2）植物根际的降解作用

一方面，植物根系可以向土壤分泌一些酶类和营养物质，加速土壤的生化反应，为微生物提供营养、碳源、能源或共代谢物，支持根际微生物的数量和代谢活性，增强生物降解作用从而促进土壤中酞酸酯的降解（Knee et al.，2001）。魏丽琼等（2016）对甜菜与黑麦草、苜蓿、苏丹草分别间作及 4 种植物各自单作对土壤中酞酸酯的植物修复效果研究发现，黑麦草单作和苜蓿/甜菜间作的土壤中磷酸酶活性较高，苜蓿/甜菜间作的土壤中过氧化氢酶的活性最高，与空白对照相比，种植植物的土壤磷酸酶和过氧化氢酶都明显较高，说明种植植物提高了土壤酶的活性，从而促进了根际微生物对酞酸酯的降解。另一方面，根际微生物利用植物根际代谢过程中产生的营养物质大量的生长繁殖，而且微生物的活动也促进了植物的生长，因此大幅降低了土壤中酞酸酯的含量。Ma 等（2012）研究表明，紫花苜蓿单作、紫花苜蓿与海洲香薷、伴矿景天混作都能够有效降低土壤中 6 种酞酸酯的含量，间作明显促进了土壤微生物群落和微生物功能多样性。有些植物可以和微生物形成共生关系，如豆科植物苜蓿可以和固氮根瘤菌形成共生关系，通过增加根际氮供应促进植物生长并加速微生物增殖，能较好地去除土壤中的酞酸酯（魏丽琼等，2016）。

根际降解的本质是利用植物根系-微生物的协同作用促进污染物在根-土界面的降解转化。调控根-土界面中的物质循环，修复受污染的土壤环境，其关键就在于深入了解植物对污染胁迫的响应和适应性调节机制。根系分泌物是植物响应环境胁迫的重要途径，也是根际"对话"的主要调控者（吴林坤等，2014）。污染胁迫下根系分泌物的响应规律及其与污染物在根-土界面环境行为的关系一直以来都是根际微生态过程研究的焦点。根系分泌现象是根系的一种正常、积极的生理现象，是根系固有的生理功能，是植物长期适应外界环境而形成的一种适应机制（Biate et al.，2015；何艳等，2004）。根系分泌物是植物对环境条件本能反应的一种特征物质，植物本身的生长状况、代谢过程和外界环境条件都会改变根系分泌物的组成和含量。当根-土界面受到污染胁迫时，植物会建立体外抗性机制，主动释放特异性根系分泌物，降低污染物对根系的致毒效应。例如，耐 Al 的荞麦根系在 Al 胁迫下会向根外分泌草酸，草酸可以与 Al 络合从而缓解 Al 对根系的损伤（Ma et al.，1997）；受到菲胁迫时，黑麦草根系分泌的低分子有机酸含量显著增加（谢明吉等，2008）；持久性有机污染物胁迫下，大豆根系分泌物中的有机酸、糖类和氨基酸发生明显变化，而且这些变化受有机物污染的种类和浓度的影响（万大娟等，2007）。基于此，本书选取紫花苜蓿为供试植物，应用基于 GC-TOF-MS 技术的代谢组学分析方法，分析紫花苜蓿在不同 DEHP 处理条件下其根系分泌物的变化特征，寻找其可能的差异显著的根系分泌物质，通过这些物质的变化趋势来探索紫花苜蓿耐受 DEHP 的可能作用机制，也为深入研究紫花苜蓿对酞酸酯的根际降解机制提供进一步的参考。

结果发现，DEHP 胁迫导致紫花苜蓿根系分泌物种类和含量上变化较大的代谢物质有 50 种（图 4-21）。改变的主要代谢物集中于极性代谢物，包括碳水化合物和三羧酸（TCA）循环涉及的低分子量有机酸。一些非极性代谢物在 DEHP 胁迫下也发生了明显的变化，包括饱和长链脂肪酸（壬酸、月桂酸和棕榈酸）、不饱和长链脂肪酸（9-十六碳烯酸、油酸和亚麻酸）、γ-内酯和 2-单棕榈酸甘油等。通过计算 DEHP 胁迫下根系分泌物的含量与空白对照含量的比值来定量评价 DEHP 对紫花苜蓿根分泌物的影响，具体结果见图 4-22。

10mg/L DEHP 胁迫下，碳水化合物中的四种代谢物含量上调，其中两种代谢物来苏糖和洋地黄毒糖随着 DEHP 浓度增加而增加。与对照组相比，1mg/L 和 10mg/L DEHP 胁迫显著提高了根系分泌物中果糖 2,6-二磷酸的含量。仅在 1mg/L DEHP 胁迫时，赤藓糖和海藻糖含量显著升高。当紫花苜蓿受到 1mg/L 或 10mg/L DEHP 胁迫时，5 种代谢物含量下调，包括单糖（D-塔罗糖和葡萄糖）、双糖（麦芽糖、纤维二糖和海藻糖）以及糖醇（阿拉伯糖醇）。碳水化合物被认为是植物能量的主要来源，并通过调控基因表达参与植物的大部分生理活动（Koch，1996）。因此，碳水化合物可以作为植物生理状态的一个指标。DEHP 胁迫导致大多数单糖和双糖的含量降低，表明紫花苜蓿在 DEHP 胁迫下受到明显的生理应激。糖醇在植物生理中也起着重要作用。例如，通常认为糖醇参与了保护植物免受病变和氧化应激的过程（Williamson et al.，2002）。

DEHP 胁迫对酸类化合物的影响大于碳水化合物，在 10mg/L DEHP 胁迫下紫花苜蓿幼苗根系分泌物中 11 种酸类代谢产物的含量显著升高，特别是 2-氨基-2-降莰烷羧酸含量提高了 6 倍多。然而，在 1mg/L DEHP 胁迫时，5-羟基吲哚-2-羧酸和 3-羟基-L-脯氨酸明显得到促进。DEHP 改变了特定种类脂肪酸的含量，包括饱和脂肪酸和不饱和脂肪酸均有所增

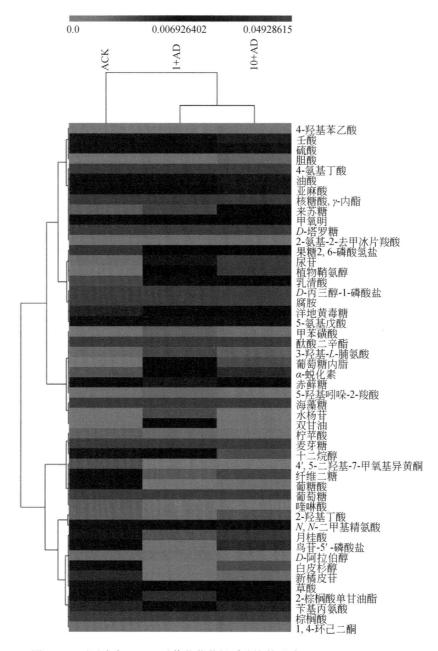

图 4-21　不同浓度 DEHP 对紫花苜蓿根系分泌的影响（Wang et al.，2019）

图中颜色从浅到深表示物质的浓度从低到高的变化；ACK，对照；1+AD，DEHP 浓度为 1mg/L；10+AD，DEHP 浓度为 10mg/L

加，但月桂酸含量略有下降。细胞膜上脂肪酸的释放与植物对生物和非生物胁迫的耐受性呈正相关（Upchurch，2008；Xu et al.，2011）。以往研究表明，壬酸含量与胁迫有关，可以作为根膜损伤的标志物（Rico et al.，2013）。有研究也发现不饱和脂肪酸（棕榈酸）可以增加细胞膜的流动性（Mortimer et al.，2011），从而抵御 DEHP 的膜损伤。因此，DEHP 胁迫导致根系分泌物中脂肪酸的增加可能是根细胞膜损伤的一个指征。此外，DEHP 胁迫

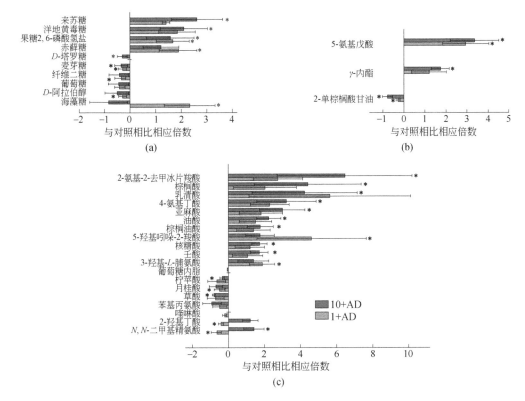

图 4-22 紫花苜蓿对 DEHP 胁迫响应的差异代谢物（Wang et al., 2019）

*$P<0.05$

使五种酸性代谢物减少。而且暴露于 10mg/L DEHP 可促进 2-羟基丁酸和 N,N-二甲基精氨酸含量的增加，但 1mg/L DEHP 可降低这两种氨基酸含量，这表明 DEHP 在较高浓度下明显干扰了蛋白质的合成和降解，导致一些可能参与植物防御/毒性机制的游离氨基酸积累（Zhang et al., 2012）。

除 5-氨基戊酸内酰胺、γ-内酯和 2-单棕榈酸甘油外，脂类化合物在 DEHP 暴露下与对照组相比无明显差异。这三种化合物在 DEHP 暴露下均表现出与浓度相关但不同浓度下呈相反的趋势。在 1mg/L DEHP 胁迫下，γ-内酯含量无明显差异，但当紫花苜蓿暴露于 10mg/L DEHP 时，γ-内酯含量明显升高。5-氨基戊酸在紫花苜蓿暴露于 1mg/L DEHP 时增加了近 3 倍，在暴露于 10mg/L DEHP 时继续增加。然而，当紫花苜蓿暴露于两种浓度 DEHP 时，2-单乳菌素酸与对照组相比均显著降低。此外，黄酮类化合物如 4′,5-二羟基-7-甲氧基异黄酮和新橙皮苷在紫花苜蓿暴露于两种浓度 DEHP 时均呈现出一定程度的降低。类黄酮是一种次生代谢产物，在清除自由基的各种生理活动中起着非常重要的作用，并且显现出抗菌活性（Cesco et al., 2010; Dixon and Pasinetti, 2010）。此外，黄酮类化合物也是参与豆科植物与微生物相互作用的酚类化合物（Gomaa et al., 2015; Zhang et al., 2017）。例如，D'Arcy-Lameta（1986）的研究表明黄酮类化合物对根瘤菌的发育和繁殖有重要作用，并直接影响根瘤菌对根表面的趋化性。类黄酮可以作为根瘤信号，诱导根瘤菌结瘤基因表达（Memon, 2012），从而影响根瘤发育和固氮作用。新橙皮苷是类黄酮生物合成途径的中间代谢产物。因此，DEHP 暴露减少了紫花苜蓿根系分泌物中的黄酮类化合物，可能会抑制根瘤菌结瘤基因的表达，进而抑制紫花苜蓿的固氮效率。

DEHP 胁迫下紫花苜蓿的主要代谢路径如图 4-23 所示。较高浓度的 DEHP（10mg/L）降低了葡萄糖和其他几种重要能量来源的单糖或双糖的含量，且其他糖酵解代谢物也明显减少，表明 DEHP 对紫花苜蓿根系分泌物中碳水化合物代谢有明显的抑制作用。碳水化合物是植物光合作用的主要产物，因此碳水化合物代谢减弱可能是由于 DEHP 对光合作用的抑制效应，研究表明 DEHP 可以降低植物叶片中叶绿素含量（Gao et al., 2016）。碳水化合物是能量的主要来源。碳水化合物代谢是生物代谢的中心，与蛋白质代谢、脂质代谢、核酸代谢和次级生物质代谢密切相关，是植物生长发育的物质基础。碳水化合物代谢受到抑制会导致紫花苜蓿在 DEHP 暴露下的生长受到抑制。

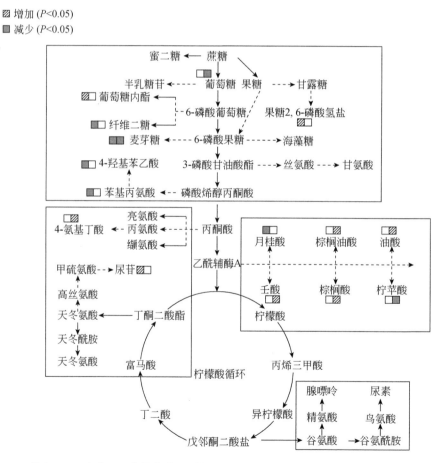

图 4-23 不同 DEHP 胁迫下对紫花苜蓿根系代谢物相关代谢路径的影响（Wang et al., 2019）

与碳水化合物相反，DEHP 浓度越高，根系分泌物中脂肪酸含量越高，这可能是植物应对 DEHP 胁迫的响应与适用机制。DEHP 对脂肪酸代谢的促进作用主要源于根系中脂质组成的调节作用和细胞膜脂肪酸不饱和度的调控作用（Debiane et al.，2012），脂肪酸代谢的增加可以保护紫花苜蓿幼苗免受活性氧的攻击。此外，随着环丙沙星暴露量的增加，大白菜分泌了更多的低分子量有机酸，而低分子量有机酸增加（主要是马来酸）抑制了土壤对环丙沙星的吸附作用，促进了环丙沙星从土壤中的解吸效应（Zhao et al.，2017）。因此，脂肪酸浓度的增加可能会影响 DEHP 在土壤中的吸附-解吸行为，有待进一步研究。

DEHP 胁迫对氨基酸代谢的影响远小于对碳水化合物和脂肪酸代谢的影响，表明 DEHP 在蛋白质的分解过程中并没有起到重要作用。蛋白质相互作用是植物生长发育过程中细胞的基础，蛋白质相互作用可以产生多种效应。Zhao 等（2018）通过研究芥蓝高、低 DBP 积累品种应对 DBP 胁迫，获得了 152 个差异调节蛋白，发现高 DBP 积累会导致光合作用和能量平衡维持在更高水平。本书中，DEHP 胁迫提高了两种蛋白质含量，因此，DEHP 可能在促进光合作用和能量平衡方面起着轻微作用，而脂质代谢和 TCA 循环对 DEHP 胁迫均不敏感。

4.3.3 微生物修复

微生物修复是酞酸酯污染土壤修复相关研究中最早、最多以及最深入的一种修复方法。微生物修复酞酸酯污染土壤是指利用天然存在的或分类筛选到的功能微生物，在人为优化的适宜条件下，促进微生物代谢功能，从而达到降低或将酞酸酯降解成无毒物质的技术。目前微生物降解酞酸酯的研究主要集中于两个方面：一是从污水、活性污泥、沉积物、土壤中分离筛选各种各样能够降解酞酸酯的微生物，分离出的细菌或菌落在特定的实验条件下对酞酸酯进行降解。例如，在纯培养条件下，地霉属真菌 DY4，对 50mg/L DBP 的 7d 降解率为 84.13%（王冬莹等，2015）。二是将酞酸酯降解菌添加到土壤中或者采用一定的农艺调控措施强化土著微生物来修复酞酸酯污染土壤，即微生物强化修复。周长健（2016）发现在 DEHP 污染土壤中添加一定浓度的降解菌 JQ-1 后，DEHP 对土壤微生物活性的毒害作用得到有效缓解从而加速了土壤中 DEHP 的降解速率。降解菌施入土壤后，不仅会对土著微生物存在影响，在一定程度上也可能会改变酞酸酯在土壤中的存在形态。Zhao 等（2016b）发现降解菌 *Agromyces* sp.MT-O 进入酞酸酯污染土壤后，极大地提高了 DEHP 在污染土壤中的移动性，明显加快了 DEHP 的矿化。

1. 修复酞酸酯污染土壤的微生物

土壤中微生物的种类丰富多样，许多细菌、真菌、藻类对酞酸酯都具有一定的降解能力。目前已分离筛选出大量能够以酞酸酯作为唯一碳源及能源的细菌，如节杆菌属、镰刀菌属、红球菌属、戈登氏菌属等。大部分细菌都是好氧菌，也有个别细菌需要厌氧环境，如芽孢杆菌 SASHJ（Wu Q et al.，2013）。表 4-9 综述了目前报道的酞酸酯高效降解菌及其降解的最适条件。目前筛选到的降解菌多针对分子量较大较难降解的酞酸酯种类，即 DBP 和 DEHP，也有很多菌属可以同时降解多种酞酸酯组分。但当前关于微生物降解酞酸酯的大多数研究还仅集中于纯培养体系，而采用筛选到的降解菌进行酞酸酯污染土壤的修复研究报道较少。

表 4-9 不同高效降解酞酸酯菌属及其降解的最适 pH 和最适温度

名称	菌属	最适 pH	最适温度/℃	降解底物	参考文献
JQ-1	*Arthrobacter* sp.	9.0	30	DEHP	(周长健,2016)
LMB-1	*Rhizobium* sp.	6.0	37	DBP,DEHP	(Tang et al.,2015,2016)
DY4	*Geotrichum* sp.	7.5	28	DBP	(王冬莹等,2015)
F.culmorum	*Fusarium* sp.	6.5	28	DEHP	(Ahuactzin-Perez et al.,2016)
QH-11,QH-12,GG	*Gordonia* sp.	7.0	30	DBP,DEHP	(Jin et al.,2012)
Y-1	*Rhodococcus* sp.	7.0~7.5	30~35	DEHP	(于琪,2010)
MT-O	*Agromyces* sp.	7.2	29.6	DEHP	(Zhao et al.,2016b)
DNB-S1	*Pseudomonas* sp.	7.0	35	DBP	(Feng et al.,2000)
JDC-11	*Rhodococcus* sp.	8.0	30	DBP	(Jin et al.,2010)
YC-RL4	*Mycobacterium* sp.	8.0	30	DEHP	(Ren et al.,2016)
2D	*Providencia* sp.	8.3	32.4	DBP	(Zhao et al.,2016a)
F3	*Isaria* sp.	5.0~7.0	30	DEP,DMP,DOP	(王冬莹等,2014)
SASHJ	*Bacillus* sp.	7.0	10	DBP	(Wu Q et al.,2013)
DK4	*Sphigomonas* sp.	7.0	30	DEP,DBP,DPrP,BBP	(Chang et al.,2004)
O18	*Corynebacterium* sp.	7.0	30	DEP,DBP,DPrP,BBP	(Chang et al.,2004)
LV-1	*Brucellaceae* sp.	6.0	30	DBP	(Wang et al.,2017)
JDC-16	*Acinetobacter* sp.	8.0	35	DEP	(Liang et al.,2010)
YC-RL2	*Gordonia* sp.	8.0	30	DEHP	(Nahurira et al.,2017)
DW1	*Cellulomonas* sp.	8.0	30	DEHP	(秦华等,2005)
D.radiodurans	*Deinococcus* sp.	7.5	30	DBP	(Liao et al.,2010)
SP1	*Achromobacter* sp.	8.0	32	DEHP	(Pradeep et al.,2015)
HD-1	*Achromobacter* sp.	8.0~9.0	25~30	DBP,DMP	(He et al.,2013)
T5	*Enterobacter* sp.	7.0	35	DBP	(Fang et al.,2010)
HS-NH1	*Gordonia* sp.	7.0	37	DEHP	(严佳丽等,2014)
3C3	*Subtilis* sp.	7.0	37	DEP	(Navacharoen and Vangnai,2011)
HS-B1	*Acinetobacter* sp.	8.0	30	BBP	(Yang et al.,2013)
Agrobacterium	*Agrobacterium* sp.	8.0	30	DBP	(Wu et al.,2011)
M11	*Camelimonas* sp.	8.0	40	DBP	(Chen et al.,2015)
C9	*Serratia* sp.	7.0	37	DBP	(Li et al.,2012)
TM,XB	*Pseudomonas* sp.	7.0	30~35	DBP,DEHP,DOP	(高静静等,2016;高俊贤等,2016)
B-1	*Pseudomonas* sp.	7.0	37	DBP	(Xu et al.,2005)

续表

名称	菌属	最适pH	最适温度/℃	降解底物	参考文献
No.66	*Bacillus* sp.	7.0	30	DEHP	(Quan et al., 2005)
C21	*Arthrobacter* sp.	7.0~7.2	25~30	DBP	(Wen et al., 2014)
DNB-S2	*Ensifer* sp.	7.0	35	DBP, DMP, DEHP	(张颖等，2016)
W-1	*Achromobacter* sp.	7.0	35	DBP	(Jin et al., 2015)
QD-9-10	*Bacillus* sp.	8.0	35	DMP	(Liu et al., 2015)
HS-B1	*Acinetobacter* sp.	8.0	35	BBP	(Chen et al., 2013)
QH-6	*Diaphorobacter* sp.	7.0~8.0	30~35	DBP, DMP	(Jin et al., 2011)

2. 微生物对酞酸酯的降解机理

微生物对酞酸酯的代谢主要存在两种方式：一种是微生物在生长过程中以酞酸酯为唯一的碳源和能源；另一种是将酞酸酯和其他有机质进行共代谢。目前筛选到的降解菌大多都能以酞酸酯作为唯一的碳源和能源进行生长，在纯培养体系下，大多数降解菌对酞酸酯都具有较好的降解率。例如，JQ-1 在最佳的培养条件下，对 DEHP 的去除率高达 98.86%（周长健，2016）。酞酸酯被微生物降解主要依靠微生物分泌的胞外酶降解和被微生物吸收到细胞内由胞内酶降解两种方式。段淑伟（2015）分离获得一株高效降解 DBP 菌株 DNB-S1，此菌的降解酶为诱导型胞内酶，将 DNB-S1 的降解酶添加到土壤中发现，添加降解酶之后，土壤中 DBP 的含量明显降低。尽管大多数降解菌对酞酸酯都可以进行有效的降解，但不同菌株对酞酸酯的降解产物不同，有的菌株只能将酞酸酯代谢为中间产物，而有的菌株可以将酞酸酯彻底去除。Jin 等（2012）发现 QH-11 可以以 DBP 为唯一碳源和能源进行生长，同时它还可以利用其他的酞酸酯和酞酸酯的主要中间产物邻苯二甲酸（PA），因为此菌种含有一个基因编码可以降解 PA 的大亚基邻苯二甲酸酯加双氧酶。

3. 微生物降解的影响因素

1）酞酸酯的浓度

酞酸酯是环境内分泌干扰物，对微生物具有一定的毒性，因此，酞酸酯初始浓度的高低，对微生物的降解效果具有一定的影响。对于有些微生物来说，酞酸酯的初始浓度过高会抑制微生物的代谢及生长，从而影响其降解速率，但有的微生物对高浓度的酞酸酯环境也具有良好的耐受性。LMB-1 在 DBP 的初始浓度低于 200mg/L 时，DBP 降解符合一级动力学方程，DBP 浓度过高会抑制该菌的代谢及生长（Tang et al.，2016），而 JQ-1 对 DEHP 具有良好的耐受性，生长最佳的初始 DEHP 浓度可以达到 2000mg/L（周长健，2016）。

2）接菌量

接菌量对微生物降解酞酸酯存在很大影响，只有合适的接菌量，才能更好地降解酞酸酯。菌株对酞酸酯的降解能力在一定范围内随接菌量的增加而提高，当接菌量达到一定值后，接菌量的增加对菌株降解能力的贡献不大，菌株的降解能力基本保持不变，这可能是由于菌株接种量增加到一定程度时，微生物生长所需的营养物质相对不足，微生物间发生互相竞争导致有效菌源不足。不同菌株对 DEHP 降解效果最佳的接菌量明显不同，红球菌 Y-1 和假单胞菌 DNB-S1 对 DEHP 降解效果最佳的接菌量分别为 2.0%（于琪，2010）和 3.0%（段淑伟，2015）。

3）温度和 pH

温度会直接影响微生物的活性，微生物在合适的温度范围内才能生长。同时，pH 可以影响微生物的生理活性及污染物的溶解度，有些酞酸酯降解菌需要酸性环境，大部分都能在中性环境中生存，也有些喜好碱性环境。由表 4-9 可知，大多数酞酸酯降解菌的最适降解 pH 为 7.0～8.0，偏碱性，大多数细菌降解的最佳温度在 28～35℃，有个别菌株需要的温度较低，如芽孢杆菌 SASHJ 在 10℃条件下对 DBP 的降解速率最高（Wu Q et al.，2013）。DNB-S1 可根据不同环境及不同 DBP 的含量调节自身的半胱胺盐酸盐（CSH），pH 对菌株 DNB-S1 的 CSH 均有一定影响，菌株 DNB-S1 在酸性条件下、温度为 30～35℃环境中 CSH 较高，在 pH 为 7.0、温度为 35℃时对 DBP 降解速率最高（段淑伟，2015）。

4.3.4 植物-微生物联合修复

植物-微生物联合修复主要分为两个途径：一是土著微生物和植物联合修复，植物和土壤里原有的微生物相互影响、相互作用来达到联合修复酞酸酯污染土壤的目的。植物为根际微生物提供适宜其生长的环境和条件，一些益生菌的存在也会促进植物的生长和代谢，这些都更有利于土壤中酞酸酯的降解。魏丽琼等（2016）发现苜蓿能够有效去除土壤中的酞酸酯，这可能是由于苜蓿根部存在大量丰富的根瘤菌，这些根瘤菌能够促进苜蓿的生长，从而更好地降解酞酸酯。二是接种微生物和植物联合修复，通过接种一些本身可以吸附降解酞酸酯的菌株或者可以更好地促进植物降解酞酸酯的菌株，从而有效地修复酞酸酯污染土壤。研究发现，在 3 种酞酸酯复合污染土壤接种真菌 F3 后种植不同根型植物，接种 F3 提高了土壤中复合酞酸酯的降解效率，同时降低了酞酸酯在植物内的积累（郭杨，2011）。接种微生物一定程度上可以缓解酞酸酯对植物的毒害作用，从而促进植物对酞酸酯的降解。王曙光等（2003）研究表明，接种 AM 真菌明显抑制了植物对 DBP 的吸收，降低了植物体内 DBP 的浓度，还抑制了 DBP 由植物根系向地上部的迁移，对缓解 DBP 对植物的毒害起到了一定的作用。秦华等（2006）也发现在种植绿豆的土壤中，接种 AM 真菌能够有效阻止 DEHP 向绿豆的地上部分，尤其是豆荚中的转运，无论是单独接种 3 种菌剂或者是联合接种，与对照相比都能很好地促进土壤中 DEHP 的降解，以 2 种降解菌与菌根真菌同时接种时效果最佳，此时 DEHP 在土壤中的半衰期最短。此外，接种微生物会导致土壤中的土著微生物群落结构变化和土壤酶活性的改变，这些变化可能会促进污染物的降解。王曙光等（2002）以豇豆为供试植物，分别接种泡囊丛枝菌根（VAM）真菌和苏格兰球囊霉，发现不同土层中细菌、真菌、放线菌数量和土壤中性磷酸酶活性呈现复杂的变化，微生物数量和中性磷酸酶活性的变化可能会影响 VA 菌根对 DEHP 降解。

4.3.5 多元协同高效修复

积极推动土壤中酞酸酯污染的源头管控,发展高品质环保农膜并严格落实农膜回收行动方案,合理处置与再利用畜禽粪污,切断污水直接或不达标排放的途径,以此从源头上降低酞酸酯对土壤与农产品的污染风险。将酞酸酯污染的源头管控与微生物降解、植物消除等植物修复技术和施肥、水分管理等农艺调控手段有机结合,发展设施菜地土壤中酞酸酯的多元协同高效污染修复技术,以切实保障设施菜地土壤环境健康与农产品安全生产。

参 考 文 献

安琼,靳伟,李勇,等. 1999. 酞酸酯类增塑剂对土壤-作物系统的影响. 土壤学报,36(1): 118-126.

常青,郑宇铎,高娜娜,等. 2008. 邻苯二甲酸二乙基己酯对蚕豆根尖微核及幼苗超氧化物歧化酶的影响. 生态毒理学报,3(6): 596-600.

陈冬升,凌婉婷,张翼,等. 2010. 几种植物根亚细胞中菲的分配. 环境科学,31(5): 1339-1344.

陈湖星,杨雪,张凯,等. 2013. 1株高效BBP降解菌的分离与特性研究. 环境科学,34(7): 2882-2888.

陈强,孙红,文王兵,等. 2004. 邻苯二甲酸二异辛酯(DEHP)对土壤微生物和动物的影响. 农业环境科学学报,23(6): 1156-1159.

程雅婷. 2005. 邻苯二甲酸酯类有机污染物在河流沉积物中的吸附/脱附行为研究. 广州:中山大学硕士学位论文.

段丽菊,王海雪,高留闯,等. 2013. 邻苯二甲酸酯类物质对蚕豆根尖细胞微核率的影响. 癌变畸变突变,25(6): 478-480.

段淑伟. 2015. 邻苯二甲酸二丁酯降解菌DNB-S1的筛选和其酶制剂的初步应用. 哈尔滨:东北农业大学硕士学位论文.

甘家安,王西奎,徐广通,等. 1996. 酞酸酯在植物中的吸收和积累研究. 环境科学,(5): 87-88.

高静静,陈丽玮,王宜青,等. 2016. 一株邻苯二甲酸二(2-乙基己基)酯(DEHP)高效降解菌的筛选及其降解特性. 环境化学,35(11): 2362-2369.

高军,陈伯清. 2008. 酞酸酯污染土壤微生物效应与过氧化氢酶活性的变化特征. 水土保持学报,(6): 168-171.

高俊贤,刘琦,连梓竹,等. 2016. 一株DBP高效降解菌的分离、鉴定与降解性能. 环境工程学报,10(3): 1521-1526.

谷成刚,相雷雷,任文杰,等. 2017. 土壤中酞酸酯多界面迁移转化与效应研究进展. 浙江大学学报:农业与生命科学版,(6): 700-712.

关卉,王金生,万洪富,等. 2007. 雷州半岛典型区域土壤邻苯二甲酸酯(PAEs)污染研究. 农业环境科学学报,26(2): 622-628.

郭杨. 2011. 土壤酞酸酯污染的微生态效应和真菌-植物联合修复技术研究. 北京:中国环境科学研究院硕士学位论文.

韩伟. 2010. 奶牛及肉牛雌激素的排放及其环境迁移特征. 北京:北京师范大学硕士学位论文.

何艳,徐建民,李兆君. 2004. 有机污染物根际胁迫及根际修复研究进展. 土壤通报,658-662.

蒋重合. 2012. 蚯蚓行为及其在环境影响评价中的应用研究. 长沙:湖南农业大学硕士学位论文.

李桂祥, 罗星晔, 李竞, 等. 2013. 金桔[橘]园土壤及金桔[橘]中酞酸酯污染特征分析. 农业资源与环境学报, (4): 54-57.

李恒舟. 2014. DEHP 和 DBP 对蚯蚓的氧化损伤及遗传毒性效应. 泰安: 山东农业大学硕士学位论文.

李振高. 2008. 土壤与环境微生物研究法. 北京: 科学出版社.

林梦茜, 王飞娟, 余佳悦, 等. 2011. 大棚植物中邻苯二甲酸酯类（PAEs）污染现状与检测方法. 园艺与种苗, 5: 95-99, 102.

林庆祺, 蔡信德, 王诗忠, 等. 2013. 植物吸收、迁移和代谢有机污染物的机理及影响因素. 农业环境科学学报, 32 (4): 661-667.

刘畅. 2018. 土壤中邻苯二甲酸酯的生物有效性及其影响机制研究. 北京: 中国科学院大学硕士学位论文.

刘文军. 2017. 山东省典型设施栽培土壤中主要酞酸酯的污染特征分析. 泰安: 山东农业大学硕士学位论文.

刘文军, 高健鹏, 王冠颖, 等. 2017. DEHP 对土壤蚯蚓氧化胁迫及 DNA 损伤的研究. 土壤学报, 54 (5): 1170-1180.

刘彦爱. 2019. 邻苯二甲酸酯在土壤-蔬菜系统中的累积、毒性效应及其生物有效性. 镇江: 江苏大学硕士学位论文.

秦华, 林先贵, 尹睿, 等. 2005. 一株邻苯二甲酸二异辛酯高效降解菌的筛选及其降解特性的初步研究. 农业环境科学学报, 24 (6): 1171-1175.

秦华, 林先贵, 尹睿, 等. 2006. 丛枝菌根真菌和两株细菌对土壤中 DEHP 降解及绿豆生长的影响. 环境科学学报, 26 (10): 1651-1657.

饶潇潇, 王建超, 周震峰. 2017. 花生对土壤中邻苯二甲酸酯的吸收累积特征. 环境科学学报, (4): 1531-1538.

宋广宇. 2010. 邻苯二甲酸酯在土壤-植物系统中的生物有效性研究. 南京: 南京农业大学硕士学位论文.

宋广宇, 代静玉, 胡锋. 2010. 邻苯二甲酸酯在不同类型土壤-植物系统中的累积特征研究. 农业环境科学学报, 29 (8): 1502-1508.

檀笑, 龙颖贤, 叶锦韶, 等. 2011. 有机物和重金属复合污染水体的修复植物筛选及修复性能. 生态科学, 1: 57-61.

万大娟, 贾晓珊, 陈娴. 2007. 多氯代有机污染物胁迫下植物某些根系分泌物的变化. 中山大学学报（自然科学版），(1): 110-113, 118.

王爱丽. 2011. 酞酸酯在湿地植物根际环境中的消减行为. 天津: 天津大学博士学位论文.

王代懿. 2015. 天然类固醇激素在土壤中的环境行为及风险控制研究. 徐州: 中国矿业大学博士学位论文.

王冬莹, 吴文成, 李霞, 等. 2015. 一株能同时降解邻苯二甲酸二丁酯（DBP）和氰戊菊酯真菌的分离、鉴定及降解特性的初步研究. 环境科学学报, 35 (11): 3493-3499.

王冬莹, 萧玺琴, 杨子江, 等. 2014. 农田土壤酞酸酯的生物降解及真菌生长动态试验研究. 环境科学与技术, 37 (2): 38-43.

王佳斌. 2018. 蔬菜对 PAEs 的吸收及其分布情况研究. 苏州: 苏州科技大学硕士学位论文.

王明林. 2007. 蔬菜大棚中邻苯二甲酸酯分析方法及环境行为的研究. 泰安: 山东农业大学博士学位论文.

王诗嘉, 和月强, 叶珊, 等. 2010. 邻苯二甲酸二乙基己酯对蚕豆幼苗茎和叶 POD 活性和 MDA 含量的影响. 生态毒理学报, 5 (4): 587-591.

王曙光, 林先贵, 尹睿. 2002. VA 菌根对土壤中 DEHP 降解的影响. 环境科学学报, 22 (3): 369-373.

王曙光, 林先贵, 尹睿. 2003. 接种丛枝菌根（AM）真菌对植物 DBP 污染的影响. 应用生态学报, 14（4）: 589-592.

王晓娟, 金樑, 陈家宽. 2005. 环境激素 DBP 对拟南芥体外培养叶片超微结构的影响. 西北植物学报, 7: 90-95.

王鑫宏. 2010. DBP/DEHP 单一及与 Pb 复合污染对土壤微生物量碳及土壤酶的影响研究. 长春: 东北师范大学博士学位论文.

王绪强. 2009. 植物累积有机污染物 DEHP 能力及其特异性研究. 杭州: 浙江工商大学硕士学位论文.

王艳, 马泽民, 吴石金. 2014. 3 种 PAEs 对蚯蚓的毒性作用和组织酶活性影响的研究. 环境科学, 35（2）: 770-779.

王玉蓉, 崔东, 刘静, 等. 2012. 增塑剂 DEHP 对土壤脲酶活性的影响. 农业科技与装备, （6）: 13-14.

王玉婷. 2018. 紫花苜蓿对酞酸酯污染土壤的修复效应及其机理初探. 贵阳: 贵州大学硕士学位论文.

王志刚, 胡影, 徐伟慧, 等. 2015. 邻苯二甲酸二甲酯污染对黑土土壤呼吸和土壤酶活性的影响. 农业环境科学学报, 34（7）: 1311-1316.

魏丽琼, 呼世斌, 王娇娇, 等. 2016. 甜菜牧草体系对土壤中种邻苯二甲酸酯的修复研究. 农业资源与环境学报, 35（6）: 1097-1102.

魏瑞成, 李金寒, 何龙翔, 等. 2013. 雌激素胁迫对萝卜种子萌芽和幼苗生长及其累积效应的影响. 草业学报, 22（5）: 190-197.

吴林坤, 林向民, 林文雄. 2014. 根系分泌物介导下植物-土壤-微生物互作关系研究进展与展望. 植物生态学报, 298-310.

吴石金, 沈飞超, 胡航. 2014. 蛋白质组学技术筛选与鉴定 DMP 胁迫下蚯蚓表皮组织的差异蛋白. 浙江工业大学学报, 42（2）: 1-5.

吴遵义. 2015. 冬瓜植株吸收累积 DEHP 机制研究. 杭州: 浙江工商大学博士学位论文.

谢慧君, 石义静, 滕少香, 等. 2009. 酞酸酯对土壤微生物群落多样性的影响. 环境科学, 30（5）: 1286-1291.

谢明吉, 严重玲, 叶菁. 2008. 菲对黑麦草根系几种低分子量分泌物的影响. 生态环境, （2）: 576-579.

严佳丽, 陈湖星, 杨杨, 等. 2014. 一株高效 DEHP 降解菌的分离、鉴定及其降解特性. 微生物学通报, 41（8）: 1532-1540.

杨杉, 吕圣红, 汪军, 等. 2016. 酞酸酯在土壤中的环境行为与健康风险研究进展. 中国生态农业学报, 24（6）: 695-703.

尹睿, 林先贵, 王曙光, 等. 2002. 农田土壤中酞酸酯污染对辣椒品质的影响. 农业环境保护, 21（1）: 1-4.

于琪. 2010. DEHP 好氧降解菌的筛选鉴定及其降解特性研究. 长春: 东北师范大学硕士学位论文.

于晓章, 乐东明, 任燕飞. 2015. 邻苯二甲酸酯在环境中的降解机制. 生态科学, 34（4）: 180-187.

曾巧云, 莫测辉, 蔡全英, 等. 2006. 邻苯二甲酸二丁酯在不同品种菜心-土壤系统的累积. 中国环境科学, 3: 79-82.

曾巧云, 莫测辉, 蔡全英, 等. 2007. 不同基因型菜心-土壤系统中邻苯二甲酸二（2-乙基己基）酯的分布特征研究. 农业环境科学学报, 6: 2239-2244.

曾微. 2018. 三峡库区消落带紫色土干湿交替条件下邻苯二甲酸二甲酯土-水界面迁移释放研究. 重庆: 西南大学硕士学位论文.

张丹. 2010. 邻苯二甲酸酯在浅层含水层沉积物中的吸附特征研究. 武汉: 中国地质大学硕士学位论文.

张慧芳, 苗艳明, 丁献华, 等. 2010. 邻苯二甲酸酯对小麦幼苗生理指标的影响. 安徽农业科学, 38 (7): 3374-3377.

张建, 石义静, 崔寅, 等. 2010. 土壤中邻苯二甲酸酯类物质的降解及其对土壤酶活性的影响. 环境科学, 31 (12): 3056-3061.

张娜. 2010. 邻苯二甲酸酯类化合物的生态毒性评价. 大连: 辽宁师范大学硕士学位论文.

张怡, 路铁刚. 2011. 植物中的活性氧研究概述. 生物技术进展, (4): 242-248.

张颖, 段淑伟, 王蕾, 等. 2014. 黄瓜发育早期对邻苯二甲酸二 (2-乙基) 己酯 (DEHP) 胁迫的亚显微结构及生理响应比较研究. 农业环境科学学报, 33 (9): 1706-1711.

张颖, 王丽华, 陈艺洋, 等. 2016. 一株DBP高效降解菌的筛选及降解特性研究. 东北农业大学学报, 47 (8): 46-54.

张媛. 2007. 邻苯二甲酸酯类环境激素在黄河 (兰州段) 沉积物中吸附特性的研究. 兰州: 西北师范大学硕士学位论文.

周长健. 2016. 高效DEHP降解菌的筛选鉴定及其土壤模拟修复初探. 哈尔滨: 东北农业大学硕士学位论文.

周震峰, 徐良. 2017. 生物炭对土壤吸附邻苯二甲酸二乙酯的影响. 环境工程学报, 11 (9): 5267-5274.

朱媛媛, 田靖, 时庭锐, 等. 2010. 天津市空气颗粒物中酞酸酯的分布特征. 中国环境监测, 26 (3): 7-10.

朱媛媛, 田靖, 吴国平, 等. 2012. 酞酸酯在空气和土壤两相间迁移情况的初步研究. 环境化学, 31 (10): 1535-1541.

祝惠. 2008. DEP与DOP对土壤酶、土壤呼吸及土壤微生物量碳的影响研究. 长春: 东北师范大学硕士学位论文.

Adeel M, Song X, Francis D, et al. 2017. Environmental impact of estrogens on human, animal and plant life: a critical review. Environment International, 99: 107-119.

Adeel M, Yang Y S, Wang Y Y, et al. 2018. Uptake and transformation of steroid estrogens as emerging contaminants influence plant development. Environmental Pollution, 243 (PTB): 1487-1497.

Ahuactzin-Perez M, Tlecuitl-Beristain S, Garcia-Davila J, et al. 2016. Degradation of di (2-ethyl hexyl) phthalate by *Fusarium culmorum*: kinetics, enzymatic activities and biodegradation pathway based on quantum chemical modelingpathway based on quantum chemical modeling. Science of the Total Environment, 566-567: 1186-1193.

Aitchison E W, Kelley S L, Alvarez P J J, et al. 2000. Phytoremediation of 1,4-dioxane by hybrid poplar trees. Water Environment Research, 72 (3): 313-321.

Aken B V, Correa P A, Schnoor J L. 2010. Phytoremediation of polychlorinated biphenyls: new trends and promises. Environmental Science & Technology, 44 (8): 2767-2776.

Albro P W, Corbett J T, Schroeder J L. 1993. The metabolism of di (2-ethylhexyl) phthalate in the earthworm *Lumbricus terrestris*. Comparative Biochemistry and Physiology Part C: Comparative Pharmacology, 104: 335-344.

Alexander M. 1995. How toxic are toxic chemicals in soil?. Environmental Science & Technology, 29: 2713-2717.

Alexander M. 2000. Aging, bioavailability, and overestimation of risk from environmental pollutants. Environmental Science & Technology, 34 (20): 4259-4265.

Belfroid A, Berg M, Seinen W, et al. 1995. Uptake, bioavailability and elimination of hydrophobic compounds in earthworms (*Eisenia andrei*) in field-contaminated soil. Environmental Toxicology and Chemistry, 14: 605-612.

Biate D L, Kumari A, Annapurna K, et al. 2015. Legume Root Exudates: Their Role in Symbiotic Interactions. India: Springer.

Bonner J, Axtman G. 1937. The growth of plant embryos *in vitro*-preliminary experiments on the role of accessory substances. Proceedings of the National Academy of Sciences of the United States of America, 23: 453-457.

Bovee T, Helsdingen R, Rietjens I, et al. 2004. Rapid yeast estrogen bioassays stably expressing human estrogen receptors alpha and beta, and green fluorescent protein: a comparison of different compounds with both receptor types. Journal of Steroid Biochemistry and Molecular Biology, 91 (3): 99-109.

Bowlin K M. 2014. Effects of β-estradiol on germination and growth in *Zea mays* L. Maryville: Northwest Missouri State University.

Briggs G G, Bromilow R H, Evans A A. 1982. Relationships between lipophilicity and root uptake and translocation of non-ionized chemicals by barley. Pesticide Science, 13 (5): 495-504.

Brown D J. 1989. Lipid composition of plasma membranes and endomembranes prepared from roots of barley (*Hordeianvulgare* L.) effect of slat. Plant Physiology, 90: 955-961.

Brown T P. 2014. PAEs and antitrust-a brief introduction. Antitrust Law Journal, 79: 395-403.

Brusseau M L, Rao P, Gillham R. 1989. Sorption nonideality during organic contaminant transport in porous media. Critical Reviews in Environmental Control, 19: 33-99.

Cai Q Y, Mo C H, Zeng Q Y, et al. 2008. Potential of Ipomoea aquatica cultivars in phytoremediation of soils contaminated with di-*n*-butyl phthalate. Environmental & Experimental Botany, 62 (3): 205-211.

Cai Q Y, Xiao P Y, Chen T, et al. 2015. Genotypic variation in the uptake, accumulation, and translocation of di-(2-ethylhexyl) phthalate by twenty cultivars of rice (*Oryza sativa* L.). Ecotoxicology and Environmental Safety, 116: 50-58.

Cantarero R, Richter P, Brown S, et al. 2017. Effects of applying biosolids to soils on the adsorption and bioavailability of 17 alpha-ethinylestradiol and triclosan in wheat plants. Environmental Science and Pollution Research, 24 (14): 12847-12859.

Card M L. 2011. Interactions among soil, plants, and endocrine disrupting compounds in livestock agriculture. Columbus: The Ohio State University.

Card M L, Schnoor J L, Chin Y. 2012. Uptake of natural and synthetic estrogens by maize seedlings. Journal of Agricultural and Food Chemistry, 60 (34): 8264-8271.

Card M L, Schnoor J L, Chin Y. 2013. Transformation of natural and synthetic estrogens by maize seedlings. Environmental Science & Technology, 47 (10): 5101-5108.

Cesco S, Neumann G, Tomasi N, et al. 2010. Release of plant-borne flavonoids into the rhizosphere and their role in plant nutrition. Plant Soil, 329 (1-2): 1-25.

Chai C, Cheng H, Ge W, et al. 2014. Phthalic acid esters in soils from vegetable greenhouses in Shandong Peninsula, East China. PLoS One, 9 (4): e95701.

Chang B V, Yang C M, Cheng C H, et al. 2004. Biodegradation of phthalate esters by two bacteria strains. Chemosphere, 55: 533-538.

Chen H, Zhuang R, Yao J, et al. 2013. A comparative study on the impact of phthalate esters on soil microbial activity. Bulletin of Environmental Contamination and Toxicology, 91 (2): 217-223.

Chen R R, Yin R, Lin X G, et al. 2005. Effect of arbuscular mycorrhizal inoculation on plant growth and phthalic esterdegradation in two contaminated soils. Pedosphere, 15 (2): 263-269.

Chen T S, Chen T C, Yen K J C, et al. 2010. High estrogen concentrations in receiving river discharge from a concentrated livestock feedlot. Science of the Total Environment, 408 (16): 3223-3230.

Chen X, Zhang X, Yang Y, et al. 2015. Biodegradation of an endocrine-disrupting chemical di-*n*-butyl phthalate by newly isolated Camelimonas sp and enzymatic properties of its hydrolase. Biodegradation, 26: 171-182.

Chiou C T, Sheng G Y, Manes M. 2001. A partition-limited model for the plant uptake of organic contaminants from soil and water. Environmental Science & Technology, 35 (7): 1437-1444.

Christiansen T, Korsgaard B, Jespersen A. 1998. Effects of nonylphenol and 17 beta-oestradiol on vitellogenin synthesis, testicular structure and cytology in male eelpout *Zoarces viviparus*. Journal of Experimental Biology, 201 (2): 179-192.

Colucci M S, Topp E. 2001. Persistence of estrogenic hormones in agricultural soils: II. 17Alpha-ethynylestradiol. Journal of Environmental Quality, 30 (6): 2077-2080.

Combalbert S, Hernandez-Raquet G. 2010. Occurrence, fate, and biodegradation of estrogens in sewage and manure. Applied Microbiology and Biotechnology, 86 (6): 1671-1692.

D'Arcy-Lameta A. 1986. Study of soybean and lentil root exudates. Plant Soil, 92 (1): 113-123.

Debiane D, Calonne M, Fontaine J, et al. 2012. Benzo[a]pyrene induced lipid changes in the monoxenic arbuscular mycorrhizal chicory roots. Journal of Hazardous Materials, 209-210 (4): 18-26.

Dixon R A, Pasinetti G M. 2010. Flavonoids and isoflavonoids: from plant biology to agriculture and neuroscience. Plant Physiology, 154 (2): 453-457.

Dodgen L K, Li J, Wu X, et al. 2014. Transformation and removal pathways of four common PPCP/EDCs in soil. Environmental Pollution, 193: 29-36.

Dorney J R, Weber J B, Overcash M R, et al. 1985. Plant uptake and soil retention of phthalic-acid applied to norfolk sandy loam. Journal of Agricultural and Food Chemistry, 33: 398-403.

Du L, Li G, Liu M, et al. 2015. Evaluation of DNA damage and antioxidant system induced by di-*n*-butyl phthalates exposure in earthworms (*Eisenia fetida*). Ecotoxicology and Environmental Safety, 115: 75-82.

Duarte-Davidson R, Jones K C. 1996. Screening the environmental fate of organic contaminants in sewage sludge applied to agricultural soils: II. The potential for transfers to plants and grazing animals. Science of the Total Environment, 185 (1/3): 0-70.

Ehlers L J, Luthy R G. 2003. Contaminant bioavailability in soil and sediment. Improving risk assessment and remediation rests on better understanding bioavailability. Environmental Science & Technology, 37: 295A-302A.

Erdal S, Dumlupinar R. 2011. Mammalian sex hormones stimulate antioxidant system and enhance growth of chickpea plants. Acta Physiologiae Plantarum, 33 (3): 1011-1017.

Fang C R, Yao J, Zheng Y G, et al. 2010. Dibutyl phthalate degradation by *Enterobacter* sp. T5 isolated from municipal solid waste in landfill bioreactor. International Biodeterioration & Biodegradation, 64: 442-446.

Fang G D, Deng Y M, Huang M, et al. 2018. A Mechanistic understanding of hydrogen peroxide decomposition by vanadium minerals for diethyl phthalate degradation. Environmental Science & Technology, 52: 2178-2185.

Fang G D, Liu C, Wang Y J, et al. 2017. Photogeneration of reactive oxygen species from biochar suspension for diethyl phthalate degradation. Applied Catalysis B: Environmental, 214: 34-45.

Feng C, Song Q, Sun X, et al. 2000. New Pseudomonas species DNB-S1 strain used for degrading dibutyl phthalate, is preserved in China general microbiological culture collection CN104531576-A.

Feng Q, Zhong L, Xu S, et al. 2016. Biomarker response of the earthworm (*Eisenia fetida*) exposed to three phthalic acid esters. Environmental Engineering Science, 33: 105-111.

Finlay-Moore O, Hartel P G, Cabrera M L. 2000. 17β-estradiol and testosterone in soil and runoff from grasslands amended with broiler litter. Journal of Environmental Quality, 29 (5): 1604-1611.

Fu X, Du Q. 2011. Uptake of di-(2-ethylhexyl) phthalate of vegetables from plastic film greenhouses. Journal of Agricultural & Food Chemistry, 59 (21): 11585-11588.

Gao J, Sun L, Yang X, et al. 2013. Transcriptomic analysis of cadmium stress response in the heavy metal hyperaccumulator *Sedum alfredii* hance. PloS One, 8 (6): e64643.

Gao M L, Qi Y, Song W H, et al. 2016. Effects of di-*n*-butyl phthalate and di (2-ethylhexyl) phthalate on the growth, photosynthesis, and chlorophyll fluorescence of wheat seedlings. Chemosphere, 151: 76-83.

Gao Y Z, Zhu L Z. 2004. Plant uptake, accumulation and translocation of phenanthrene and pyrene in soils. Chemosphere, 55 (9): 1169-1178.

Gavala H N, Alatriste-Mondragon F, Iranpour R, et al. 2003. Biodegradation of phthalate esters during the mesophilic anaerobic digestion of sludge. Chemosphere, 52 (4): 673-682.

Gevao B, Mordaunt C, Semple K T, et al. 2001. Bioavailability of nonextractable (bound) pesticide residues to earthworms. Environmental Science & Technology, 35: 501-507.

Gomaa N H, Hassan M O, Fahmy G M, et al. 2015. Flavonoid profiling and nodulation of some legumes in response to the allelopathic stress of *Sonchus oleraceus* L. Acta Botanica Brasilica, 29 (4): 553-560.

Guan M, Roddick J G. 1988. Epibrassinolide-inhibition of development of excised, adventitious and intact roots of tomato (*Lycopersicon esculentum*): comparison with the effects of steroidal estrogens. Physiologia Plantarum, 74 (4): 720-726.

Hansen P D, Dizer H, Hock B, et al. 1998. Vitellogenin—a biomarker for endocrine disruptors. TrAC Trends in Analytical Chemistry, 17 (7): 448-451.

He L, Gielen G, Bolan N S, et al. 2015. Contamination and remediation of phthalic acid esters in agricultural soils in China: a review. Agronomy for Sustainable Development, 35: 519-534.

He Z, Xiao H, Tang L, et al. 2013. Biodegradation of di-*n*-butyl phthalate by a stable bacterial consortium, HD-1, enriched from activated sludge. Bioresource Technology, 128: 526-532.

Hu X Y, Wen B, Shan X Q. 2003. Survey of phthalate pollution in arable soils in China. Journal of Environmental Monitoring, 5 (4): 649.

Hu X Y, Wen B, Zhang S Z, et al. 2005. Bioavailability of phthalate congeners to earthworms (*Eisenia fetida*) in artificially contaminated soils. Ecotoxicology and Environmental Safety, 62 (1): 26-34.

Hutchins S R, White M V, Hudson F M, et al. 2007. Analysis of lagoon samples from different concentrated animal feeding operations for estrogens and estrogen conjugates. Environmental Science & Technology, 41 (3): 738-744.

Jia M, Wang F, Bian Y, et al. 2013. Effects of pH and metal ions on oxytetracycline sorption to maize-straw-derived biochar. Bioresource Technology, 136: 87-93.

Jin D, Bai Z, Chang D, et al. 2012. Biodegradation of di-*n*-butyl phthalate by an isolated Gordonia sp strain QH-11: genetic identification and degradation kinetics. Journal of Hazardous Materials, 221: 80-85.

Jin D, Kong X, Li Y, et al. 2015. Biodegradation of di-*n*-butyl phthalate by *Achromobacter* sp. isolated from rural domestic wastewater. International Journal of Environmental Research and Public Health, 12: 13510-13522.

Jin D, Liang R, Dai Q, et al. 2010. Biodegradation of di-*n*-butyl phthalate by *Rhodococcus* sp. JDC-11 and molecular detection of 3, 4-phthalate dioxygenase gene. Journal of Microbiology and Biotechnology, 20: 1440-1445.

Jin D, Wang P, Bai Z, et al. 2011. Biodegradation of di-*n*-butyl phthalate by a newly isolated *Diaphorobacter* sp. strain QH-6. African Journal of Microbiology Research, 5: 1322-1328.

Jin S, Yang F, Liao T, et al. 2008. Seasonal variations of estrogenic compounds and their estrogenicities in influent and effluent from a municipal sewage treatment plant in China. Environmental Toxicology & Chemistry, 27 (1): 146-153.

Jin X, Jiang G, Huang G, et al. 2004. Determination of 4-tert-octylphenol, 4-nonylphenol and bisphenol A in surface waters from the Haihe River in Tianjin by gas chromatography-mass spectrometry with selected ion monitoring. Chemosphere, 56 (11): 1113-1119.

Jobling S, Nolan M, Tyler C R, et al. 1998. Widespread sexual disruption in wild fish. Environmental Science & Technology, 32 (17): 2498-2506.

Kang F, Chen D, Gao Y, et al. 2010. Distribution of polycyclic aromatic hydrocarbons in subcellular root tissues of ryegrass (*Loliummultiflorum* Lam.). BMC Plant Biology, 10 (1): 210.

Kavlock R J, Daston G P, Derosa C, et al. 1996. Research needs for the risk assessment of health and environmental effects of endocrine disruptors: a report of the U. S. EPA-sponsored workshop. Environmental Health Perspectives, 104: 715-740.

Kim D G, Jiang S, Jeong K, et al. 2012. Removal of 17 α-ethinylestradiol by biogenic manganese oxides produced by the pseudomonas putida strain MnB1. Water, Air & Soil Pollution, 223 (2): 837-846.

Kjaer J, Olsen P, Bach K, et al. 2007. Leaching of estrogenic hormones from manure-treated structured soils. Environmental Science & Technology, 41 (11): 3911-3917.

Knee E M, Gong F C, Gao M S, et al. 2001. Root mucilage from pea and its utilization by rhizosphere bacteria as a sole carbon source. Molecular Plant-Microbe Interactions, 14: 775-784.

Koch K. 1996. Carbohydrate-modulated gene expression in plants. Annual Review of Plant Biology, 47 (1): 509-540.

Kömp P, McLachlan M S. 2000. The kinetics and reversibility of the partitioning of polychlorinated biphenyls between air and ryegrass. Science of the Total Environment, 250 (1-3): 63-71.

Kong S, Ji Y, Liu L, et al. 2012. Diversities of phthalate esters in suburban agricultural soils and wasteland soil appeared with urbanization in China. Environmental Pollution, 170: 161-168.

Lai K M, Johnson K L, Scrimshaw M D, et al. 2000. Binding of waterborne steroid estrogens to solid phases in river and estuarine systems. Environmental Science & Technology, 34 (18): 3890-3894.

Lanno R, Wells J, Conder J, et al. 2004. The bioavailability of chemicals in soil for earthworms. Ecotoxicology and Environmental Safety, 57 (1): 39-47.

Li C, Tian X, Chen Z, et al. 2012. Biodegradation of an endocrine-disrupting chemical di-*n*-butyl phthalate by Serratia marcescens C9 isolated from activated sludge. African Journal of Microbiology Research, 6: 2686-2693.

Li K, Ma D, Wu J, et al. 2016. Distribution of phthalate esters in agricultural soil with plastic film mulching in Shandong Peninsula, East China. Chemosphere, 164: 314-321.

Li Y W, Cai Q Y, Mo C H, et al. 2014. Plant uptake and enhanced dissipation of di (2-ethylhexyl) phthalate (DEHP) in spiked soils by different plant species. International Journal of Phytoremediation, 16 (6): 609-620.

Li Y, Gao S, Liu S, et al. 2015. Excretion of manure-borne estrogens and androgens and their potential risk estimation in the Yangtze River Basin. Journal of Environmental Sciences, 37 (11): 110-117.

Liang D, Zhang T, Fang H H P, et al. 2008. Phthalates biodegradation in the environment. Applied Microbiology and Biotechnology, 80: 183-198.

Liang R X, Wu X L, Wang X N, et al. 2010. Aerobic biodegradation of diethyl phthalate by Acinetobacter sp JDC-16 isolated from river sludge. Journal of Central South University of Technology, 17: 959-966.

Liao C S, Chen L C, Chen B S, et al. 2010. Bioremediation of endocrine disruptor di-*n*-butyl phthalate ester by *Deinococcus radiodurans* and *Pseudomonas stutzeri*. Chemosphere, 78: 342-346.

Lin Q, Chen S, Chao Y, et al. 2017. Carboxylesterase-involved metabolism of di-*n*-butyl phthalate in pumpkin (*Cucurbita moschata*) seedlings. Environmental Pollution, 220: 421-430.

Liu S, Wang Z, Hu Y, et al. 2015. Identification of a DMP-degraded strain in black soil and the optimation of degradation conditions. Acta Agriculturae Zhejiangensis, 27: 1807-1812.

Liu X, Shi J, Bo T, et al. 2014. Occurrence of phthalic acid esters in source waters: a nationwide survey in China during the period of 2009—2012. Environmental Pollution, 184: 262-270.

Lu H, Mo C H, Zhao H M, et al. 2018. Soil contamination and sources of phthalates and its health risk in China: a review. Environmental Research, 164: 417-429.

Lu J, Wu J, Stoffella P J, et al. 2013. Analysis of bisphenol a, nonylphenol, and natural estrogens in vegetables and fruits using gas chromatography-tandem mass spectrometry. Journal of Agricultural & Food Chemistry, 61 (1): 84-89.

Ma J F, Zheng S J, Matsumoto H, et al. 1997. Detoxifying aluminium with buckwheat. Nature, 390: 569-570.

Ma T, Luo Y, Christie P, et al. 2012. Removal of phthalic esters from contaminated soil using different cropping systems: a field study. European Journal of Soil Biology, 50: 76-82.

Ma T T, Wu L H, Chen L, et al. 2015. Phthalate esters contamination in soils and vegetables of plastic film greenhouses of suburb Nanjing, China and the potential human health risk. Environmental Science and Pollution Research, 22 (16): 12018-12028.

Mansell D S, Bryson R J, Harter T, et al. 2011. Fate of endogenous steroid hormones in steer feedlots under simulated rainfall-induced runoff. Environmental Science & Technology, 45 (20): 8811-8818.

Memon A R. 2012. Transcriptomics and Proteomics Analysis of Root Nodules of Model Legume Plants. Berlin: Springer: 291-315.

Mittler R, van Derauwera S, Gollery M, et al. 2004. Reactive oxygen gene network of plants. Trends in Plant Science, 9: 490-498.

Mo C H, Cai Q Y, Li Y H, et al. 2008. Occurrence of priority organic pollutants in the fertilizers, China. Journal of Hazardous Materials, 152 (3): 1208-1213.

Morrison D E, Robertson B K, Alexander M. 2000. Bioavailability to earthworms of aged DDT, DDE, DDD, and dieldrin in soil. Environmental Science & Technology, 34 (4): 709-713.

Mortimer M, Kasemets K, Vodovnik M, et al. 2011. Exposure to CuO nanoparticles changes the fatty acid composition of protozoa tetrahymena thermophila. Environmental Science & Technology, 45 (15): 6617-6624.

Nahurira R, Ren L, Song J, et al. 2017. Degradation of di (2-ethylhexyl) phthalate by a novel gordonia alkanivorans strain YC-RL2. Current Microbiology, 74: 309-319.

Namiki S, Otani T, Motoki Y, et al. 2018. Differential uptake and translocation of organic chemicals by several plant species from soil. Journal of Pesticide Science, 43 (1/2): 96-107.

Navacharoen A, Vangnai A S. 2011. Biodegradation of diethyl phthalate by an organic-solvent-tolerant Bacillus subtilis strain 3C3 and effect of phthalate ester coexistence. International Biodeterioration & Biodegradation, 65 (6): 818-826.

Net S, Sempere R, Delmont A, et al. 2015. Occurrence, fate, behavior and ecotoxicological state of phthalates in different environmental matrices. Environmental Science & Technology, 49 (7): 4019-4035.

Nichols D J, Daniel T C, Edwards D R, et al. 1998. Use of grass filter strips to reduce 17 beta-estradiol in runoff from fescue-applied poultry litter. Journal of Soil & Water Conservation, 53 (1): 74-77.

Peijnenburg W J G M, Struijs J. 2006. Occurrence of phthalate esters in the environment of the Netherlands. Ecotoxicology and Environmental Safety, 63 (2): 204-215.

Pollard A T, Morra M J. 2017. Estrogens: properties, behaviors, and fate in dairy manure-amended soils. Environmental Reviews, 25 (4): 452-462.

Pradeep S, Josh M K S, Binod P, et al. 2015. Achromobacter denitrificans strain SP1 efficiently remediates di (2-ethylhexyl) phthalate. Ecotoxicology and Environmental Safety, 112: 114-121.

Quan C S, Liu Q, Tian W J, et al. 2005. Biodegradation of an endocrine-disrupting chemical, di-2-ethylhexyl phthalate, by *Bacillus subtilis* No. 66. Applied Microbiology and Biotechnology, 66: 702-710.

Quintana J B, Carpinteiro J, RodrGuez I, et al. 2004. Determination of natural and synthetic estrogens in water by gas chromatography with mass spectrometric detection. Journal of Chromatography A, 1024 (1-2): 177.

Ren L, Jia Y, Ruth N, et al. 2016. Biodegradation of phthalic acid esters by a newly isolated *Mycobacterium* sp. YC-RL4 and the bioprocess with environmental samples. Environmental Science and Pollution Research, 23: 16609-16619.

Ren W J, Wang Y T, Huang Y W, et al. 2020. Uptake, translocation and metabolism of di-n-butyl phthalate in alfalfa (*Medicago sativa*). Science of the Total Environment, 731: 138974.

Rezek J, Inder W C, Mackova M, et al. 2008. The effect of ryegrass (*Lolium perenne*) on decrease of PAH content in long term contaminated soil. Chemosphere, 70: 1603-1608.

Rico C M, Morales M I, McCreary R, et al. 2013. Cerium oxide nanoparticles modify the antioxidative stress enzyme activities and macromolecule composition in rice seedlings. Environmental Science & Technology, 47 (24): 14110-14118.

Ryslava H. 2015. Phytoremediation of carbamazepine and its metabolite 10,11-epoxycarbamazepine by C-3 and C-4 plants. Environmental Science and Pollution Research, 22 (24): 20271-20282.

Sakurai S, Fujikawa Y, Kakumoto M, et al. 2009. The effects of soil and *Trifoliumrepens* (white clover) on the fate of estrogen. Journal of Environmental Science and Health Part B-Pesticides Food Contaminants and Agricultural Wastes, 44 (PII 9094356463): 284-291.

Sarmah A K, Northcott G L, Leusch F D, et al. 2006. A survey of endocrine disrupting chemicals (EDCs) in municipal sewage and animal waste effluents in the Waikato region of New Zealand. Science of the Total Environment, 355 (1/3): 135-144.

Sarmah A K, Northcoyy G L, Scherr F F. 2008. Retention of estrogenic steroid hormones by selected New Zealand soils. Environment International, 34 (6): 749.

Schmitzer J L, Scheunert I, Korte F. 1988. Fate of bis (2-ethylhexyl) [^{14}C] phthalate in laboratory and outdoor soil-plant systems. Journal of Agricultural & Food Chemistry, 36 (1): 210-215.

Schuh M C, Casey F X M, Hakk H, et al. 2011. Effects of field-manure applications on stratified 17β-estradiol concentrations. Journal of Hazardous Materials, 192 (2): 748-752.

Schwitzguebel J P. 2017. Phytoremediation of soils contaminated by organic compounds: hype, hope and facts. Journal of Soils and Sediments, 17: 1492-1502.

Shan J, Wang T, Klumpp E, et al. 2010. Bioaccumulation and bound-residue formation of a branched 4-nonylphenol isomer in the geophagous earthworm *Metaphire guillelmi* in a rice paddy soil. Environmental Science & Technology, 44: 4558-4563.

Shargil D, Gerstl Z, Fine P, et al. 2015. Impact of biosolids and wastewater effluent application to agricultural land on steroidal hormone content in lettuce plants. Science of the Total Environment, 505: 357-366.

Shi W, Wang L, Rousseau D, et al. 2010. Removal of estrone, 17 alpha-ethinylestradiol, and 17-estradiol in algae and duckweed-based wastewater treatment systems. Environmental Science and Pollution Research, 17 (4): 824-833.

Song G, Dai J, Hu F. 2010. Accumulation of phthalic acid esters in different types of soil-plant systems. Journal of Agro-Environment Science, 29: 1502-1508.

Song Y, Xu M, Li X N, et al. 2018. Long-term plastic greenhouse cultivation changes soil microbial community structures: a case study. Journal of Agricultural and Food Chemistry, 66: 8941-8948.

Staples C A, Peterson D R, Parkerton T F, et al. 1997. The environmental fate of phthalate esters: a literature review. Chemosphere, 35 (4): 667-749.

Stokes J D, Wilkinson A, Reid B J, et al. 2005. Prediction of polycyclic aromatic hydrocarbon biodegradation in contaminated soils using an aqueous hydroxypropyl-β-cyclodextrin extraction technique. Environmental Toxicology & Chemistry, 24: 1325-1330.

Su Y U, Zhu Y G. 2008. Uptake of selected PAHs from contaminated soils by rice seedlings (*Oryza sativa*) and influence of rhizosphere on PAH distribution. Environmental Pollution, 155: 359-365.

Sun J, Wu X, Gan J. 2015. Uptake and metabolism of phthalate esters by edible plants. Environmental Science & Technology, 49 (14): 8471-8478.

Sun T R, Cang L, Wang Q Y, et al. 2010. Roles of abiotic losses, microbes, plant roots, and root exudates on phytoremediation of PAHs in a barren soil. Journal of Hazardous Materials, 176 (1-3): 919-925.

Tang W J, Zhang L S, Fang Y, et al. 2016. Biodegradation of phthalate esters by newly isolated *Rhizobium* sp. LMB-1 and its biochemical pathway of di-*n*-butyl phthalate. Journal of Applied Microbiology, 121: 177-186.

Tang W J, Zhou Y, Ye B C, et al. 2015. Draft genome sequence of a phthalate ester-degrading bacterium, *Rhizobium* sp. LMB-1, isolated from cultured soil. Genome Announcements, 3 (3): eOO392-15.

Tyler C R, Jobling S, Sumpter J P. 1998. Endocrine disruption in wildlife: a critical review of the evidence. Critical Reviews in Toxicology, 28 (4): 319-361.

Upchurch R G. 2008. Fatty acid unsaturation, mobilization, and regulation in the response of plants to stress. Biotechnology Letters, 30 (6): 967-977.

USNRC. 2006. Learning to Think Spatially: GIS as a Support System in the K-12 Curriculum. Washington DC: National Academies Press.

Wang H, Liang H, Gao D W. 2017. Occurrence and risk assessment of phthalate esters (PAEs) in agricultural soils of the Sanjiang Plain, northeast China. Environmental Science and Pollution Research, 24 (24): 1-10.

Wang J, Chen G, Christie P, et al. 2015. Occurrence and risk assessment of phthalate esters (PAEs) in vegetables and soils of suburban plastic film greenhouses. Science of the Total Environment, 523: 129-137.

Wang J, Luo Y, Teng Y, et al. 2013. Soil contamination by phthalate esters in Chinese intensive vegetable production systems with different modes of use of plastic film. Environmental Pollution, 180: 265-273.

Wang Y T, Ren W J, Li Y, et al. 2019. No targeted metabolomic analysis to unravel the impact of di (2-ethylhexyl) phthalate stress on root exudates of alfalfa (*Medicago sativa*). Science of the Total Environment, 646: 212-219.

Wang Y, Li F, Ruan X, et al. 2017. Biodegradation of di-*n*-butyl phthalate by bacterial consortium LV-1 enriched from river sludge. PLoS One, 12 (5): e0178213.

Wen Z D, Gao D W, Wu W M. 2014. Biodegradation and kinetic analysis of phthalates by an *Arthrobacter* strain isolated from constructed wetland soil. Applied Microbiology and Biotechnology, 98: 4683-4690.

Wilken A, Bock C, Bokern M, et al. 1995. Metabolism of different PCB congeners in plant cell cultures. Environmental Toxicology & Chemistry, 14 (12): 2017-2022.

Williamson J D, Jennings D B, Guo W W, et al. 2002. Sugar alcohols, salt stress, and fungal resistance: polyols-multifunctional plant protection?. Journal of the American Society for Horticultural Science, 127(4): 467-473.

Wu Q, Liu H, Ye L S, et al. 2013. Biodegradation of di-n-butyl phthalate esters by *Bacillus* sp. SASHJ under simulated shallow aquifer condition. International Biodeterioration & Biodegradation, 76: 102-107.

Wu W, Hu J, Wang J, et al. 2015. Analysis of phthalate esters in soils near an electronics manufacturing facility and from a non-industrialized area by gas purge microsyringe extraction and gas chromatography. Science of the Total Environment, 508: 445-451.

Wu W, Sheng H, Gu C, et al. 2018. Extraneous dissolved organic matter enhanced adsorption of dibutyl phthalate in soils: insights from kinetics and isotherms. Science of the Total Environment, 631-632: 1495-1503.

Wu X, Wang Y, Liang R, et al. 2011. Biodegradation of an endocrine-disrupting chemical di-n-butyl phthalate by newly isolated *Agrobacterium* sp. and the biochemical pathway. Process Biochemistry, 46: 1090-1094.

Wu Y H, Si Y B, Zhou D M, et al. 2015. Adsorption of diethyl phthalate ester to clay minerals. Chemosphere, 119: 690-696.

Wu Z, Zhang X, Wu X, et al. 2013. Uptake of di (2-ethylhexyl) phthalate (DEHP) by the plant benincasa hispida and its use for lowering DEHP content of intercropped vegetables. Journal of Agricultural and Food Chemistry, 61 (22): 5220-5225.

Xia X, Yang L, Bu Q, et al. 2011. Levels, distribution, and health risk of phthalate esters in urban soils of Beijing, China. Journal of Environmental Quality, 40 (5): 1643.

Xing B. 2001. Sorption of naphthalene and phenanthrene by soil humic acids. Environmental Pollution, 111 (2): 303-309.

Xu G, Li F, Wang Q. 2008. Occurrence and degradation characteristics of dibutyl phthalate (DBP) and di-(2-ethylhexyl) phthalate (DEHP) in typical agricultural soils of China. Science of the Total Environment, 393 (2/3): 333-340.

Xu L X, Han L B, Huang B R. 2011. Membrane fatty acid composition and saturation levels associated with leaf dehydration tolerance and post-drought rehydration in kentucky bluegrass. Crop Science, 51 (1): 273-281.

Xu X R, Li H B, Gu J D. 2005. Biodegradation of an endocrine-disrupting chemical di-n-butyl phthalate ester by *Pseudomonas fluorescens* B-1. International Biodeterioration & Biodegradation, 55: 9-15.

Xu Y, Dai S, Meng K, et al. 2018. Occurrence and risk assessment of potentially toxic elements and typical organic pollutants in contaminated rural soils. Science of the Total Environment, 630 (15): 618-629.

Yang F, Wang M, Wang Z, et al. 2013. Sorption behavior of 17 phthalic acid esters on three soils: effects of pH and dissolved organic matter, sorption coefficient measurement and QSPR study. Chemosphere, 93(1): 82-89.

Yang X, Zhang C, He Z, et al. 2013. Isolation and characterization of two n-butyl benzyl phthalate degrading bacteria. International Biodeterioration & Biodegradation, 76: 8-11.

Ying G, Kookana R S, Ru Y, et al. 2002. Occurrence and fate of hormone steroids in the environment. Environment International, 28 (6): 545-551.

Zhang F S, Xie Y F, Li X W, et al. 2015. Accumulation of steroid hormones in soil and its adjacent aquatic environment from a typical intensive vegetable cultivation of North China. Science of the Total Environment, 538 (538): 423.

Zhang F, Li Y, Yang M, et al. 2012. Copper residue in animal manures and the potential pollution risk in Northeast China. Journal of Resources and Ecology, 2 (1): 91-96.

Zhang H, Shi J, Liu X, et al. 2014. Occurrence and removal of free estrogens, conjugated estrogens, and bisphenol A in manure treatment facilities in East China. Water Research, 58 (7): 248-257.

Zhang Y, Liang Q, Gao R, et al. 2014. Contamination of phthalate esters (PAEs) in typical wastewater-irrigated agricultural soils in Hebei, North China. PLoS One, 10 (9): e0137998.

Zhang Y, Tao Y, Zhang H, et al. 2015. Effect of di-*n*-butyl phthalate on root physiology and rhizosphere microbial community of cucumber seedlings. Journal of Hazardous Materials, 289: 9-17.

Zhang Y F, Wang Y, Ding Z T, et al. 2017. Zinc stress affects ionome and metabolome in tea plants. Plant Physiology and Biochemistry, 111: 318-328.

Zhao H M, Du H, Feng N X, et al. 2016a. Biodegradation of di-*n*-butyl phthalate and phthalic acid by a novel *Providencia* sp. 2D and its stimulation in a compost-amended soil. Biology and Fertility of Soils, 52: 65-76.

Zhao H M, Du H, Lin J, et al. 2016b. Complete degradation of the endocrine disruptor di-(2-ethylhexyl)phthalate by a novel *Agromyces* sp. MT-O strain and its application to bioremediation of contaminated soil. Science of the Total Environment, 562: 170-178.

Zhao H M, Du H, Xiang L, et al. 2015. Variations in phthalate ester (PAE) accumulation and their formation mechanism in Chinese flowering cabbage (*Brassica parachinensis* L.) cultivars grown on PAE-contaminated soils. Environmental Pollution, 206: 95-103.

Zheng W, Yates S R, Bradford S A. 2008. Analysis of steroid hormones in a typical dairy waste disposal system. Environmental Science & Technology, 42 (2): 530-535.

Zhao H M, Huang H B, Du H, et al. 2018. Global picture of protein regulation in response to dibutylphthalate (DBP) stress of two Brassica parachinensis cultivars differing in DBP accumulation. Journal of Agricultural and Food Chemistry, 66 (18): 4768-4779.

Zhao H M, Xiang L, Wu X L, et al. 2017. Low-molecular-weight organic acids correlate with cultivar variation in ciprofloxacin accumulation in *Brassica parachinensis* L. Scientific Reports, 7 (1): 10301.

Zheng W, Wiles K N, Holm N L, et al. 2014. Uptake, translocation, and accumulation of pharmaceutical and hormone contaminants in vegetables//ACS Symposium Series. Washington DC: American Chemical Society: 167-181.

Zhou Y, Zha J, Xu Y, et al. 2012. Occurrences of six steroid estrogens from different effluents in Beijing, China. Environmental Monitoring & Assessment, 184 (3): 1719-1729.

第5章 土壤中抗生素污染及抗性基因增殖扩散机制

抗生素耐药性在世界范围内的传播对人类健康构成了严重的威胁。近年来，抗生素大量应用于养殖业中，以促进动物生长、疾病预防和治疗，也使得畜禽肠道中富集了大量携带抗性基因的微生物。同时，大量未被代谢的抗生素残留以及这些微生物随着动物粪便排出体外，作为有机粪肥施用到土壤中，给农田生态系统带来抗生素和抗性基因污染。农田生态系统具有复杂多样的生态功能，农产品的食用是抗性基因暴露的重要途径之一。农田土壤中抗生素残留形成的选择压力及抗性基因的输入可能会促使抗生素抗性通过基因水平转移进入人类致病菌中，危害人类健康。因此，迫切需要对抗生素和抗性基因的污染特征以及抗性基因的增殖扩散机制进行深入的研究，以应对抗生素抗性在环境中的传播风险。本章将围绕农田生态系统中抗生素的污染水平、抗性基因的多样性及其增殖扩散机制开展系统阐述。

5.1 粪肥施用土壤抗生素残留和抗性基因富集的主控因子

抗生素作为人类医学史上的重大发现之一，除临床使用外，在预防和治疗动物传染性疾病、促进动物生长及提高饲料转化率等方面也具有重要作用。1950年美国食品和药品管理局（FDA）首次批准抗生素可作为饲料添加剂，抗生素因此被全面推广应用于动物养殖业（朱永官等，2015）。但是，养殖业和医疗行业的长期大量不规范使用抗生素，给生态环境和人类健康构成了潜在威胁（周启星等，2007）。研究发现，抗生素被机体摄入后，有30%~90%以原药和代谢产物的形式通过粪尿排出体外（Fang et al., 2014），最终进入水、土等自然环境中。环境中的抗生素残留即使在低浓度下也可以对抗生素抗性细菌（以下简称抗性细菌）进行选择，同时随着人类活动（污水排放、污泥和粪肥农用等）的加剧，抗性细菌和抗性基因（ARGs）在环境中不断增殖扩散。抗性基因已被广泛认为是一类新型环境污染物（Pruden et al., 2006），属于生物污染，其在环境中的传播扩散受到多种因素影响。当前，环境抗生素抗性污染问题已成为人类亟待解决的环境健康难题，是国际环境领域关注的热点。粪肥施用是农田抗生素和抗性基因污染的主要来源，因此，本节将对粪肥施用土壤中抗生素与抗性基因的污染分布特征和影响因素进行阐述。

5.1.1 粪肥施用土壤中抗生素的残留及主控因子

粪肥施用是农田抗生素污染的主要原因。不同动物在养殖过程中使用抗生素的种类和剂量不同，会造成不同养殖动物粪便中抗生素的残留量存在差异。采用超高效液相色谱串联质谱（UPLC-MS/MS）方法（吴丹等，2017），对黄淮海地区不同养殖动物粪便的抗生素残留进行了检测。结果表明，生猪粪便的抗生素残留量最高，其次为肉鸡粪便、蛋鸡粪便，而奶牛粪便的抗生素残留量最低；四环素类是养殖动物粪便中残留量最高的抗生素（蛋鸡除外）（图5-1）。此外，两种动物粪便无害化处理方式——好氧发酵和厌氧消化得到的堆肥产品和沼渣中抗生素残留量差异较大，堆肥产品的抗生素残留量远低于沼渣。这说明好氧发酵更有利于动物粪便中抗生素的削减（仇天雷等，2015）。通过对商品有机肥中四环素类抗生素残留的检测，发现有机肥样品中四环素类抗生素检出率依次为：多西环素＞金霉素＝土霉素＞四环素（表5-1），土霉素和金霉素的最大检出值都超过了100mg/kg。这一结果表明，目前的有机肥产品中抗生素残留问题不容忽视，应开发基于抗生素有效削减的有机肥生产技术，以减少粪肥施用造成的农田土壤抗生素污染。

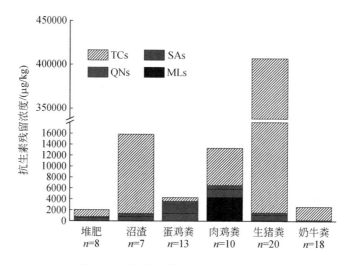

图5-1 不同来源粪肥中抗生素残留量

MLs（大环内酯类），红霉素、泰乐菌素、林可霉素；TCs（四环素类），四环素、土霉素、金霉素、多西环素；QNs（喹诺酮类），环丙沙星、诺氟沙星、洛美沙星、恩诺沙星；SAs（磺胺类），磺胺嘧啶、磺胺甲唑、磺胺甲基嘧啶、磺胺对甲氧嘧啶、磺胺氯哒嗪、磺胺地索辛

表5-1 黄淮海地区商品有机肥中四环素类抗生素残留情况

抗生素种类	样本数量/个	检出率/%	最大值/（mg/kg）	均值/（mg/kg）	标准差/（mg/kg）
土霉素	46	23.91	172.56	49.76	57.92
四环素	46	10.87	7.77	3.22	3.11
金霉素	46	23.91	137.83	36.18	43.30
多西环素	46	45.65	11.46	5.78	3.67

为了解粪肥施用土壤的抗生素残留状况，对北京地区11个蔬菜基地的大田土壤和温室土壤进行了抗生素残留浓度检测。结果表明，除了磺胺嘧啶（SM）、磺胺二甲氧嘧啶（SDM）和氨苄西林（AMP）未被检测到，其余抗生素均有不同程度的检出（表5-2）。温室土壤中各种抗生素的检出率和含量普遍高于大田土壤，这可能与温室土壤粪肥施用量较大有关（张兰河等，2016）。

表 5-2 菜田土壤中抗生素的检出率与残留量

抗生素	大田土壤			温室土壤		
	含量范围/(μg/kg)	平均值/(μg/kg)	频率/%	含量范围/(μg/kg)	平均值/(μg/kg)	频率/%
SD	ND	ND	0	ND	ND	0
SM2	ND~20.66	6.24	62	ND~18.87	6.38	79
SM	ND	ND	0	ND	ND	0
SMX	ND~3.76	1.78	92	ND~22.80	7.02	90
SDM	ND	ND	0	ND	ND	0
∑SAs	0.48~21.20	8.02	100	4.13~34.70	13.41	100
OTC	ND~27.05	8.71	39	ND~41.31	11.76	42
TC	ND~16.18	12.68	92	11.46~17.66	14.11	100
CTC	ND~37.73	14.02	77	ND~182.82	31.37	74
DOX	32.68~44.20	38.24	100	ND~145.06	46.34	90
∑TCs	43.59~101.75	73.65	100	13.80~260.28	103.58	100
NOR	ND~3.94	0.33	15	ND~9.11	1.15	21
CIP	ND~4.48	1.46	69	ND~37.03	5.92	74
ENR	ND	ND	0	ND~4.42	0.28	11
∑QNs	ND~7.17	1.78	69	ND~37.03	7.35	74
AMP	ND	ND	0	ND	ND	0

注：ND 表示未检出；SD 为磺胺嘧啶；SM2 为磺胺二甲嘧啶；SM 为磺胺对甲氧嘧啶；SMX 为磺胺甲噁唑；SDM 为磺胺二甲氧嘧啶；OTC 为土霉素；TC 为四环素；CTC 为金霉素；DOX 为多西环素；NOR 为诺氟沙星；CIP 为环丙沙星；ENR 为恩诺沙星；AMP 为氨苄西林；∑SAs 为 5 种磺胺类抗生素的总量；∑TCs 为 4 种四环素类抗生素的总量；∑QNs 为 3 种喹诺酮类抗生素的总量。

大田土壤和温室土壤中磺胺类抗生素（SAs）和四环素类抗生素（TCs）的检出率均为 100%，喹诺酮类抗生素（QNs）的检出率分别为 69% 和 74%（表 5-2）。大田土壤和温室土壤中 SAs 检出含量分别为 0.48~21.20μg/kg（平均值 8.02μg/kg）和 4.13~34.70μg/kg（平均值 13.41μg/kg），TCs 检出含量分别为 43.59~101.75μg/kg（平均值 73.65μg/kg）和 13.80~260.28μg/kg（平均值 103.58μg/kg），QNs 的检出含量分别为 ND（低于检出限）~7.17μg/kg（平均值 1.78μg/kg）和 ND~37.03μg/kg（平均值 7.35μg/kg）。以上结果表明，北京地区菜田土壤中 TCs 的最高检出含量和平均含量都高于 SAs 和 QNs（张兰河等，2016）。尹春艳等（2012）以及 Ji 等（2012）的研究结果也表明，TCs 是山东蔬菜土壤和上海养殖场附近农田污染最严重的抗生素，而且检出含量更高（平均浓度分别为 274μg/kg 和 6120μg/kg）。这与 TCs 在养殖业中被广泛用作添加剂来预防感染和促进生长有关，而且与其他抗生素相比，TCs 在环境中较稳定（Hu et al.，2010；Li et al.，2012）。以上结果与粪肥中抗生素残留的检测结果（图 5-1）基本一致，说明粪肥中的抗生素残留是农田土壤抗生素污染的主要原因。

5.1.2 粪肥施用土壤中抗性基因的富集及主控因子

随着市场需求增加，中国温室蔬菜的产量迅速增长。与常规蔬菜生产相比，温室蔬菜基地通过延长植物的生长季节来增加蔬菜产量。同时，植物生长所需的营养物质也大幅增加，禽畜粪便作为常见的有机肥在生产过程中被广泛采用。然而，粪肥中携带的抗性基因及抗生素残留形成的选择压力通常会导致土壤中抗生素抗性基因的富集。

为了解粪肥施用导致的土壤中抗性基因的富集情况，选择了 29 个大型温室蔬菜生产基地（其中 17 个位于山东省寿光市，12 个位于天津市武清区），研究粪肥添加对基地土壤中 ARGs 多样性和丰度的影响。样品为基地中五个表层土样（0~20cm）彻底混合形成的复合样本，同时取基地附近空旷地未施肥的土壤作为对照。通过高通量定量 PCR（HT-qPCR）检测发现，施用粪肥土壤中抗性基因的多样性和丰度均显著提高 [图 5-2（a）]，施用粪肥显著（t 检验，$P<0.001$）增加了两个城市温室蔬菜生产基地抗性基因的绝对丰度，比未施用粪肥土壤抗性基因的绝对丰度高了 12 倍 [图 5-2（b）]。

基于 Bray-Curtis 距离的主坐标分析（PCoA）结果可知，施用不同类型粪肥（包括猪、牛和鸡粪）的土壤样品中 ARGs 类型没有显著差异（图 5-3）。此外，与未施肥的对照土壤样品相比，粪肥施用导致蔬菜生产基地中 ARGs 大量富集。结果显示，两个城市的蔬菜生产基地分别有 20 个和 57 个 ARGs 富集。其中，在天津武清温室蔬菜生产基地施肥土壤中，$tetG$-01 基因是富集倍数最高的抗性基因，其富集倍数达到了 432 倍；而在山东寿光温室蔬菜生产基地施肥土壤中，富集倍数最高的是 $acrA$-04 基因，其富集倍数达到了 64 倍（图 5-4）。

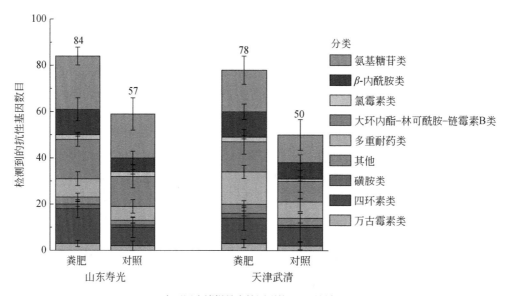

(a) 在不同土壤样品中检测到的ARGs数量

第 5 章 土壤中抗生素污染及抗性基因增殖扩散机制

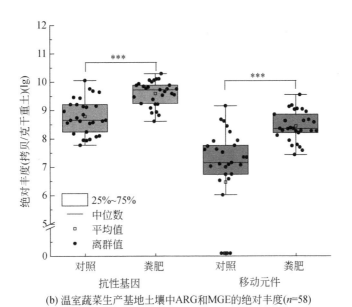

(b) 温室蔬菜生产基地土壤中ARG和MGE的绝对丰度(n=58)

图 5-2 ARGs 数量及 ARG 和 MGE 的绝对丰度

*** $P<0.001$

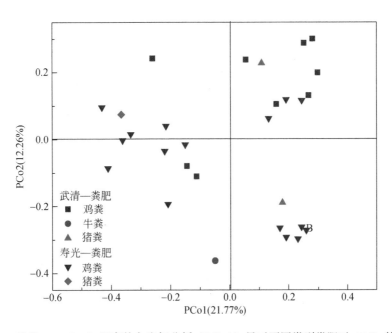

图 5-3 基于 Bray-Curtis 距离的主坐标分析（PCoA）显示不同类型粪肥对 ARGs 的影响

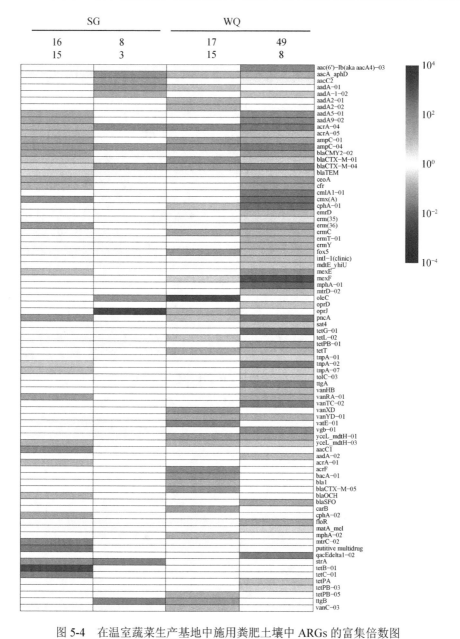

图 5-4 在温室蔬菜生产基地中施用粪肥土壤中 ARGs 的富集倍数图

以对照样品为参考样品，计算 $\Delta\Delta C_t$ 得到每个 ARG 的富集倍数值。每列代表不同的采样时间，每列顶部的数字分别表示显著富集（红色）或降低（蓝色）的 ARGs 的数量。WQ，天津武清；SG，山东寿光

同时，采用以上方法测定了吉林和河北地区粪肥施用土壤（种植蔬菜）的抗性基因数量和丰度。结果表明，尽管二者土壤性质不同，但检出的抗性基因数量差异不大，介于 41~46 个（图 5-5）。粪肥施用土壤的抗性基因数量显著高于化肥施用土壤（种植玉米），而化肥施用土壤的抗性基因数量没有地区差异。抗性基因的总相对丰度表明（图 5-6），河北地区略低于吉林，但二者无显著性差异（$P>0.05$）；施用粪肥土壤的抗性基因总相对丰度是施用化肥土壤的 5.5~5.8 倍。以上结果表明，粪肥施用是土壤抗性基因数量和丰度增加的

直接原因，而与土壤性质和地理位置关系不大。

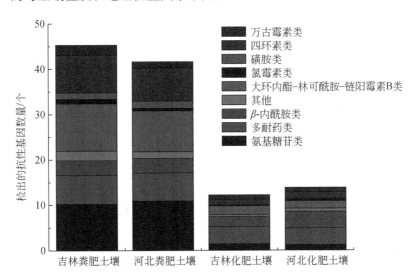

图 5-5　吉林与河北地区粪肥施用土壤（$n=8$）与化肥施用土壤（$n=8$）抗性基因的数量

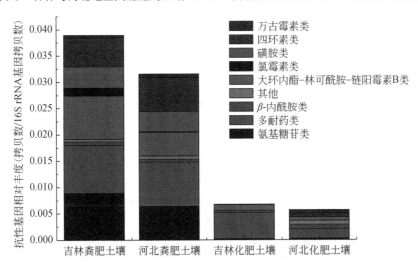

图 5-6　吉林与河北地区粪肥施用土壤（$n=8$）与化肥施用土壤（$n=8$）抗性基因的相对丰度

为探究粪肥施用量对农田土壤抗性基因多样性和丰度的影响，采用 HT-qPCR 方法，对长期定位实验（8 年）基地（种植玉米和小麦）的农田土壤抗性基因进行了检测分析。结果表明，鸡粪有机肥施用量的增加不会引起土壤抗性基因数量的显著增加（$P>0.05$）；猪粪有机肥每年施用量为 3t/亩和 4t/亩的土壤抗性基因数量显著高于施用量为 1t/亩的土壤（$P<0.05$），而猪粪有机肥每年施用量为 2t/亩、3t/亩和 4t/亩的土壤抗性基因数量无显著性差异（$P>0.05$）（图 5-7）。从抗性基因的相对丰度看（图 5-8），相同施肥量条件下，鸡粪有机肥施用土壤抗性基因总相对丰度高于猪粪有机肥土壤；随着施肥量的增加，土壤抗性基因相对丰度有增加趋势，但是当施肥量达到每年 3t/亩以上时，土壤抗性基因相对丰度不再增加。以上研究结果表明，当粪肥施用量达到一定量之后再增加施肥量不会引起土壤抗性基因数量和相对丰度的增加,即粪肥施用量对农田土壤抗性基因数量和丰度的影响可能存在一个阈值,未来应对这个阈值进行系统研究。

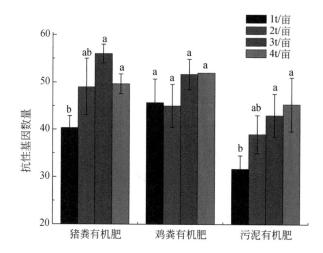

图 5-7 不同粪肥施用量对土壤抗性基因数量的影响

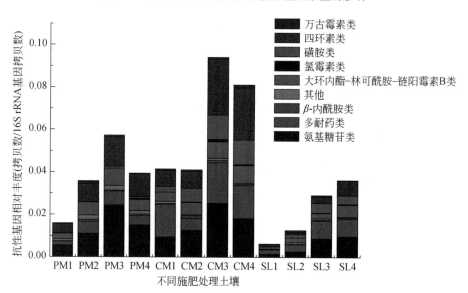

图 5-8 不同粪肥施用量对土壤抗性基因相对丰度的影响

PM1、PM2、PM3、PM4 分别表示每年猪粪有机肥施用量为 1t/亩、2t/亩、3t/亩、4t/亩;CM1、CM2、CM3、CM4 分别表示每年鸡粪有机肥施用量为 1t/亩、2t/亩、3t/亩、4t/亩;SL1、SL2、SL3、SL4 分别表示每年污泥有机肥施用量为 1t/亩、2t/亩、3t/亩、4t/亩

土壤作为抗性基因的储存库和抗性基因向食物链传递的媒介,田间投入品尤其是肥料的施用会引起土壤抗性基因组成和丰度的变化(Peng et al., 2017)。为比较有机肥和无机肥对土壤抗性基因多样性和丰度的影响,采用宏基因组测序技术,研究了商品有机肥和无机肥连续施用 9 年后土壤抗性基因的差异(Sun et al., 2019)。结果表明,有机肥(实验基地应用的以鸡粪和羊粪为主要原料,经高温好氧发酵制成的商品化有机肥)、施用有机肥土

壤、施用无机肥土壤和不施肥土壤（对照）中分别检测到 20 种、19 种、19 种和 18 种抗性基因型[图 5-9（a）]。从检出的抗性基因亚型数量来看，有机肥中最高（198 种），其次是施用有机肥土壤（148 种）、施用无机肥土壤（127 种）和不施肥土壤（112 种）。抗性基因相对丰度的高低顺序为有机肥＞施用有机肥土壤＞施用无机肥土壤＞不施肥土壤[图 5-9（b）]。以上结果表明，无机肥与有机肥均可提高土壤抗性基因的多样性与相对丰度，而有机肥施用土壤抗性基因的数量和相对丰度显著高于无机肥施用土壤（$P<0.05$）。

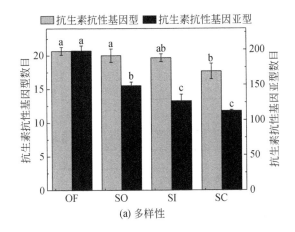 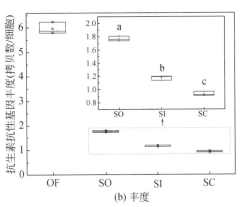

图 5-9　不同施肥处理土壤中抗性基因的多样性及丰度

OF，有机肥；SO，施用有机肥土壤；SI，施用无机肥土壤；SC，不施肥土壤

图中不同字母代表样品间有显著差异性（$P<0.05$），下同

通过对不同土壤样品中抗性基因的分析，发现存在 86 种核心抗性基因亚型（不同处理土壤样品中共有的抗性基因）（表 5-3）。施用有机肥土壤、施用无机肥土壤和不施肥土壤中，核心抗性基因数目占总抗性基因的比例分别为 58.1%、67.7% 和 76.8%。除大环内酯类抗性基因 $ermE$ 外，土壤中其他核心抗性基因均能在有机肥样品中检测到。通过对不同施肥处理土壤中总抗性基因与核心抗性基因组成的分析，发现有机肥中抗性基因组成与土壤抗性基因组成差异较大，施用无机肥与不施肥土壤中抗性基因的组成相似性更高[图 5-10（a）]。不同施肥处理土壤中核心抗性基因的组成差异与总抗性基因的差异相似[图 5-10（b）]。进一步分析各处理土壤中核心抗性基因的相对丰度，发现施用有机肥土壤、施用无机肥土壤和不施肥土壤中核心抗性基因丰度占总抗性基因的比例都超过了 90%（图 5-11）。由此可见，土壤中核心抗性基因丰度的变化可以反映施肥对土壤抗性基因的影响（Sun et al.，2019）。

表 5-3　施肥与不施肥土壤中核心抗性基因及其相对丰度

抗性类型	抗性亚型	相对丰度/%		
		SO	SI	SC
氨基糖苷类	$aac(2')$-Ⅰ，$aac(3)$-Ⅰ，$aac(3)$-Ⅲa，$aac(3)$-Ⅳ，$aadA$，$aph(6)$-Ⅰ	3.76	1.74	2.83
杆菌肽	$bacA$，$bcrA$	5.09	8.29	8.70
内酰胺类	class A beta-lactamase	0.62	0.46	0.07
碳霉素	$carA$	0.25	0.07	0.22

续表

抗性类型	抗性亚型	相对丰度/%		
		SO	SI	SC
氯霉素	*catB*, chloramphenicol exporter, *floR*, cat_chloramphenicol acetyltransferase	3.96	2.11	1.27
磷霉素	*fosB*, *rosA*, *rosB*	5.00	5.43	5.06
大环内酯-林可酰胺-链霉素 B 类	*ermE*, *ermO*, *lmrB*, *lsa*, *macA*, *macB*, *mgtA*, *oleD*, *srmB*, *tlcC*	4.77	5.83	8.16
多重耐药类	*acrB*, *acrF*, *adeB*, *amrB*, *bpeF*, *ceoB*, *cmeB*, *emrB*, *mdtB*, *emrE*, *mdtC*, *mdtF*, *mexB*, *mexC*, *mexD*, *mexE*, *mexF*, *mexI*, *mexT*, *mexW*, *mexY*, major_facilitator_superfamily_transporter, multidrug_ABC_transporter, multidrug_transporter, *ompR*, *oprA*, *oprC*, *oprM*, *oprN*, *smeB*, *smeD*, *smeE*	21.50	24.45	30.05
嘌呤霉素	puromycin resistance protein	0.06	0.06	0.03
喹诺酮类	*norB*, *qepA*	1.28	2.48	3.10
利福平	ADP-ribosylating transferase_arr rifampin monooxygenase	5.21	3.30	3.84
磺胺类	*sul1*, *sul2*	3.64	1.32	0.84
特曲霉素类	*tcmA*	3.61	2.16	1.67
四环素类	*otrA*, *tet35*, *tetL*, *tetM*, *tetP*, *tetV*, *tetX*, tetracycline_resistance_protein	2.77	2.21	2.17
万古霉素	*vanA*, *vanD*, *vanE*, *vanH*, *vanC*, *vanR*, *vanS*, *vanX*	30.36	32.71	23.80
未分类	cAMP-regulatory protein, transcriptional regulatory protein CpxR, truncated putative response regulator ArlR	2.95	4.31	5.61

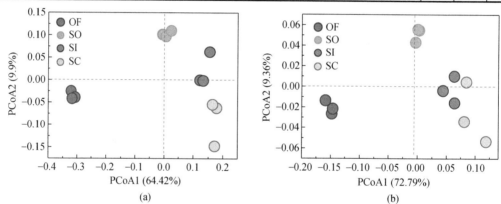

图 5-10 有机肥与不同施肥处理土壤中总抗性基因（a）及核心抗性基因（b）组成差异分析

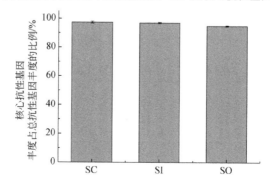

图 5-11 不同施肥处理土壤中核心抗性基因占总抗性基因相对丰度的比例

通过对有机肥与施肥土壤中优势抗性基因类群的分析，发现有机肥的优势抗性基因为大环内酯-林可酰胺-链阳霉素 B 类、磺胺类、四环素类与氨基糖苷类，而土壤的优势抗性基因为万古霉素类与多重耐药类［图 5-12（a）］。施用有机肥与无机肥均使土壤大多数抗性基因得到富集。有机肥的施用使土壤中 15 类抗性基因得到明显富集，其中增殖最多的为磺胺类抗性基因，相对丰度增加了 7 倍，其次是氯霉素类、特曲霉素类等抗性基因［图 5-12（b）］。

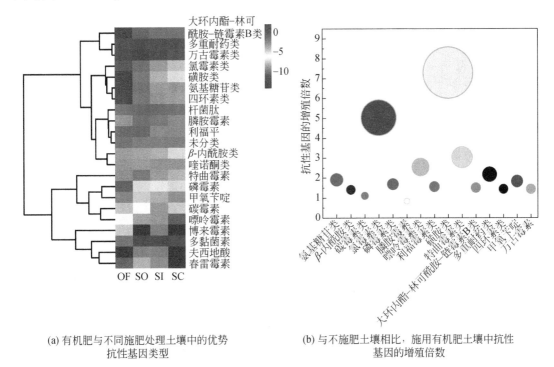

(a) 有机肥与不同施肥处理土壤中的优势抗性基因类型

(b) 与不施肥土壤相比，施用有机肥土壤中抗性基因的增殖倍数

图 5-12 施肥土壤中富集的抗性基因类型

进一步比较分析有机肥及施肥土壤中富集的优势抗性基因亚型，发现施用有机肥土壤与施用无机肥土壤均富集的抗性基因有万古霉素类的 *vanR*、磺胺类的 *sul1* 和 *sul2*、特曲霉素类的 *tcmA*、磷霉素类的 *rosA* 和 *rosB* 等，且在施用有机肥土壤中增加更为显著（图 5-13）。此外，施用有机肥土壤中四环素类的 *tetL* 和 *tetX*，氨基糖苷类的 *aadA* 和 *aac*（3）*-1* 得到富集。上述结果表明，土壤中的大多数优势抗性基因会在施肥后得到富集。施用粪肥土壤中抗生素抗性水平随着时间的推移逐渐降低（Zhang et al.，2017）。本研究中，一些有机肥中的优势抗性基因如 *ermG* 和 *ermC*，进入土壤环境后丰度较低或消失。这表明有机肥中某些抗生素抗性菌无法在土壤中有效增殖。土壤中占优势但在有机肥中不存在或丰度较低的部分抗性基因（*tcmA*、*mexF*），会在施肥土壤中得到富集，表明这些抗性基因可能源于有机肥施用后土著抗生素抗性菌的增殖（Sun et al.，2019）。

与不施肥土壤相比，施用有机肥土壤中增加了 36 种抗性基因亚型（表 5-4），施用无机肥土壤增加了 15 个抗性基因亚型。尽管施用有机肥与无机肥后，土壤中增加的抗性基因数目较多，但增加的抗性基因亚型的丰度分别占这两个处理总抗性基因丰度的 2.97% 与 1.91%。

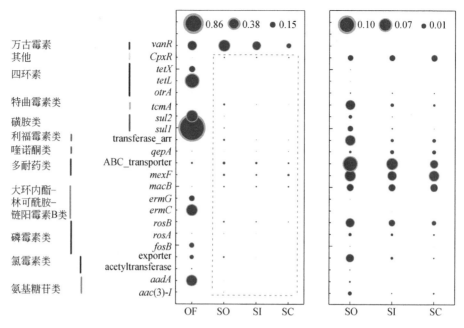

图 5-13 施肥土壤中富集的抗性基因亚型

这一结果再次证明，不同施肥处理土壤中核心抗性基因丰度变化反映了施肥对土壤中抗性基因的影响。深入分析显示，施用有机肥土壤中新增加的抗性基因亚型均可在有机肥中检测到，但在施用无机肥土壤和未施肥土壤中均未发现，表明这些新增加的抗性基因来自施用的有机肥。综上所述，施肥后土壤中增加的抗性基因一些来自有机肥中的抗生素抗性菌，而另一些可能是施肥刺激土著抗性菌生长引起的（Sun et al., 2019）。

表 5-4 施用有机肥后土壤中增加的抗性基因

抗性基因类型	抗性基因亚型
氨基糖苷类	aad（6），aad（9），aadE，ant（3″）-Ih-aac（6'）-IId，ant（9）-I，streptomycin resistance protein
氯霉素	catA，cmlA
大环内酯-林可酰胺-链阳霉素 B 类	ermG，erm（33），erm（35），erm（36），erm（TR），ermA，lnuA，lnuB，vatA，vgaA，vgbB，mphB，ermT，ermX，oleB，vgbA
四环素	tetQ，tetG，tet39
甲氧苄啶类	dfrA15，dfrA16
β-内酰胺类	OXA209，OXA-22，ampC
春日霉素	kasugamycin resistance protein ksgA
万古霉素	vanM
多重耐药类	emrA
未分类	tsnR

土壤样品中的微生物群落组成和结构、重金属含量及土壤营养都有可能成为抗性基因富集的主控因子。粪肥中携带的抗生素、重金属等随着有机肥的施用给土壤环境带来了基因选择压力，改变了土壤中微生物群落的组成和结构，形成了大量的抗生素抗性菌以及抗性基因富集的土壤环境。

为探究粪肥施用土壤抗性基因富集的主控因子，作者比较了施用粪肥和未施用粪肥的土壤样品的理化指标、重金属含量，以及微生物群落组成和结构（Pu et al.，2020）。普氏分析结果表明，在所有温室蔬菜生产基地施肥土壤中，ARGs 与细菌群落结构之间存在显著的相关性（$M^2=0.6631$，$R=0.5804$，$P<0.0001$）。并且，结合细菌群落组成（门水平）和环境因素的相关性进行的冗余分析（RDA）结果表明，在山东寿光温室蔬菜生产基地的施肥土壤中放线菌、绿弯曲菌和浮游菌对 ARGs 的贡献最大，而天津武清温室蔬菜生产基地的施肥土壤中 Zn、P 和 Cu 对 ARGs 的贡献最大。偏冗余分析（partial redundancy analysis，pRDA）结果表明，细菌群落组成和环境因素的变化在一定程度上解释了粪肥施用对 ARGs 的影响（图 5-14）。然而偏冗余分析结果显示细菌群落组成和环境因素对土壤中抗性基因的解释量较低，进一步采用双边网络分析发现，在未施肥的对照土壤中仅检测到一个 ARG，而在肥料施肥的土壤中检测到 50 个 ARGs 和 4 个可移动遗传元件（mobile genetic elements，MGEs）。这表明粪肥施用土壤中的 ARGs 在很大程度上来源于粪肥的施用（图 5-15）。

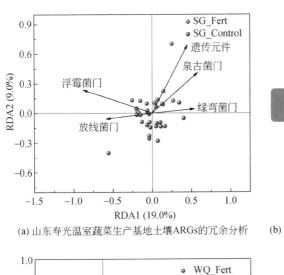

(a) 山东寿光温室蔬菜生产基地土壤ARGs的冗余分析

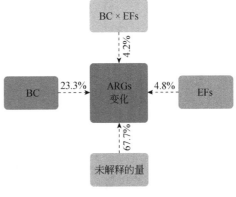

(b) 细菌群落组成(BC)和环境因素(EF)对山东寿光温室蔬菜生产基地土壤ARGs的偏冗余分析

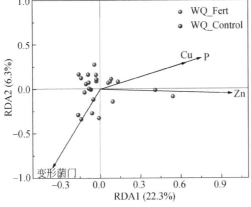

(c) 天津武清温室蔬菜生产基地土壤ARGs的冗余分析

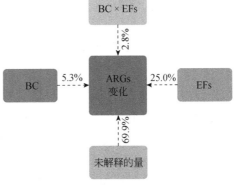

(d) 细菌群落组成(BC)和环境因素(EF)对天津武清温室蔬菜生产基地土壤ARGs的偏冗余分析

图 5-14 细菌群落组成和环境因素对温室蔬菜生产基地土壤 ARGs 的贡献

WQ，天津武清；SG，山东寿光；Fert，施用粪肥土壤样品；Control，未施用粪肥的对照土壤样品

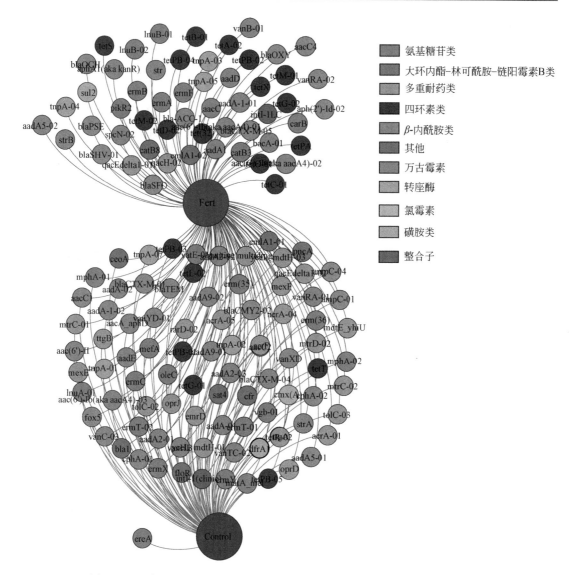

图 5-15 双向网络分析显示了施肥土壤和对照土壤之间共享的 ARGs 和 MGEs
Fert,施用粪肥土壤样品;Control,未施用粪肥的对照土壤样品

为探究重金属是否为土壤抗性基因富集的主控因子,对猪粪和 $CuCl_2$ 停施 10 年后的土壤进行了比较研究。通过对样品进行 X 射线衍射法测定,发现 Cu、Zn 和 P 元素在不同处理之间存在较大差异。对照组与处理组土壤中 Cu 的浓度分别为 (34.3±2.4) mg/kg 和 (69.34±6.9) mg/kg,表明猪粪和 $CuCl_2$ 的施用均导致土壤中的 Cu 浓度显著升高 ($P<0.001$)。Zn 浓度在对照和 Cu 处理土壤中约为 (100.3±4.2) mg/kg,在猪粪处理土壤中为 (154.3±3.3) mg/kg,其显著高于对照和 Cu 处理 ($P<0.001$);对照和 Cu 处理中 P 浓度约为 (756.1±52.7) mg/kg,其显著低于猪粪处理中的 P 浓度 (1826.6±83.4) mg/kg ($P<0.001$)(图 5-16),表明猪粪的施加不仅向土壤中引入大量 Cu 元素,还引入了其他元素,如 Zn 和 P。

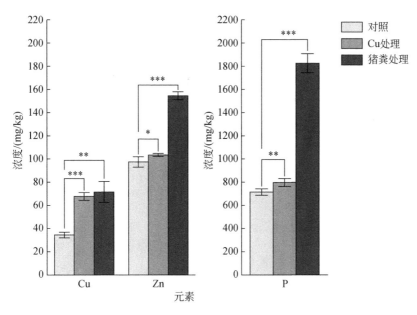

图 5-16 Cu、Zn 和 P 在不同样品中的元素含量

*$P<0.05$;**$P<0.01$;***$P<0.001$

同时,采用高通量荧光定量 PCR(HT-qPCR)技术,分析了样品中抗性基因的多样性和丰度。结果显示:猪粪和 $CuCl_2$ 停施 10 年后,土壤抗性基因仍处于较高水平,说明猪粪和 Cu 施用可导致土壤抗性基因的长期存在,其中,*ycel_mdtH* 和 *cphA* 基因在猪粪和 Cu 施用两种处理中均显著富集。主成分分析(PCA)结果显示,猪粪和 Cu 处理土壤中抗性基因的分布格局无明显差别。进一步采用聚类分析研究了样品中抗性基因的组成,发现猪粪施加和 Cu 施加两种处理位于同一簇中,而对照土壤处于另一分支,表明处理组与对照组有显著差异(图 5-17)。对照和处理组中共有的抗性基因有 84 个,占总抗性基因检出数的 85.7%,表明该实验土壤中抗性基因主要来自土壤土著微生物,其中,Cu 处理土壤中所检出的抗性基因中有 90%以上可在猪粪施用土壤中检出,Cu 处理土壤中特有的抗性基因仅有 4 个(图 5-17)。猪粪和 Cu 处理土壤中共有的抗性基因有 97 个,重金属分析发现猪粪处理土壤中 Cu 浓度与 Cu 处理组相近,这些结果表明 Cu 施用可对土壤抗生素抗性基因丰度有长期影响。研究表明 Cu 可能是增加土壤中抗生素抗性基因增殖扩散的主要因素,暗示着今后应特别关注随粪肥施用带来的重金属对土壤抗性基因的影响(张毓森等,2019)。

为探究土壤营养与抗性基因组成的关系,通过相关性分析发现,土壤营养显著影响土壤抗性基因的组成(图 5-18)。其中,土壤有效钾(AK)、总氮(TN)、有机质(OM)为影响抗性基因组成的关键因子[图 5-19(a)]。应用变量分割分析深入阐释各关键因子对抗性基因组成的贡献,发现不施肥、施用无机肥、施用有机肥土壤抗性基因组成差异的 62.84%可以通过土壤营养条件来解释,其中,有机质、总氮、有效钾分别解释了 12.54%、7.79%、13.28%,三种因子的交互作用解释了抗性基因差异的 27.51%[图 5-19(b)]。以上结果表明,土壤营养可能是决定抗性基因组成的主要环境因素,这也进一步解释了无机肥与有机肥均可引起土壤抗性基因多样性和丰度的增加(Sun et al.,2019)。

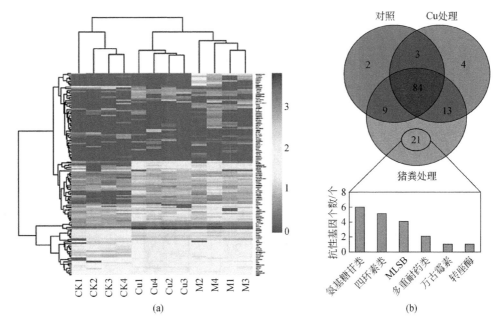

图 5-17 土壤抗生素抗性基因分布热图（a）和共有及特有抗生素抗性基因韦恩图（b）

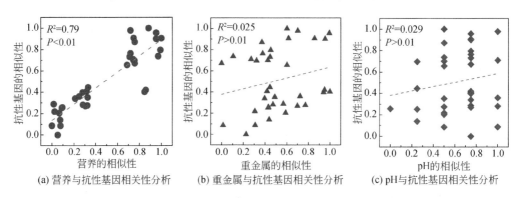

图 5-18 理化因子与土壤抗性基因的相关性分析

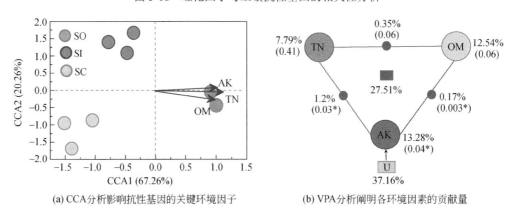

图 5-19 影响抗性基因的关键环境因子分析

TN，总氮；OM，有机质；AK，有效钾；U，未知因子

5.2 抗生素及抗性基因在土壤-植物系统中的迁移规律

5.2.1 抗生素在土壤-植物系统中的迁移

进入土壤环境的抗生素可通过水解、光解和生物降解作用得到削减,此外还能向植物组织迁移(Mullen et al.,2019)。为研究抗生素在土壤-植物系统中的分布和迁移,采用温室盆栽实验模拟土壤的抗生素污染,探究不同抗生素(环丙沙星、磺胺甲噁唑、土霉素和泰乐菌素,初始浓度为 1mg/kg)在土壤中的削减和在蔬菜(苦苣、生菜、白菜和菠菜)中的富集规律。种植 40d 后,盆栽蔬菜土壤中 4 种抗生素对 4 种蔬菜的生长没有显著性影响($P>0.05$)(表 5-5)。同一种抗生素在不同蔬菜土壤中的削减存在差异(图 5-20)。例如,土壤中环丙沙星的残留浓度依次为生菜土壤(削减 14.2%)>苦苣土壤(削减 27.9%)>白菜土壤(削减 40.8%)>菠菜土壤(削减 58.5%),且各处理间差异显著($P<0.05$)。总体来看,4 种抗生素在蔬菜土壤中的残留量依次为环丙沙星>土霉素>泰乐菌素≈磺胺甲噁唑(图 5-20)。

表 5-5 不同抗生素对蔬菜鲜重的影响(栽培 40d 后)

	苦苣	生菜	白菜	菠菜
对照	4.47±1.67a	3.23±0.33a	10.80±1.05a	5.80±1.20a
土霉素	4.16±0.65a	4.06±2.00a	11.40±0.78a	6.77±1.23a
磺胺甲噁唑	2.30±1.73a	2.90±1.51	10.00±1.44a	4.90±0.62a
环丙沙星	2.47±0.65a	2.96±0.75a	9.37±1.82a	4.27±1.50a
泰乐菌素	1.76±0.28a	3.36±1.38a	8.20±1.93a	4.17±0.47a

注:a 表示两者间有统计学差异($P<0.05$)。

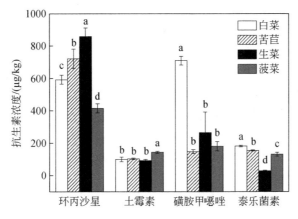

图 5-20 抗生素在不同蔬菜土壤中的残留浓度(栽培 40d 后)

不同字母代表其所示的组组间差异显著($P<0.05$)

进一步对不同蔬菜中富集的抗生素进行比较分析,发现菠菜、生菜、苦苣和白菜富集环丙沙星的含量分别为 488.7μg/kg、158.5μg/kg、215.0μg/kg 和 431.7μg/kg;富集土霉素的含量分别为 543.1μg/kg、123.3μg/kg、114.6μg/kg 和 247.9μg/kg [图 5-21(a)]。以上结果表明,4 种蔬菜均可以富集土壤中的环丙沙星和土霉素,其中,菠菜富集环丙沙星和土霉素的能力最强。与环丙沙星和土霉素相比,4 种蔬菜对土壤中磺胺甲噁唑和泰乐菌素的富集水平较低:4 种蔬菜中富集泰乐菌素的浓度为 0.9~1.4μg/kg;磺胺甲噁唑的浓度为 12.3~34.7μg/kg [图 5-21(b)]。以上结果表明,4 种蔬菜对环丙沙星的富集能力最强,其次是土霉素和磺胺甲噁唑,对泰乐菌素的富集能力最低;较易富集抗生素的蔬菜种类为菠菜与白菜,生菜和苦苣不易富集抗生素。综上,相比磺胺甲噁唑、土霉素和泰乐菌素,环丙沙星更难在土壤环境中削减,且更容易在蔬菜中富集。

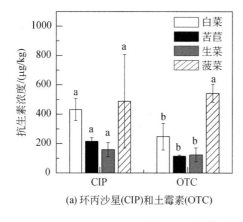
(a) 环丙沙星(CIP)和土霉素(OTC)

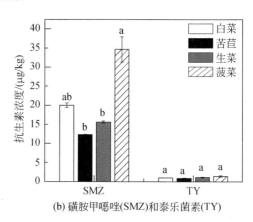
(b) 磺胺甲噁唑(SMZ)和泰乐菌素(TY)

图 5-21 蔬菜对土壤中抗生素的富集作用

5.2.2 土壤-植物系统中抗生素抗性基因的分布和传播

土壤-植物系统是联系环境抗生素抗性与人类健康的重要生态系统,是人体直接暴露环境抗性基因的主要途径(图 5-22)。有机肥施用等农田管理措施在提高土壤生态系统中农作物产量的同时,也会向土壤和地上植物输入大量的抗性基因,食物链是土壤-植物系统中的抗性细菌和抗性基因进入人体最直接、最主要的途径。当人们摄入未经加工的蔬菜、水果等时,蔬果携带的抗生素抗性细菌及抗性基因会直接进入人体,从而对人类健康造成潜在威胁(Zhu B K et al., 2017; Wang et al., 2015)。随着全球经济的快速发展,农产品中抗性基因会随食物的加工、保存和全球运输,迅速在全球范围内传播和扩散,对全球范围内的公共安全造成威胁(Zhu Y G et al., 2017)。因此,探明土壤-植物系统的抗性基因及其扩散和传播机制对人类健康具有重要意义。本节将重点针对土壤-植物系统的抗性基因及其扩散和传播特征展开论述。

有机肥农用是农业生产活动中提高作物产量的主要农田管理措施之一。污泥作为有机肥在施加到土壤的过程中,除了提供农作物生长的大量营养物质外,也将污水中的抗性基因直接输入土壤中。研究表明,污泥中的抗性基因也可以通过基因水平转移扩散到土著微

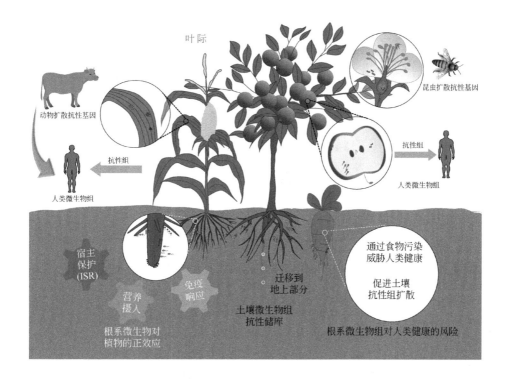

图 5-22　土壤−植物系统中抗生素抗性的人群暴露途径（Chen et al., 2019）

生物中。此外，在养殖业中，亚计量的抗生素经常被用作饲料添加剂预防和治疗动物传染性疾病，促进动物生长及提高饲料转化率，在抗生素选择压力下，动物肠道微生物菌群改变，使得动物粪便中含有大量的抗性基因、抗性菌以及可移动遗传元件。动物粪便作为有机肥施用到土壤中，进而导致抗性菌和抗性基因在土壤和作物中的传播扩散。研究表明，与传统种植方式相比，通过添加有机肥种植的有机蔬菜含有更多的抗性基因（Zhu Y G et al., 2017），这些抗性基因可能直接来源于有机肥中的抗性微生物。土壤中的微生物作为地上部分微生物的源，许多植物地上部分和地下部分的微生物是相同的，地下和地上的微生物可以通过根际和植株相互联系。有机肥的施用直接导致地下部分抗性细菌增加，进而通过地下和地上部分的联系使得地上部分微生物抗性基因增加。因此，当人类使用那些可以生食或者不需要烹饪的蔬菜时，可能导致抗性基因直接进入人体进而威胁人类健康。本书研究结论也表明，养殖废水来源的鸟粪石作为有机肥施用到土壤中能够增加土壤、根际和油菜叶际抗性基因的丰度和多样性。鸟粪石的添加增加了土壤中抗性基因的数量，包括非种植的土壤、根际土以及非根际土。此外，油菜叶际抗性基因的检出数也随着鸟粪石的施用而显著增加，在没有添加鸟粪石的空白对照组抗性基因检出数则较少（图 5-23）。鸟粪石的添加显著增加了非种植土壤和根际土壤中的抗性基因和可移动遗传元件的丰度（$P<0.05$）（图 5-24）。主成分分析表明，鸟粪石的添加显著改变了土壤抗性基因的组成（Adonis，$P<0.01$）（图 5-25）。

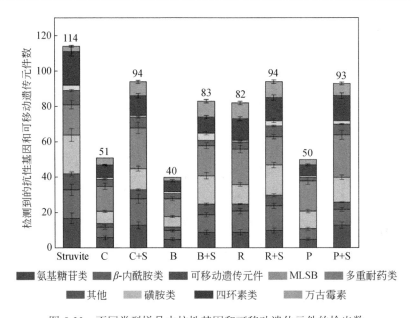

图 5-23 不同类型样品中抗性基因和可移动遗传元件的检出数

抗性基因根据抗性所对应的抗生素进行分类；C，非种植土壤；B，非根际土；R，根际土；P，叶际；S，鸟粪石

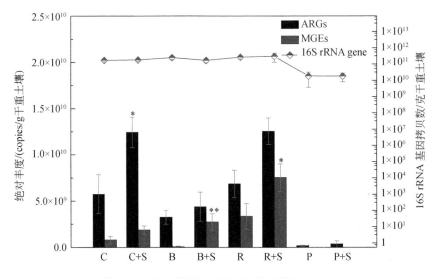

图 5-24 抗性基因与可移动遗传元件绝对丰度

** ($P<0.01$) 和 * ($P<0.05$) 代表鸟粪石的添加显著增加了抗性基因和可移动遗传元件的丰度；

C，非种植土壤；B，非根际土；R，根际土；P，叶际；S，鸟粪石

鸟粪石和叶际中有30个抗性基因是共有的，这些共有的抗性基因在对照土壤中并没有检测到（图5-26），说明植株叶表上的这些基因可能来自鸟粪石，这些基因应该引起人们的重视。鸟粪石中的抗性菌和抗性基因可能通过土壤-植物体系，最终转移到植株表面。这一研究发现对于评估有机肥施用对人类健康存在的风险具有重要意义，同时也指出在处理一些具有生物活性的废物时有必要将抗性基因的风险考虑在内（Chen et al., 2017）。此外，

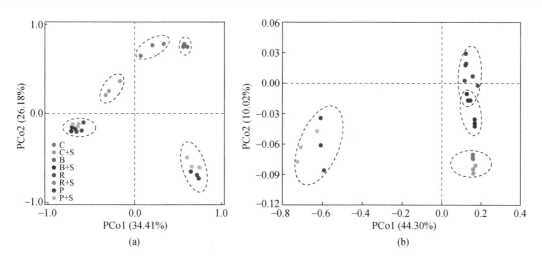

图 5-25　基于 Bray-Curtis 距离的 PCoA 分析显示抗性基因（a）和微生物群落（b）的总体分布特征

C，非种植土壤；B，非根际土；R，根际土；P，叶际；S，鸟粪石

更多的研究应该去探索有机肥处理技术，在处理过程中降低或消除里面的抗性基因，从源头减少抗性基因向土壤中的扩散。

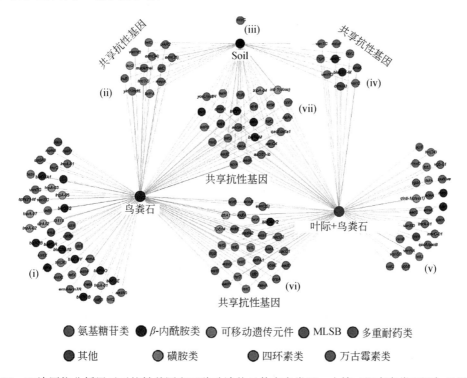

图 5-26　双边网络分析展示了抗性基因和可移动遗传元件在鸟粪石、土壤（没有鸟粪石添加且无作物种植的土壤）以及叶际中共有和特有的情况

野外长期定位试验表明，长期（10 年）污泥和鸡粪农用可以显著增加土壤和叶际抗

性基因的丰度和多样性。最高浓度污泥处理的土壤所对应的叶际样品含有的 ARGs 数最多。无论是 ARGs 相对丰度还是绝对丰度都随污泥和鸡粪的添加显著增加，而且在不同污泥添加浓度条件下展示出浓度剂量效应，随着污泥添加浓度的升高，ARGs 的丰度也升高（图 5-27），表明有机肥施用在提高土壤生态系统中农作物产量的同时，也会向土壤环境输入大量的抗性基因，造成抗性基因的富集，暗示了土壤-植物系统是抗性基因传播的潜在重要途径。

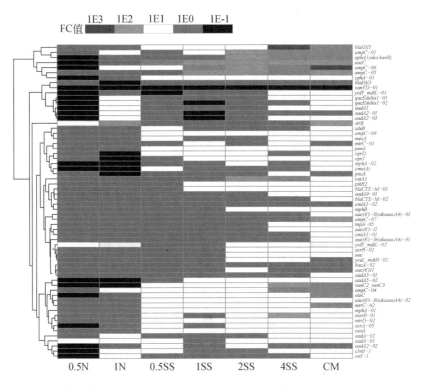

图 5-27　长期鸡粪（CM）和污泥施用（SS）导致叶际微生物抗生素抗性基因富集
污泥处理按照不同的添加浓度共有 4 个（0.5SS、1SS、2SS、4SS），化肥处理 2 个（0.5N、1N），鸡粪（CM）处理和空白对照（CK）

5.3　土壤抗性基因的增殖扩散过程和机理

土壤中抗生素抗性主要是通过细菌抗性基因的遗传突变和横向基因转移（horizontal gene transfer，HGT）两种方式获得的，其中，横向基因转移在驱动抗生素抗性在环境中传播扩散起着关键作用，是环境中抗生素抗性扩散传播的重要分子机制，也是微生物适应环境的一种重要模式。抗性基因的横向转移主要通过细菌的接合、转化和转导三种转移机制进行，横向转移事件的发生需要借助可移动遗传元件（如整合子、质粒、转座子等），可移动遗传元件可以通过编码酶或者其他的蛋白介导 DNA 在基因组间（细胞内）转移或细菌细胞间转移（Laura et al.，2005）。土壤尤其粪肥施用的土壤中含有大量的可移动遗传元件，这些可移动遗传元件作为抗性基因的载体，能促进抗性基因在农田土壤环境中的获得与快速传播。

质粒和整合子是环境中抗性基因发生横向基因转移最重要的移动元件（Partridge et al., 2009）。质粒可通过接合、转化等方式在不同的细菌种属间转移，并且是多种抗性基因的载体，携带几乎所有与临床相关的抗性基因，如头孢菌素类、氟喹诺酮类、大环内酯类、四环素类、氨基糖苷类和β-内酰胺类。整合子是一个位点特异性的重组体系，可以整合和表达模块结构的基因盒（gene cassettes）中的开放阅读框（open reading frames）（图 5-28）。整合子本身不能移动，但是它位于可移动遗传元件如质粒和转座子上，从而可以在不同的菌株间转移扩散。基于整合酶氨基酸序列的不同，主要有三种整合子类别：一类整合子、二类整合子和三类整合子，它们皆与抗生素抗性相关。目前在整合子中，已发现大约有 130 种携带不同抗生素抗性的基因盒，包括抗β-内酰胺类、氨基糖苷类、甲氧氨苄嘧啶、氯霉素类、磷霉素类、大环内酯类、林可酰胺类、利福平和喹诺酮类抗性基因等（Partridge et al., 2009；Stalder et al., 2012）。本节重点针对土壤中质粒和整合子介导的抗性基因横向转移扩散过程和机理进行阐述。

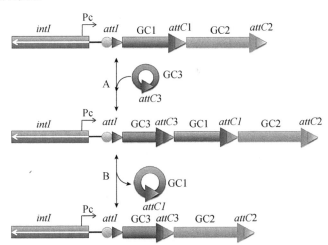

图 5-28 整合子/基因盒位点特异性重组系统（Stalder et al., 2012）

整合子平台包括 *intI* 基因、*attI* 位点和 Pc 启动子。基因盒一般含有一个无启动子的 ORF 和一个 *attC* 的重组位点

5.3.1 抗性基因的增殖扩散过程

可移动的整合子是抗生素抗性扩散的一个主要驱动，尤其在革兰氏阴性细菌中。整合子可以从环境库中积累大量的抗性基因，它们在丰度上显著增加，因此增加了与其他 DNA 相互作用或者形成新的更为复杂的携带其他抗性基因的可移动遗传元件的可能性。污泥农用是农田土壤整合子及抗性基因盒的重要来源之一。活性污泥是污水处理过程中重要的一个处理工艺，研究表明污水处理过程并不能将抗性菌和抗性基因彻底去除，随着污泥农用，这些抗性菌和抗性基因可能向农田土壤环境进行扩散传播。基于荧光定量 PCR 检测，发现在厦门和龙岩三个污水处理厂中都存在高丰度的整合子，一类、二类和三类整合子的总的

丰度范围在 $10^7 \sim 10^{10}$ copies/mL。其中，一类整合子的丰度显著高于二类和三类整合子（高出 2~3 个数量级，$P<0.05$），二类和三类整合子丰度之间则没有显著差异（图 5-29）。结合克隆文库（表 5-6）分析，发现这些污水样品中，共检测到 79 个不同的基因盒种类，其中，污泥中检测到 36 个不同基因盒（图 5-30）。有 8 个基因盒持续存在于所有的样品中，这 8 个基因盒主要携带抗氨基糖苷类的抗性基因（如 *aadA1*、*aadA2* 和 *aadA5*）。进一步通过 qPCR 的方法对这些基因盒的普遍存在进行验证，发现它们在污水处理厂中高浓度存在，尤其在进水中。整合子基因盒可变区序列信息研究表明，大部分基因盒携带抗氨基糖苷类（平均 49.81%）和 β-内酰胺类（平均 4.59%）的抗性基因（图 5-31）。

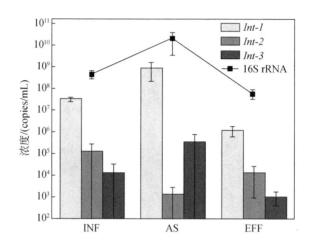

图 5-29 污水处理过程中整合子（一类、二类和三类整合子）丰度（copies/mL）的变化

图中的线表示污水处理过程中细菌丰度的变化。INF，进水；AS，活性污泥；EFF，出水

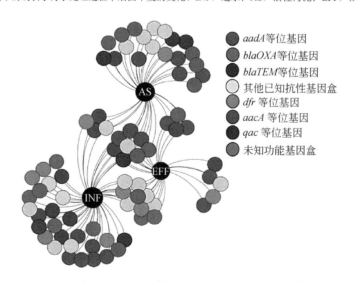

图 5-30 污水处理厂中一类整合子基因盒的多样性和持续性

INF，进水；AS，活性污泥；EFF，出水。每一个节点（圆圈）代表一个可以编码不同功能蛋白的基因盒（基于 99% 的核酸序列相似性），节点颜色代表基因盒的不同分类

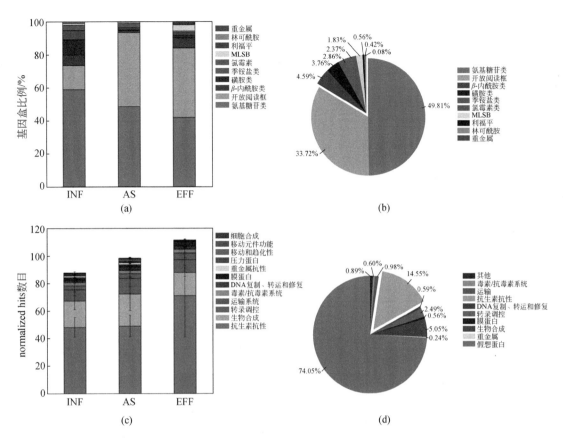

图 5-31 基于克隆文库 [（a）和（b）] 和高通量测序 [（c）和（d）] 数据分析一类整合子基因盒组成

柱状图代表污水处理过程中基因盒比例变化；饼状图代表污水处理厂所有样品中全部基因盒比例变化；normalized hits 数目是通过每个样品中 reads 平均数的标准化计算获得；INF，进水；AS，活性污泥；EFF，出水。MLSB，大环林可酰胺链霉素 B 抗生素抗性

高通量测序的结果表明，在污水处理过程中，共检测到 37 个不同的抗性基因盒，这些抗性基因盒主要编码抗氨基糖苷类、β-内酰胺类、双环霉素、氯霉素、磷霉素、庆大霉素、大环内酯类、多重抗药类、甲氧氨苄嘧啶和季铵盐类的抗性。在这些抗性基因盒中，抗甲氧氨苄嘧啶的抗性基因是最主要的抗性基因盒，占据抗性基因盒的 44.5%，其次是氨基糖苷类 (21.5%)、β-内酰胺类 (18.2%) 和多重抗药类 (5.9%) 抗性基因盒。此外我们发现，*aacA4* 和 *ant1*（氨基糖苷类抗性）、*dfrA* 和 *dhfrI*（甲氧氨苄嘧啶抗性）、*blaOXA-2*（β-内酰胺类抗性）、*cat_1*（氯霉素抗性）和 *emrE*（多重耐药性）在所有 18 个样品中都有检测到（图 5-32）。针对三类整合子基因盒组成，我们发现大部分基因是编码与生物合成相关的蛋白 (19.1%)，其次是编码 DNA 复制、转运和修复蛋白 (5.2%) 以及转运蛋白 (4.6%)，其中编码 ATP 结合的 ABC 转运蛋白、PilZ 域蛋白、锌带蛋白、酵母氨酸脱氢酶、钾离子转运子 *TrkA* 的基因在污水处理厂中被频繁检出（图 5-32）。

表 5-6 克隆文库分析污水处理厂中一类整合子基因盒阵列及其排列

基因盒阵列	基因盒排列	来源描述	检测样品	基因盒数目
aacA4-ereA1	5'-CS — GTTTGAT — aacA4 — GTTATGC — ereA1 — GCATAAC****GTTAGAT — 3'-CS	本研究	QPE2	1
blaOXA-101-orf-aadA2	5'-CS — GTTAGAC — blaOXA-101 — GTTAGGC — orf — GTTAGAC — aadA2 — GCCCAAC****GTTGGTC — 3'-CS	本研究	LYE1	1
trm-aacA4-ereA1	5'-CS — GTTTGAT — trm — GTTAGGC — aacA4 — GTTATGC — ereA1 — GCATAAC****GTTAGAT — 3'-CS	本研究	QPI1	1
blaOXA-101-orf-aadA2	5'-CS — GTTAGAC — blaOXA-101 — GTTAGCC — orf — GTTAGAGT — aadA2 — ATTGAAC****GTTTCAT — 3'-CS	本研究	LYE1	1
orf-aadA2-blaOXA-129-linF	5'-CS — GTTAGAC — orf — GTTAGCC — aadA2 — GTTAGCC — blaOXA-129 — GTTGTGC — linF — GCATAAC****GTTAGAG — 3'-CS	本研究	LYI1	1
blaOXA-21-aadA2	5'-CS — GTTAGAC — blaOXA-21 — GTTGGGC — aadA2 — GCCCAAC****GTTAGGC — 3'-CS	本研究	LYI1	1
aacA4-ereA-aadA2	5'-CS — GTTAGAC — aacA4 — GTTATGC — ereA — GTTAGGC — aadA2 — GCCTAAC****GTTCCTG — 3'-CS	本研究	LYA2	1
aadA2-linF	5'-CS — GTTAGAC — aadA2 — GTTGTGC — linF — GCACAAC****GTTAGAT — 3'-CS	本研究	QPI1; JME1	2

续表

基因盒序列	基因盒排列	来源描述	检测样品	基因盒数目
arr2-aacA4	5'-CS — GTTATGC — *arr2* — GTTAGGC — *aacA4*	EU340416; Xu et al., 2008	LYI1	1
blaOXA-10-aadA1	5'-CS — GTTAGCC — *blaOXA-10* — GTTAAAC — *aadA1* — GCCTAAC****GTTAGAT — 3'-CS	本研究	QPI1; JME2	2
catB8-blaOXA-1-aadA1	5'-CS — GTTAGAC — *catB8* — GTTGGGC — *blaOXA-1* — GTTAAAC — *aadA1* — GTCTAAC****GTTAGAT — 3'-CS	本研究	QPI1	1
blaVEB-1-aadB	5'-CS — GTTAAGT — *blaVEB-1* — GTTAGGC — *aadB* — GCCTAAC****GTTAGAT — 3'-CS	本研究	LYI1	1
dfrA14-nit1-nit2	5'-CS — GTTGGAC — *dfrA14* — GTTGGGC — *nit1* — GTTGAAC — *nit2* — GCCCAAC****GTTAGAT — 3'-CS	本研究	QPA1	1
Arr2-dfrA27	5'-CS — GTTAACC — *arr2* — GTTGGAT — *dfrA27* — GCCTAAC****GTTGGGA — 3'-CS	本研究	JME1	1
aadA16-orfD	5'-CS — GTTAGAG — *aadA16* — GTTAGAC — *orfD* — GTCTAAC****GTTTGGC — 3'-CS	本研究	JME1	1
qacE2-orfD	5'-CS — GTTAGAT — *qacE2* — GTTAGTA — *orfD* — GCTTAAC****GTTAGAT — 3'-CS	DQ462520; Chang 等, 2007	LYA1; LYE1	3

注：基因盒结构中的圆圈代表 *attC* 位点，红色碱基代表该位点保守区间的一个变体。带有星号（*）的核酸序列代表反向重复序列。每个样品采用污水处理厂和样品类型的缩写命名，例如 QPE 中，QP 代表前埔污水处理厂（Qianpu），E 代表出水（effluent）样品。

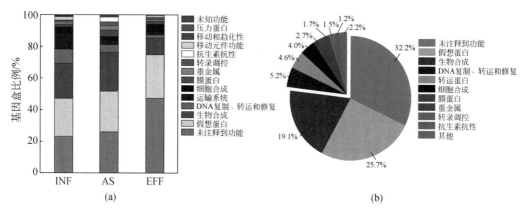

图 5-32 污水处理过程中三类整合子基因盒的组成比例

INF，进水；AS，活性污泥；EFF，出水

污水处理厂是抗性细菌和抗性基因扩散进入土壤环境中主要的汇和传递介质。整合子是参与抗生素抗性基因进化的重要遗传元件。研究表明，污水处理系统虽然可以显著减少整合子丰度和抗性基因盒多样性，但是并不能彻底去除这些抗性元件，大量的整合子及其基因盒在活性污泥中被检测到。污泥中的整合子和基因盒最终通过污泥农用进入下游土壤环境中，因此，需要更多地关注和监测环境中抗性基因盒的分布和扩散。

鸟粪石可以作为一种缓释有机肥料，为作物提供营养元素（El Diwani et al.，2007；Uysal et al.，2014）。然而，鸟粪石施用到土壤中会介导有害污染物（如重金属和抗生素）进入土壤环境（Rahman et al.，2014）。生物炭通过自身对有机污染物和重金属的强吸附性，可以促进污染土壤的修复，同时也可以改变土壤中细菌群落的结构（Uchimiya et al.，2010；Chen et al.，2012；Ennis et al.，2012）。生物炭添加到土壤环境中，会对微生物活动产生不同的效应（Ennis et al.，2012；Cui et al.，2016），如减少植物中某些特定的抗性细菌（Ye et al.，2016）。通过构建微宇宙实验，发现所有土壤样品都检测到一类整合子整合酶基因 $intI1$，然而很少检测到二类（$intI2$）和三类（$intI3$）整合子整合酶基因。在根际土壤中（除了根际土对照样品），$intI1$ 的丰度和相对丰度都显著高于叶际中的丰度（$P<0.05$）（图 5-33）。与对照相比，鸟粪石和生物炭的共同添加则显著增加了 $intI1$ 的丰度（$P<0.05$）。

在这些可以功能注释的基因盒中，生物合成相关的基因（31%）和抗生素抗性基因（7.1%）是最广泛分布的（图 5-34）。我们也检测到其他类别的基因盒，这些基因盒可以编码与压力响应、移动性和趋化性、细胞合成及 DNA 复制、转运和修复相关的功能蛋白。抗性基因盒主要携带编码抗氨基糖苷类、β-内酰胺类和氯霉素类抗性基因。$aadA1$ 和 $aadA2$ 是最为常见基因盒中检测到的抗性基因，其中，$aadA1$ 仅在处理的叶际样品中发现（P+S 和 P+S+B），$aadA2$ 则在处理的土壤样品中较为常见（R+S 和 R+S+B）。

整合子是一个重要的遗传平台，可以获得、重排和表达各种基因盒（包括抗生素抗性基因盒）。研究表明，鸟粪石的施用可以显著增加叶际和根际中的抗性基因盒的多样性，鸟粪石的添加可能促进了携带抗性基因盒的微生物从土壤到地上植物中的转移，加强了整合子介导的基因水平转移频率。生物炭的添加缓解了鸟粪石对叶际中整合子抗性基因盒产生的促进效应。因此，生物炭修复可能是减轻抗性基因盒从土壤到食物源蔬菜扩散的一种有效手段。

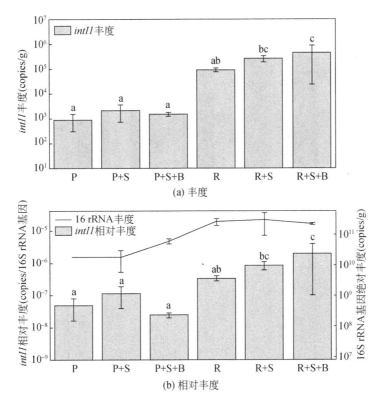

图 5-33 一类整合子整合酶基因 *intI1* 的丰度和相对丰度

P，叶际样品；P+S，添加鸟粪石的叶际样品；P+S+B，添加鸟粪石与生物炭的叶际样品；R，根际样品；R+S，添加鸟粪石的根际样品；R+S+B，添加鸟粪石和生物炭的根际样品

5.3.2 粪肥施用土壤抗性基因横向转移机制

抗生素抗性基因不仅能在宿主细菌中伴随细菌增殖而增加丰度，还会通过基因横向转移扩大宿主范围并增殖。质粒接合是基因横向转移的三大机制之一，质粒所携带的全部基因在接合过程中复制增加，使原宿主及受体都拥有这些基因，因此在推动抗生素抗性基因的环境扩散包括农田系统的扩散中起着重要作用。粪肥施用将抗性基因引入土壤的同时，也将抗性基因的主要载体质粒引入土壤。抗性质粒通过接合转移而在土壤中增殖扩散的效率与质粒的横向转移频率和宿主范围密切相关。为了探究抗性质粒在土壤中的增殖扩散过程，以携带氨苄西林、卡那霉素和四环素抗性基因的广宿主型接合质粒 RP4 为研究对象，借助荧光蛋白基因标记技术追踪了 RP4 质粒在土壤原位环境中的丰度变化及宿主组成。

结果发现随宿主细菌恶臭假单胞菌（*Pseudomonas putida* KT2442）接入土壤中的 RP4 质粒在 75d 的培养实验中长期留存，且在培养初期即与土壤原生菌群发生了水平转移。尽管质粒浓度在接种培养初期急剧下降，但 20d 后即保持平稳。供体菌的浓度前期也急剧下降，但与质粒不同，培养后期供体菌的浓度仍在缓慢下降（图 5-35）。质粒与供体菌的比值在第 75d 增加到 11，预示着质粒发生了向土壤土著菌群的接合转移。质粒在土壤中横向扩散的效率用质粒接合子/（土壤总菌数−供体菌数）来表示。根据定量 PCR 计算质粒横向扩

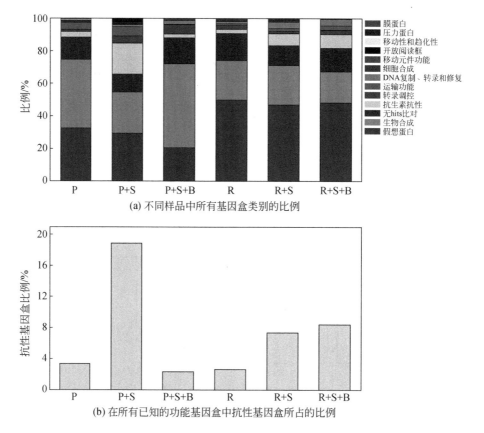

图5-34 与NCBI非冗余蛋白数据库BLAST检索获得整合子相关基因盒的比例

P，叶际样品；P+S，添加鸟粪石的叶际样品；P+S+B，添加鸟粪石与生物炭的叶际样品；R，根际样品；R+S，添加鸟粪石的根际样品；R+S+B，添加鸟粪石和生物炭的根际样品

散的效率，在培养期的第75d，扩散效率是1.42个接合子每千个受体菌。使用流式细胞术分析土壤菌群中接合子、供体菌和土壤原生菌各自的数目并计算扩散效率，结果显示，供体菌加入土壤的初期，质粒即发生了水平转移，第5d的扩散效率约为7.5×10^{-5}。随着培养时间延长，质粒介导的抗生素抗性基因的扩散效率升高（Fan et al.，2019）。

对质粒接合子的16S rRNA进行高通量测序，数据表明，质粒在土壤菌落中转移范围广泛，接合子几乎覆盖了土壤中所有主要的细菌门类，随着培养时间延长，接合子的多样性增加、结构组成变化较大。尽管接合子涵盖至少15个菌门，但其中变形菌（Proteobacteria）占绝对优势，达85%以上。其他优势门还有拟杆菌（Bacteroidetes）、厚壁菌（Firmicutes）和放线菌（Actinobacteria）。在属水平上，第5d和第75d的接合子菌群中占比较高的前20个属只有9个是一致的，分别是不动杆菌（*Acinetobacter*）、甲基杆菌（*Methylobacterium*）、马赛菌（*Massilia*）、克雷伯氏菌（*Klebsiella*）、林诺比坦人菌（*Limnohabitans*）、黄杆菌（*Flavobacterium*）、假单胞菌（*Pseudomonas*）、链霉菌（*Streptomyces*）和*Pelomonas*，其中有7个属都是变形菌。这些共享的优势属在接合子菌群中所占的比例随时间有很大变化。假单胞菌是D75接合子中占比最高的属，占比18%，但是在D5接合子里只有1.28%。D5和D75的接合子中有63.7%的属是一致的，此外，D5有19个特异属，D75有88个特异属，说明一些土壤原生菌充当

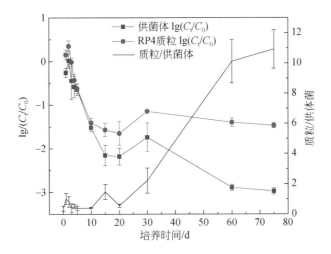

图 5-35 土壤中质粒和供体菌的浓度随培养时间的动态变化

左侧 Y 轴表示质粒或供体菌浓度与其初始值的比值的 log 值，右侧 Y 轴表示质粒与供体菌的比值

了质粒的临时宿主，而随着培养时间延长，有更多种类的细菌成为质粒的宿主。

相对丰度大于 0.01% 的 OTU 序列构建的系统发育树（图 5-36）展现了供体菌假单胞菌

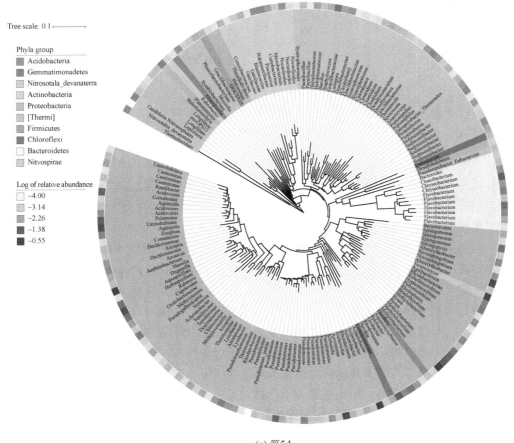

(a) 第5d

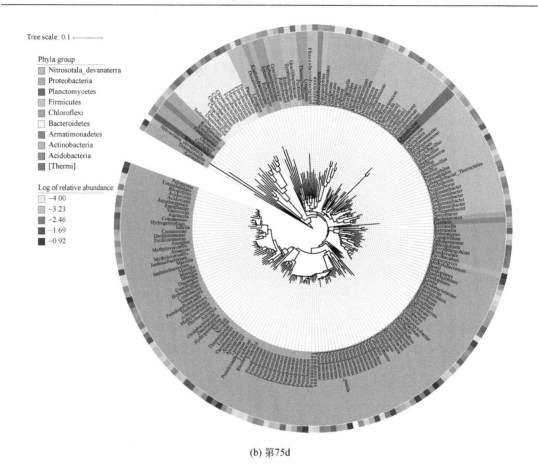

(b) 第75d

图 5-36　第 5d（a）和第 75d（b）接合子中相对丰度大于 0.01%的 OTUs 构建的系统发育树

恶臭假单胞菌（供体菌）用红色字母表示。外圈的蓝色梯度圆环指示的是每条 OUT 在相应的接合子菌群中所占的比例的 log 值

与接合子之间的遗传距离以及 OTU 的相对分度。RP4 质粒以恶臭假单胞菌为供体，转移的受体范围非常广泛，包括遗传距离较远的菌种。尽管如此，变形菌的优势非常突出，超过一半的分支都是变形菌。在第 75d 的优势 OTU 中，相比 D5，有更多的分支属于假单胞菌，揭示了属内转移的优势。

与病原菌数据库进行比对分析发现，接合子中包含有鲍曼不动杆菌（*Acinetobacter baumanii*）、维氏气单胞菌（*Aeromonas veronii*）、阴沟肠杆菌（*Enterobacter cloacae*）、门多萨假单胞菌（*Pseudomonas mendocina*）和金黄色葡萄球菌（*Staphylococcus aureus*）等病原菌。说明质粒介导的抗生素抗性基因有向病原菌转移的潜在风险。

目前，一些金属，如 Zn、Cu 等元素被广泛添加到饲料中以促进动物生长，造成养殖业的重金属污染问题，而高浓度的重金属造成了选择压力，促使 ARGs 向包括病原体在内的环境细菌传播。为了探究质粒对重金属污染土壤中 ARGs 的影响，作者采集了不同铜污染梯度的农田土壤样品，用土壤悬液做供体，染色体带有红色荧光、具卡那抗性的大肠杆菌（*Escherichia coli* MG1655）作为受体菌，通过 8h 的接合实验后在不同抗生素选择性平板上划线、培养并挑选接合子，获得接合型质粒。接合实验结果发现，不管是低浓度还是高浓度铜污染的土壤中都筛选出了接合子,表明在铜污染农田土壤中广泛分布着接合型质粒,并且接合子的数量随铜浓度的升高而增加(表5-7)。

表5-7 不同铜浓度污染土壤中获得的接合子数目和质粒数目

样品处理	转化接合子数目	独特质粒数目
CK	17	3
L	28	4
M	24	6
H	20	5

注:CK,对照土壤;L,低浓度铜污染土壤;M,中浓度铜污染土壤;H,高浓度铜污染土壤。

此外,作者还从不同铜浓度污染土壤中获得了18个接合型质粒(表5-8)。这些质粒中有56%具有多重抗性表型,且观察到的最普遍的耐药性是氨苄西林耐药性和四环素耐药性(表5-8)。通过对这18个质粒的基因型研究,发现在所有耐磺酰胺的质粒中均发现了 sul1 基因,在除 pIMP26 和 p2_0.1 之外的所有四环素抗性质粒中均发现了 tetA 基因。在所有具 β-内酰胺抗性的质粒中均检测到 blaTEM-1 基因,而在所有抗红霉素的质粒中均检测到 ereA 和 mphA 基因。在具氨基糖苷(包括链霉素和庆大霉素)抗性的质粒中均检测到 aacC1、aacC3 和 aadA 基因,在具喹诺酮抗性的质粒中检测到 qnrS 和 aac6′-Ib 基因,而在所有氯霉素抗性质粒中均发现了 cmx。还研究了质粒上碳青霉烯抗性基因,碳青霉烯抗性导致抗生素失效而严重威胁着人类的健康,结果发现来自 CK 和 M 处理的 pMS450、pMS455、pNB09A30 和 pHN39-SIM 质粒带有 blaIMP 和 blaSIM 基因。此外,一半的质粒还包含一类整合子。这些结果表明,铜污染土壤中存在着大量携带抗性基因的质粒,而这些质粒在微生物之间的水平转移频率随铜浓度增加而增加,表明高铜浓度将促进 ARGs 的增殖扩散(表5-8),这可能是因为铜造成细胞膜的损伤,增加了细胞膜的通透性,促进了接合相关的基因表达,更有利于接合型质粒从供体菌转移到受体菌(Qiu et al.,2012)。

表5-8 不同铜浓度污染土壤的代表性接合型质粒的表型以及基因型

处理	质粒	抗性表型	抗性基因型
CK	pMS450	AMP	blaIMP
CK	pIMP26	TET, GM	tetD, aacC3, IntI1
CK	pRDB9	TET	tetA, IntI1
L	pCTX-M-15_22372	AMP, GM, SMX, E	blaTEM-1, aacC3, sul1, mphA, IntI1
L	pKPN-b9c	AMP	aadA
L	pEC129_2	TET, CIP	tetA, aac6′-Ib, IntI1
L	pEC129_1	E	mphA, IntI1
M	pMS455	AMP	blaIMP
M	pNB09A30	AMP, GM	blaSIM, aacC3
M	pOX38-Gen	GM	aacC1, intI1
M	pEC129_2	AMP, GM, TET, SMX	blaTEM-1, aacC3, tetA, sul1, IntI1

续表

处理	质粒	抗性表型	抗性基因型
M	pTP10	TET，CHL	*tetA*，*cmx*
M	p2_0.1	E，TET	*mphA*，*tetM*
H	pEC129_2	AMP，GM，TET，SMX，CIP	*bla*TEM-1，*aacC3 aadA*，*tetA*，*sul1*，*sul2*，*aac6'-Ib*，*IntI1*
H	pKUN4507_1	AMP	*bla*TEM-1，*intI1*
H	pHN39-SIM	E，AMP	*ereA*，*bla*SIM
H	pA501	CHL	*cmx*
H	pKSH203-qnrS	CIP，TET	*qnrS*，*tetA*，*tetD*

注：CK，对照土壤；L，低浓度铜污染土壤；M，中浓度铜污染土壤；H，高浓度铜污染土壤；AMP，氨苄西林；E，红霉素；TET，四环素；SMX，磺胺甲基异噁唑；CIP，环丙沙星；CHL，氯霉素；GM，庆大霉素。

参 考 文 献

仇天雷，高敏，韩梅琳，等. 2015. 鸡粪堆肥过程中四环素类抗生素及抗性细菌的消减研究. 农业环境科学学报，34（4）：795-800.

吴丹，韩梅琳，邹德勋，等. 2017. 超高效液相色谱-串联质谱法检测鸡粪中16种残留抗生素. 分析化学，45（9）：1389-1396.

尹春艳，骆永明，滕应，等. 2012. 典型设施菜地土壤抗生素污染特征与积累规律研究. 环境科学，33（8）：2810-2816.

张兰河，王佳佳，哈雪姣，等. 2016. 北京地区菜田土壤抗生素抗性基因的分布特征. 环境科学，37（11）：4395-4401.

张毓森，叶军，苏建强. 2019. 粪肥与铜停止施用后对农田土壤抗生素抗性基因的长期影响. 应用与环境生物学报，25（2）：1135-1139.

周启星，罗义，王美娥. 2007. 抗生素的环境残留、生态毒性及抗性基因污染. 生态毒理学报，2（3）：243-251.

朱永官，欧阳纬莹，吴楠，等. 2015. 抗生素耐药性的来源与控制对策. 中国科学院院刊，30（4）：509-516.

Afzal M，Khan Q M，Sessitsch A. 2014. Endophytic bacteria: prospects and applications for the phytoremediation of organic pollutants. Chemosphere，117C：232-242.

Barker A，Manning P A. 1997. *VlpA* of *Vibrio cholerae* O1: the first bacterial member of the 2-microglobulin lipocalin superfamily. Microbiology，143：1805-1813.

Biyela P T，Lin J，Bezuidenhout C C. 2004. The role of aquatic ecosystems as reservoirs of antibiotic resistant bacteria and antibiotic resistance genes. Water Science & Technology，50：45-50.

Bodenhausen N，Horton M W，Bergelson J. 2013. Bacterial communities associated with the leaves and the roots of *Arabidopsis thaliana*. PLoS One，8：e56329.

Boucher Y，Labbate M，Koenig J E，et al. 2007. Integrons: mobilizable platforms that promote genetic diversity in bacteria. Trends in Microbiology，15：301-309.

Chakraborty R，Kumar A，Bhowal S S，et al. 2013. Diverse gene cassettes in class 1 integrons of facultative oligotrophic bacteria of river Mahananda，West Bengal，India. PLoS One，8：e71753.

Chang Y C, Shih D Y C, Wang J Y, et al. 2007. Molecular characterization of class 1 integrons and antimicrobial resistance in *Aeromonas* strains from foodborne outbreak-suspect samples and environmental sources in Taiwan. Diagnostic Microbiology and Infectious Disease, 59: 191-197.

Chen B, Yuan M, Qian L. 2012. Enhanced bioremediation of PAH-contaminated soil by immobilized bacteria with plant residue and biochar as carriers. Journal of Soils and Sediments, 12 (9): 1350-1359.

Chen Q L, An X L, Zheng B X, et al. 2018. Long-term organic fertilization increased antibiotic resistome in phyllosphere of maize. Science of the Total Environment, 645: 1230-1237.

Chen Q L, An X L, Zhu Y G, et al. 2017. Application of struvite alters the antibiotic resistome in soil, rhizosphere, and phyllosphere. Environmental Science & Technology, 51 (14): 8149-8157.

Chen Q L, Cui H L, Su J Q, et al. 2019. Antibiotic resistomes in plant microbiomes. Trends in Plant Science, 24 (6): 530-541.

Collis C M, Kim M J, Partridge S R, et al. 2002. Characterization of the class 3 integron and the site-specific recombination system it determines. Journal of Bacteriology, 184 (11): 3017-3026.

Cui E P, Wu Y, Zuo Y R, et al. 2016. Effect of different biochars on antibiotic resistance genes and bacterial community during chicken manure composting. Bioresource Technology, 203: 11-17.

Doyle J D, Parsons S A. 2002. Struvite formation, control and recovery. Water Research, 36 (16): 3925-3940.

El Diwani G, El Rafie S, El Ibiari N N, et al. 2007. Recovery of ammonia nitrogen from industrial wastewater treatment as struvite slow releasing fertilizer. Desalination, 214 (1-3): 200-214.

Ennis C J, Evans G A, Islam M, et al. 2012. Biochar: carbon sequestration, land remediation and impacts on soil microbiology. Critical Reviews in Environmental Science and Technology, 42 (22): 2311-2364.

Fan X T, Li H, Chen Q L, et al. 2019. Fate of antibiotic resistant *Pseudomonas putida* and broad host range plasmid in natural soil microcosms. Frontiers in Microbiology, 10: 194.

Fang H, Han Y, Yin Y, et al. 2014. Variations in dissipation rate, microbial function and antibiotic resistance due to repeated introductions of manure containing sulfadiazine and chlortetracycline to soil. Chemosphere, 96: 51-56.

Frost L S, Leplae R, Summers A O, et al. 2005. Mobile genetic elements: the agents of open source evolution. Nature Reviews Microbiology, 3 (9): 722.

Gillings M R, Boucher Y, Labbate M, et al. 2008. The evolution of class 1 integrons and the rise of antibiotic resistance. Journal of Bacteriology, 190 (14): 5095-5100.

Gillings M R, Gaze W H, Pruden A, et al. 2015. Using the class 1 integron-integrase gene as a proxy for anthropogenic pollution. ISME Journal, 9 (6): 1269-1279.

Gillings M R, Holley M P, Stokes H W. 2009b. Evidence for dynamic exchange of *qac* gene cassettes between class 1 integrons and other integrons in freshwater biofilms. FEMS Microbiology Letters, 296: 282-288.

Gillings M R, Labbate M, Sajjad A, et al. 2009a. Mobilization of a Tn402-like class 1 integron with a novel cassette array via flanking miniature inverted-repeat transposable element-like structures. Applied and Environmental Microbiology, 75: 6002-6004.

Guérout A M, Iqbal N, Mine N, et al. 2013. Characterization of the *phd-doc* and *ccd* toxin-antitoxin cassettes from *Vibrio* superintegrons. Journal of Bacteriology, 195: 2270-2283.

Hu X, Zhou Q, Luo Y. 2010. Occurrence and source analysis of typical veterinary antibiotics in manure, soil, vegetables and groundwater from organic vegetable bases, northern China. Environmental Pollution, 158 (9): 2992-2998.

Ji X, Shen Q, Liu F, et al. 2012. Antibiotic resistance gene abundances associated with antibiotics and heavy metals in animal manures and agricultural soils adjacent to feedlots in Shanghai, China. Journal of Hazardous Materials, 235-236: 178-185.

Koenig J E, Boucher Y, Charlebois R L, et al. 2008. Integron-associated gene cassettes in Halifax Harbour: assessment of a mobile gene pool in marine sediments. Environmental Microbiology, 10: 1024-1038.

Koenig J E, Sharp C, Dlutek M, et al. 2009. Integron gene cassettes and degradation of compounds associated with industrial waste: the case of the Sydney tar ponds. PLoS One, 4 (4): e5276.

Kristiansson E, Fick J, Janzon A, et al. 2011. Pyrosequencing of antibiotic-contaminated river sediments reveals high levels of resistance and gene transfer elements. PLoS One, 6 (2): e17038.

Labbate M, Case R J, Stokes H W. 2009. The integron/gene cassette system: an active player in bacterial adaptation. Methods in Molecular Biology, 532: 103-125.

Laroche E, Pawlak B, Berthe T, et al. 2009. Occurrence of antibiotic resistance and class 1, 2 and 3 integrons in *Escherichia coli* isolated from a densely populated estuary (Seine, France). FEMS Microbiology Ecology, 68: 118-130.

Laura S F, Raphael L, Anne O S, et al. 2005. Mobile genetic elements: the agents of open source evolution. Nature Reviews Microbiology, 3: 722-732.

Li Y X, Zhang X L, Li W, et al. 2012. The residues and environmental risks of multiple veterinary antibiotics in animal faeces. Environmental Monitoring & Assessment, 185 (3): 2211-2220.

Luo Y, Mao D, Rysz M, et al. 2010. Trends in antibiotic resistance genes occurrence in the Haihe River, China. Environmental Science & Technology, 44 (19): 7220-7225.

Mazel D. 2006. Integrons: agents of bacterial evolution. Nature Reviews Microbiology, 4 (8): 608.

Mullen R A, Hurst J J, Naas K M, et al. 2019. Assessing uptake of antimicrobials by *Zea mays* L. and prevalence of antimicrobial resistance genes in manure-fertilized soil. Science of the Total Environment, 646: 409-415.

Nijssen S, Florijn A, Top J, et al. 2005. Unnoticed spread of integron-carrying *Enterobacteriaceae* in intensive care units. Clinical Infectious Diseases, 41 (1): 1-9.

Ogawa A, Takeda T. 1993. The gene encoding the heat-stable enterotoxin of *Vibrio cholerae* is flanked by 123-base pair direct repeats. Microbiology and Immunology, 37 (8): 607-616.

Partridge S R, Tsafnat G, Coiera E, et al. 2009. Gene cassettes and cassette arrays in mobile resistance integrons. FEMS Microbiology Reviews, 33 (4): 757-784.

Peng S, Feng Y, Wang Y, et al. 2017. Prevalence of antibiotic resistance genes in soils after continually applied with different animal manure for 30 years. Journal of Hazardous Materials, 340: 16-25.

Pruden A, Pei R, Storteboom H, et al. 2006. Antibiotic resistance genes as emerging contaminants: studies in northern Colorado. Environmental Science & Technology, 40 (23): 7445-7450.

Pu Q, Zhao L X, Li Y T, et al. 2020. Manure fertilization increase antibiotic resistance in soils from typical greenhouse vegetable production bases, China. Journal of Hazardous Materials, 391: 122267.

Qiu Z G, Yu Y M, Chen Z L, et al. 2012. Nanoalumina promotes the horizontal transfer of multiresistance genes mediated by plasmids across genera. Proceedings of the National Academy of Sciences of the United States of America, 109: 4944-4949.

Rahman M M, Salleh M A M, Rashid U, et al. 2014. Production of slow release crystal fertilizer from wastewaters through struvite crystallization—a review. Arabian Journal of Chemistry, 7 (1): 139-155.

Rapa R A, Labbate M. 2013. The function of integron-associated gene cassettes in Vibrio species: the tip of the iceberg. Frontiers in Microbiology, 4: 385.

Rowe-Magnus D A, Guerout A M, Ploncard P, et al. 2001. The evolutionary history of chromosomal super-integrons provides an ancestry for multiresistant integrons. Proceedings of the National Academy of Sciences of the United States of America, 98 (2): 652-657.

Ruiz-Pérez C A, Restrepo S, Zambrano M M. 2016. Microbial and functional diversity within the phyllosphere of *Espeletia* species in an Andean High-Mountain ecosystem. Applied and Environmental Microbiology, 82 (6): 1807-1817.

Smith A B, Siebeling R J. 2003. Identification of genetic loci required for capsular expression in *Vibrio vulnificus*. Infection and Immunity, 71 (3): 1091-1097.

Stalder T, Barraud O, Casellas M, et al. 2012. Integron involvement in environmental spread of antibiotic resistance. Frontiers in Microbiology, 3: 119.

Stokes H W, Holmes A J, Nield B S, et al. 2001. Gene cassette PCR: sequence-independent recovery of entire genes from environmental DNA. Applied and Environmental Microbiology, 67 (11): 5240-5246.

Sun Y, Qiu T, Gao M, et al. 2019. Inorganic and organic fertilizers application enhanced antibiotic resistome in greenhouse soils growing vegetables. Ecotoxicology and Environmental Safety, 179: 24-30.

Szekeres S, Dauti M, Wilde C, et al. 2007. Chromosomal toxin-antitoxin loci can diminish large-scale genome reductions in the absence of selection. Molecular Microbiology, 63 (6): 1588-1605.

Xu X, Kong F, Cheng X, et al. 2008. Integron gene cassettes in *Acinetobacter* spp. strains from South China. International Journal of Antimicrobial Agents, 32: 441-445.

Uchimiya M, Lima I M, Thomas K K, et al. 2010. Immobilization of heavy metal ions ($CuII$, $CdII$, $NiII$, and $PbII$) by broiler litter-derived biochars in water and soil. Journal of Agricultural and Food Chemistry, 58 (9): 5538-5544.

Uysal A, Demir S, Sayilgan E, et al. 2014. Optimization of struvite fertilizer formation from baker's yeast wastewater: growth and nutrition of maize and tomato plants. Environmental Science and Pollution Research, 21 (5): 3264-3274.

Wang F H, Qiao M, Chen Z, et al. 2015. Antibiotic resistance genes in manure-amended soil and vegetables at harvest. Journal of Hazard Materials, 299: 215-221.

White P A, McIver C J, Rawlinson W D. 2001. Integrons and gene cassettes in theenterobacteriaceae. Antimicrobial Agents and Chemotherapy, 45 (9): 2658-2661.

Ye M, Sun M, Feng Y, et al. 2016. Effect of biochar amendment on the control of soil sulfonamides, antibiotic-resistant bacteria, and gene enrichment in lettuce tissues. Journal of Hazardous Materials, 309: 219-227.

Zhang Y J, Hu H W, Gou M, et al. 2017. Temporal succession of soil antibiotic resistance genes following application of swine, cattle and poultry manures spiked with or without antibiotics. Environmental Pollution, 231: 1621-1627.

Zhu B K, Chen Q L, Chen S, et al. 2017. Does organically produced lettuce harbor higher abundance of antibiotic resistance genes than conventionally produced?. Environment International, 98: 152-159.

Zhu Y G, Gillings M, Simonet P, et al. 2017. Microbial mass movements. Science, 357(6356): 1099-1100.

第6章 土壤病原微生物污染及其存活与传播机制

随着社会经济的快速发展，集约化养殖场和城市规模日益扩大，畜禽粪便和固体废弃物数量不断增长，已经威胁到人类的生存和可持续发展。畜禽粪便中含有大量的病毒、细菌和原生动物等病原微生物，如诺瓦克病毒、腺病毒、弯曲杆菌、大肠杆菌、李斯特菌、沙门氏菌、耶尔森菌、隐孢子虫、贾第虫等（Bradford et al.，2013）。由于经济发展的制约和公众认知的不足，大部分畜禽粪便都未经无害化处理，直接作为肥料或者土壤改良剂施入农田中，导致大量的病原微生物进入土壤环境（张健，2011）。进入耕地、菜地或果园的病原微生物，就如同埋下的"定时炸弹"，随时"引发"土壤生物污染，导致人畜共患病的传播、感染及暴发，对农产品安全和饮用水源安全构成巨大威胁。土壤生物污染问题，特别是病原微生物在土壤中的数量、形态、迁移、转化、存活及生态效应，受到政府、社会和学术界的密切关注（Bradford et al.，2013）。

6.1 粪肥施用对典型人畜共患病原菌在土壤中存留和迁移的影响

世界卫生组织（WHO）的数据显示，食源性疾病在世界许多地区普遍存在，每年至少有1/10的人因食用受污染的食品而患病，并因此导致42万人死亡（WHO，2015）。据估计，1998~2008年美国食源性疾病的发生率约为46%（Painter et al.，2013），其中，沙门氏菌（*Salmonella*）和大肠杆菌O157（*Escherichia coli* O157）是与食源性疾病暴发相关的最常见的病原菌之一（Scallan et al.，2015）。鸡蛋、牛奶和肉类食品中的沙门氏菌，牛肉酱中的大肠杆菌O157:H7及牛奶和奶酪中发现的李斯特菌（*Listeria monocytogenes*）所引起的人类感染频频发生，并且有证据表明这些食品中的病原菌污染与畜禽排泄物有关（Pell，1997；Guan and Holley，2003）。在英格兰和威尔士，2000年报道的食源性疾病约为134万（Adak et al.，2002），其中主要由大肠杆菌属（*Escherichia coli*）、沙门氏菌属（*Salmonella*）、弯曲杆菌属（*Campylobacter*）和李斯特菌属（*Listeria*）病原菌引起。由于饮食习惯的差异，在中国发生的沙门氏菌食源感染相对较少，1996~2015年发生沙门氏菌食物中毒事件有166起，累计发病8996人，肠炎沙门氏菌所引起的食物中毒事件最多，其次为伤寒沙门氏菌（李光辉等，2018）。

畜禽粪便中的病原物可以通过污水灌溉、粪肥沥出液、粪肥施用或者其他途径进入土壤、河流或者地下水中，或者附着在植物上，并在植物表面生长，甚至深入植物组织内部（Wang et al.，2014a）。2018年在几个欧盟成员国暴发的Agona肠炎沙门氏菌（*S. enterica* serovar Agona）疫情与用黄瓜生产的即食产品有关（EFSA，2018）。植物生长的土壤是病原菌潜在的污染来源，粪便中存活的肠道病原菌进入土壤后可进一步污染作物和河道，从而增加胃肠道疾病的潜在传播风险。病原菌污染作物的潜力，与其在环境中的存活能力有直接的关系，如果病原菌能够存活至作物收获期，则可能通过被污染的作物传播到消费者体内。因此，直接将畜禽粪便等有机废弃物施用到农田可能会导致病原菌进入食物链而威胁人类健康（Nicholson et al.，2005）。应对粪便中残留病原菌在土壤中的存活时间和浓度及其向地表和地下水资源迁移的风险给予充分的关注（WHO，2012）。

6.1.1 粪肥典型人畜共患病原菌在土壤中的存留

沙门氏菌是一种常见的人畜共患病原菌，也是世界分布最广、报道最多的引起食源性疫情暴发的主要病原体，每年大约感染 120 万美国人，在世界范围内每年有上千万的感染病例（WHO，2013）。猪是沙门氏菌的典型宿主，鼠伤寒沙门氏菌（*S. enterica* serovar typhimurium）是猪群中最常见的血清型（EFSA，2017a）。家禽也是沙门氏菌的典型宿主之一，2017 年一场欧洲多国暴发的肠炎沙门氏菌感染事件就与来自波兰的鸡蛋有关（EFSA，2017b）。动物肠道中携带的沙门氏菌可经粪便排出体外，因此，沙门氏菌可以在猪或家禽粪便作为肥料施用到农田时进入土壤。沙门氏菌的宿主可以是冷血动物也可以是温血动物，其宿主范围较广，因此在环境中的存活率通常比大肠杆菌更高（Underthun et al.，2018）。畜禽粪便所携带的沙门氏菌在不同的环境条件下可以存活不同的时长（表 6-1），在土壤中至少存在 21d（Pornsukarom and Thakur，2016），在合适的条件下甚至可存活长达 332d（You et al.，2006），最长可达 968d（Nicholson et al.，2005），表明土壤可以作为沙门氏菌的长期储存库。一旦沙门氏菌进入土壤，最可能的污染途径是通过根际和以根内生菌的形式存在于植物体内（内生化），或者在高架灌溉或降雨期间将土壤溅到叶子、花或水果上导致沙门氏菌内化到可食用的植物部分（Hirneisen et al.，2012；Heaton and Jones，2008）。有研究显示，在砂质土壤中生长的植物比在壤土中生长的植物更容易被沙门氏菌侵入，莴苣比玉米更容易被土壤中的沙门氏菌侵染（Jechalke et al.，2019）。尽管莴苣中内化的沙门氏菌数量随着培养时间的延长逐渐减少，但它仍然能够在植物组织中存活（Jablasone et al.，2005）。此外，非伤寒沙门氏菌属（non-typhoidal *Salmonella* spp.）和肠毒性大肠杆菌（enterovirulent *Escherichia coli*）已经进化到可以利用植物作为替代宿主，其在水果蔬菜等植物性食物中的残留，可引起人群暴发胃肠炎（Teplitski and de Moraes，2018）。

表 6-1 沙门氏菌和大肠杆菌在土壤中的存活时间

病原菌	土壤类型和浓度	存活时间
Salmonella cocktai	湿润土壤（10^8CFU/g）	20℃条件下 45d 后<2log
Salmonella sp.	牛粪浆（未知）	夏季施用于田间后存活 300d 以上
Salmonella sp.	液体猪粪施用于砂壤土（SL）和壤砂土（LS）（10^3~10^4CFU/g）	SL：27d（夏季，5~30℃）；LS：54d（夏季，5~30℃）
Salmonella sp.	SL 和黏壤土（CL）施用牛粪（10^3CFU/g）	30d（夏季）
S. Anatum	被猪粪污染的壤土（10^5CFU/g）	7d（土温：10~16℃）
S. Typhimurium	农田土壤（AS）施用猪粪（未知）	自然条件下：14d；实验室条件下：299d

续表

病原菌	土壤类型和浓度	存活时间
S. Typhimurium	农田土壤施用牛粪堆肥（10^7CFU/g）	自然条件下：203~231d
S. Typhimurium	砂壤土施用猪粪浆（10^4CFU/g）	56d（夏季和冬季平均值）
S. Typhimurium	砂壤土施用猪粪（10^4CFU/g）	120d（夏季和冬季的平均值）
S. Typhimurium	施用牛粪的砂质黏壤土和壤砂土（10^7CFU/g）	春季施用到壤砂土中存留 119d，施用 63d 后降低至 10^3CFU/g
S. Typhimurium S. Bovis-mobificans	羊粪（10^7CFU/g）	夏季施用后可在自然条件下存活 42d
S. Typhimurium	黏土、壤土、砂土（10^4CFU/g）	46.8d（14℃），32d（3.2℃），3.3d（0.6℃）
Salmonella Dublin	10^7CFU/g	可在土壤中持续存在 12 周
S. Havana	粉砂质黏壤土（未知）	施用猪粪后，在土壤中可以存活 8 个月
S. Typhimurium	农田土壤（10^7CFU/g）	存活 203~231d
E. coli O157:H7	黏土、壤土、砂土（10^6CFU/g）	砂土对成活率的影响最小（56d），而在壤土和黏土中，成活率较长，至少可存活 175d
E. coli O26	壤土、黏质壤土（10^6CFU/g）	在壤土中 4℃、20℃时，可以存活 288d、196d，在黏质壤土中，两种温度下均可以存活 365d
E. coli O157:H7	黏质壤土（10^8CFU/g 泥浆）	存活 5 周以上
E. coli O157:H7	新鲜壤土（高量，10^7CFU/g；低量，10^4CFU/g）	在热带条件下，低量和高量接种分别存活 4 周和 12 周

资料来源：Holley 等（2006）和 Alegbeleye 等（2018）。

大肠杆菌 O157 也能够在施用粪肥的土壤中长期生存。据报道，大肠杆菌 O157:H7 在 21℃条件下可在土壤中存活 200d 以上（Jiang et al.，2002；Franz et al.，2011），最高可存活长达 600d（Heaton and Jones，2008）。即使是在含水量较低的土壤中，肠出血型大肠杆菌也能存活数月之久。一些大肠杆菌可以在河岸土壤以及河流底泥中生长，大肠杆菌 O157:H7 甚至可以吸收利用土壤中的可溶性物质（NandaKafle et al.，2018）。此外，Unc 和 Goss（2006）发现在实验室条件下，向土壤中加入污水污泥不仅引入了外源大肠杆菌，同时也极大地促进了土壤中原有大肠杆菌的生长，而且后者可能对污水污泥加入后大肠杆菌数量的增长贡献更大。

从现有的研究报道来看，大多是基于单次施用粪肥后对土壤中典型病原菌数量进行的短期观测得到的数据，而长期施肥条件下，粪肥携带的病原菌在土壤中的存留情况尚缺乏系统研究。基于此，以中国科学院常熟农业生态实验站（水稻土）设置的粪肥长期定位施用实验地为对象，计数分析了连续 6 年施用猪粪或发酵猪粪后，土壤中的沙门氏菌和大肠菌群，结果如图 6-1 所示。在水稻收获期，高量（9.0t/hm²）和低量（4.5t/hm²）施用粪肥的土壤中沙门氏菌和大肠菌群的数量无显著差异；继续对该实验地土壤中的沙门氏菌和大肠菌群进行测定，未观察到其数量有显著的累积现象。推测粪肥携带的沙门氏菌数量较少或存活期较短，难以在土壤中存活至水稻收获期。因此，2018 年夏季，在中国科学院鹰潭农田生态系统国家野外科学观测研究站（红壤）布置粪肥实验地，观察粪肥施用后短期时间内的动态变化。基于最大或然数（MPN）计数法，对施用新鲜粪肥 3d、7d、14d 和 28d

不同土层（0～5cm、5～10cm、10～20cm）土壤中沙门氏菌的数量进行分析，结果表明施肥14d，不同深度0～5cm、5～10cm和10～20cm土层土壤中沙门氏菌的平均数量分别为6.2MPN/g、7.6MPN/g和6.2MPN/g，然而施肥3d、7d和28d土壤中沙门氏菌的数量均低于最低检测限，新鲜猪粪中携带的沙门氏菌数量为6.6MPN/g。由于养殖业的规模化和抗生素的使用，粪便中的沙门氏菌含量较低，由于不能适应土壤环境，猪粪携带的少量沙门氏菌在施肥28d内死亡，且本研究用肥强度（9.0t/hm^{2}和4.5t/hm^2）长期施用粪肥未对土壤中的沙门氏菌和大肠菌群数量造成显著影响。

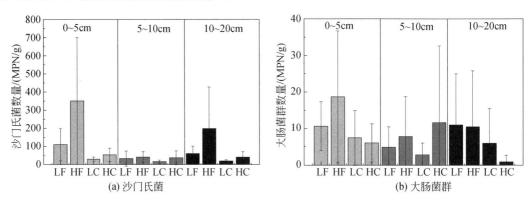

图6-1 水稻土连续施用猪粪（HF/LF）或发酵猪粪（HC/LC）6年稻季末期土壤中的沙门氏菌和大肠菌群的数量

HF，施用高量（9.0t/hm^2）新鲜猪粪；LF，施用低量（4.5t/hm^2）新鲜猪粪；HC，施用高量（9.0t/hm^2）发酵猪粪；LC，施用低量（4.5t/hm^2）发酵猪粪

有许多研究者认为大肠杆菌和肠球菌可以用来作为粪便污染的指示细菌（faecal indicator bacteria，FIB）（Devarajan et al.，2015；Mantha et al.，2017），它们的数量能够指示环境受粪便污染的程度。大肠杆菌和肠球菌是水环境中病原体的常见指示菌，可以在水环境中持续存在，易在沉积物中积累，而不是悬浮在水体中（Haller et al.，2009）。此外，由于沉积物中的环境更利于大肠杆菌和肠球菌生长，并且能够防止它们被太阳光中的紫外线杀死或被原生动物捕捉，它们在沉积物中存活时间更长（Mwanamoki et al.，2014）。温血动物胃肠道之外的环境（如水、沉积物和土壤）曾被证明是FIB的次级栖息地（Walk et al.，2007）。

就此，以大肠杆菌和肠球菌为靶标，对粪肥施用后潮土和水稻土中的FIB进行了分析，结果如图6-2所示。不同土壤类型同种轮作方式下，水稻土和潮土连续施用猪粪3年，FIB的相对数量（为了避免定量PCR分析过程中DNA提取效率以及扩增效率造成的影响，使用16S rRNA基因的数量对其进行校正，即相对数量）无显著差异。此外，同一土壤类型不同轮作方式下，施用猪粪的潮土中，FIB相对数量也与施用化肥处理无显著差异，说明猪粪携带的大肠杆菌和肠球菌未在土壤中大量存留。因此，施用粪肥3年，并未对土壤中的大肠杆菌和肠球菌数量造成明显的影响。本书中，无论是种植水稻还是玉米，施用猪粪土壤中的大肠杆菌和肠球菌数量均无显著变化，其原因可能是在当前的施肥用量（179kg N/hm^2），粪肥携带的大肠杆菌和肠球菌数量不足以影响土壤，也可能是粪肥携带的大肠杆菌和肠球菌在施肥后7d内死亡。继续对连续30年施用猪粪和牛粪的土壤进行FIB定量分析，结果如图6-3所示。结果表明，在旱作条件下，连续30年施用粪肥也没有显著改变土壤中大肠杆菌和肠球菌的相对数量。

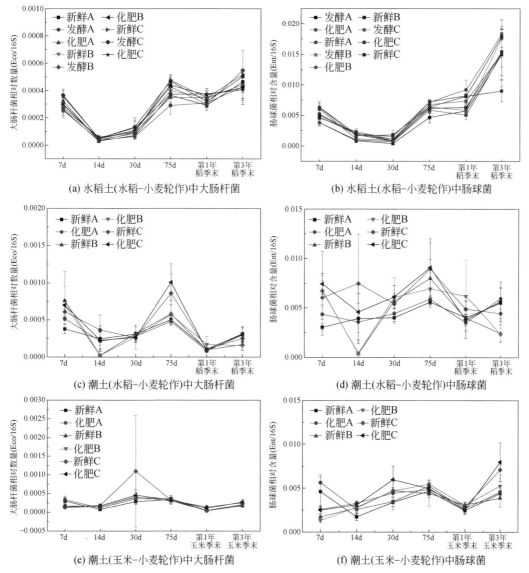

图6-2 不同轮作方式下，水稻土和潮土连续施用猪粪或发酵猪粪3年，水稻收获期（稻季末）或玉米收获期（玉米季末）土壤中的大肠杆菌和肠球菌的相对数量

A，0~5cm；B，5~10cm；C，10~20cm

为进一步探究不同土壤中沙门氏菌的存活时间，选择了我国水稻土、潮土和红壤三种典型土壤，设置淹水和不淹水条件下的微宇宙培养实验，考察沙门氏菌在不同类型土壤中的存活时长，探讨土壤类型和淹水与否的影响（图6-4）。结果发现，在0~5cm表层土壤中，沙门氏菌的数量在接入后的前一周开始下降（淹水处理）或有小幅度繁殖（不淹水处理），之后开始大幅度下降，土壤沙门氏菌数量最先下降至检测限以下的是红壤淹水和水稻

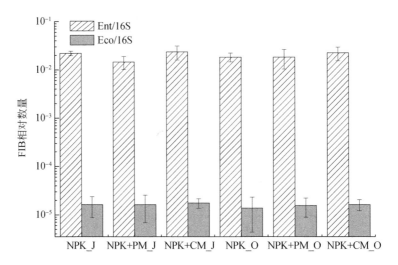

图 6-3 在小麦-大豆轮作方式下,蒙城砂姜黑土连续施用猪粪或牛粪 30 年后土壤中的
大肠杆菌和肠球菌的相对数量

NPK,化肥;PM,猪粪;CM,牛粪;J,6 月采集的土样;O,10 月采集的土样

土淹水处理,之后是潮土的不淹水和淹水处理,而红壤和水稻土不淹水处理,至 240d 仍能检测到沙门氏菌的存在(图 6-4)。在 5~10cm 土层中,沙门氏菌的数量变化趋势与 0~5cm 土层类似,初期都有先增加后减少的趋势,可能与沙门氏菌在不同类型土壤中的迁移速度有关。上述结果说明,与土壤类型相比,淹水条件更加不利于沙门氏菌在土壤中存活;三种土壤类型相比,土壤质地较为疏松的潮土则更加不利于沙门氏菌的存活。Underthun 等(2018)研究表明土壤类型和温度对土壤中沙门氏菌和大肠杆菌存活时间的影响大于湿度和病原菌基因型。与本书的研究结果不同,其原因可能是 Underthun 等的研究针对的是两种砂壤土(坎德勒砂土和橙堡砂壤土),且设置的土壤含水量较低(5%~35%),与本书实验的淹水状态存在较大差异。

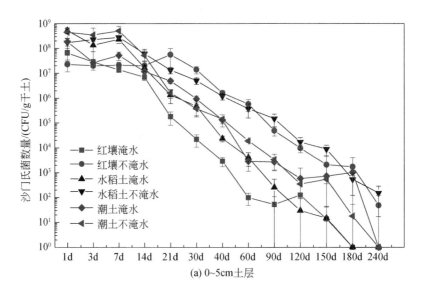

(a) 0~5cm 土层

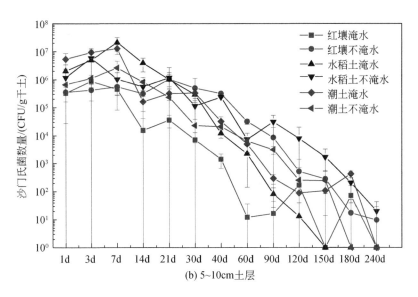

(b) 5~10cm 土层

图 6-4 淹水及不淹水情况下，人为添加的鼠伤寒沙门氏菌在不同土壤中的存活时间和存活数量

对沙门氏菌在土壤中的存活率进行计算，如表 6-2 所示，在 0~5cm 土层土壤中，淹水条件下，施肥第 60d 三种类型土壤中的沙门氏菌死亡率约为 100%；在不淹水条件下，施肥第 90d 三种类型土壤中的沙门氏菌死亡率大于 99%。在 5~10cm 土层土壤中，淹水条件下，施肥第 90d，三种类型土壤中的沙门氏菌死亡率接近 100%；在不淹水条件下，施肥第 126d，三种类型土壤中的沙门氏菌死亡率大于 99%。5~10cm 土层土壤中的沙门氏菌死亡速度比 0~5cm 土层慢，这可能是因为表层土壤中的沙门氏菌向下层迁移，以及太阳光中的紫外线对表层土壤中的沙门氏菌具有灭活作用。

表 6-2 随培养时间的延长土壤中存活的沙门氏菌比例（与施肥第 1d 土壤中的沙门氏菌数量相比）

（单位：%）

土层深度	时间	红壤不淹水	水稻土不淹水	潮土不淹水	红壤淹水	水稻土淹水	潮土淹水
0~5cm	3d	88.13	135.65	77.69	43.18	25.31	14.40
	7d	91.00	162.94	114.06	21.19	42.85	28.03
	14d	88.13	35.76	11.59	10.74	3.07	6.35
	21d	242.49	7.92	0.36	0.28	0.25	2.65
	30d	60.66	2.99	0.08	0.03	0.09	0.51
	40d	7.03	0.71	0.03	0.00	0.00	0.07
	60d	2.52	0.22	0.00	0.00	0.00	0.00
	90d	0.21	0.09	0.00	0.00	0.00	0.00
	126d	0.04	0.01	0.00	0.00	0.00	0.00
	150d	0.01	0.01	0.00	0.00	0.00	0.00
	180d	0.01	0.00	0.00	0.00	0.00	0.00
	240d	0.00	0.00	0.00	0.00	0.00	0.00

续表

土层深度	时间	红壤不淹水	水稻土不淹水	潮土不淹水	红壤淹水	水稻土淹水	潮土淹水
5~10cm	3d	119.57	498.26	170.54	265.95	245.02	176.04
	7d	155.33	87.55	400.03	136.68	1041.33	239.33
	14d	88.42	46.47	125.26	4.77	191.71	3.02
	21d	290.53	100.33	35.03	11.06	49.11	5.93
	30d	138.42	9.56	3.47	2.18	14.15	6.11
	40d	88.68	19.85	3.17	0.44	0.59	0.60
	60d	8.99	0.63	0.97	0.00	0.11	0.09
	90d	2.41	2.63	0.48	0.01	0.00	0.01
	126d	0.15	0.67	0.04	0.05	0.00	0.00
	150d	0.08	0.15	0.04	0.00	0.00	0.00
	180d	0.00	0.02	0.00	0.02	0.00	0.01
	240d	0.00	0.00	0.00	0.00	0.00	0.00

粪便中致病微生物在田间生存时间长短，与土壤及环境因子如土壤质地和结构、pH、湿度、温度、紫外线强度、养分、可利用氧气浓度和耕作方式等有关（van Elsas et al.，2012），也与有机肥料特性，以及气候条件、生物相互作用、农业和牲畜管理实践、菌株变异和细胞生理年龄等因素相关（Ongeng et al.，2015）。沙门氏菌适应的环境条件较宽，能够在pH 4.05~9.5的环境中存活，最适pH为6.5~7.5；能够在7~48℃的温度范围增殖，最适生长温度为37℃（Fatica and Schneider，2011）。沙门氏菌在不同类型土壤中的存活时长也明显不同，张桃香和杨文浩（2016）以福建省几种主要土壤为研究对象发现，室内25℃恒温避光培养条件下，沙门氏菌在水稻土中存活时间最长，且沙门氏菌在不同土壤中的存活时间顺序为水稻土（33.23d）＞潮土（30.18d）＞滨海风沙土（21.06d）＞紫色土（16.00d）＞红壤（12.24d）＞黄壤（10.05d）。本研究表明，在室外不淹水的自然条件下，水稻土和红壤中沙门氏菌存活时间均超过240d（图6-4），潮土中沙门氏菌的存活时长超过180d。不同种类的粪肥也影响沙门氏菌在土壤中的存活时长，张桃香等（2017）研究表明添加猪粪的土壤中沙门氏菌存活时间（21.11~45.26d）明显长于添加鸡粪的土壤（14.33~34.94d），说明猪粪比鸡粪更有助于沙门氏菌在土壤中的存活。将粪肥在高温下制备成生物炭之后与添加沙门氏菌的土壤混合培养，发现生物炭显著促进了沙门氏菌在土壤中的存活（胡素萍，2019）。

pH、温度、含水量和土壤质地等也影响大肠杆菌在土壤中的存活时间。Wang等（2014b）研究显示，土壤pH、土壤质地和游离Fe_2O_3是影响大肠杆菌O157:H7存活时间最重要的因素；大肠杆菌O157:H7的存活率对pH变化的反应因土壤不同而不同：在酸性土壤中，大肠杆菌O157:H7存活时间较短，且存活时长随pH的降低和游离Fe_2O_3浓度的增加而降低；而在中性或碱性土壤（pH≥6.45）中，大肠杆菌O157:H7存活时间较长，且存活时长未随pH发生明显变化。Zhang等（2017）研究显示，大肠杆菌O157:H7在中性紫色土中存活时间最长（24.49d），其次是碱性紫色土（18.62d）和酸性紫色土（3.48d）。Cools等（2001）研究结果表明，低温和高含水量的砂质土壤更有利于大肠杆菌的存活：100%田间持水量 5℃时，大肠杆菌存活 80d，而 60%田间持水量 25℃时，18d 即可减少至最低检测限。在相同的培养条件下，大肠杆菌 O157:H7 在露天土壤中的存活时间比在温室土壤中长（Yao et al.，2019）。此外，粪肥来源不同对土壤中病原菌的存活时长也有影响，Yao 等（2015）分析了蚯蚓粪、猪粪、鸡粪、泥炭和油渣五种有机肥对大肠杆菌 O157:H7 存活的影响，结果表明，鸡粪处理土壤的 t_d 值（达到 100CFU/g 检测限所需的存活时间）较小 [（12.57±6.57）d]，猪粪处理土壤的 t_d 值最大 [（25.65±7.12）d]；同时土壤 pH、电导率和游离 Fe/Al 含量对土壤中大肠杆菌 O157:H7 的存活率有显著影响：土壤成分（矿物质和有机质）及其表面电荷随 pH 的变化增加了土壤 pH 对大肠杆菌 O157:H7 存活的影响。在施肥土壤中，电导率对大肠杆菌 O157:H7 的存活起着更重要的调节作用。

除了上述物理化学因素以外，土壤微生物多样性是决定病原菌在土壤中存留程度的一个关键因素（van Elsas et al.，2012）。土壤微生物种群对病原菌在土壤中的存活发挥了重要的抑制作用，如 Jiang 等（2002）研究表明：在 5℃、15℃和 21℃条件下，大肠杆菌 O157:H7 在灭菌土壤中可分别存活 77d、226d 和 231d；而在非灭菌土壤中，分别仅存活了 42d、152d 和 193d，说明土壤土著微生物群落的存在能够缩短病原菌在土壤中的存活时长。但是，不同的土壤微生物结构和多样性对粪源细菌的存活是否存在不同的影响，目前仍不清楚。例如，长期施用化肥的土壤和长期施用粪肥的土壤微生物多样性截然不同，长期施用化肥会导致土壤细菌群落结构的显著改变和多样性的大幅降低，而施用粪肥则会增加土壤细菌多样性（Sun et al.，2015）。

鉴于上述长期施用化肥或畜禽粪肥对土壤微生物产生的不同影响，为了明确病原菌在不同施肥历史土壤中的存活情况，将长期施用化肥的土壤和长期施用粪肥的土壤视为两种具有微生物多样性差异的土壤，采用室内培养的方法，设置以下 8 个处理：A，长期施用化肥的土壤（CFS）；B，CFS+猪粪；C，CFS+灭菌猪粪；D，灭菌 CFS+猪粪；E，长期施用 9.0t/hm² 猪粪的土壤（HFS）；F，HFS+猪粪；G，HFS+灭菌猪粪；H，灭菌 HFS+猪粪。采用高通量测序、病原菌数据库比对的方法，对培养第 1d、第 7d 和第 77d 的土样中的病原细菌进行分析，结果如图 6-5 所示。结果表明，土著微生物对粪肥携带的病原菌在土壤中的定殖具有明显的抑制作用。推测土著微生物抑制外源细菌的定殖主要有三种途径：第一，在相同生态位中，外源细菌对土壤养分资源的利用效率较土著细菌慢，因而竞争能力较弱（van Elsas et al.，2012）；第二，土著微生物与外源细菌之间存在的相互作用和竞争关系；第三，土壤中的某些放线菌和真菌释放的抑菌物质所发挥的抑菌作用。对于未灭菌的两种不同施肥历史的土壤而言，长期施用粪肥土壤中的病原细菌在粪肥添加后第 7d（F7）有小幅度的增殖，之后又降低至粪肥添加之前的水平；图中 F7 与 G7（长期施用粪肥的土壤添加灭菌猪粪后的第 7d）相距较远，说明 F7 土壤中的病原细菌增殖并不是由土壤中残留的病原菌利用粪肥携带的养分增殖引起的。Mallon 等（2018）研究表明，不成功的微生物入侵也会很大程度上影响被入侵环境中微生物群落的结构和功能，大肠杆菌的入侵会导致被入侵微生物群落多样性、组成、生态位宽度和结构的变化。群落生态位结构的转变表明，同一外来者的第二次入侵可以持续更长时间，甚至会是成功入侵。因此，本书中长期施用粪肥的土壤可能由于频繁施用粪肥，微生物群落多样性、组成、生态位发生了变化，使得少量粪源病原细菌入侵成功，其可在粪肥施用后短时间存活，并在粪肥施用后的早期利用粪肥携带的养分发生增殖；但因资源利用效率较低或者在抑菌物质的作用下，最终仍然无法存活较长时间。本书前期实验结果表明：作物收获期土壤中，长期施用粪肥没有对沙门氏菌和大肠菌群的数量造成显著影响（图6-1）；而培养实验中，不同类型土壤中的沙门氏菌数量在第7d有小幅度提升（图6-4）。推测可能是上述前期实验结果产生的，因粪肥携带的细菌仅有少量能够入侵到土壤中，而且只能在土壤中短期存活，所以在粪肥携带的病原菌数量较少的情况下，长期施用猪粪没有造成沙门氏菌和大肠菌群的累积。

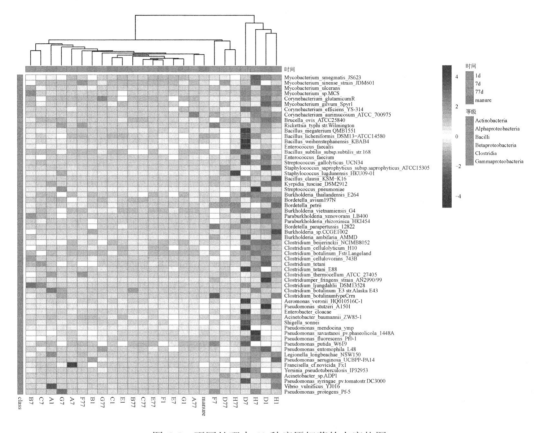

图6-5 不同处理中60种病原细菌的丰度热图

A，长期施用化肥的土壤（CFS）；B，CFS+猪粪；C，CFS+灭菌猪粪；D，灭菌CFS+猪粪；E，长期施用9.0t/hm^{2}猪粪的土壤（HFS）；F，HFS+猪粪；G，HFS+灭菌猪粪；H，灭菌HFS+猪粪；字母后的数字代表采样时间；manure，猪粪

6.1.2 粪肥典型人畜共患病原菌在土壤中的迁移

环境中的病原菌可以通过雨水冲刷、地表径流及自身迁移作用进入水体，污染地表水和地下水。病原菌通过土壤的迁移引起的水污染，是大部分水源性疾病暴发的主要原因（胡素萍，2019）。亚洲、非洲和南美的发展中国家，估计有13亿城市居民的主要饮用水来源是地下水（Foppen and Schijven，2006），全世界至少有1.5亿人以地下水为唯一的水源，世界上大多数地下饮用水源邻近或者处在农业土壤范围内（Schinner et al.，2010）。近些年，有关地下水污染而引起的水源性疾病的事件屡见不鲜。例如，2000年5月，发生在加拿大

安大略省沃克顿镇农场的水源性疾病事件，雨水冲刷将含有大肠杆菌 O157:H7 和空肠弯曲杆菌（*Campylobacter jejuni*）的渗出水冲入饮用水供水系统中而污染了饮用水，暴发了水源性疾病，导致 7 人死亡，2300 多人发病（Unc and Goss，2004）。最著名的事件发生在密尔沃基，当时超过 40 万人通过公共供水系统感染了粪源隐孢子虫卵囊（MacKenzie et al.，1994）。因此粪源病菌在土壤-水体体系的迁移值得引起重视。

粪肥携带的病原菌一旦随着粪便颗粒悬浮在水中，就可以随地表水和/或地下水流而迁移。病原菌可以作为自由细胞在水中移动，也可以附着在悬浮的肥料颗粒上，或者附着在土壤颗粒上；它们可以被卡在土壤或沉积物孔隙中，也可以附着在地下固体颗粒表面，还可以被留在土壤表面或土壤结构界面的凋落物和微塘中。土壤结构中只有一小部分孔隙空间可供地下环境中的微生物利用，而且也只有一小部分土壤表面可进行几乎所有的养分交换。在转移过程中和在土壤中滞留后，病原菌受到环境条件的影响，如养分的有效性和捕食等，数量会逐渐减少（Pachepsky et al.，2006）。大孔隙中的优先流运动（preferential water movement）可能是细菌穿过土壤向下渗透的主要途径，Bech 等（2010）发现液体粪便中添加鼠伤寒沙门氏菌后施加到壤土的表面，其中的沙门氏菌可以渗透到土壤 1m 深的地方，使该处渗滤液中的该菌浓度达到 1.3×10^5 CFU/mL；在施用后的第 28d，0~20cm 土层土壤中仍然有 1.5%~3.8%的沙门氏菌存活。Nyberg 等（2014）研究表明，向土壤中施用含沙门氏菌和大肠杆菌 O157:H7 的畜禽粪便污水，180d 后仍然能在 20cm 和 50cm 的土层中监测到沙门氏菌的存在。Sepehrnia 等（2017）对比了牛粪、羊粪和家禽粪在砂土、壤土和黏土中的渗透过程，结果表明家禽粪中的大肠杆菌对土壤下层水的污染潜力最大。病原菌在土壤中的迁移行为主要受土壤质地和土壤水分的影响，土壤质地可通过影响土壤水分改变病原微生物在环境中随水分的迁移渗滤行为，而充足的土壤含水量则可以使病原菌更容易以游离态细胞的形式迁移扩散到地表水或地下水中。

为了探究长期施用粪肥的土壤中沙门氏菌和大肠菌群的迁移情况，基于 MPN 方法，对连续施用高量（9.0t/hm²）或低量（4.5t/hm²）新鲜猪粪 8 年的水稻土中沙门氏菌和大肠菌群在 0~5cm、5~10cm、10~20cm、20~40cm、40~60cm 和 60~80cm 剖面土层中的分布进行了分析（图 6-6），发现沙门氏菌主要分布于剖面土壤 0~20cm 土层，土层越深，数量越少；而大肠菌群主要分布于剖面土壤 0~5cm 土层，5~10cm 数量较少，10~80cm 土层几乎检测不到大肠菌群。表明在长期施用猪粪的水稻土中，沙门氏菌主要分布于 0~20cm 耕作层，而大肠菌群则主要分布于 0~5cm 表层土壤，该结果可能与该水稻土的黏性有关（表 6-3），该土壤中 2~50μm 的颗粒含量约为 70%，小于 2μm 颗粒含量为 20%，且土层越深，2~50μm 的颗粒含量越高。该结果与 Sepehrnia 等（2017）研究结果一致，表明家禽和绵羊粪便中释放的细菌在黏土含量为 32%的粉质黏土中被截留下来，渗滤到底层土壤的细菌浓度明显低于黏土含量为 5%和 8%的砂土和壤土。Guber 等（2007）观察到，在没有粪便胶体的情况下，附着在粒径为 2~50μm 土壤淤泥和小于 2μm 黏土颗粒上的粪大肠菌群数量远高于附着在砂粒（62.5~500μm）上的粪大肠菌群数量。Soupir 等（2010）发现超过 60%的大肠杆菌和肠球菌黏附在 8~62μm 粒径的颗粒上。上述研究表明土壤中的黏土颗粒可以吸附肠道细菌，使其不易向下层土壤渗透，这可能是施用粪肥的水稻土中，沙门氏菌和大肠菌群主要分布在上层土壤的主要原因。

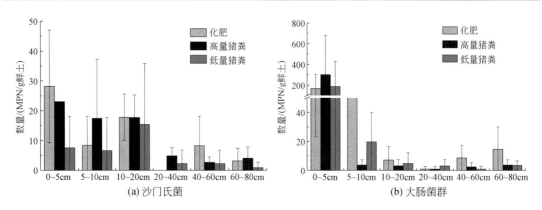

图 6-6 连续施用高量（9.0t/hm²）或低量（4.5t/hm²）新鲜猪粪 8 年的水稻土中沙门氏菌和大肠菌群在 0～5cm、5～10cm、10～20cm、20～40cm、40～60cm 和 60～80cm 剖面土层中的分布

表 6-3 连续 8 年施用化肥或不同重量猪粪的水稻土土壤的颗粒组成

土层	处理	颗粒组成/%（美国制）		
		2mm～50μm	50～2μm	<2μm
0～5cm	高量猪粪	6.27±1.70a	69.62±1.43a	24.11±0.66a
	低量猪粪	7.05±1.26a	73.07±5.29a	19.88±5.36a
	化肥	5.92±1.98a	70.71±0.80a	23.37±1.99a
5～10cm	高量猪粪	7.99±5.05a	68.90±4.27b	23.11±1.81a
	低量猪粪	6.85±0.41a	71.52±0.87ab	21.63±0.96ab
	化肥	6.18±0.53a	71.49±1.40ab	22.33±1.55a
10～20cm	高量猪粪	6.60±0.66a	71.42±2.32b	21.98±2.46a
	低量猪粪	6.96±1.11a	73.20±3.45ab	19.84±2.72ab
	化肥	6.50±0.75a	73.49±2.14ab	20.01±2.29ab
20～40cm	高量猪粪	7.64±1.05a	75.41±1.63a	16.95±1.47a
	低量猪粪	7.11±1.52ab	76.49±4.15a	16.40±2.70a
	化肥	6.88±0.62ab	74.73±2.63a	18.39±2.09a
40～60cm	高量猪粪	4.89±1.64a	79.54±6.03a	15.57±4.72a
	低量猪粪	5.19±1.97a	79.19±6.03a	15.62±6.43a
	化肥	4.81±1.22a	82.20±4.12a	12.99±2.91a
60～80cm	高量猪粪	5.13±2.06a	82.78±5.08a	12.09±3.85a
	低量猪粪	5.44±2.17a	80.75±4.35a	13.81±2.82a
	化肥	5.94±2.28a	79.11±3.38a	14.95±2.50a

注：不同字母表示同一土层的 3 个处理之间，相同粒径的颗粒组成差异达到显著水平（$P<0.05$）。

6.2 典型人畜共患病原菌与土壤胶体界面反应过程与存活机制

土壤作为病原微生物进入环境的主要途径，对病原菌污染扩散起到决定性作用。土壤中的病原菌主要以游离态与吸附态两种形式存在，其中在含水量较低的情况下，80%以上的病原菌吸附在土壤胶体或团聚体表面，以单细胞、微菌落或生物膜等方式紧密结合（Nannipieri et al., 2003; Huang, 2004）。病原菌在土壤胶体表面吸附的比例越大，分布在土壤浅层的病原菌越难以随水流垂直运移到土壤深层，从而增大了人或动物与土壤接触感染的概率（Dhand et al., 2009）。相反，若病原菌分配到水相中的数量越多，大量游离态细胞可进入水体，广泛扩散到地表径流或地下水中，从而污染河流、井水等饮用水源（Wang et al., 2011）。模拟人工降雨过程，一些学者考察了病原指示菌株在地表径流中的分布，发现粪便大肠杆菌和肠球菌运移到地表径流中的数量随时间延长显著上升，87%以上的游离态细菌可扩散到水体中（Cizek et al., 2008; Soupir and Mostaghimi, 2011）。土壤中蒙脱石和高岭石组分越多，对荚膜组织胞浆菌（*Histopasma capsulatum*）的吸附越强，阻碍了营养物质和代谢产物在细胞膜内外的传输以及细胞壁的透气性，细菌呼吸作用减弱（Lavie and Stotzky, 1986）。大肠杆菌在有机质含量高的砂质土壤中，存活时间更长，存活数量与总氮（$R=0.86$）和总碳含量（$R=0.82$）呈显著正相关，表明有机质能为细菌提供生长代谢所需的营养物质（Franz et al., 2005）。因此，弄清病原菌在土壤胶体表面的反应过程有助于理解病原菌在土壤中的归宿，对评估病原菌在自然环境中的生态行为，指导污染土壤的修复和健康风险评价等具有重要理论和实践意义。

6.2.1 典型人畜共患病原菌与土壤胶体界面反应过程

进入土壤的病原菌与土壤胶体的相互作用分为生物作用、物理作用和物理化学作用。生物作用包括病原菌在土壤颗粒表面的生长、代谢和繁殖过程，在这一过程中，病原菌可分解营养物质并分泌胞外聚合物等；物理作用取决于土壤的孔隙度、颗粒的团聚程度、质地等物理性质对病原菌的影响；物理化学作用主要为病原菌在界面发生的吸附、解吸、氧化还原等过程。在三种互作类型中，吸附行为显著影响病原菌与土壤界面作用的强弱程度，是二者相互作用的基础和前提（赵文强，2013）。

细菌吸附于土壤组分表面经历了4个步骤：细菌运移、初始吸附、紧密吸附和生物膜形成阶段（van Loosdrecht et al., 1990）。具体过程如下：①细胞通过对流、扩散（布朗运动）或主动运动迁移到土壤固相附近；②细胞通过物理化学作用力可逆或不可逆地初始吸附于颗粒表面；③细胞通过分泌胞外聚合物等生物大分子在界面发生紧密结合；④细胞在颗粒表面进行生长繁殖，逐渐形成微菌落以及生物膜。吸附过程的第一阶段和第二阶段可在数分钟或几十分钟内完成，主要受细菌和土壤颗粒表面性质的影响；第三阶段和第四阶段相对较慢，需要几小时甚至几天时间进行，最终颗粒表面形成的生物膜十分紧密，附着细胞不易发生解吸。初始吸附决定细胞的定殖过程能否发生并影响相互作用的强度，因此成为环境微生物和胶体界面领域研究的重点对象。

细菌在土壤颗粒表面的吸附取决于细菌、土壤胶体以及土壤溶液的性质。细菌尺寸一般为 0.5~2μm，粒径大小符合胶体颗粒范畴，因而细菌与固相表面的互作机制常用经典的 DLVO 胶体稳定理论进行描述（Marshall et al.，1971）。DLVO 理论认为，表面之间的相互作用能由近程范德华力和静电相互作用共同控制。鉴于细胞表面和有机胶体表面都含有大量疏水并具延展性的生物分子，除了范德华力和静电力外，细菌与固相界面之间的相互作用还涉及疏水作用力、氢键以及空间位阻等（Grasso et al.，2002）。各种物理化学作用互相平衡使细菌以特有的方式存在于土壤中。静电作用使类芽孢杆菌更易在赤铁矿和刚玉表面吸附，而在石英砂表面的吸附量则较低（Deo et al.，2001）。经饥饿处理的大肠杆菌，细菌表面疏水性降低，不易在石英砂颗粒表面吸附（Haznedaroglu et al.，2008）。Wu 等（2012）发现恶臭假单胞菌在红壤黏粒上的最大吸附量分别是粉粒和砂粒的 4.3 倍和 62.3 倍。此外，细菌也可通过调节基因的变化来适应外界环境的改变，进而进化出新的存活策略来提升抗性，或占据生态位，从而在环境中长期存在（van Elsas et al.，2011）。以往的研究主要以土壤中分离出的普通细菌或指示细菌为研究对象（Jiang et al.，2007；Wu et al.，2012），很少涉及粪肥污染环境中大量存在的肠道病原菌。由于细菌表面性质和结构存在显著差异，基于模式菌株取得结果很难真实反映病原菌的环境行为。此外，吸附和运移体系中所用的固体介质多为玻璃、石英砂、金属氧化物、云母、刚玉、长石等惰性颗粒或原生矿物（Foppen and Schijven，2006；Li and Logan，2004；Zhu et al.，2009），而针对土壤中表面活性更高的层状硅酸盐矿物、微米或纳米级土壤氧化物，以及成分更复杂的自然土壤胶体颗粒的研究还较少见。基于本项目的实施，取得了以下研究成果。

探明了大肠杆菌（*Escherichia coli*）、猪链球菌（*Streptococcus suis*）在黏土矿物表面的吸附行为。两种病原菌在蒙脱石和高岭石上的吸附等温线符合 Freundlich 方程（$R^2>0.91$），猪链球菌在矿物上吸附的分配系数是大肠杆菌的 2~8 倍，蒙脱石对细菌的吸附量（0.63~5.07mL/g）大于高岭石（0.58~1.23mL/g）。扫描电镜图片显示，大肠杆菌呈杆状，长度大于 1μm，猪链球菌粒径略小于大肠杆菌，呈卵圆形。提高溶液 pH（4.0~9.0）或降低离子浓度（20~1mmol/L）能使细胞和矿物表面负电荷量逐渐增多，静电斥力变大，从而导致吸附量不断减少。DLVO 理论计算的作用能数据表明，斥力能障值在该溶液条件下不断升高（1.4~408.1kT），与吸附趋势相吻合。各体系吸附量与对应能障值呈显著负相关（pH，$Y=-0.031 \times X+13.4$，$R^2=0.469$，$P<0.01$；离子浓度，$Y=-0.004 \times X+2.7$，$R^2=0.354$，$P<0.05$），DLVO 作用力（静电斥力和范德华引力）显著影响着吸附过程。高离子浓度下（20~100mmol/L），猪链球菌在两种矿物上的吸附量均出现显著下降，偏离了 DLVO 理论的预测结果，由细菌胞外聚合物与矿物间的空间位阻作用（非 DLVO 作用力）引起。$CaCl_2$ 对胶粒表面扩散双电层的压缩作用更强，降低了互作体系间的能障值（0.8~52.7kT），且能在细菌和矿物之间形成多价阳离子桥，对吸附量的促进作用强于 KCl。

揭示了病原菌在不同粒径土壤颗粒中的吸附、运移与代谢活性规律。土壤颗粒对病原菌吸附能力的大致顺序为黏粒（<2μm）>粉粒（2~48μm）>砂粒（48~250μm），去有机质颗粒（9.9×10^{10}~59.4×10^{10}cells/g）>含有机质颗粒（7.8×10^{10}~43.9×10^{10}cells/g）。土壤颗粒表面的 zeta 电位与比表面积大小与该趋势一致，可从长程的扩散双电层作用力和表面位点角度解释吸附行为，短程疏水作用力和阳离子交换量不能作为土壤-病原菌相互作用的预测指标。微量热参数表明，相比对照体系（只含细菌和培养基），加入粉粒和砂粒后，猪链球菌生长的时间-功率曲线峰值pH相对于自由态细菌（289.6μW）升高了8.1%~27.1%，对应出峰时间PT值（391.0~408.7min）早于对照体系（424.7min），总体代谢活性增强；黏粒体系pH下降了11.4%~23.2%，出峰时间较晚（441.7~464.7min），猪链球菌代谢活性减弱。大肠杆菌在去有机质黏粒上的pH（119.6μW）小于对照体系（147.2μW），出峰时间更晚（313.5min＞281.9min），活性受到抑制，其他5种土壤颗粒均促进了大肠杆菌的代谢活性。扫描电镜直接证实了病原菌在砂粒和粉粒表面的吸附，细胞分布较为分散，有利于细胞对土壤颗粒表面吸附的营养物质进行充分分解，促进细菌的代谢活性。黏粒紧密包裹覆盖在细胞上，外表面难以观察到清晰的吸附态细菌，阻碍了细菌生长空间及其与外界营养物质和代谢产物的利用和交换，抑制了其生长和代谢过程。猪链球菌能运移到20cm深土层，比大肠杆菌运移距离更远（10cm），物理阻塞对病原菌运移的影响力高于吸附作用。

阐明了病原菌在土壤胶体颗粒上的作用力机制。猪链球菌在红壤胶体表面吸附的分配系数（K_f）是大肠杆菌的4.5~6.1倍，细菌在去有机质胶体表面吸附的K_f值为含有机质胶体的2.4~3.2倍。比表面积越大或表面负电荷量越少，细菌吸附能力越强，大肠杆菌表面电荷密度较高（541.1μC/cm^2），进一步增强了与土壤胶体间的静电斥力。猪链球菌和大肠杆菌zeta电位与对应吸附量可分别拟合指数和线性方程，吸附态细菌位于距土壤胶体表面90~100nm处的次极小能位置。随着溶液体系pH降低（9.0~4.0）或KCl离子强度增大（1~10mmol/L），细菌与红壤胶体互作能障降低（354.6~0.3kT），次极小能处引力增强（-0.020~-0.536kT），分隔距离不断缩短（111~16nm）。此时细菌吸附量持续增大，与能障值（energy barrier，EB）呈显著负相关（$P<0.05$），吸附机制符合DLVO理论，疏水作用力影响不显著。高离子强度下（50~100mmol/L），猪链球菌在去有机质和含有机质颗粒上的吸附量分别降低了3.4%和5.6%，细胞表面蛋白质和土壤有机质共同增强了空间位阻排斥力。

探讨了土壤性质与病原菌吸附能力间的相关性及贡献程度。一元线性回归结果表明，土壤溶液pH（$P<0.01$）和电导率EC（$P=0.033$）与猪链球菌分配系数呈显著负相关，能分别解释81.9%和38.4%的吸附过程。大肠杆菌分配系数仅与溶液电导率呈显著正相关（$P<0.01$），R^2值高达0.923。偏相关分析发现，在排除其他因素的间接影响后，pH（$P=0.013$）和电导率（$P=0.034$）分别是猪链球菌和大肠杆菌吸附的决定性因素。pH显著促进猪链球菌的吸附量（$P<0.05$），而电导率此时无显著影响（$P>0.05$），对吸附能力有极微弱的促进作用（偏相关系数为0.298），与一元线性回归相矛盾。这是因为pH和有机质对吸附能力的抑制作用较大（偏相关系数分别为-0.952和-0.735），从而屏蔽了电导率对土壤的微弱影响，偏相关更能反映单独的某种土壤性质对细菌吸附的真实作用。土壤有机质、黏粒含量、比表面积、阳离子交换量与分配系数无显著相关性（$P>0.05$），仅能单独解释30%以下的吸附行为。扫描电镜手段显示病原菌主要吸附于土壤团聚体的外表面，无法吸附在团聚体内部的小尺寸颗粒表面。球面-平板DLVO理论计算的能障值与大肠杆菌分配系数K_S呈显著负相关：$K_S=-0.057\times EB+22.6$（$R^2=0.577$，$P<0.01$，$n=10$），但该模型无法解释猪链球菌在土壤颗粒上的吸附行为。通过多元逐步回归手段可得到病原菌分配系数与土壤性质的相关性

方程，猪链球菌，$K_s=-45.93\times pH-1.31\times CEC+389.75$（$R^2=0.929$，$P<0.01$）；大肠杆菌，$K_s=0.24\times EC+2.005$（$R^2=0.932$，$P<0.01$）。该方程拟合值与实测值较为接近，相差数值小于14.3mL/g，可初步用来预测细菌在土壤表面的吸附能力。

明确了胞外聚合物对病原菌表面性质及吸附能力的影响。采用阳离子交换树脂（CER）去除细胞表面的胞外聚合物（extracellular polymeric substances，EPS），红外光谱数据显示，CER处理后的去EPS细胞在3500~1000cm^{-1}波数范围内的吸收峰均明显降低、消失或偏移，表面相应的蛋白质、多糖和脂类物质含量被去除。大肠杆菌细胞壁表面含有羟基、羧基、酰胺基、磷酸基、酯基、醛基、巯基等基团，官能团种类比猪链球菌更为丰富。去除EPS后，两种细菌表面电荷密度和总位点浓度分别降低了7%~17%和3%~7%。离子强度从1mmol/L上升到100mmol/L，细菌表面负电荷量逐渐减少。电荷量大小顺序为：含EPS猪链球菌＜去EPS猪链球菌＜去EPS大肠杆菌＜含EPS大肠杆菌。4种细菌表面疏水性范围为3%~43%，去除EPS后，猪链球菌疏水性上升了约5%，大肠杆菌疏水性平均减少了11%。含EPS和去EPS细胞表面性质受官能团种类和EPS组成影响。含EPS猪链球菌在黄棕壤上吸附的分配系数K_s值最大（49.8mL/g），其次是去EPS猪链球菌（16.1mL/g）、去EPS大肠杆菌（8.2mL/g）和含EPS大肠杆菌（8.0mL/g）。1~60mmol/L离子强度下的吸附趋势符合球面-平板DLVO模型，吸附量（Y）与斥力能障值（X）呈显著线性负相关：$Y=-0.0064\times X+2.99$（$R^2=0.602$，$P<0.01$）。当离子强度从60mmol/L上升到100mmol/L时，含EPS猪链球菌在土壤颗粒上的吸附量下降了16.0%，而去EPS猪链球菌的吸附量逐渐增大，这表明猪链球菌与土壤间的空间位阻排斥力来源于细胞表面的EPS组分。

6.2.2 典型人畜共患病原菌对土壤胶体响应特征与存活

与人或动物等宿主的肠道环境相比，土壤环境不利于病原菌的生长和繁殖。土壤的酸碱性、养分匮乏、温度波动变化、土著微生物竞争等因素都会降低病原菌的存活能力。土壤胶体颗粒可为病原菌提供附着位点，从而保护其免受土壤原生动物的捕食。土壤颗粒的粒径越小，形成的孔隙越小，越能阻碍原生动物的通行。因此，黏质土壤的保护作用强于砂质土壤（Barker et al.，1999）。相比于游离态病原菌，土壤颗粒表面黏附的病原菌其基因表达、生理活性、养分利用方式、环境抵抗能力、耐药性、存活等会发生明显变化，以帮助病原菌更好地适应环境，抵御各种不利因素（Duffitt et al.，2011；Uroz et al.，2015；Zhao et al.，2012a）。但关于病原菌对固相介质的响应机制，目前尚未取得共识。有学者认为固相表面可以吸附质子、底物或营养物质而改变溶液组成，从而间接影响病原菌活性。例如，贫营养条件下，玻璃珠通过富集养分，促进黏附态细菌的生长繁殖（Zobell，1943）。但也有学者认为固相介质本身的性质，会直接影响细菌的活性。例如，Ivanova等（2006）发现，动性球菌在疏水的聚甲基丙烯酸叔丁酯表面黏附48h后，胞内ATP含量是亲水性云母表面的黏附态细菌胞内ATP含量的2.5~5倍。不同的矿物类型、理化性质，对不同微生物的黏附、代谢、生长和存活的影响不同（Brennan et al.，2014；Cai et al.，2013；Uroz et al.，2015；Wu et al.，2014）。

土壤颗粒大小与类型会显著影响病原菌的代谢活性。Wu等（2014）发现土壤活性颗粒促进大肠杆菌（*E. coli*）与枯草芽孢杆菌（*B. subtilis*）的代谢活性，而抑制恶臭假单胞菌

（*P. putida*）与副球菌（*Paracoccus* sp.）的代谢活性；同种细菌的细胞代谢活性对多种土壤活性颗粒的响应特征相似；腐殖质可通过界面作用促进细菌的代谢活性；土壤活性颗粒与细菌间的界面静电作用调控细菌的代谢活性。吸附在砂粒和粉粒表面的病原菌分布较为松散，有利于细胞对土壤颗粒表面固定的营养物质进行充分利用，促进细菌的代谢活性。黏粒紧密包裹覆盖在细胞上，阻碍了细菌生长及其与外界营养物质和代谢产物的利用和交换，抑制了病原菌生长和代谢过程（Zhao et al.，2012b）。

土壤颗粒对病原菌代谢活性的影响最终会影响病原菌的生物膜形成，进而影响其在环境中的存活。生物膜是自然进化选择的结果，是细菌在环境中生存的主要形式，能帮助细菌抵御各种不利条件（Kim et al.，2014）。细菌的黏附是生物被膜形成的初始阶段，黏附态细菌的生理代谢、抗逆性及存活等相关基因的表达显著有别于游离态细胞（Busscher and van der Mei，2012；Donlan and Costerton，2002）。Flemming 和 Wingender（2010）发现，细菌黏附在固相界面后，会刺激 EPS 的分泌，加速生物膜的形成。黏附在界面的大肠杆菌，其乙酰磷酸的分泌增加，细菌鞭毛的运动性被抑制，Ⅰ型菌毛和荚膜异多糖的分泌更多，形成成熟稳定的生物膜（Fredericks et al.，2006）。生物膜的调控蛋白 RcsB、FimZ 和 OmpR 也会发生磷酸化，促进生物膜三维结构的形成（Wolfe，2005；Prüß et al.，2010）。此外，乙酰磷酸也会改变大肠杆菌的 OmpF 和 OmpC 等表面蛋白的结构，使细胞更易在表面定植，促进生物膜的形成（Wolfe，2005）。

研究发现，针铁矿可促进枯草芽孢杆菌（*B. subtilis*）在气液界面形成生物膜，而高岭石和蒙脱石对生物膜的形成影响较小。在针铁矿体系中，细胞通过力感通道感应到细胞膜压力，从而调控枯草芽孢杆菌生物膜形成的两个主要基因 *abrB* 和 *sinR* 的表达，使细胞倾向于向气液表面运动并聚集形成生物膜（Ma et al.，2017）（图 6-7）。细菌生物膜形成的土壤纳米颗粒浓度效应机制：低浓度（0.5～30mg/L）土壤纳米颗粒促使 *P. putida* 细胞释放出更多的信号分子（c-di-GMP），使得群体感应、脂多糖生物合成等与生物膜形成相关的基因大量表达，促进了生物膜的形成；而高浓度（250mg/L）的土壤纳米颗粒暴露破坏了细胞内氧化胁迫系统的平衡，并显著抑制了细胞活性，生物膜形成相关基因的表达下调，生物膜的发育受到显著抑制（Ouyang et al.，2020）（图 6-8）。

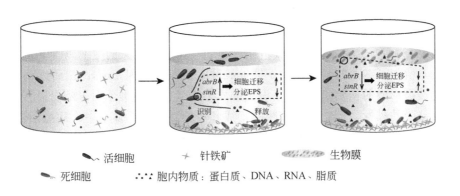

图 6-7 针铁矿影响枯草芽孢杆菌生物膜形成的模型

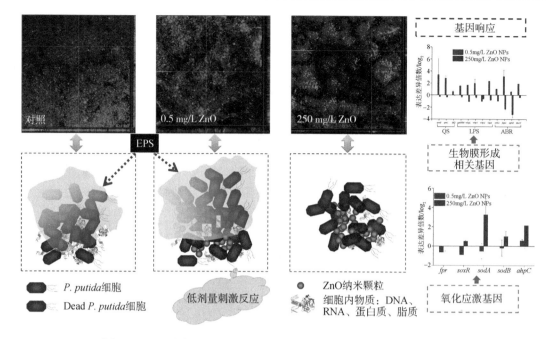

图 6-8 不同浓度 ZnO 对恶臭假单胞菌生物膜形成的影响机制示意图

在典型土壤黏土矿物（蒙脱石、高岭石和针铁矿）对大肠杆菌 O157:H7 生长、生物被膜形成和毒性基因表达的影响机制方面，研究发现带负电的蒙脱石促进了大肠杆菌 O157:H7 的生长，抑制了生物被膜的形成；边面带正电的高岭石有利于病原菌的黏附，促进生物被膜的形成；带正电的针铁矿显著抑制了病原菌的生长，促进了生物被膜的形成。荧光显微镜照片显示，针铁矿能有效黏附并杀灭大肠杆菌 O157:H7，而高岭石和蒙脱石均不影响病原菌的活性。原子力显微镜和扫描电子显微镜显示了大肠杆菌 O157:H7 和矿物多样的结合方式，蒙脱石疏散地分布在病原菌周围，未发生有效黏附，高岭石主要通过边面和病原菌发生黏附，而针铁矿紧密黏附在病原菌表面，形成矿物包被体。与空白对照相比［（17.05±2.41）nN］，蒙脱石中形成的细菌生物被膜的黏性显著降低［（10.38±1.29）nN］（$P<0.05$），高岭石略微促进了生物被膜的黏性［（19.85±3.34）nN］，但不显著（$P>0.05$）。而针铁矿诱导形成高黏性的生物被膜［（29.00±4.84）nN］，并且生物被膜中的细菌形貌发生显著变化：细胞变小、粗糙度增加且不规则。基因结果进一步证实大肠杆菌 O157:H7 生物被膜的形成机制。蒙脱石促进了病原菌中编码鞭毛蛋白的基因 *fliC* 的表达，增加了细菌的游动性；下调编码菌毛蛋白的基因 *csgA*，阻碍细菌的不可逆黏附（生物被膜形成的初始阶段）；下调荚膜异多糖（EPS 重要组分）组分基因 *wcaM*，降低了生物被膜的黏性，抑制生物被膜的形成和成熟。高岭石体系中，病原菌的 *fliC* 下调，而 *csgA* 上调，利于细菌在界面上的不可逆黏附；*wcaM* 上调，会提高生物被膜的黏性，有利于生物被膜的形成。此外，*pta* 上调和 *ackA* 下调，导致乙酰磷酸的积聚，进一步促进菌毛和荚膜异多糖的分泌，加速生物被膜的成熟。针铁矿不仅促进了荚膜异多糖的调控基因（*rcsA*、*rcsB* 和 *rcsC*）和 *wcaM* 的表达，而且诱导了病原菌群体密度感应信号分子（Autoinducer-2）的调控基因 *luxS* 的表达，促进生物被膜的形成。生物被膜形成初期，矿物的存在，会抑制生物被膜的形成，生物被膜量显著低于纯菌体系，但毒性基因的表达（*stxA-1* 和 *stxA-2*）出现上调趋势。生物被膜形成后期，针铁矿和高岭石体系中病原菌的生物被膜量显著高于空白，而 *stxA-1* 和 *stxA-2* 的表达低于空白。因此，推测生物被膜形成和毒性表达可能是两个互相排斥的过程。黏土矿物的理化性质（电化学特性和形貌）是关键，决定矿物–病原菌的界面作用（结合方式和黏附强度），最终影响病原菌在土壤环境中的归趋（Cai et al., 2018）。

在土壤环境中大肠杆菌 O157:H7 存活研究中，探明了土壤类型（红壤/棕壤）、颗粒大小（砂粒、粉粒和黏粒）、氧（氢氧）化铁/铝、有机质的影响机制。大肠杆菌 O157:H7 接种于棕壤颗粒中，3d 内，病原菌的数量上升 0.6～1.4lg CFU/g（除去有机质黏粒外）。而红壤颗粒中的大肠杆菌 O157:H7 数量快速下降，直到检测下线；初始 6h 的失活速率最高，病原菌的数量下降 0.52～0.97lg CFU/g。去除氧（氢氧）化铁/铝后，红壤颗粒的杀菌性能降低，大肠杆菌 O157:H7 的存活能力显著提高。对两种土壤而言，大肠杆菌 O157:H7 均在含有机质黏粒中的存活能力最强。相比于砂粒和粉粒，黏粒对大肠杆菌 O157:H7 的吸附能力更强，对病原菌的乙酸代谢途径相关基因的影响更显著（*pta* 上调 6.1～9.3 倍，*ackA* 下调 63.5%～91.7%）。*pta* 上调和 *ackA* 下调会促进胞内乙酰磷酸的累积，加速细菌从游离态向生物被膜形态的转变。此外，黏粒更有助于大肠杆菌 O157：H7 保持生理活性。8d 后，黏粒中病原菌的腺苷-5′-三磷酸（ATP）的含量（0.36×10^{-18}～0.39×10^{-18} mol ATP/CFU）显著高于砂粒和粉粒中的病原菌 ATP 含量（0.13×10^{-18}～0.21×10^{-18} mol ATP/CFU）。砂粒和粉粒去除有机质后，大肠杆菌 O157:H7 的生理活性未发生明显改变，且病原菌的存活时间显著提高，表明有机质的作用不是提供养分。而有机质的去除，会提高土壤颗粒对病原菌的吸附能力。因此，推测难溶性有机质的主要作用是遮蔽土壤颗粒的黏附位点，影响细菌-土壤颗粒的界面作用，阻碍细菌黏附表型的转变，最终影响病原菌的存活。上述结果表明，大肠杆菌 O157:H7 在土壤颗粒表面的黏附及其相关代谢途径是存活优势，帮助细菌在自然环境中长期存活。

6.3 土壤多物种生物膜抵御病原菌入侵机制

土壤是自然生态系统中异质性最高的区域，为微生物生存提供了巨大的内部表面积。土壤中栖息着细菌、真菌、病毒、原生动物和藻类等高度多样性的微生物，这些不同种类微生物在界面聚集并由其自身分泌胞外聚合物（EPS）包裹，形成的聚集体被称为多物种生物膜。多物种生物膜中复杂的不同物种之间的相互作用（种间互作）使其具有不同于游离态细胞和单一物种生物膜的新特性和功能。在植物根际，多物种生物膜可作为抵御病原菌入侵的一道天然生物防线，为土著细菌群落及植物根系提供了保护。

6.3.1 种间互作对土壤多物种生物膜形成的影响

2005 年，Parsek 和 Greenberg 提出了"微生物社会学"（sociomicrobiology），并强调了微生物群落的群体行为及其内部不同物种间相互作用与信息交流的重要性。多物种生物膜作为不同物种微生物的一种存在状态，不是微生物细胞之间简单的集合，而是具有涌现性特征的群落结构。自然界中的生物膜主要是由不同物种聚集形成的多物种生物膜，它们彼此之间会进行信息传递及交互，最终形成稳定的微生态体系。如图 6-9 所示，在土壤中，微生物可附着于土壤颗粒、植物根际及植物凋落物等微界面，当营养源暴露时，微生物迅速繁殖生长，从而形成多物种生物膜（Büks and Kaupenjohann，2016；Fujishige et al.，2006；Mallick et al.，2018；Cai et al.，2019）。生物膜中不同物种微生物之间的相互作用，可促进代谢产物的交换，以及信号分子、遗传物质和抗性物质等的传递（Flemming et al.，2016）。生物膜中的细胞通过改变基因表达促使细胞降低生长速率从而保持更长存活时间，并且其基质空间结构的改变可降低进入生物膜内营养源或有害物质的扩散速率（Mah and O'Toole，2001）。因此，相对于游离态微生物及单一物种生物膜，多物种生物膜的微生物具有较强抵御外来入侵及环境胁迫的能力，如避免被原生动物捕食（Lünsdorf et al.，2000；Matz and Kjelleberg，2005）、抵御干旱以及有毒有害物的侵害等（Almås et al.，2005；Lünsdorf et al.，2000）。同时，附着于可降解有机底物界面形成的生物膜通常可分泌更多的胞外酶，从而扩大了微生物从环境中摄取营养的范围。

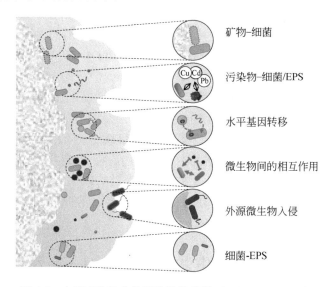

图 6-9 土壤多物种生物膜的独特特性（Cai et al.，2019）

不同颜色杆状表示各种细菌；EPS，胞外聚合物

如图 6-10 所示，生态学理论根据种间互作对两个物种产生的不同效应将物种间的相互作用分为 6 种类型：寄生关系（如细菌与其相应噬菌体）、捕食关系（如纤毛虫以细菌为食）、偏利共生、偏害共生、互利共生、竞争作用。偏利共生指对一方没有影响，而对另一方有益的种间相互作用，与互利共生同属于正相互作用。例如，在纤维素降解过程中，共栖物种以其他群落成员产生的化合物为营养来源（Leschine，1995）。偏害共生与偏利共生相反，是一种生物对另一种生物产生抑制、伤害作用，甚至杀死对方，但本身却不直接得到益处或害处。互利共生指处于共生的双方，互相都能从对方得到利益而实现共赢。例如，不同细菌类群可以通过合作构建生物膜，并赋予其成员抗生素抗性（Rodríguez-Martínez and Pascual，2006）。交叉互养也是互利共生的一种情况，指其中两个物种交换代谢产物，从而

有利于双方的生长（Woyke et al.，2006）。竞争作用指在生活空间和营养物质不足时，不同物种对同一资源发生的争夺现象。竞争作用是有益微生物发挥作用的机制之一，即通过与病原菌对营养和空间的竞争，达到控制病原菌生长的目的。一些细菌、酵母菌和丝状真菌，能通过对养分和位点的竞争作用来抑制病原菌的生长。例如，植物内生菌进入寄主植物的途径和方式与病原菌基本相似，可以优先占据病原菌的入侵位点，与病原菌争夺营养，并可在入侵部位分泌抗菌物质，阻止病原菌入侵。内生菌在植物体内具有稳定的生存空间，不易受环境条件的影响，其成为生物防治中具有潜力的微生物农药和增产菌，也可作为潜在的生防载体菌而加以利用（Faust and Raes，2012）。

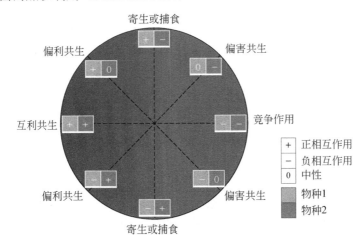

图 6-10 物种间的成对相互作用示意图（Faust and Raes，2012）

对于每对相互作用组合，都有三种可能的结果：正效应（+），负效应（−）和中性效应（0）

广义的相互作用还包括细菌信号传递、共聚集或/和共代谢等（图 6-11）(Burmølle et al.，2014)。随着研究的深入，学者们逐渐发现群体感应（quorum sensing, QS）在多物种生物膜结构的形成及成熟过程中的重要性。基于 N-酰基高丝氨酸内酯（N-acyl homoserine lactone, AHL）的 QS 系统会影响革兰氏阴性菌生物膜的形成，这一过程已在铜绿假单胞菌生物膜中得到详细描述。基于多肽的 QS 系统可调节金黄色葡萄球菌和其他革兰氏阳性菌生物膜的形成（Abisado et al.，2018；Parsek and Greenberg，2005）。AHL 虽然具有物种特异性，但它们允许生物膜中共存的物种之间发生一定程度的交流，如铜绿假单胞菌和洋葱伯克霍尔德菌形成的双物种生物膜（Eberl and Tümmler，2004；Steidle et al.，2001）。相反，基于呋喃酸二酯的自诱导素-2（autoinducer-2，AI-2）QS 系统可以实现跨物种传递，通常与多物种生物膜中不同物种间的交流有关（Kolenbrander et al.，2010；Saito et al.，2007）。以上例子说明，群体感应对于不同细菌间的交流和协作十分重要。此外，生物膜细胞紧密相邻，共存细菌所处的时空化学环境以及生物膜基质为 QS 介导的基因转移提供了最佳条件（Parsek and Greenberg，2005）。共聚集是一种直接的相互作用，即细菌细胞在多物种生物膜中也可发生直接接触。细菌生物膜的形成受到特定细胞表面相关受体-配体相互作用的严格控制，而共聚集常常能提高多物种生物膜形成的概率（Kolenbrander et al.，2010；Sharma et al.，2005）。例如，铜绿假单胞菌和致病性大肠杆菌 O157:H7 在毛细管流动池中的共定殖属于间接相互作用。单独接种大肠杆菌时不产生生物膜，但预先接种铜绿假单胞菌或与铜绿假单胞菌共同定殖时则可形成生物膜（Klayman et al.，2009）。共代谢属于互利共生的类型之一，其中一个物种可以利用另一物种的代谢副产物。例如，恶臭假单胞菌和不动杆菌属细菌的共存可以增加它们在含有苯甲醇的培养基中形成的双物种生物膜的总体生物量，这就是代谢相互作用的结果，不动杆菌将苯甲醇分解为苯甲酸酯，后者可被恶臭假单胞菌利用（Hansen et al.，2007）。另外，底物消耗和副产物分泌可能会改变环境的理化条件，如改变pH或氧气浓度等，从而产生新生态位，供新物种使用（Kindaichi et al.，2007；Kolenbrander et al.，2010）。

图6-11 多物种生物膜中的种间相互作用示意图（Burmølle et al.，2014）

左上方：共代谢或生态位形成，其中一种细菌（蓝色细胞）产生或去除底物（蓝色区域），从而允许另一种细菌（红色细胞）生长。左下方：通过特定的表面相关组分（黄色和粉红色），不同物种（蓝色和红色细胞）的细胞之间发生特定的细胞-细胞共聚集。右上方：水平基因转移（horizontal gene transfer，HGT；接合），其中质粒DNA（白色圆圈）通过接合菌毛（连接蓝色和红色细胞的红线）从一种细菌（红色细胞）转移到另一种细菌（蓝色细胞）。右下方：通过化合物扩散进行的种内（红色细胞、橙色 N-酰基高丝氨酸内酯化合物）和种间（蓝色和绿色细胞，天蓝色呋喃酸二酯化合物）的群体感应。种内化学信号（红色细胞、橙色化合物）也可能到达并影响其他物种的细胞（蓝色细胞）。黄色、青色和紫色细胞不受相互作用的影响

普遍认为同种或同基因型的细菌可以彼此合作以增加其适应性（Griffin et al.，2004）。不同物种之间的合作在进化上较难解释，特别是在营养竞争激烈的环境中（Foster and Bell，2012；Mitri et al.，2011）。多物种生物膜是不同物种彼此合作进化的场所，生物膜群落的抗性和功能增强使得生物膜中物种在特定条件下均受益。复杂群落中的细菌物种长期共同进化，它们之间也可能产生种间依赖性，"黑皇后假说"（the black queen hypothesis）可以解释这种依赖性是如何形成的（Morris et al.，2012），这与"红皇后假说"（the red queen hypothesis）相反，后者描述了物种之间持续的演化竞争（Klasson，2004）。上述大多数类型的相互作用似乎对存在于生物膜中的所有物种都是互惠互利的。但是，存在多个物种时，即使生物膜的整体生物量或适应性增加，在某些情况下，物种间也可能主要是竞争性的（Burmølle et al.，2014）。因此，当多物种生物膜群落整体生物量或功能得到增强时，需要确定生物膜中各个物种的变化，以确定体系是合作还是竞争相互作用（Ren et al.，2014）。此外，一个物种可能会因加入多物种生物膜而面临自身生物量减少的情况，但是这样可

能会保护其免受各种压力的影响或扩大其生态位,从而使其在总体上获得适应性(Sun et al., 2017)。

6.3.2 土壤多物种生物膜抑制病原菌入侵的机制

土传病害是指病原体如细菌、真菌、线虫和病毒等生活在土壤中,在条件适宜时从作物根部或茎部侵害作物而引起的病害。土传植物病害很难通过熏蒸剂等常规策略进行控制。由于土传植物病菌必须穿过根际才能入侵植物,因此,抑制根系周围病原菌的活性是保护植物根系和进行土传病害防治的基础。目前,使用化学农药是植物病害防治的最主要手段,但其使用效果有限,并且会污染环境,威胁人类健康(Al-Waili et al., 2012)。生物防治是利用自然界中一些病原的拮抗微生物来达到对病原生物防控的手段,已受到广泛关注(Mendes et al., 2011)。多物种生物膜作为土壤微生物发挥功能的活性单位,其与植物病原菌相互作用的特性和机理,是优化生物防治策略的基础和前提(Büks and Kaupenjohann, 2016; Fan et al., 2011; Morris and Monier, 2003)。

植物产生的大量根系分泌物为根际微生物的生长提供了充足的养分,根系为生物膜的形成提供了丰富的附着位点。因此,根际生物膜是微生物丰度和活性的热区(Hartmann et al., 2008; Kuzyakov and Blagodatskaya, 2015; Smalla et al., 2006)。根际微生物群落的表征以及群落与病原菌的互作动力学是了解植物病害抑制机制所必需的。与生活在根际外土壤中的微生物群落相比,根际微生物在数量、种类和生物活性上都有明显不同,表现出一定的特异性。其中,可以促进植物生长与健康的一类根际有益菌称为植物根际促生细菌(plant growth promoting rhizobacteria, PGPR)和植物根际促生真菌(plant growth promoting fungi, PGPF)。常见的 PGPR 包括革兰氏阳性菌的厚壁菌门(Firmicutes)与放线菌目(Actinomycetales)的细菌,如芽孢杆菌纲细菌;也包括属于革兰氏阴性菌的变形菌门(Proteobacteria),如 α-变形菌门的根瘤菌科(Rhizobiaceae)、红螺菌科(Rhodospirillaceae)、醋酸菌科(Acetobacteraceae)细菌;属于 β-变形菌门的伯克氏菌属(Burkholderia)细菌和属于 γ-变形菌门的肠杆菌科(Enterobacteriaceae)与假单胞菌科(Pseudomonaceae)细菌。目前,广泛应用到农业生产中的 PGPR 类群包括芽孢杆菌属(Bacillus)、链霉菌属(Streptomyce)以及具备光合自养能力的光合细菌,如红螺菌科(Rhodospirillaceae)细菌。植物促生细菌可以利用植物根际提供的良好的生态位点在植物根系快速、持续、稳定地定殖,从而阻碍根际有害细菌(deleterious rhizobacteria, DRB)的生长和繁殖。PGPR 与 DRB 争夺营养物质,抑制 DRB 的生长,促进植物正常发育(图 6-12)。

植物生防菌是指那些可以防治植物病害的有益微生物。目前,应用较多的生防细菌主要有芽孢杆菌属(Bacillus)、假单胞菌属(Pseudomonas)、放射形土壤杆菌(Agrobacterium radiobacter)和巴氏杆菌属(Pasteurella)细菌等。植物内生菌包括内生真菌和内生细菌,内生菌在植物体内具有稳定的生存空间,不易受环境条件的影响,是生物防治中具有潜力的微生物农药和增产菌。开发既能够促进植物生长又具有生物防治功能的混合菌剂也是植物病害生物防治的发展需求和目标。

在对病原菌防治机制的研究中,根部定植是生物防治菌剂发挥抗植物病原菌的第一步(Compant et al., 2010)。植物根系分泌有机化合物,如氨基酸、脂肪酸、酚类、糖类和维

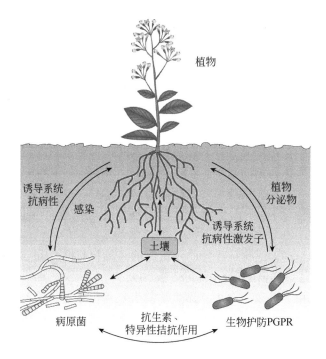

图 6-12 用于生物防治的植物根际促生细菌（PGPR）、植物、病原菌以及土壤之间的
相互作用示意图（Haas and Défago，2005）

生素，它们作为化学引诱剂，引导微生物定殖（Zhalnina et al.，2018）。使用免疫荧光标记或荧光原位杂交等技术，可观察到生防菌在根系表面建立了微菌落和生物膜（Tan et al.，2016）。例如，多粘类芽孢杆菌（*Paenibacillus polymyxa*）在植物根尖定殖形成生物膜，可以保护植物免受病原体感染（Timmusk et al.，2005）。荧光假单胞菌（*Pseudomonas fluorescens* CHA0）的高黏液性突变体具有很好的生物防治效果，并且与野生型相比，在胡萝卜根的定殖能力显著增强（Bianciotto et al.，2001）。枯草芽孢杆菌（*Bacillus subtilis* ATCC 6051）能够在拟南芥根上形成生物膜，并保护拟南芥免受丁香假单胞菌（*Pseudomonas syringae*）感染（Bais，2004）。细菌分泌的胞外聚合物（extracellular polymeric substances，EPS）为膜内的细菌和植物根系提供了保护和屏障。一方面，EPS 可以富集环境中的养分，通过胞外酶把外源物质降解成小分子后被生物膜内细胞利用（Tielen et al.，2013）。另一方面，EPS 还可以抵御有毒物质对生物膜内细胞的危害，从而提高定殖微生物的存活能力。

根部定植后，各种拮抗细菌通过竞争营养和空间来保护植物免受植物病原菌的侵害，进而限制病原菌的生长（Davey et al.，2003）。这一效果已在假单胞菌属的菌株中得到验证，这些菌株可以保护植物免受枯萎病的侵害（Mendes et al.，2017；Raaijmakers et al.，1995，2009）。一些拮抗细菌在根面形成非均匀分布的微菌落或生物膜后，还会产生抑制疾病发生的抗菌物质（Compant et al.，2010），如假单胞菌分泌的 2,4-二乙酰基间苯三酚具有抗菌活性，可以抑制植物病原菌的生长（Raaijmakers and Mazzola，2012）。芽孢杆菌产生的表面蛋白能够抑制各种病原菌侵染植物（Bais，2004；Chen et al.，2013）。另一种有效的生物防治策略是细菌定殖后合成铁载体，它能结合周围土壤中的三价铁，从而抑制病原体的生长

（de Weger et al., 1988; Doornbos et al., 2012）。例如，假单胞菌属的菌株产生荧光铁载体和假单胞菌素，可有效地摄取铁（Cornelis, 2010）。另外，铁也是生物膜形成的必需元素，可稳定多糖基质（Chhibber et al., 2013; Weinberg, 2004）。总之，根际有益菌微生物形成生物膜可以阻断植物病原菌的潜在定殖点，也可以充当营养库，从而降低营养的有效性，还可以分泌一系列抗菌化合物，抑制植物病原菌的生长（Haggag and Timmusk, 2008; Weller and Thomashow, 1994）。根面定殖后，内生菌可以进入植物体，定殖在植物各器官中。内生菌优先占据了可能的病原菌入侵位点，形成生物膜，发挥了物理和化学屏障作用。在热带作物龙爪稷的根毛上，由根系内生菌形成的生物膜可防止禾谷镰孢菌（*Fusarium graminearum*）进入根内，并且生物膜可在入侵部位分泌抗病原化合物，进一步阻止病原菌入侵（Mousa et al., 2016）。

相对于单物种生物膜，多物种生物膜赋予了微生物更多有益特性，能够更好地抑制病原菌。病原菌进入土壤后，往往由于土著微生物群落具有丰富且稳定的物种多样性而无法成功入侵（Fukui et al., 1999）。微生物群落丰度和多样性越高，土壤生态系统就越稳定，外来物种就越难入侵（van Elsas et al., 2012），这可能是因为高度多样的土著微生物群落有效地利用了所有可用的生态位，没有给入侵者留下生存空间。例如，在五种天然细菌分离株（A70、E46、A716、K1 和 B55）的组合中，假单胞菌菌株 A70、A176 和节杆菌 E46 三种细菌可协同形成生物膜，有助于在根部定植，保护其宿主植物烟草免受镰刀菌-链格孢菌所诱发的枯萎病的侵害（Santhanam et al., 2019）。植物可以在感染病原体后调节其根部微生物组，并特异性地诱导一批抗病促生的有益微生物，从而最大限度上提高子代的生存概率。例如，从霜霉病病原体感染的拟南芥根际分离得到的三种特异性生长的细菌，它们单独对植物没有显著影响，却共同诱导了对霜霉病病原体的抗性并促进了植物的生长（Berendsen et al., 2018）。然而，微生物群落多样性也可能与抵御病原入侵没有直接关系，甚至会产生负面影响，这种关系可能受到群落中物种间相互作用的影响，而且物种如何相互作用可能比群落内物种的数量更重要（Wei et al., 2015）。以相互促进作用为主的微生物群落更有利于病原菌的入侵，而以抑制作用为主的微生物群落则在彼此抑制的同时，也抑制了病原菌的入侵（Li et al., 2018）。另外，基于共培养体系，有学者发现初始接种比例可以诱导系统产生新兴特性，从而显著影响微生物群落结构、功能以及种间互作关系（Gao et al., 2020）。真菌抑制植物病原菌的机制主要包括抗生、竞争和寄生。真菌产生大量与微生物相互作用有关的次级代谢产物，如抗生素和毒素，这些代谢产物有助于真菌对植物病原体的拮抗（Mathivanan et al., 2008）。此外，真菌（如子囊菌）还产生一种称为 Zaragozic 酸的物质，它们是角鲨烯合成酶的竞争性抑制剂，能够抑制细胞膜上脂筏的形成，从而抑制细菌生物膜的形成（Lopez and Kolter, 2010）。

6.3.3 多物种生物膜对土壤中人畜共患病原菌的抑制作用

生物膜本身的独特性质，使其成为抵抗外源病原菌入侵的屏障。在形成生物膜的土壤中，微生物群落的多样性和均匀度指数远高于未形成生物膜的土壤，其中常作为生防菌的 *Bacillus* 和 *Paenibacillus* 是土壤生物膜形成的关键菌属（Wu et al., 2019）。微生物间的相互作用也是抑制病原菌入侵的影响因素。例如，革兰氏阳性的 *B. subtilis* 对副溶血弧菌（*Vibrio parahaemolyticus*）具有明显的拮抗作用，革兰氏阴性的 *P. putida* 则不影响 *V. parahaemolyticus*

的生长(Gao et al., 2018)。病原菌与土著微生物之间作用具有复杂性, 而且这些相互作用是通过化学物质和介质流动性进行调节的(表6-4)(Rendueles and Ghigo, 2012)。避免竞争菌株初始定植的最简单策略是迅速占据所有可用的黏附位点, 如铜绿假单胞菌(*Pseudomonas aeruginosa*)与根癌农杆菌(*Agrobacterium tumefaciens*)之间的竞争(An et al., 2006)。*P. aeruginosa* 属于条件致病菌, *A. tumefaciens* 是导致植物冠瘿病的革兰氏阴性α-变形杆菌, 它们可以在淡水、土壤、根际等环境中共存。在共培养实验中, *P. aeruginosa* 通过群集运动和蹭动迅速扩散到表面, 从而阻止了 *A. tumefaciens* 的黏附。相比之下, 无法快速在表面扩散的 *P. aeruginosa* 运动缺陷突变体则不能抵御 *A. tumefaciens*, 因此与 *A. tumefaciens* 一起形成混合生物膜。细菌附着到固体表面后, 会分泌生物表面活性剂, 从而改变其附着表面的性质。细菌表面活性剂通常会削弱细菌与表面以及细菌与细菌之间的相互作用, 从而降低细菌以及其他微生物定植和形成生物膜的能力(Rendueles et al., 2011; Valle et al., 2006)。例如, 枯草芽孢杆菌群集运动所需的表面活性素可以抑制包括大肠杆菌、奇异变形杆菌和鼠伤寒沙门氏菌等不同菌株生物膜的形成(Mireles et al., 2001)。假单胞菌属细菌产生的腐胺也可以抑制其他假单胞菌菌株活性(Kuiper et al., 2004)。大多数细菌的黏附发生在已经被其他微生物定植的表面上, 通过黏附细菌产生的活性分子可以防止外源细菌进入已经形成的生物膜中。例如, 来自环境中的大肠杆菌分离株会产生甘露糖, 从而削弱金黄色葡萄球菌(*Staphylococcus aureus*)在成熟大肠杆菌生物膜表面的黏附能力(Rendueles et al., 2011)。

在初始黏附后, 细菌与固体表面建立了紧密的结合和连接, 从而确保了生物膜三维结构的稳定。益生菌嗜酸乳杆菌的胞外聚合物可以干扰肠出血性大肠杆菌、鼠伤寒沙门氏菌、小肠结肠炎耶尔森氏菌、铜绿假单胞菌和单核细胞增生李斯特菌表面黏附素的表达, 抑制其生物膜的形成(Kim et al., 2009)。黏附细菌也可以分泌降解群体感应相关信号分子的酶, 干扰入侵病原菌间的交流。例如, 芽孢杆菌会产生一种可以抑制霍乱弧菌生物膜形成的 AHL 内酯酶(Augustine et al., 2010)。铜绿假单胞菌是条件致病菌, 通常栖息在土壤和水环境中, 其也可以黏附并定殖于水培小麦的根部, 并且在不同水平的微生物竞争作用下都可以存活(Morales et al., 1996)。微生物多样性与铜绿假单胞菌对小麦根际的入侵成功率成反比(Matos et al., 2005)。多样性对生态系统过程的影响可能是因为复杂群落促进了生态位分化或者资源分配, 从而提高了资源的有效利用(Hector et al., 2002)。此外, 含有酚基和脂肪胺的细菌分泌物质可以通过干扰 *P. aeruginosa* PAO1 群体感应来抑制生物膜形成(Musthafa et al., 2011; Nithya et al., 2010)。大肠杆菌 O157:H7 是动物天然携带的重要病原菌, 由于其低感染剂量(少至10个细胞)以及高致病性, 往往会对环境安全和公共健康构成重大威胁(Griffin and Tauxe, 1991)。粪便传播的人畜共患病原菌可通过污水灌溉、固体粪便应用田地等过程侵入土壤(Bradford et al., 2013; Gagliardi and Karns, 2000; Solomon et al., 2002; van Elsas et al., 2011)。不同种类土壤微生物菌株与大肠杆菌 O157:H7 混合培养, 大肠杆菌 O157:H7 的存活率相比灭菌土壤均呈降低趋势, 且物种多样性越丰富, 大肠杆菌 O157:H7 存活量越低(van Elsas et al., 2012, 2007)。双歧杆菌(*Bifidobacterium* spp.)细胞提取物也可以抑制大肠杆菌 O157:H7 生物膜的形成, 并且抑制其毒力基因的表达和毒蛋白的产生(Kim et al., 2012)。

表 6-4 细菌产生的生物膜抑制分子表

敏感菌株	产生菌	作用分子	抑制步骤	作用机制	分子基础	相关文献
广谱	Escherichis coli UPEC	II 型荚膜	起始黏附	改变细胞-表面、细胞-细胞间的相互作用	kps 区域	(Valle et al., 2006)
广谱	Lactobacillus acidophilus	EPS	起始黏附	下调菌毛和趋化性相关基因的表达	—	(Kim et al., 2009)
Streptococcus pyogenes	部分海洋细菌	—	起始黏附	降低细胞-表面疏水性	—	(Nithya et al., 2010)
Streptococcus pyogenes	Bacillus horikoshii	—	起始黏附	抑制群体感应	—	(Thenmozhi et al., 2009)
Vibrio spp.	Streptomyces albus	—	起始黏附	抑制群体感应	—	(You et al., 2007)
广谱	Bacillus pumilus S6-15	4-苯基丁酸	起始黏附	降低疏水性和 EPS 生物量	—	(Nithya et al., 2011)
Escherichi coli CFT073	Bacillus subtilis	生物膜表面活性素	起始黏附	—	—	(Rivardo et al., 2009)
广谱	Bacillus licheniformis	α-D-吡喃半乳糖磷酸甘油	起始黏附	不依赖群体感应	—	(Sayem et al., 2011)
Staphylococcus aureus	Bacillus licheniformis	生物膜表面活性素	起始黏附	—	—	(Rivardo et al., 2009)
Streptococcus mutans	Streptococcus gordonii	Challisin	起始黏附	抑制群体感应	sgc	(Wang et al., 2011)
Streptococcus mutans	Streptococcus salivarius	—	起始黏附	依赖于 $gtrA$ 的敏感性导致 CSP 失活	—	(Tamura et al., 2009)
革兰氏阳性细菌和酵母	Streptococcus thermophilus A	生物膜表面活性素	起始黏附	降低细胞-表面疏水性	—	(Rodrigues et al., 2006)
Enterococcus faecalis	Lactobacillus	Surlactin	起始黏附	—	—	(Velraeds et al., 1996)
Agrobacterium tumedaciens	Pseudomonas aeruginosa	扩散性小分子	起始黏附	—	—	(Mowat et al., 2010)
Pseudomonas aeruginosa PAO1	Bacillus spp. SS4	无酶催化	起始黏附	抑制群体感应	—	(Musthafa et al., 2011)
革兰氏阳性细菌	Escherichis coli Ec300, Klebsiella pneumoniae 342	富含甘露糖的多糖类	起始黏附	改变细胞-表面的相互作用	$galF$-his 区域	(Rendueles et al., 2011)
广谱	Kingella kingae	PAM 半乳聚糖	起始黏附	—	$pamABCDE$	(Bendaoud et al., 2011)
Streptococcus mutans	Enterococcus faecium	蛋白质	起始黏附	—	—	(Kumada et al., 2009)
Salmonella enterica, Proteus mirabilis, Pseudomonas aeruginosa	Bacillus subtilis	表面活性素	起始黏附	—	sfp 基因座	(Mireles et al., 2001)
广谱	Strepyococcus phocae P180	生物膜表面活性素	起始黏附	—	—	(Kanmani et al., 2011)

续表

敏感菌株	产生菌	作用分子	抑制步骤	作用机制	分子基础	相关文献
部分海洋细菌	Pseudoalteromonas sp.					(Klein et al., 2011)
Staphylococcus epidermidis	Pseudomonas aeruginosa	Psl 和 Pel 多糖	起始黏附和生物膜脱附		psl 和 pel 操纵子	(Qin et al., 2009)
Pseudomonas putida	Pseudomonas aeruginosa	2-heptyl-3-hydroxy-4-quinolinone (PQS)	起始黏附和生物膜分散	下调群集运动相关基因的表达	pqsABCDE	(Fernández-Piñar et al., 2011)
Bacillus pumilus TiO1	Serratia marcescens	糖脂类	起始黏附和生物膜脱附	改变表面性质	—	(Dusane et al., 2011)
Staphylococcus aureus	Staphylococcus epidermidis	丝氨酸蛋白酶 Esp	起始黏附和生物膜脱附		esp	(Iwase et al., 2010)
Pseudomonas aeruginosa	海洋细菌		起始黏附和生物膜形成和脱附	抑制群体感应，降低细胞-表面疏水性		(Nithya et al., 2010)
Staphylococcus aureus, Staphylococcus epidermidis	Lactobacillus acidophilus	生物膜表面活性素	起始黏附，生物膜形成和脱附			(Walencka et al., 2008)
Porphyromonas gingivalis	Streptococcus intermedius	精氨酸脱亚胺酶	不可逆吸附	下调两个不同的菌毛相关基因 (fimA 和 mfa1)	—	(Christopher et al., 2010)
广谱	Pseudomonas aeruginosa	喹诺酮类	生物膜成熟	改变运动能力	—	(Reen et al., 2011)
Streptococcus mutans	Streptococcus salivarius	外-β-D-果糖苷酶	生物膜成熟	蔗糖消化	fruA	(Ogawa et al., 2011)
Candida albicans	Pseudomonas aeruginosa		生物膜成熟	下调促进生物膜形成相关基因，上调生物膜抑制相关基因	—	(Holcombe et al., 2010)
Porphyromonas gingivalis	Streptococcus cristatus	精氨酸脱亚胺酶	生物膜成熟	下调长菌毛相关基因 (fimA)	arcA	(Wu and Xie, 2010)
广谱	Staphylococcus aureus	核酸酶	生物膜成熟	降解核酸	nuc1	(Tang et al., 2011)
广谱	Bacillus licheniformis	DNA 酶	生物膜成熟和脱附	核酸酶活性，降解 DNA	nucB	(Nijland et al., 2010)
广谱	Bacillus subtilis	D-氨基酸	生物膜脱附	淀粉样纤维从细胞壁上脱落		(Kolodkin-Gal et al., 2010)
Bordetella bronchiseptica	Pseudomonas aeruginosa PAO1	鼠李糖脂	生物膜脱附		rhlAB	(Boles et al., 2005)
Streptococcus mutans	Lactobacillus reuteri		—		消旋酶	(Söderling et al., 2011)

注：假单胞菌喹诺酮信号（Pseudomonas quinolone signal, PQS）；胞外聚合物（extracellular polymeric substances, EPS）；感受态刺激肽（Competence-stimulating peptide, CSP）。不同颜色表示生物膜形成的不同阶段。

资料来源：Rendueles 和 Ghigo，2012。

参 考 文 献

胡素萍. 2019. 生物炭对土壤中沙门氏菌存活和迁移的影响研究. 福州：福建农林大学硕士学位论文.

李光辉，高雪丽，郭卫芸，等. 2018. 1996—2015年间沙门氏菌食物中毒事件特征分析. 食品工业，39（5）：253-255.

张健. 2011. 畜禽粪便源环境风险物质在土壤中的变化特征研究. 沈阳：沈阳农业大学博士学位论文.

张桃香，吴艺妍，田梓莹，等. 2017. 粪肥对不同类型土壤中沙门氏菌存活动态的影响. 江苏农业科学，45（5）：297-300.

张桃香，杨文浩. 2016. 沙门氏菌在福建省主要土壤中的存活动态及其影响因子研究. 安徽农业大学学报，43（6）：946-950.

赵文强. 2013. 病原菌在土壤组分上的界面作用与代谢活性. 武汉：华中农业大学博士学位论文.

Abisado R G, Benomar S, Klaus J R, et al. 2018. Bacterial quorum sensing and microbial community interactions. MBio, 9（3）：e02331-17.

Adak G K, Long S M, O'Brien S J. 2002. Trends in indigenous foodborne disease and deaths, England and Wales: 1992 to 2000. Gut, 51（6）：832-841.

Alegbeleye O O, Singleton I, Sant'Ana A S. 2018. Sources and contamination routes of microbial pathogens to fresh produce during field cultivation: a review. Food Microbiology, 73：177-208.

Almås A R, Mulder J, Bakken L R. 2005. Trace metal exposure of soil bacteria depends on their position in the soil matrix. Environmental Science & Technology, 39（16）：5927-5932.

Al-Waili N, Salom K, Al-Ghamdi A, et al. 2012. Antibiotic, pesticide, and microbial contaminants of honey: human health hazards. The Scientific World Journal, 2012：1-9.

An D, Danhorn T, Fuqua C, et al. 2006. Quorum sensing and motility mediate interactions between *Pseudomonas aeruginosa* and *Agrobacterium tumefaciens* in biofilm cocultures. Proceedings of the National Academy of Sciences of the United States of America, 103（10）：3828-3833.

Augustine N, Kumar P, Thomas S. 2010. Inhibition of *Vibrio cholerae* biofilm by *AiiA enzyme* produced from *Bacillus* spp. Archives of Microbiology, 192（12）：1019-1022.

Bais H P. 2004. Biocontrol of *Bacillus subtilis* against infection of arabidopsis roots by *Pseudomonas syringae* is facilitated by biofilm formation and surfactin production. Plant Physiology, 134（1）：307-319.

Barker J, Humphrey T J, Brown M W R. 1999. Survival of *Escherichia coli* O157 in a soil protozoan: implications for disease. FEMS Microbiology Letters, 173（2）：291-295.

Bech T B, Johnsen K, Dalsgaard A, et al. 2010. Transport and distribution of *Salmonella enterica* serovar Typhimurium in loamy and sandy soil monoliths with applied liquid manure. Applied Environmental Microbiology, 76（3）：710-714.

Bendaoud M, Vinogradov E, Balashova N V, et al. 2011. Broad-spectrum biofilm inhibition by *Kingella kingae* exopolysaccharide. Journal of Bacteriology, 193（15）：3879-3886.

Berendsen R L, Vismans G, Yu K, et al. 2018. Disease-induced assemblage of a plant-beneficial bacterial consortium. The ISME Journal, 12（6）：1496-1507.

Bianciotto V, Andreotti S, Balestrini R, et al. 2001. Mucoid mutants of the biocontrol strain pseudomonas fluorescens CHA0 show increased ability in biofilm formation on mycorrhizal and nonmycorrhizal carrot roots. Molecular Plant-Microbe Interactions, 14 (2): 255-260.

Boles B R, Thoendel M, Singh P K. 2005. Rhamnolipids mediate detachment of *Pseudomonas aeruginosa* from biofilms. Molecular Microbiology, 57 (5): 1210-1223.

Bradford S A, Morales V L, Zhang W, et al. 2013. Transport and fate of microbial pathogens in agricultural settings. Critical Reviews in Environmental Science and Technology, 43 (8): 775-893.

Brennan F P, Moynihan E, Griffiths B S, et al. 2014. Clay mineral type effect on bacterial enteropathogen survival in soil. Science of the Total Environment, 468-469: 302-305.

Büks F, Kaupenjohann M. 2016. Enzymatic biofilm digestion in soil aggregates facilitates the release of particulate organic matter by sonication. Soil, 2 (4): 499-509.

Burmølle M, Webb J S, Rao D, et al. 2006. Enhanced biofilm formation and increased resistance to antimicrobial agents and bacterial invasion are caused by synergistic interactions in multispecies biofilms. Applied and Environmental Microbiology, 72 (6): 3916-3923.

Burmølle M, Ren D, Bjarnsholt T, et al. 2014. Interactions in multispecies biofilms: do they actually matter?. Trends in Microbiology, 22 (2): 84-91.

Busscher H J, van der Mei H C. 2012. How do bacteria know they are on a surface and regulate their response to an adhering state?. Plos Pathogens, 8 (1): e1002440.

Cai P, Huang Q Y, Walker S L. 2013. Deposition and survival of *Escherichia coli* O157:H7 on clay minerals in a parallel plate flow system. Environmental Science & Technology, 47 (4): 1896-1903.

Cai P, Liu X, Ji D D, et al. 2018. Impact of soil clay minerals on growth, biofilm formation, and virulence gene expression of *Escherichia coli* O157:H7. Environmental Pollution, 243: 953-960.

Cai P, Sun X J, Wu Y C, et al. 2019. Soil biofilms: microbial interactions, challenges, and advanced techniques for ex-situ characterization. Soil Ecology Letters, 1 (3/4): 85-93.

Chen Y, Yan F, Chai Y R, et al. 2013. Biocontrol of tomato wilt disease by *Bacillus subtilis* isolates from natural environments depends on conserved genes mediating biofilm formation: *Bacillus subtilis* and plant biocontrol. Environmental Microbiology, 15 (3): 848-864.

Chhibber S, Nag D, Bansal S. 2013. Inhibiting biofilm formation by *Klebsiella pneumoniae* B5055 using an iron antagonizing molecule and a bacteriophage. BMC Microbiology, 13 (1): 174.

Christopher A B, Arndt A, Cugini C, et al. 2010. A streptococcal effector protein that inhibits *Porphyromonas gingivalis* biofilm development. Microbiology, 156 (11): 3469-3477.

Cizek A R, Characklis G W, Krometis L A, et al. 2008. Comparing the partitioning behavior of *Giardia* and *Cryptosporidium* with that of indicator organisms in stormwater runoff. Water Research, 42 (17): 4421-4438.

Compant S, Clément C, Sessitsch A. 2010. Plant growth-promoting bacteria in the rhizo- and endosphere of plants: their role, colonization, mechanisms involved and prospects for utilization. Soil Biology and Biochemistry, 42 (5): 669-678.

Cools D, Merckx R, Vlassak K, et al. 2001. Survival of *E. coli* and *Enterococcus* spp. Derived from pig slurry in soils of different texture. Applied Soil Ecology, 17 (1): 53-62.

Cornelis P. 2010. Iron uptake and metabolism in pseudomonads. Applied Microbiology and Biotechnology, 86

（6）：1637-1645.

Davey M E, Caiazza N C, O'Toole G A. 2003. Rhamnolipid surfactant production affects biofilm architecture in pseudomonas aeruginosa PAO1. Journal of Bacteriology, 185 (3): 1027-1036.

de Weger L A, van Arendonk J J, Recourt K, et al. 1988. Siderophore-mediated uptake of Fe^{3+} by the plant growth-stimulating *Pseudomonas putida* strain WCS358 and by other rhizosphere microorganisms. Journal of Bacteriology, 170 (10): 4693-4698.

Deo N, Natarajan K A, Somasundaran P. 2001. Mechanisms of adhesion of *Paenibacillus polymyxa* onto hematite, corundum and quartz. International Journal of Mineral Processing, 62 (1-4): 27-39.

Devarajan N, Laffite A, Graham N D, et al. 2015. Accumulation of clinically relevant antibiotic-resistance genes, bacterial load, and metals in freshwater lake sediments in central Europe. Environmental Science & Technology, 49 (11): 6528-6537.

Dhand N K, Toribio J A L M L, Whittington R J. 2009. Adsorption of mycobacterium avium subsp paratuberculosis to soil particles. Applied and Environmental Microbiology, 75 (17): 5581-5585.

Donlan R M, Costerton J W. 2002. Biofilms: survival mechanisms of clinically relevant microorganisms. Clinical Microbiology Reviews, 15 (2): 167-193.

Doornbos R F, van Loon L C, Bakker P A H M. 2012. Impact of root exudates and plant defense signaling on bacterial communities in the rhizosphere. A review. Agronomy for Sustainable Development, 32 (1): 227-243.

Duffitt A D, Reber R T, Whipple A, et al. 2011. Gene expression during survival of *Escherichia coli* O157:H7 in soil and water. International Journal of Microbiology, (10): 179-184.

Dusane D H, Pawar V S, Nancharaiah Y V, et al. 2011. Anti-biofilm potential of a glycolipid surfactant produced by a tropical marine strain of *Serratia marcescens*. Biofouling, 27 (6): 645-654.

Eberl L, Tümmler B. 2004. *Pseudomonas aeruginosa* and *Burkholderia cepacia* in cystic fibrosis: genome evolution, interactions and adaptation. International Journal of Medical Microbiology, 294 (2/3): 123-131.

EFSA. 2017a. The European Union summary report on trends and sources of zoonoses, zoonotic agents and food-borne outbreaks in 2016. EFSA Journal, 15: 5077.

EFSA. 2017b. Multi-country outbreak of *Salmonella* Enteritidis infections linked to Polish eggs. EFSA Supporting Publications, 14: 1353E.

EFSA. 2018. Multi-country outbreak of *Salmonella* Agona infections possibly linked to ready-to-eat food. EFSA Supporting Publications, 15: 1465E.

Fan B, Chen X H, Budiharjo A, et al. 2011. Efficient colonization of plant roots by the plant growth promoting bacterium *Bacillus amyloliquefaciens* FZB42, engineered to express green fluorescent protein. Journal of Biotechnology, 151 (4): 303-311.

Fatica M K, Schneider K R. 2011. *Salmonella* and produce: survival in the plant environment and implications in food safety. Virulence, 2 (6): 573-579.

Faust K, Raes J. 2012. Microbial interactions: from networks to models. Nature Reviews Microbiology, 10 (8): 538-550.

Fernández-Piñar R, Cámara M, Dubern J F, et al. 2011. The *Pseudomonas aeruginosa* quinolone quorum sensing signal alters the multicellular behaviour of *Pseudomonas putida* KT2440. Research in Microbiology, 162 (8):

773-781.

Flemming H C, Wingender J. 2010. The biofilm matrix. Nature Reviews Microbiology, 8 (9): 623-633.

Flemming H C, Wingender J, Szewzyk U, et al. 2016. Biofilms: an emergent form of bacterial life. Nature Reviews Microbiology, 14 (9): 563-575.

Foppen J W A, Schijven J F. 2006. Evaluation of data from the literature on the transport and survival of *Escherichia coli* and thermotolerant coliforms in aquifers under saturated conditions. Water Research, 40 (3): 401-426.

Foster K R, Bell T. 2012. Competition, not cooperation, dominates interactions among culturable microbial species. Current Biology, 22 (19): 1845-1850.

Franz E, van Diepeningen A D, de Vos O J, et al. 2005. Effects of cattle feeding regimen and soil management type on the fate of *Escherichia coli* O157:H7 and *Salmonella enterica* serovar typhimurium in manure, manure-amended soil, and lettuce. Applied and Environmental Microbiology, 71 (10): 6165-6174.

Franz E, van Hoek A H A M, Bouw E, et al. 2011. Variability of *Escherichia coli* O157 strain survival in manure-amended soil in relation to strain origin, virulence profile, and carbon nutrition profile. Applied and Environmental Microbiology, 77 (22): 8088-8096.

Fredericks C E, Shibata S, Aizawa S I, et al. 2006. Acetyl phosphate-sensitive regulation of flagellar biogenesis and capsular biosynthesis depends on the Rcs phosphorelay. Molecular Microbiology, 61 (3): 734-747.

Fujishige N A, Kapadia N N, Hirsch A M. 2006. A feeling for the micro-organism: structure on a small scale. Biofilms on plant roots. Botanical Journal of the Linnean Society, 150 (1): 79-88.

Fukui R, Fukui H, Alvarez A M. 1999. Comparisons of single versus multiple bacterial species on biological control of anthurium blight. Phytopathology, 89 (5): 366-373.

Fux C A, Costerton J W, Stewart P S, et al. 2005. Survival strategies of infectious biofilms. Trends in Microbiology, 13 (1): 34-40.

Gagliardi J V, Karns J S. 2000. Leaching of *Escherichia coli* O157:H7 in diverse soils under various agricultural management practices. Applied and Environmental Microbiology, 66 (3): 877-883.

Gao C H, Cao H, Cai P, et al. 2020. The initial inoculation ratio regulates bacterial coculture interactions and metabolic capacity. The ISME Journal, doi: 10.1038 / s41396-020-00751-7.

Gao C H, Zhang M, Wu Y C, et al. 2018. Divergent influence to a pathogen invader by resident bacteria with different social interactions. Microbial Ecology, 77 (1): 76-86.

Grasso D, Subramaniam K, Butkus M, et al. 2002. A review of non-DLVO interactions in environmental colloidal systems. Reviews in Environmental Science and Bio/Technology, 1 (1): 17-38.

Griffin A S, West S A, Buckling A. 2004. Cooperation and competition in pathogenic bacteria. Nature, 430 (7003): 1024-1027.

Griffin P M, Tauxe R V. 1991. The epidemiology of infections caused by *Escherichia coli* O157:H7, other enterohemorrhagic *E. coli*, and the associated hemolytic uremic syndrome. Epidemiologic Reviews, 13 (1): 60-98.

Guan T Y, Holley R A. 2003. Pathogen survival in swine manure environments and transmission of human enteric illness—a review. Journal of Environmental Quality, 32 (3): 383-392.

Guber A K, Karns J S, Pachepsky Y A, et al. 2007. Comparison of release and transport of manure-borne *Escherichia coli* and enterococci under grass buffer conditions. Letters in Applied Microbiology, 44 (2): 161-167.

Haas D, Défago G. 2005. Biological control of soil-borne pathogens by fluorescent pseudomonads. Nature Reviews Microbiology, 3 (4): 307-319.

Haggag W M, Timmusk S. 2008. Colonization of peanut roots by biofilm-forming *Paenibacillus polymyxa* initiates biocontrol against crown rot disease. Journal of Applied Microbiology, 104 (4): 961-969.

Haller L, Poté J, Loizeau J L, et al. 2009. Distribution and survival of faecal indicator bacteria in the sediments of the Bay of Vidy, Lake Geneva, Switzerland. Ecological Indicators, 9 (3): 540-547.

Hall-Stoodley L, Costerton J W, Stoodley P. 2004. Bacterial biofilms: from the natural environment to infectious diseases. Nature Reviews Microbiology, 2 (2): 95-108.

Hansen L B S, Ren D, Burmølle M, et al. 2016. Distinct gene expression profile of *Xanthomonas retroflexus* engaged in synergistic multispecies biofilm formation. The ISME Journal, 11 (1): 300-303.

Hansen S K, Rainey P B, Haagensen J A J, et al. 2007. Evolution of species interactions in a biofilm community. Nature, 445 (7127): 533-536.

Hartmann A, Rothballer M, Schmid M. 2008. Lorenz Hiltner, a pioneer in rhizosphere microbial ecology and soil bacteriology research. Plant and Soil, 312 (1/2): 7-14.

Haznedaroglu B Z, Bolster C H, Walker S L. 2008. The role of starvation on *Escherichia coli* adhesion and transport in saturated porous media. Water Research, 42 (6/7): 1547-1554.

Heaton J C, Jones K. 2008. Microbial contamination of fruit and vegetables and the behaviour of enteropathogens in the phyllosphere: a review. Journal of Applied Microbiology, 104 (3): 613-626.

Hector A, Bazeley-White E, Loreau M, et al. 2002. Overyielding in grassland communities: testing the sampling effect hypothesis with replicated biodiversity experiments. Ecology Letters, 5 (4): 502-511.

Hirneisen K A, Sharma M, Kniel K E. 2012. Human enteric pathogen internalization by root uptake into food crops. Foodborne Pathogens and Disease, 9 (5): 396-405.

Holcombe L J, McAlester G, Munro C A, et al. 2010. *Pseudomonas aeruginosa* secreted factors impair biofilm development in Candida albicans. Microbiology, 156 (5): 1476-1486.

Holley R A, Arrus K M, Ominski K H, et al. 2006. *Salmonella* survival in manure-treated soils during simulated seasonal temperature exposure. Journal Environmental Quality, 35 (4): 1170-1180.

Huang P M. 2004. Soil mineral-organic matter-microorganism interactions: fundamentals andimpacts. Advances in Agronomy, 82: 391-472.

Ivanova E P, Alexeeva Y V, Pham D K, et al. 2006. ATP level variations in heterotrophic bacteria during attachment on hydrophilic and hydrophobic surfaces. International Microbiology, 9 (1): 37-46.

Iwase T, Uehara Y, Shinji H, et al. 2010. *Staphylococcus epidermidis* Esp inhibits *Staphylococcus aureus* biofilm formation and nasal colonization. Nature, 465 (7296): 346-349.

Jablasone J, Warriner K, Griffiths M. 2005. Interactions of *Escherichia coli* O157:H7, *Salmonella typhimurium* and *Listeria monocytogenes* plants cultivated in a gnotobiotic system. International Journal of Food Microbiology, 99 (1): 7-18.

Jechalke S, Schierstaedt J, Becker M, et al. 2019. *Salmonella* establishment in agricultural soil and colonization of crop plants depend on soil type and plant species. Frontier in Microbiology, 10: 967.

Jiang D, Huang Q Y, Cai P, et al. 2007. Adsorption of *Pseudomonas putida* on clay minerals and iron oxide. Colloids and Surfaces B: Biointerfaces, 54 (2): 217-221.

Jiang X P, Morgan J, Doyle M P. 2002. Fate of *Escherichia coli* O157:H7 in manure-amended soil. Applied and Environmental Microbiology, 68 (5): 2605-2609.

Kanmani P, Satish kumar R, Yuvaraj N, et al. 2011. Production and purification of a novel exopolysaccharide from lactic acid bacterium *Streptococcus* phocae PI80 and its functional characteristics activity *in vitro*. Bioresource Technology, 102 (7): 4827-4833.

Kim W, Racimo F, Schluter J, et al. 2014. Importance of positioning for microbial evolution. Proceedings of the National Academy of Sciences of the United States of America, 111 (16): E1639-E1647.

Kim Y, Lee J W, Kang S G, et al. 2012. *Bifidobacterium* spp. influences the production of autoinducer-2 and biofilm formation by *Escherichia coli* O157:H7. Anaerobe, 18 (5): 539-545.

Kim Y, Oh S, Kim S H. 2009. Released exopolysaccharide (r-EPS) produced from probiotic bacteria reduce biofilm formation of enterohemorrhagic *Escherichia coli* O157:H7. Biochemical and Biophysical Research Communications, 379 (2): 324-329.

Kindaichi T, Tsushima I, Ogasawara Y, et al. 2007. In situ activity and spatial organization of anaerobic ammonium-oxidizing (anammox) bacteria in biofilms. Applied and Environmental Microbiology, 73 (15): 4931-4939.

Klasson L. 2004. Evolution of minimal-gene-sets in host-dependent bacteria. Trends in Microbiology, 12 (1): 37-43.

Klayman B J, Volden P A, Stewart P S, et al. 2009. *Escherichia coli* O157:H7 requires colonizing partner to adhere and persist in a capillary flow cell. Environmental Science & Technology, 43 (6): 2105-2111.

Klein G L, Soum-Soutéra E, Guede Z, et al. 2011. The anti-biofilm activity secreted by a marine *Pseudoalteromonas* strain. Biofouling, 27 (8): 931-940.

Kolenbrander P E, Palmer R J, Periasamy S, et al. 2010. Oral multispecies biofilm development and the key role of cell-cell distance. Nature Reviews Microbiology, 8 (7): 471-480.

Kolodkin-Gal I, Romero D, Cao S, et al. 2010. D-amino acids trigger biofilm disassembly. Science, 328 (5978): 627-629.

Kuiper I, Lagendijk E L, Pickford R, et al. 2004. Characterization of two *Pseudomonas putida* lipopeptide biosurfactants, putisolvin I and II, which inhibit biofilm formation and break down existing biofilms. Molecular Microbiology, 51 (1): 97-113.

Kumada M, Motegi M, Nakao R, et al. 2009. Inhibiting effects of *Enterococcus faecium* non-biofilm strain on *Streptococcus mutans* biofilm formation. Journal of Microbiology Immunology and Infection, 42 (3): 188-196.

Kuzyakov Y, Blagodatskaya E. 2015. Microbial hotspots and hot moments in soil: concept & review. Soil Biology and Biochemistry, 83: 184-199.

Lavie S, Stotzky G. 1986. Adhesion of the clay-minerals montmorillonite, kaolinite, and attapulgite reduces respiration of *Histoplasma capsulatum*. Applied and Environmental Microbiology, 51 (1): 65-73.

Leschine S B. 1995. Cellulose degradation in anaerobic environments. Annual Review of Microbiology, 49 (1): 399-426.

Li B K, Logan B E. 2004. Bacterial adhesion to glass and metal-oxide surfaces. Colloids and Surfaces B: Biointerfaces, 36 (2): 81-90.

Li M, Wei Z, Wang J N, et al. 2018. Facilitation promotes invasions in plant-associated microbial communities. Ecology Letters, 22 (1): 149-158.

Lopez D, Kolter R. 2010. Functional microdomains in bacterial membranes. Genes & Development, 24 (17): 1893-1902.

Lünsdorf H, Erb R W, Abraham W R, et al. 2000. "Clay hutches": a novel interaction between bacteria and clay minerals. Environmental Microbiology, 2 (2): 161-168.

Ma J C, Ibekwe A M, Yang C H, et al. 2013. Influence of bacterial communities based on 454-pyrosequencing on the survival of *Escherichia coli* O157:H7 in soils. FEMS Microbiology Ecology, 84 (3): 542-554.

Ma W T, Peng D H, Walker S L, et al. 2017. Bacillus subtilis biofilm development in the presence of soil clay minerals and iron oxides. Npj Biofilms and Microbiomes, 3 (1): 4.

MacKenzie W R, Hoxie N J, Proctor M E, et al. 1994. A massive outbreak of *Cryptosporidium* infection transmitted through the public water-supply. New England Journal Medicine, 331: 161-167.

Mah T F C, O'Toole G A. 2001. Mechanisms of biofilm resistance to antimicrobial agents. Trends in Microbiology, 9 (1): 34-39.

Mallick I, Bhattacharyya C, Mukherji S, et al. 2018. Effective rhizoinoculation and biofilm formation by arsenic immobilizing halophilic plant growth promoting bacteria (PGPB) isolated from mangrove rhizosphere: a step towards arsenic rhizoremediation. Science of the Total Environment, 610: 1239-1250.

Mallon C A, Le Roux X, van Doorn G S, et al. 2018. The impact of failure: unsuccessful bacterial invasions steer the soil microbial community away from the invader's niche. The ISME Journal, 12 (3): 728-741.

Mantha S, Anderson A, Acharya S P, et al. 2017. Transport and attenuation of *Salmonella enterica*, fecal indicator bacteria and a poultry litter marker gene are correlated in soil columns. Science of the Total Environment, 598: 204-212.

Marshall K C, Stout R, Mitchell R. 1971. Mechanism of the initial events in the sorption of marine bacteria to surfaces. Journal of General Microbiology, 68 (3): 337-348.

Mathivanan N, Prabavathy V R, Vijayanandraj V R. 2008. The effect of fungal secondary metabolites on bacterial and fungal pathogens//Karlovsky P. Secondary Metabolites in Soil Ecology. Berlin: Springer: 129-140.

Matos A, Kerkhof L, Garland J L. 2005. Effects of microbial community diversity on the survival of *Pseudomonas aeruginosa* in the wheat rhizosphere. Microbial Ecology, 49 (2): 257-264.

Matz C, Kjelleberg S. 2005. Off the hook-how bacteria survive protozoan grazing. Trends in Microbiology, 13 (7): 302-307.

Mendes L W, Raaijmakers J M, de Hollander M, et al. 2017. Influence of resistance breeding in common bean on rhizosphere microbiome composition and function. The ISME Journal, 12 (1): 212-224.

Mendes R, Kruijt M, de Bruijn I, et al. 2011. Deciphering the rhizosphere microbiome for disease-suppressive bacteria. Science, 332 (6033): 1097-1100.

Mireles J R, Toguchi A, Harshey R M. 2001. *Salmonella enterica* serovar typhimurium swarming mutants with altered biofilm-forming abilities: surfactin inhibits biofilm formation. Journal of Bacteriology, 183 (20): 5848-5854.

Mitri S, Xavier J B, Foster K R. 2011. Social evolution in multispecies biofilms. Proceedings of the National Academy of Sciences of the United States of America, 108 (S2): 10839-10846.

Morales A, Garland J L, Lim D V. 1996. Survival of potentially pathogenic human-associated bacteria in the rhizosphere of hydroponically grown wheat. FEMS Microbiology Ecology, 20 (3): 155-162.

Morris C E, Monier J M. 2003. The ecological significance of biofilm formation by plant-associated bacteria. Annual Review of Phytopathology, 41: 429-453.

Morris J J, Lenski R E, Zinser E R. 2012. The black queen hypothesis: evolution of dependencies through adaptive gene loss. MBio, 3 (2): e00036-12.

Mousa W K, Shearer C, Limay-Rios V, et al. 2016. Root-hair endophyte stacking in finger millet creates a physicochemical barrier to trap the fungal pathogen *Fusarium graminearum*. Nature Microbiology, 1 (12): 16167.

Mowat E, Rajendran R, Williams C, et al. 2010. *Pseudomonas aeruginosa* and their small diffusible extracellular molecules inhibit *Aspergillus fumigatus* biofilm formation. FEMS Microbiology Letters, 313 (2): 96-102.

Musthafa K S, Saroja V, Pandian S K, et al. 2011. Antipathogenic potential of marine *Bacillus* sp. SS4 on N-acyl-homoserine-lactone-mediated virulence factors production in *Pseudomonas aeruginosa* (PAO1). Journal of Biosciences, 36 (1): 55-67.

Mwanamoki P M, Devarajan N, Thevenon F, et al. 2014. Assessment of pathogenic bacteria in water and sediment from a water reservoir under tropical conditions (Lake Ma Vallee), Kinshasa Democratic Republic of Congo. Environment Monitoring Assessment, 186 (10): 6821-6830.

NandaKafle G, Christie A A, Vilain S, et al. 2018. Growth and extended survival of *Escherichia coli* O157:H7 in soil organic matter. Frontier in Microbiology, 9: 762.

Nannipieri P, Ascher J, Ceccherini M T, et al. 2003. Microbial diversity and soil functions. European Journal of Soil Science, 54 (4): 655-670.

Nicholson F A, Groves S J, Chambers B J. 2005. Pathogen survival during livestock manure storage and following land application. Bioresource Technology, 96 (2): 135-143.

Nijland R, Hall M J, Burgess J G. 2010. Dispersal of biofilms by secreted, matrix degrading, bacterial DNase. PLoS One, 5 (12): e15668.

Nithya C, Begum M F, Pandian S K. 2010. Marine bacterial isolates inhibit biofilm formation and disrupt mature biofilms of *Pseudomonas aeruginosa* PAO1. Applied Microbiology and Biotechnology, 88 (1): 341-358.

Nithya C, Devi M G, Karutha Pandian S. 2011. A novel compound from the marine bacterium *Bacillus pumilus* S6-15 inhibits biofilm formation in gram-positive and gram-negative species. Biofouling, 27 (5): 519-528.

Nyberg K A, Ottoson J R, Vinneras B, et al. 2014. Fate and survival of *Salmonella Typhimurium* and *Escherichia coli* O157:H7 in repacked soil lysimeters after application of cattle slurry and human urine. Journal of the Science of Food and Agriculture, 94 (12): 2541-2546.

Ogawa A, Furukawa S, Fujita S, et al. 2011. Inhibition of *Streptococcus mutans* biofilm formation by

Streptococcus salivarius FruA. Applied and Environmental Microbiology, 77 (5): 1572-1580.

Ongeng D, Geeraerd A H, Springael D, et al. 2015. Fate of *Escherichia coli* O157:H7 and *Salmonella enterica* in the manure-amended soil-plant ecosystem of fresh vegetable crops: a review. Critical Reviews in Microbiology, 41 (3): 273-294.

Ouyang K, Mortimer M, Holden P A, et al. 2020. Towards a better understanding of *Pseudomonas putida* biofilm formation in the presence of ZnO nanoparticles (NPs): role of NP concentration. Environment International, 137: 105485.

Pachepsky Y A, Sadeghi A M, Bradford S A, et al. 2006. Transport and fate of manure-borne pathogens: modeling perspective. Agricultural Water Management, 86 (1-2): 81-92.

Painter J A, Hoekstra R M, Ayers T, et al. 2013. Attribution of foodborne illnesses, hospitalizations, and deaths to food commodities by using outbreak data, United States, 1998—2008. Emerging Infectious Diseases, 19 (3): 407-415.

Parsek M R, Greenberg E P. 2005. Sociomicrobiology: the connections between quorum sensing and biofilms. Trends in Microbiology, 13 (1): 27-33.

Pastar I, Nusbaum A G, Gil J, et al. 2013. Interactions of methicillin resistant *Staphylococcus aureus* USA300 and *Pseudomonas aeruginosa* in polymicrobial wound infection. PLoS One, 8 (2): e56846.

Pell A N. 1997. Manure and microbes: public and animal health problem?. Journal of Dairy Science, 80 (10): 2673-2681.

Pornsukarom S, Thakur S. 2016. Assessing the impact of manure application in commercial swine farms on the transmission of antimicrobial resistant *Salmonella* in the environment. PLoS One, 11 (10): e0164621.

Prüß B M, Verma K, Samanta P, et al. 2010. Environmental and genetic factors that contribute to *Escherichia* coli K-12 biofilm formation. Archives of Microbiology, 192 (9): 715-728.

Qin Z Q, Yang L, Qu D, et al. 2009. *Pseudomonas aeruginosa* extracellular products inhibit staphylococcal growth, and disrupt established biofilms produced by *Staphylococcus epidermidis*. Microbiology, 155 (7): 2148-2156.

Raaijmakers J M, Leeman M, Vanoorschot M M P, et al. 1995. Dose-response relationships in biological control of fusarium wilt of radish by *Pseudomonas* spp. Phytopathology, 85 (10): 1075-1081.

Raaijmakers J M, Mazzola M. 2012. Diversity and natural functions of antibiotics produced by beneficial and plant pathogenic bacteria. Annual Review of Phytopathology, 50 (1): 403-424.

Raaijmakers J M, Paulitz T C, Steinberg C, et al. 2009. The rhizosphere: a playground and battlefield for soilborne pathogens and beneficial microorganisms. Plant and Soil, 321 (1/2): 341-361.

Reen F J, Mooij M J, Holcombe L J, et al. 2011. The *Pseudomonas* quinolone signal (PQS), and its precursor HHQ, modulate interspecies and interkingdom behaviour: quinolone signal molecules modulate interkingdom behaviour. FEMS Microbiology Ecology, 77 (2): 413-428.

Ren D, Madsen J S, de la Cruz-Perera C I, et al. 2014. High-throughput screening of multispecies biofilm formation and quantitative PCR-based assessment of individual species proportions, useful for exploring interspecific bacterial interactions. Microbial Ecology, 68 (1): 146-154.

Rendueles O, Ghigo J M. 2012. Multi-species biofilms: how to avoid unfriendly neighbors. FEMS Microbiology

Reviews, 36 (5): 972-989.

Rendueles O, Travier L, Latour-Lambert P, et al. 2011. Screening of *Escherichia coli* species biodiversity reveals new biofilm-associated antiadhesion polysaccharides. MBio, 2 (3): e00043-11.

Rivardo F, Turner R J, Allegrone G, et al. 2009. Anti-adhesion activity of two biosurfactants produced by *Bacillus* spp. Prevents biofilm formation of human bacterial pathogens. Applied Microbiology and Biotechnology, 83 (3): 541-553.

Roberson E B, Firestone M K. 1992. Relationship between desiccation and exopolysaccharide production in a soil *pseudomonas* sp. Applied and Environmental Microbiology, 58 (4): 1284-1291.

Rodrigues L, van der Mei H, Banat I M, et al. 2006. Inhibition of microbial adhesion to silicone rubber treated with biosurfactant from *Streptococcus thermophilus* A. FEMS Immunology & Medical Microbiology, 46 (1): 107-112.

Rodríguez-Martínez J M, Pascual A. 2006. Antimicrobial resistance in bacterial biofilms. Reviews in Medical Microbiology, 17 (3): 65-75.

Saito Y, Fujii R, Nakagawa K I, et al. 2007. Stimulation of *Fusobacterium nucleatum* biofilm formation by *Porphyromonas gingivalis*. Oral Microbiology and Immunology, 23 (1): 1-6.

Santhanam R, Menezes R C, Grabe V, et al. 2019. A suite of complementary biocontrol traits allows a native consortium of root-associated bacteria to protect their host plant from a fungal sudden-wilt disease. Molecular Ecology, 28 (5): 1154-1169.

Sayem S M A, Manzo E, Ciavatta L, et al. 2011. Anti-biofilm activity of an exopolysaccharide from a sponge-associated strain of *Bacillus licheniformis*. Microbial Cell Factories, 10 (1): 74.

Scallan E, Hoekstra R M, Mahon B E, et al. 2015. An assessment of the human health impact of seven leading foodborne pathogens in the United States using disability adjusted life years. Epidemiology Infection, 143 (13): 2795-2804.

Schinner T, Letzner A, Liedtke S, et al. 2010. Transport of selected bacterial pathogens in agricultural soil and quartz sand. Water Research, 44 (4): 1182-1192.

Sepehrnia N, Memarianfard L, Moosavi A A, et al. 2017. Bacterial mobilization and transport through manure enriched soils: experiment and modeling. Journal of Environmental Management, 201: 388-396.

Sharma A, Inagaki S, Sigurdson W, et al. 2005. Synergy between *Tannerella forsythia* and *Fusobacterium nucleatum* in biofilm formation. Oral Microbiology and Immunology, 20 (1): 39-42.

Smalla K, Sessitsch A, Hartmann A. 2006. The Rhizosphere: 'soil compartment influenced by the root'. FEMS Microbiology Ecology, 56 (2): 165.

Söderling E M, Marttinen A M, Haukioja A L. 2011. Probiotic *Lactobacilli* interfere with *Streptococcus mutans* biofilm formation *in vitro*. Current Microbiology, 62 (2): 618-622.

Solomon E B, Yaron S, Matthews K R. 2002. Transmission of *Escherichia coli* O157:H7 from contaminated manure and irrigation water to *Lettuce* plant tissue and its subsequent internalization. Applied and Environmental Microbiology, 68 (1): 397-400.

Sørensen S J, Bailey M, Hansen L H, et al. 2005. Studying plasmid horizontal transfer *in situ*: a critical review. Nature Reviews Microbiology, 3 (9): 700-710.

Soupir M L, Mostaghimi S. 2011. *Escherichia coli* and *Enterococci* attachment to particles in runoff from highly and sparsely vegetated grassland. Water Air and Soil Pollution, 216 (1/4): 167-178.

Soupir M L, Mostaghimi S, Dillaha T. 2010. Attachment of *Escherichia* coli and *Enterococci* to particles in runoff. Journal of Environmental Quality, 39 (3): 1019-1027.

Steidle A, Eberl L, Wu H, et al. 2001. *N*-Acylhomoserine-lactone-mediated communication between *Pseudomonas aeruginosa* and *Burkholderia cepacia* in mixed biofilms. Microbiology, 147 (12): 3249-3262.

Sun R B, Zhang X X, Guo X S, et al. 2015. Bacterial diversity in soils subjected to long-term chemical fertilization can be more stably maintained with the addition of livestock manure than wheat straw. Soil Biology and Biochemistry, 88: 9-18.

Sun X J, Gao C H, Huang Q Y, et al. 2017. Multispecies biofilms in natural environments: an overview of research methods and bacterial social interactions. Journal of Agricultural Resources and Environment, 34(1): 6-14.

Sutherland I W. 2001. Biofilm exopolysaccharides: a strong and sticky framework. Microbiology, 147 (1): 3-9.

Sztajer H, Szafranski S P, Tomasch J, et al. 2014. Cross-feeding and interkingdom communication in dual-species biofilms of *Streptococcus mutans* and *Candida albicans*. The ISME Journal, 8 (11): 2256-2271.

Tamura S, Yonezawa H, Motegi M, et al. 2009. Inhibiting effects of *Streptococcus salivarius* on competence-stimulating peptide-dependent biofilm formation by *Streptococcus mutans*. Oral Microbiology and Immunology, 24 (2): 152-161.

Tan S Y, Gu Y, Yang C L, et al. 2016. *Bacillus amyloliquefaciens* T-5 may prevent Ralstonia solanacearum infection through competitive exclusion. Biology and Fertility of Soils, 52 (3): 341-351.

Tang J N, Kang M S, Chen H C, et al. 2011. The staphylococcal nuclease prevents biofilm formation in *Staphylococcus aureus* and other biofilm-forming bacteria. Science China Life Sciences, 54 (9): 863-869.

Teplitski M, de Moraes M. 2018. Of mice and men.... and plants: comparative genomics of the dual lifestyles of enteric pathogens. Trends in Microbiology, 26 (9): 748-754.

Thenmozhi R, Nithyanand P, Rathna J, et al. 2009. Antibiofilm activity of coral-associated bacteria against different clinical M serotypes of *Streptococcus pyogenes*. FEMS Immunology and Medical Microbiology, 57 (3): 284-294.

Tielen P, Kuhn H, Rosenau F, et al. 2013. Interaction between extracellular lipase LipA and the polysaccharide alginate of *Pseudomonas aeruginosa*. BMC Microbiology, 13 (1): 159.

Timmusk S, Grantcharova N, Wagner E G H. 2005. *Paenibacillus polymyxa* invades plant roots and forms biofilms. Applied and Environmental Microbiology, 71 (11): 7292-7300.

Unc A, Goss M J. 2004. Transport of bacteria from manure and protection of water resources. Applied Soil Ecology, 25 (1): 1-18.

Unc A, Goss M J. 2006. Culturable in soil mixed with two types of manure. Soil Science Society of America Journal, 70 (3): 763-769.

Underthun K, De J, Gutierrez A, et al. 2018. Survival of *Salmonella* and *Escherichia coli* in two different soil types at various moisture levels and temperatures. Journal of Food Protection, 81 (1): 150-157.

Uroz S, Kelly L C, Turpault M P, et al. 2015. The mineralosphere concept: mineralogical control of the distribution and function of mineral-associatec bacterial communities. Trends in Microbiology, 23 (12): 751-762.

Valle J, Da Re S, Henry N, et al. 2006. Broad-spectrum biofilm inhibition by a secreted bacterial polysaccharide. Proceedings of the National Academy of Sciences of the United States of America, 103 (33): 12558-12563.

van Elsas J D, Chiurazzi M, Mallon C A, et al. 2012. Microbial diversity determines the invasion of soil by a bacterial pathogen. Proceedings of the National Academy of Sciences of the United States of America, 109 (4): 1159-1164.

van Elsas J D, Hill P, Chroňáková A, et al. 2007. Survival of genetically marked *Escherichia coli* O157:H7 in soil as affected by soil microbial community shifts. The ISME Journal, 1 (3): 204-214.

van Elsas J D, Semenov A V, Costa R, et al. 2011. Survival of *Escherichia coli* in the environment: fundamental and public health aspects. The ISME Journal, 5 (2): 367.

van Loosdrecht M C M, Lyklema J, Norde W, et al. 1990. Influence of interfaces on microbial activity. Microbiological Reviews, 54 (1): 75-87.

Velraeds M M, van der Mei H C, Reid G, et al. 1996. Inhibition of initial adhesion of uropathogenic *Enterococcus faecalis* by biosurfactants from *Lactobacillus* isolates. Applied and Environmental Microbiology, 62 (6): 1958-1963.

Walencka E, Różalska S, Sadowska B, et al. 2008. The influence of *Lactobacillus acidophilus*-derived surfactants on staphylococcal adhesion and biofilm formation. Folia Microbiologica, 53 (1): 61-66.

Walk S T, Alm E W, Calhoun L M, et al. 2007. Genetic diversity and population structure of *Escherichia coli* isolated from freshwater beaches. Environmental Microbiology, 9 (9): 2274-2288.

Wang B Y, Deutch A, Hong J, et al. 2011. Proteases of an early colonizer can hinder *Streptococcus mutans* colonization *in vitro*. Journal of Dental Research, 90 (4): 501-505.

Wang H Z, Ibekwe A M, Ma J C, et al. 2014a. A glimpse of *Escherichia coli* O157:H7 survival in soils from eastern China. Science of the Total Environment, 476-477: 49-56.

Wang H Z, Wei G, Yao Z Y, et al. 2014b. Response of *Escherichia coli* O157:H7 survival to pH of cultivated soils. Journal of Soils and Sediments, 14 (11): 1841-1849.

Wang L X, Xu S P, Li J. 2011. Effects of phosphate on the transport of *Escherichia coli* O157:H7 in saturated quartz sand. Environmental Science & Technology, 45 (22): 9566-9573.

Wei Z, Yang T J, Friman V P, et al. 2015. Trophic network architecture of root-associated bacterial communities determines pathogen invasion and plant health. Nature Communications, 6 (1): 8413.

Weinberg E D. 2004. Suppression of bacterial biofilm formation by iron limitation. Medical Hypotheses, 63 (5): 863-865.

Weller D M, Thomashow L S. 1994. Current challenges in introducing beneficial microorganisms into the rhizosphere//O'Gara F, Dowling D N, Boesten B. Molecular Ecology of Rhizosphere Microorganisms. New York: VCH Publishers Inc.: 1-18.

WHO. 2012. Animal Waste, Water Quality and Human Health. London: IWA Publishing.

WHO. 2013. Salmonella (Non-typoidal). [2013-12-31]. http://www.who.int/mediacentre/factsheets/fs139/en/.

WHO. 2015. Food Safety. Fact Sheet N°399. [2015-12-31]. http://www.who.int/mediacentre/factsheets/fs399/

en/.

Wolfe A J. 2005. The acetate switch. Microbiology and Molecular Biology Reviews, 69 (1): 12-50.

Woyke T, Teeling H, Ivanova N N, et al. 2006. Symbiosis insights through metagenomic analysis of a microbial consortium. Nature, 443 (7114): 950-955.

Wu H Y, Chen W L, Rong X M, et al. 2014. Soil colloids and minerals modulate metabolic activity of *Pseudomonas putida* measured using microcalorimetry. Geomicrobiology Journal, 31 (7): 590-596.

Wu H Y, Jiang D H, Cai P, et al. 2012. Adsorption of *Pseudomonas putida* on soil particle size fractions: effects of solution chemistry and organic matter. Journal of Soils and Sediments, 12 (2): 143-149.

Wu J, Xie H. 2010. Role of arginine deiminase of *Streptococcus cristatus* in *Porphyromonas gingivalis* colonization. Antimicrobial Agents and Chemotherapy, 54 (11): 4694-4698.

Wu Y C, Cai P, Jing X X, et al. 2019. Soil biofilm formation enhances microbial community diversity and metabolic activity. Environment International, 132: 105116.

Yao Z Y, Yang L, Wang H Z, et al. 2015. Fate of *Escherichia coli* O157:H7 in agricultural soils amended with different organic fertilizers. Journal of Hazardous Materials, 296: 30-36.

Yao Z Y, Zhang H, Liang C L, et al. 2019. Effects of cultivating years on survival of culturable *Escherichia coli* O157:H7 in greenhouse soils. Journal of Food Protection, 82 (2): 226-232.

Yoshida S, Ogawa N, Fujii T, et al. 2009. Enhanced biofilm formation and 3-chlorobenzoate degrading activity by the bacterial consortium of *Burkholderia* sp. NK8 and *Pseudomonas aeruginosa* PAO1. Journal of Applied Microbiology, 106 (3): 790-800.

You J L, Xue X L, Cao L X, et al. 2007. Inhibition of *Vibrio* biofilm formation by a marine actinomycete strain A66. Applied Microbiology and Biotechnology, 76 (5): 1137-1144.

You Y W, Rankin S C, Aceto H W, et al. 2006. Survival of *Salmonella enterica* serovar Newport in manure and manure-amended soils. Applied and Environmental Microbiology, 72 (9): 5777-5783.

Zhalnina K, Louie K B, Hao Z, et al. 2018. Dynamic root exudate chemistry and microbial substrate preferences drive patterns in rhizosphere microbial community assembly. Nature Microbiology, 3 (4): 470-480.

Zhang T X, Hu S P, Yang W H. 2017. Variations of *Escherichia coli* O157:H7 survival in purple soils. International Journal of Environmental Research and Public Health, 14 (10): 1246.

Zhao W Q, Liu X, Huang Q Y, et al. 2012a. Interactions of pathogens *Escherichia coli* and *Streptococcus suis* with clay minerals. Applied Clay Science, 69: 37-42.

Zhao W Q, Liu X, Huang Q Y, et al. 2012b. Sorption of *Streptococcus suis* on various soil particles from an Alfisol and effects on pathogen metabolic activity. European Journal of Soil Science, 63 (5): 558-564.

Zhu P T, Long G Y, Ni J R, et al. 2009. Deposition kinetics of extracellular polymeric substances (EPS) on silica in monovalent and divalent salts. Environmental Science & Technology, 43 (15): 5699-5704.

Zobell C E. 1943. The effect of solid surfaces upon bacterial activity. Journal of Bacteriology, 46 (1): 39-56.

第 7 章 土壤有机/生物污染强化削减原理与防控措施

在土壤资源有限而有机/生物污染日趋严重的态势下,单一的修复手段和目标已无法满足需求,强调物理、化学方法与生物方法结合,污染物削减与农田生产力协同增进,促进修复手段和目标向多元化发展显得尤为必要。当前,针对我国基本国情和农业土壤有机/生物污染现状,迫切需要借助新型多元化环境友好材料开展污染修复的基础研究,并通过优化不同农业主产区土壤类型和种植制度差异化的农艺管理措施,放大人为干预的调控效应,确保在不影响农业生产的情况下,集成绿色、多赢和可持续的分类分区域土壤污染综合防控原理和措施,重建和优化农田生态功能,并协同增进农田地力,达到"边治理边生产"的目的。

基于 ^{14}C 放射性和 ^{13}C 稳定性同位素示踪、现代有机痕量分析技术、有机污染物及转化主产物结构与性质的质谱/红外/核磁共振分析鉴定技术、高通量测序和环境基因组学技术等手段,采用田间与室内试验、实验观测与模拟研究相结合的方法,系统开展土壤有机/生物污染强化削减与防控研究。主要内容包括:通过制备同位素标记化合物,研究污染物的结合态残留富集效应及降解途径;以纳米材料活化过硫酸盐,利用废弃物制备生物炭,通过培养试验考察新型修复材料对典型污染物的削减能力;通过外源添加微生物代谢电子传递路径的调控物质以及水肥耦合、干湿交替等农艺管理措施调控放大稻田生态自净能力,阐明强化生源要素耦合污染物还原转化的调控机制与途径;以微波灭菌等干预调控技术处理病原菌污染土壤,考察病原菌灭活的削减效果并构建污染防控体系等。

基于以上科学路径,本章重点围绕微观机制与宏观效应的结合进行系统论述,以精准质量平衡手段探索典型有机污染物在土壤中形成结合态残留的主控因素、结合态残留的成键类型、生物可利用性及稳定性,揭示降低土壤结合态残留污染的方法原理;研究基于环境友好材料(生物炭、铁基/碳基纳米颗粒、功能微生物代谢电子供/受体/穿梭体等)以及农艺管理措施(淹水-落干、水肥耦合等)强化削减土壤有机/生物污染的调控方法原理;协同以上调控措施的工作成果,最终提出区域尺度上生态效应与农田持续生产力协同增进的绿色、多赢和可持续的污染综合防控理论和措施。

7.1 典型污染物的结合态残留机理及其降低途径

7.1.1 土壤中有机污染物结合态残留概述

1. 结合态残留的概念

人类活动产生的各种有机化合物,如重要的工业中间体、个人护理品、药物、各类农药等最终都会进入环境,并在不同的环境介质中被检测到。土壤和沉积物是这类异源有机物最主要的接受场所,这些化合物除了会发生降解、挥发、矿化等过程之外,还会被固定在土壤和沉积物中,形成不同程度的结合态残留(bound residues,BR)。过去几十年中,关于结合态残留的定义一直在不断被完善。最早在1984年国际纯粹化学和应用化学联合会(International Union of Pure and Applied Chemistry,IUPAC)将土壤中有机污染物的结合态残留定义为:源于良好农业实践所使用的农药,不能通过不改变其化学性质的提取方法所提取的一类残留化合物。随后又将范围扩大到有机污染物及其代谢物:"提取后以母体化合物及其代谢物存在于土壤、植物或动物等基质中的化合物,提取方法不能够显著改变化合物本身或基质的结构。"土壤中污染物结合态残留的形成通常会伴随着污染物的降解,其组成既可以是污染物母体化合物,也可以是其代谢产物。结合态残留的环境意义不仅在于实验室条件下的不可提取性,更在于它具有较低的生物可利用性(Calderbank,1989;Khan,1982)。有机污染物的结合态残留一度因生物有效性有限而被认为是一种在环境中的解毒途径。然而,目前越来越多的研究证实,当土壤环境发生改变时,如土壤微生物活动、氧化还原状态以及pH的变化等,都会造成有机污染物的结合态残留转化成游离态,重新释放到土壤或沉积物中,并被生物再次吸收利用,造成作物体内的累积性残留而引起迟发性危害,如对后茬作物生长的危害以及可能引起农产品污染等,具有长期潜在的环境风险。因此,针对有机物结合态残留在环境中的这一特点,2000年欧盟成员国形成一致的法规:在实验室条件下,当某种农药在施药100d后,其形成结合态残留的量占引入量的70%以上,且矿化为CO_2量小于引入量的5%时,则这种农药不能被授权使用。2005年,欧盟要求各成员国对结合态残留的环境归趋、引起的长期效应以及作物残留等风险性进行必要的评价。而对于农田土壤来说,伴随着有机肥的施用、塑料大棚的普及以及工业用水灌溉等途径,除了农药类物质之外,也会引入其他的有机污染物,如抗生素、酞酸酯、溴代阻燃剂等。这些物质与土壤基质产生的结合态残留及其环境行为,也一直受到研究者们的持续关注。

目前只能通过同位素示踪(放射性、稳定性均可)的方式对介质中有机化合物结合态残留进行精确定量。土壤和沉积物作为一种复杂的环境介质,含有大量的天然有机质以及动植物残体,这些都会对有机污染物结合态残留的定量进行干扰。因此,大部分研究都是通过分析标记元素的含量,来定量环境介质中有机化合物的结合态残留。然而这种方式缺乏对标记元素进行化学结构上的分析,一些已经降解转化或者成为生物质一部分的标记元素也会被定量成污染物本身的结合态残留,因此通过这种方式测得的结合态残留含量往往要高于母体化合物结合态残留在介质中的含量。随着对结合态残留研究的深入,目前已有一些有机污染物,如PAH、TNT以及酚类物质等化合物的结合态残留研究中,应用稳定性同位素分析其结合态残留中的母体、代谢产物以及生物质部分的含量,来更加精确地认识土壤中有机污染物的环境行为(Kästner et al.,2014)。

2. 结合态残留的形成类型

土壤作为一种复杂的环境介质,有机污染物及其代谢物与土壤基质的相互作用包括以下几种方式:离子键、氢键、共价键、范德华力、基团转移、电荷转移物、疏水作用、多价螯合等。因此，有机污染物在土壤中形成的结合态残留在早期被分为锁定态残留（sequstrated residues）和共价结合态残留（covalently bound residues）两种形式（Alexander，2000；Führ et al., 1998；Gevao et al., 2000；Loiseau and Barriuso, 2002；Senesi, 1992）。进入土壤中的外来污染物在降解时产生的代谢产物也可能会被土壤介质吸收或者包裹形成锁定态残留，如被封存在有机质、有机黏土复合物和土壤有机质聚合物的孔隙中。一部分有机污染物及其代谢产物也可能通过共价键与土壤有机质形成共价结合态残留。随着对有机化合物生物降解的进一步探索，研究发现生物对有机污染物的同化作用会形成较为安全的生物质源残留（biogenic residues）。因此，有机污染物及其代谢产物在土壤中形成的质源残留被扩展为三种类型，即锁定态残留、共价结合态残留和生物质源残留。

1）锁定态残留

常见的锁定方式为吸附和包裹。它主要影响污染物在土壤水相与固相中的分配（Kah and Brown, 2007）。这类结合方式被认为具有一定的可逆性，通过一些更有效的提取方式可以使土壤孔隙或黏土矿物中吸附的污染物重新被释放。以这种机制结合在土壤上的有机污染物，一般又称为Ⅰ型结合态残留（Kästner et al., 2014）。吸附过程是指有机污染物通过非共价键与土壤颗粒发生结合，也是土壤中污染物与土壤组分之间相互作用的最重要的形式，包括离子间相互作用、氢键、电荷转移、配体交换、范德华力和疏水键等机制，通常是两种或者多种吸附机制同时存在（Gevao et al., 2000；Khan et al., 1987；Senesi, 1992）。吸附是有机污染物与土壤组分之间相互作用的最重要形式，控制着有机物在土壤中的自由态浓度。土壤矿物（如黏土矿物）和土壤有机质是有机污染物的主要吸附剂。一般认为，极性和亲水性有机物容易被土壤矿物吸附，而土壤有机质因同时含有亲水性和亲脂性基团，对于极性和非极性化合物都会有所吸附（Barriuso et al., 2008）。污染物吸附量的大小取决于土壤性质（如有机质含量）和污染物的理化性质（极性、酸碱性、电荷分配和分子结构等）（Gevao et al., 2000）。但究竟哪种过程占主导地位，目前尚无定论。有研究认为，土壤表面有机质占优势的情况下，进入土壤中的有机污染物与有机质直接接触的机会更多，因此有机质的作用大于黏土矿物。事实上一些中性有机分子即使在大量水分子存在的条件下也能被黏土矿物有效地吸附，吸附量与黏土特性（如表面电荷密度、阳离子交换能力）有关，可以是纯物理性的作用如范德华力，也可以是纯化学性的作用如共价键。

有机污染物除了通过吸附进入土壤有机质和矿物中之外，其与土壤之间产生的物理包裹也是土壤组分与污染物结合的一个重要途径（Dec et al., 1997；Pignatello and Xing, 1996）。在微生物作用下，土壤组分（土壤团粒或者有机质）之间会聚集成多微孔状结构，污染物进入微孔中后被锁定。因此，微孔的尺寸会影响污染物在土壤中的包裹程度；微孔越小，形成包裹越慢，但包裹强度会随时间增加。此外，由于二价阳离子和水含量的变化以及阳离子桥键或氢键的形成，土壤有机质的收缩和溶胀也可能导致污染物被其他有机分子截留（Schaumann and Bertmer, 2008）。包裹过程与吸附行为相比可能需要更长的时间，因为污染物吸附到土壤颗粒的表面可能发生在污染物进入土壤后的几分钟内，随接触时间的延长逐渐扩散到内部空间（如土壤的微孔）。因此，与提取吸附的结合态残留相比，采用有机溶剂从土壤中提取被包裹的有机污染物需要更多次数。物理包裹是土壤组分与有机污染物形成结合态残留的一种重要途径。在土壤团粒或微生物的作用下，腐殖质或某些外源性化学品可聚合成一种类似分子筛的多孔状结构，有机污染物可进入孔中而被固定。由于分布在微小的孔穴里，有机污染物难以被提取和分析，目前还无法直接研究包裹机理。

锁定态残留可以通过硅烷化处理使残留释放从而测定其含量。硅烷化能够使极性官能团之间的氢键断裂，并且改变土壤有机质的亲水性，从而导致部分由非共价键作用而团聚在一起的腐殖物质分解为小碎片。如果结合态残留被锁定在腐殖介质中，那么它们将会在硅烷化过程中被释放出来，而通过共价键形成的结合态残留依旧结合在腐殖物质的碎片上（Richnow et al.，1998，1994；Shan et al.，2011；Li et al.，2015b；Wang et al.，2019）。

2）共价结合态残留

污染物及其代谢产物通过共价键（>300kJ/mol）与腐殖质之间紧密结合而形成共价结合态残留，这种类型的结合态残留也被称为Ⅱ型结合态残留（Kästner et al.，2014）。当有机污染物与土壤腐殖质间形成稳定的共价键之后，其化学活性将会降低，这种结合被认为是不可逆的，并且十分稳定（Senesi，1992），因此，污染物的共价结合态残留在土壤中能够持久存在。常见的化学键有酯键、醚键、酰胺键等，环境中存在的酶促反应、自由基反应或光化学催化反应会促进酯键、醚键或者氮氮键的形成（Gevao et al.，2000；Richnow et al.，1994）。尤其是在土壤腐殖化过程中，以共价键结合到腐殖质上的有机污染物会变成土壤有机质的组成部分，并且会随着腐殖化过程而发生进一步转化（Bollag et al.，1992；Senesi，1992）。由于该过程被认为是不可逆转的，因此不能轻易地进行再活化或提取。共价结合态残留的分析主要通过水解等操作使共价键断裂从而测定其含量。例如，通过碱性溶液水解，使酯键结合的残留从土壤有机物质中释放而被提取测定（Li et al.，2015b；Richnow et al.，1998）。化学反应能使农药与土壤组分之间形成化学键，促使土壤中农药残留物的稳定性增加，在土壤中的淋溶和迁移减少，与生物之间的相互作用降低，生物有效性和毒性降低。

3）生物质源残留

有机污染物降解过程中，微生物可以利用污染物以及降解产物中的碳原子作为生长的碳源，当生物体死亡后，生物质组分被结合到土壤有机质中并形成几乎不能被提取的生物质源残留，这种残留被称为Ⅲ型结合态残留（Kästner et al.，2014）。生物质源残留主要存在于氨基酸、磷脂脂肪酸和其他生物质上（Schäeffer et al.，2018）。研究显示，有近10%的结合态残留会成为土壤中溶解性有机质的一部分。因此，对于可生物降解的有机污染物来说，其被微生物降解吸收后成为生物质的一部分，可能会在微生物死亡后，进一步成为土壤有机质的组分。通常来说，这部分的结合态残留是安全并且无环境危害的。

3. 影响有机污染物结合态残留形成的因素

人类活动产生的有机化合物种类非常多，并且每年都会产生很多新的化合物。这些物质进入土壤后形成结合态残留的含量也相差很大。影响污染物结合态残留生成主要有以下因素。

(1) 污染物本身的理化性质。有机污染物的结构、官能团数量、整体分子电荷排布、疏水性基团和亲水性基团的空间结构等（Kästner et al., 2014）。

(2) 土壤理化性质。土壤颗粒的物理特性、土壤组成成分、空间结构和土壤有机质含量等。在土壤中施加堆肥、粪便和秸秆等增加土壤有机质的行为会促进结合态残留的形成（Doyle et al., 1978; Printz et al., 1995）。

(3) 土壤微生物、动物和植物的影响。土壤微生物在污染物结合态残留的形成过程中起着重要作用，主要通过改变土壤的理化性质对污染物结合态残留产生影响（Abdelhafid et al., 2000a, 2000b; Kaufmann and Blake, 1973）。大量研究表明，微生物作用可以显著地促进有机污染物，如壬基酚、四溴双酚 A、PAH、农药等在土壤中形成结合态残留（Du et al., 2011; Li et al., 2015a, 2015b; Shan et al., 2010, 2011）。土壤动物对结合态残留的影响间接表现在对土壤结构等物理性质的改变（Heise et al., 2006）。植物根系的生长和分泌物不仅会影响污染物的降解程度和速度（Kopmann et al., 2013），同时也会改变土壤的理化性质，影响土壤中动物和微生物的活性，进而影响有机污染物结合态残留的形成。

(4) 环境因子所产生的影响。土壤含水量、氧化还原状态、光照（强度、时长）、土壤温度等环境因子通过影响有机污染物的降解行为、土壤理化性质以及土壤生物的活性进而对污染物结合态残留的形成产生影响（陆贻通等，2005）。

4. 环境中有机污染物结合态残留的稳定性

早期的研究发现，土壤中污染物结合态残留被环境生物再次利用的程度很有限，有机污染物在土壤中形成锁定态残留和共价结合态残留会降低污染物的生物可利用性，同时也降低了它们的生态毒性（Führ et al., 1998; Northcott and Jones, 2000），因此认为有机污染物转化为结合态残留是污染物从土壤中去除的有效方式（Berry and Boyd, 1985; Verstraete and Devliegher, 1996）。但是土壤中污染物并未真正消失，只是以溶剂不可提取的形式残存在土壤中，并且有可能随着污染物的不断引入而持续积累。从 20 世纪 70 年代起，人们开始关注结合态残留的稳定性，研究发现有机化合物的结合态残留在土壤中并不总是稳定的（Hatzinger and Alexander, 1995）。当外界环境发生变化或者受到土壤动物、植物和微生物的扰动时，结合态残留通过物理-化学机制或者生物化学过程被释放出来而转化为游离态，具有潜在的环境风险。目前已有研究人员对结合态残留中母体化合物或者代谢产物在某些特定条件下释放的可能性（Boivin et al., 2005; Burauel and Führ, 2000; Gevao et al., 2005; Lerch et al., 2009; Liu et al., 2013; Wang et al., 2019），以及这些残留物在环境中的长期行为开展了研究（Gevao et al., 2003; 王松凤等，2019）。

最新的研究结果显示，污染物及其代谢产物的结合态残留会慢慢释放并进入其他环境介质中，如土壤溶液和水环境。重新释放到环境的污染物残留又表现出较高的生物可利用性，可能被土壤微生物、动物和植物所吸收，进而在食物链中传递和积累（Barraclough et al., 2005）。微生物活动可以导致结合态残留缓慢地向土壤中释放（Wang et al., 2019），同时土壤氧化还原条件的剧烈改变也能引起如四溴双酚 A 的结合态残留大量释放，使生物可利用态含量迅速升高（Liu et al., 2013）。其他能够引起结合态残留释放的因素包括农耕方式的改变或者引入改变土壤化学性质的物质等。例如，在土壤中施加葡萄糖或者牛粪增强微生物的活性，能促使土壤中的对硫磷结合态残留产生更多的释放（Racke and Lichtenstein，1985）。对污染物结合态残留在土壤有机质转化过程中的长期行为研究发现，土壤物理化学性质（如 pH）的改变、土壤有机质含量的增加会促进微生物群落活性进而增加了结合态残留的释放。这些被释放的物质残留是否具有毒性效应或生态影响是目前受关注的热点。

7.1.2 土壤中典型有机污染物结合态残留的赋存形态和形成机理

1. 磺胺类抗生素在土壤中的结合态残留形成情况

在中国，兽用抗生素的用量非常大，2013 年对全国抗生素使用情况的分析结果显示，36 种常用抗生素使用总量为 92700t，其中高达 84.3%为兽用抗生素。在种类繁多的兽用抗生素中，磺胺类药物因具有廉价、广谱抗菌和抗球虫等特性（De Liguoro et al.，2007），被广泛施用于畜禽养殖业，2013 年总的使用量为 7879t（Zhang et al.，2015）。然而，添加进饲料中的磺胺类药物并不能被动物完全吸收，有将近 90%的药物以母体化合物的形式通过排泄进入畜禽粪便。这些畜禽粪便会随着有机肥的施用进入农田，从而导致土壤中抗生素含量明显高于其他自然土壤。此外，农田中的抗生素来源还有施用城市污泥、污水灌溉等途径。研究表明，上述方式使得目前我国农田土壤中各类抗生素的含量以及检出率都很高（Sarmah et al.，2006；Fatta-Kassinos et al.，2011；Hruska and Franek，2012；Jjemba，2002；Manzetti and Ghisi，2014）。其中，磺胺类药物因具有在环境中长期残留等特点，成为目前土壤中一类重要的污染物。

磺胺类物质进入土壤后，可提取态残留消散得很快。国外一些研究发现，磺胺嘧啶（SDZ）在粉质黏土中快速形成大量结合态残留，好氧培养 102d 后，磺胺嘧啶只有 1%矿化成 CO_2，但结合态残留却仍高达 82%（Kreuzig and Höltge，2005）。磺胺甲噁唑（SMX）在粉质黏土中的结合态残留也高达 75%（Heise et al.，2006）。另有研究显示，磺胺嘧啶在壤质砂土和粉质壤土中培育 218d 后的结合态残留高达 90%以上（Schmidt et al.，2008）。磺胺类药物在土壤中形成结合态残留的量与土壤类型以及土壤的氧化还原状态都有密切的关系。

好氧条件下磺胺嘧啶和磺胺甲噁唑在我国南方典型的红壤中，形成的结合态残留都最终稳定在 90%以上（图 7-1），并且难以矿化。该结果与其他关于磺胺土壤归趋的研究类似（Kreuzig and Höltge，2005；Lertpaitoonpan et al.，2015；Schmidt et al.，2008），说明磺胺类抗生素在红壤中具有较强形成结合态残留的趋势。无论是在好氧还是厌氧条件下，磺胺二甲嘧啶在土壤中都能形成大量的结合态残留，厌氧条件下的磺胺结合态残留形成量达到初始加入量的 85%，而好氧条件下结合态残留的形成更高，为 89%（Lertpaitoonpan et al.，2015）。Gulkowska 等（2014）也发现磺胺二甲嘧啶在好氧条件下形成更多的结合态残留，可能是由于氧气存在促进更多的化学结合态残留形成。

Benoit 等（1996）指出有机污染物在土壤有机质中的强烈吸附与微生物活动有关，微生物的作用导致污染物聚合或掺入土壤有机质中，加速结合态残留的形成。通过对比灭菌组和活性土壤组的研究发现，微生物活动确实显著促进了磺胺类抗生素在红壤上结合态残留的形成。活性土壤中磺胺嘧啶和磺胺甲噁唑的结合态残留形成量比灭菌组要高出 30%~

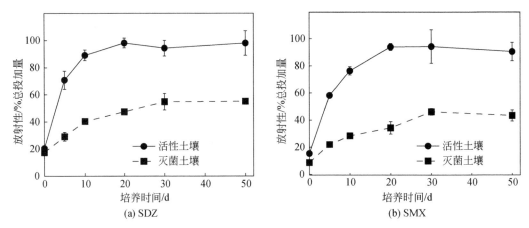

图 7-1　红壤中磺胺嘧啶（SDZ）和磺胺甲噁唑（SMX）结合态残留放射性随时间的变化

40%（图 7-1）。Lertpaitoonpan 等（2015）也发现灭菌土壤中磺胺结合态残留量明显偏低，而活性土壤中微生物的作用促使结合态残留增加到 70%～91%，并随着磺胺浓度的增加结合态残留量有所下降，可能是由于高浓度的磺胺对微生物活性的抑制作用。

　　土壤氧化还原状态的改变可以显著影响有机污染物在土壤中结合态残留的含量。淹水条件下，磺胺嘧啶和磺胺甲噁唑在水稻土中形成的结合态残留量要低于红壤，并且形成数量与化合物结构有关。两种磺胺类药物进入长江中下游嘉兴地区的水稻土中后，淹水土壤环境下的可提取态在 5d 内都开始急剧下降至土壤中总量的 30% 以下，与之相对应的则是结合态残留的快速上升，尤其是 SMX，10d 时就达到了近 80%，并稳定地保持到了第 50d。与 SMX 相比，SDZ 在淹水土壤中结合态残留在 50d 的培育过程中也在缓步上升，20d 时达到了土壤中总量的 60%（图 7-2），并随着培养时间的延长开始缓慢下降。

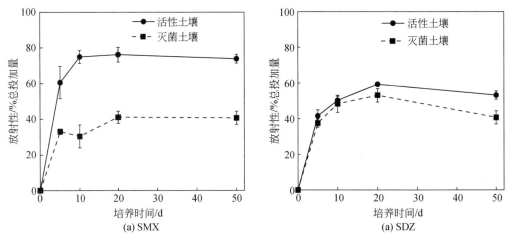

图 7-2　不同处理组土壤中的磺胺甲噁唑（SMX）和磺胺嘧啶（SDZ）结合态残留放射性随时间的变化

　　微生物作用对两种磺胺类药物在长江中下游水稻土中的结合态残留的生成有较大影响。与红壤类似，灭菌过程极大地降低了 SMX 在土壤中的结合态残留，相较于活性组有 73% 的结合态残留，灭菌组这一比例则只有 40%。但相对 SMX 来说，SDZ 在土壤中结合态残留的形成受微生物活性的影响较小，直到 SDZ 进入土壤 20d 后，才发现微生物可以促进 SDZ 在水稻土中结合态残留的形成，并且随着培养时间的延长，活性组结合态残留要显著高于灭菌组。这种微生物作用的差异可能与两种药物对微生物活性的影响不同有关。水稻土中微生物的活性可能受磺胺嘧啶的影响更大，因此，在进入土壤后的培养初期，磺胺嘧啶的结合态残留在活性组和灭菌组的含量差异不大。

2. 磺胺类抗生素结合态残留的赋存形态和结合机理

腐殖质是促使土壤中有机污染物形成结合态残留的活性成分，根据其在酸碱溶液中溶解度的不同，一般可分为腐殖酸（humic acid，HA）、富里酸（fulvic acid，FA）和胡敏素（humin）。土壤腐殖质各组分的结构和特性的差异以及不同的结合机理，会导致磺胺的结合态残留在土壤腐殖物质中的分布规律不一致。磺胺嘧啶和磺胺甲噁唑在红壤中的结合态残留主要分布在土壤的腐殖酸中，可以占到总进入量的约 50%；其次是富里酸，胡敏素中结合态残留量最少，最高不超过初始加入量的 31.5%（图 7-3），说明腐殖酸和富里酸对磺胺类药物结合态残留的形成有主要贡献。灭菌组中的结合态残留在腐殖质各个组分上的分布量都显著低于活性土壤组，表明土壤微生物的活动对磺胺类抗生素与腐殖质的结合有重要作用。与此相反，Gulkowska 等（2014）的研究结果显示，磺胺二甲嘧啶在胡敏素中分布最高，为 20%～27%，在土壤腐殖酸、富里酸中的分布分别为 7%～21%、10%～20%，而另有关于磺胺嘧啶在土壤有机质中的分布研究与红壤中的归趋类似，结合态残留磺胺嘧啶更倾向于分布在腐殖酸（22%～42%）和富里酸（26%～27%）中（Schmidt et al.，2008）。这些结果证明磺胺类药物在土壤腐殖质上的分布很可能与土壤理化性质和土壤有机质含量不同有关。

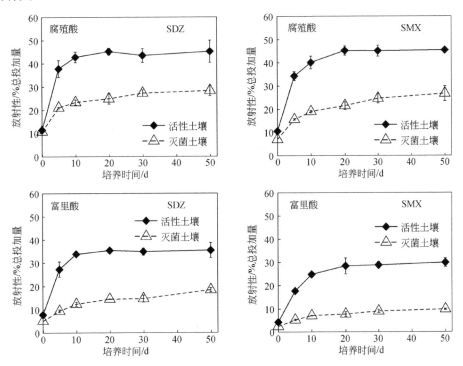

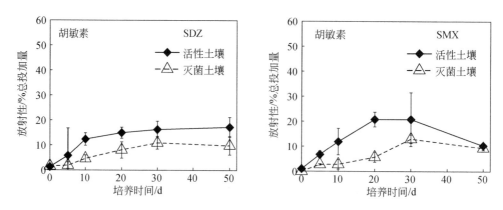

图 7-3 磺胺嘧啶（SDZ）和磺胺甲噁唑（SMX）在红壤有机质中的分布

磺胺类抗生素对土壤基质具有较高亲和力，由此形成大量的结合态残留。通过对提取后的土壤进行硅烷化处理，并用 DMSO（二甲基亚砜）提取获得以锁定态的方式存在于土壤中的锁定结合态残留的磺胺。通过在高温下的强碱提取（105℃，4mol/L NaCl）可以得到以共价结合的磺胺。结果表明，磺胺嘧啶和磺胺甲噁唑及其代谢产物在活性土壤中形成的锁定态残留比例大于共价结合态残留比例（图 7-4），说明磺胺结合态残留更多是以锁定态的形式存在于土壤中。与灭菌土壤的结果对比发现，微生物主要通过促进两种磺胺类药物及其代谢产物在红壤中的吸附和包埋，从而增加两种磺胺类药物在红壤上结合态残留的含量。

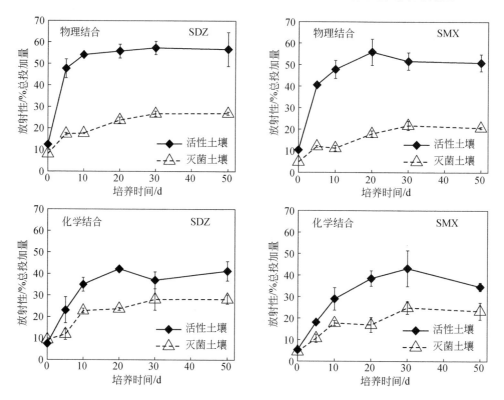

图 7-4 磺胺嘧啶和磺胺甲噁唑在土壤中物理结合态残留和化学结合态残留放射性随时间的变化

而 Heise 等（2006）发现磺胺嘧啶的结合态残留在硅烷化处理后有 27%±4%被重新释放，该部分被称为锁定态残留，但仍有 74%±4%以化学共价键与土壤基质结合。有研究认为，磺胺在土壤中快速形成大量结合态残留可能是与土壤之间发生化学反应，而不是因为缓慢的吸附过程（Gulkowska et al., 2014）。同时，磺胺结构中的氨基是具有活性的官能团，容易与土壤腐殖酸中苯醌结构进行亲核加成反应，产生 C—N 共价键（Bialk and Pedersen, 2008；Bialk et al., 2005）。土壤中存在的氧化物质，如 MnO_2 和氧化酶，可以将土壤有机质中的对苯二酚结构转化为具有反应活性的醌，极大地促进了磺胺类抗生素与腐殖酸形成共价结合（Gulkowska et al., 2013, 2012）。另外，磺胺结构中的氨基也可能通过酰胺键和 C—O 键与土壤有机质产生共价结合（Berns et al., 2018）。羟基化的代谢产物是磺胺的主要代谢产物之一，这类代谢产物也可能与土壤有机质以酯键和醚键的形式结合（Li et al., 2015b）。

3. 土壤中农药结合态残留的形成机理

根据农药与土壤基质间的化学或物理相互作用，其结合态残留形成机制包括共价键、离子键、氢键、范德华力、疏水作用、螯合作用、电荷转移和配位体交换等。结合态残留形成过程中，一般以上两种或多种作用同时发生。归纳起来，农药与土壤间的作用机理主要有如下几种。

1）共价键结合

含氯芳香族化合物与土壤有机质通过酶促氧化还原反应产生共价键结合，一直被认为是缓解环境污染物毒性的一种方式。Bollag 等（1992）研究发现，若农药含有与土壤胡敏素组成相似的官能团，则易与土壤腐殖物质形成共价键。在土壤的腐殖化过程中，聚合是最重要的反应机制，许多农药母体及其降解中间产物可通过化学、光化学或酶促反应等作用，以多数不可逆的稳定共价键与土壤腐殖物质结合形成低聚物或高聚物。

2）离子键结合

根据农药的化学性质和它们在土壤、水分中的行为可把农药分为离子型和非离子型，离子型农药在一定的 pH 介质中可离子化，以阳离子状态存在或因质子化作用成为阳离子，通常可通过阳离子交换机理或离子键与腐殖质中的羧基或酚羟基相互结合，从而形成较为稳定的物质。Maqueda 等（1983）用远红外光谱研究了离子型农药杀虫脒与胡敏酸的相互作用，证实了结合物中离子键的存在。农药自身的酸碱度和环境体系的 pH 均对离子键作用的影响较大，此外，土壤腐殖物质中的阳离子也能影响其键合有机物的能力，其作用力强弱依次如下：$Al^{3+}>Fe^{3+}>Cu^{2+}>Ni^{2+}>Co^{2+}>Mn^{2+}>H^+>Ca^{2+}>Mg^{2+}$。

3）氢键作用

对于非离子型极性农药，氢键结合可能是其形成结合态残留最重要的机制。当土壤腐殖质和农药发生氢键作用时，通常是农药中的 H 与土壤腐殖质中 C═O 进行作用，若农药分子包含 N—H 则也可与腐殖质的—COOH、酚羟基—OH、醇羟基—OH 等官能团发生氢键作用。含有大量氧基和羟基官能团的腐殖质容易与农药分子相应的官能团形成氢键结合，同时农药分子与水分子竞争结合位点。例如，新烟碱杀虫剂吡虫啉硝基中的氧、吡啶环中的氮皆可与腐殖物质羟基上的氢形成氢键，咪唑环中氨基上的氢可与腐殖物质羟基中的氧形成氢键（宜日成等，2000）。土壤中 ^{14}C-扑草净的结合态残留有相当一部分以母体的形式存在，推测是腐殖质上的酚羟基和苯羧基经氢键连接成结构稳定的分子筛状聚合物使其具有许多大小不一的空洞，这些空洞可捕获农药分子。对含有结合态残留 ^{14}C-扑草净的腐殖酸进行甲基化处理以破坏腐殖酸中的氢键结构，结果表明，结合态 ^{14}C-扑草净残留物有 25%～30%析出（khan et al.，1989）。由此可见，物理锁定也是农药结合态残留不可忽视的形成机制。例如，二硝基苯酚类农药能被黏土所吸附，吸附的机理是电子供受复合体的形成，即与黏土矿物基面平行的苯环极化，接受矿物表面硅氧烷中氧原子的电子，从而形成农药-黏土复合物（Haderlein et al.，1996）。在 pH 为 4.75～6.45 的黏土-水体系中，莠去津也能以中性分子的形式被吸附，例如，钙和铝饱和的蒙脱土对莠去津的吸附机理是莠去津与起水合作用的极性分子形成氢键（Laird et al.，1992）。

4）范德华力

范德华力是由弱的短距离偶极和诱导偶极相互作用形成的吸附剂与吸附介质间相互作用的强作用力，对非离子非极性农药吸附的贡献较大，其大小随分子量增大及与吸附剂表面的距离减小而增大，且由于范德华力随距离的增大而迅速减弱，因此它对吸附的贡献只有在一些离子与吸附表面近距离接触时才会达到最大。研究发现，2,4-DDT 及毒莠定等在土壤中的吸附主要是范德华力的作用（Khan et al.，1973；Kozak et al.，1983）。

5）疏水作用

低溶解度或疏水性的非极性农药与土壤溶液是不混溶的，但土壤腐殖质由于具有芳香框架和具有极化基团，可以兼含疏水和亲水吸附位置，有机质存在的一些疏水基包括蜡、树脂、脂肪、腐殖酸和富里酸的某些脂族侧链及高含碳量木质素衍生物等物质，可使非极性农药分子向这些表面聚集。

6）螯合作用

随着持留或老化时间的延长，非极性和疏水性农药在土壤中会在土壤酶或微生物的作用下，进入腐殖质或某些外源化学品聚合成的分子筛似多孔状结构中而被固定。吸附过程发生在物质加入数分钟内，而整合则需很长时间，由于螯合物位于土壤基质内的微小结构内，因此目前对螯合机理的研究大多采用间接的方法。Khan 等（1989）研究发现，土壤的腐殖质中酚羟基和苯羧基经氢键连接成分子筛状聚合物，使腐殖质具有许多大小不一的空洞从而捕获扑草净农药分子，而当用甲醇溶液对腐殖酸进行甲基化处理后，有 25%～30%的结合态残留析出。

7）电荷转移

土壤腐殖质包含缺电子中心（如醌类）或富电子中心（如联苯酚类），腐殖质可根据农药特性选择性成为电子受体或供体与农药形成电子受体-供体电荷转移复合物。例如，二硝基苯酚类农药（百草枯、敌草快）通过形成电荷转移与土壤中黏土矿物结合形成农药-黏土矿物复合物而吸附在土壤中（Bertolotti et al.，1987）。电荷转移复合物通常发生在腐殖质的电子受体中心，腐殖质与农药间的电荷转移可增加未参与反应的腐殖质的自由基浓度。Senesi（1992）研究发现，腐殖质中醌基越多，羧基越少，农药与腐殖质间电荷转移作用越强烈。

8）配位体交换

若农药分子中含有强配位体结构（如羧基、胺基等），则可和土壤有机质中多价阳离子周围的弱性配位体（如水）发生置换，农药分子由配位体交换而被这部分阳离子所络合。例如，刘维屏等（1985）研究发现异丙甲草胺与土壤组分中金属阳离子以配体交换的方式结合。同时农药分子越小，阳离子价态越高，配位性越强。

9）农药结合态残留在土壤腐殖质中的分布

农药结合态残留在胡敏酸、富里酸及胡敏素的分布规律受多种因素影响，其不仅与土壤的理化性质（有机质、pH、黏土矿物和金属氧化物等）和土壤环境等有关，还与农药本身的结构和化学性质相关。富啡酸和胡敏素表面带有大量的芳环、羧基、羰基和羟基等，且富含负电荷，与农药及其降解物存在疏水作用、偶极作用、离子交换作用以及氢键结合等。因此，农药活性分子易与富啡酸和胡敏素结合，形成常规方法难以提取的结合态残留。研究发现，^{14}C-甲磺隆在土壤腐殖物质中的分布规律为富啡酸≫胡敏素＞胡敏酸（Wang et al., 2012），卡巴呋喃在 pH 为 7.8 的土壤中的分布也是富啡酸＞胡敏素＞胡敏酸（Benicha et al., 2016），环氧虫啶在好氧和厌氧条件下的分布均呈现富啡酸≫胡敏素＞胡敏酸的规律（张晗雪等，2016）。而不同类型的农药在同种土壤腐殖质中的分布也可能不同，例如，均三氮苯类除草剂阿特拉津的结合态残留在土壤腐殖质中的分布是胡敏素＞富啡酸＞胡敏酸（Capriel et al., 1985），而二苯醚类除草剂三氟羧草醚的结合态残留则大致均匀分布于富里酸、胡敏酸和胡敏素中（Celis et al., 1998）。富啡酸是一种天然的低分子量高水溶性有机电解质，且是田间土壤溶液中存在的主要可溶有机组分，在天然地表水中也普遍存在。

4. 影响农药结合态残留形成的因素

农药在土壤中形成结合态残留，是农药、土壤、微生物、植物、土壤动物以及温度、光照、降水等环境因素综合作用的结果。影响农药在土壤中形成结合态残留的因素主要有以下几个。

1）来自农药方面的因素

农药方面的因素除了包括农药的结构和化学特性（如芳香环等基团的数量和结构、疏水基团和亲水基团的空间结构、整体分子电荷分布等）外，还有农药的施用浓度、时间和频率，以及施药模式等。Gan 等（1995）研究发现，在土壤中施用浓度为 10mg/kg 和 100mg/kg 的甲草胺，分别形成了 48%和 37%的结合态残留，由此表明，农药初始施用量与其结合残留形成含量密切相关。同时，Samuel 和 Pillai（1991）发现分次施药方式会降低总结合态残留量，即重复施用农药对其在土壤中的归趋具有"加速消解"和"减速束缚结合"双重效应，这两个过程可以降低土壤中农药残留的持留性。农药的施用方式影响了农药与土壤混合的均匀程度，从而影响结合态残留的形成。陆贻通等（2005）发现农药通过耕作在土壤中混合均匀，可显著降低挥发，减少径流引起的流失，导致更多的农药进入深层土壤，使得结合态残留形成概率增加。

2）来自土壤方面的因素

土壤的理化性质（如土壤 pH、有机质含量、黏土矿物含量）和环境条件（如水分、温度）不同通常导致农药结合态残留含量的差异。^{14}C-甲磺隆在土壤中的结合态残留量随土壤 pH 的下降而升高（叶庆富等，2002a），与此相反，有机磷杀虫剂异柳磷更易于在中性和碱性土壤中形成结合态残留（Dec and Bollag, 1988）。这说明结合态残留的形成可能是土壤多种因子协同作用造成的，与单因子并不一定呈现出绝对的相关性。除此以外，还需考虑土壤中有机、无机化肥的改良作用。土壤施用有机肥料后，土壤中有机化合物的扩散和结合态残留的形成得到促进。Doyle 等（1978）将 ^{14}C-阿特拉津、^{14}C-绿磺隆和 ^{14}C-2, 4-D 等 24 种农药分别施入含有 50000kg/hm^2 和 100000kg/hm^2 牛粪的土壤中，培养 60d 后发现形成结合态残留量增加。

同时，土壤 pH 是影响结合态残留形成的重要因素，农药结合态残留的变化趋势与土壤酸碱值和农药本身的性质有关。Ye 等（2005）对 ^{14}C-甲磺隆在七种不同土壤中的行为研究发现，其结合态残留量随土壤 pH 的上升而降低，派虫啶的结合态残留也是如此（Fu et al., 2013）。与此相反，有机磷杀虫剂异柳磷更易于在中性和碱性土壤中形成结合态残留（Dec et al., 1988），新烟碱类杀虫剂环氧虫啶与土壤的结合程度也随着 pH 的升高而增加（张晗雪等, 2016）。这说明结合态残留的形成可能是土壤多种因子协同作用造成的，与单因子并不一定呈现出绝对的相关性。事实上，pH 不仅会影响农药在土壤中的稳定性，而且会影响土壤中微生物的种类、丰度和活力，而正是通过与微生物的相互作用，农药才能够被降解并进一步和土壤中的腐殖质结合。因此，土壤 pH 对农药环境行为带来的影响有待深入研究。

3）来自土壤生物方面的因素

土壤生物方面的因素包括土壤动物、植物及微生物等。土壤动物对结合态残留的影响主要表现在对土壤结构等物理性质的改变而产生的间接影响。植物的根系生长及分泌物会影响农药的分解程度和速度，可对农药及其降解物直接吸收富集，同时改变土壤的理化性质，影响土壤中动物和微生物的活动。土壤微生物的活动会通过改变土壤的理化性质而对农药结合态残留产生影响，同时微生物的降解产物也能够快速地与土壤紧密结合而形成结合态残留。近几年的研究，更多地将结合态残留原因归为土壤微生物的代谢产物或微生物体。Dec 等（1997）研究表明，嘧菌环胺施入灭菌和不灭菌土壤中，结合态残留在非灭菌的土壤中含量占施入量的 60% 以上，而在灭菌土壤中几乎没有形成。把 ^{14}C 标记的麦草畏除草剂添加到土壤中，通过灭菌和不灭菌比较，灭菌土壤中形成结合态残留的速度要慢很多（Mordaunt et al., 2005）。Katan 和 Lichtenstein（1977）的研究表明，^{14}C-对硫磷在土壤中结合态残留的形成与土壤中微生物的活性密切相关，而且其微生物的降解产物也能够快速地与土壤紧密结合而形成结合态残留物。由此可见，微生物在农药结合态残留的形成中发挥着重要的作用。

7.1.3 典型种植过程对污染物结合态残留形成的影响

1. 农作物的作用

1）水稻对磺胺类抗生素结合态残留形成的影响

大量研究表明，植物的根际效应会影响有机污染物在土壤中的降解、转化等环境行为（Pai et al., 2001；Singh et al., 2004）。水稻是东南亚地区重要的粮食作物，我国水稻田的分布也十分广泛。作为一种长期在淹水条件下生长的作物，水稻根系具有很强的向土壤中输送氧气的能力。因此，水稻根系的生长可以影响很多有机物结合态残留的生成以及环境行为。水稻根系可以促进两种磺胺类药物在土壤中结合态残留的含量，尤其是对磺胺嘧啶及其代谢产物来说,在种植了水稻的水稻土中经过 50d 的培育,结合态残留可以达到总进入量的 70%(图 7-5),而这一比例在未种植水稻的对照土壤中则只有 50%。

Kopmann 等(2013)研究了通过粪便引入的磺胺嘧啶在玉米根际区和非根际区土壤中的归趋,发现磺胺嘧啶在根际区的消散速度显著快于非根际区,即植物增强了根际土壤中的生物转化作用,促使磺胺嘧啶加速消散(Rosendahl et al.,2011)。然而,关于磺胺在不同种植体系下的结合态残留形成情况目前鲜有研究。但相关研究已表明植物的根系以及根际微生物分泌的多种酶,如漆酶、过氧化物酶等(Gerhardt et al.,2009;Gianfreda and Rao,2004),会促进土壤有机质官能团的氧化。另外,植物可以通过根系向土壤输送氧气,改变土壤的氧化还原状态,提高好氧微生物和过氧化物酶活性,由此可能进一步促进磺胺类抗生素与土壤有机质的共价结合。而在水稻种植体系中的土壤大部分时间都被水淹没,具有相邻的好氧-厌氧界面,并且水稻根系通氧作用会增加淹水土壤中的好氧区域。有研究已证明连续的好氧-厌氧处理可以使四溴双酚 A 的结合态残留再次释放(Liu et al.,2013)。水稻-淹水土壤体系中存在的这种氧化-还原共存的特殊天然环境也有可能会影响磺胺结合态残留态的形成。

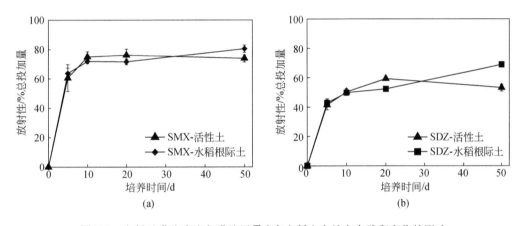

图 7-5 水稻对磺胺嘧啶和磺胺甲噁唑在水稻土中结合态残留变化的影响

2)蔬菜对酞酸酯结合态残留形成的影响

青菜是我国常见的蔬菜品种,酞酸酯作为一种塑化剂会随着塑料大棚的施用、废弃进入菜地土壤中成为一种常见的有机污染物。以长江中下游常见的水稻土为例,通过同位素示踪技术发现,与水稻促进了磺胺类药物在土壤中结合态残留形成的结果相反,青菜的生长显著地抑制了酞酸酯在土壤中的结合态残留(图 7-6)。30d 后两组处理组土壤中结合态残留趋于稳定,污染土壤组结合态残留放射性量稳定在 30%左右,而土壤-小青菜系统土壤中放射性量稳定在 15%左右。

根际作为一种复杂的环境介质,不同污染物在其中生成的结合态残留含量差异很大,也与植物种类有关。研究表明,四溴双酚 A(TBBPA)在淹水条件下生成的结合态残留可以达到总放射性量的 60%,而在水稻和芦苇的根际,结合态残留分别为总放射性量的 50%和 40%。这两种植物能够显著降低土壤中的结合态残留,一方面是因为植物对土壤中 TBBPA 及其代谢物有较大的吸收;另一方面,随着植物的生长,在根系的表面会形成包括根部的微好氧区域，从而改变了厌氧土壤层的氧化还原状态，导致原先结合在土壤上的结合态残留再次释放到土壤中区。研究作物对有机污染物结合态残留形成的影响时，需要考虑植物的种类、种植条件、污染物本身的物理化学性质以及进入土壤的初始浓度等，这些都会影响有机污染物在根际中结合态残留态的含量和赋存形态，从而才能更好地评价结合态残留的环境风险。

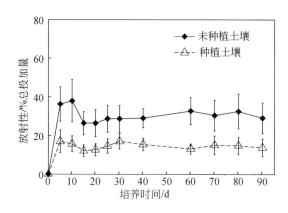

图 7-6 结合态酞酸酯在土壤中的变化

2. 农事操作对农药结合态残留形成的影响

1）施用有机和无机肥料

用秸秆和动物粪便等有机肥料对土壤进行改良，可以改变添加到土壤中的化学物质的扩散和结合态残留的形成。研究表明，在土壤中添加有机肥后，土壤中农药的结合态残留的形成增强了。例如，Doyle 等（1978）发现在每公顷施 50~100t 牛粪后，五氯硝基苯降解程度更高，结合态残留含量更高。

^{14}C 标记的杀草丹和二甲四氯（MCPA）在水稻和旱地作物土壤中的消散情况显示，施用水稻秸秆肥后，两种组分的消散均得到了增强，说明施用水稻秸秆后杀草丹和二甲四氯（MCPA）的结合态残留形成增强了。此外，施用玉米秸秆对土壤的改良也同样导致［苯基-U-^{14}C］甲基苯丙噻唑啉（MBT）的降解和矿化显著增强，并促进了结合态残留的形成。较高的温度对农药的消散、结合态残留的形成和代谢物脱甲基-MBT 的形成都有增强作用。这是因为温度的升高和玉米秸秆的改良都促进了土壤中微生物的活性。Racke 和 Lichtenstein（1985）发现与施用牛粪相比，对照能增加土壤微生物的数量。可以明显观察到土壤结合 ^{14}C 残留物减少，剩余的 ^{14}C 土壤残留物总量减少，$^{14}CO_2$ 的生成因矿增加而急剧增加。Wang 等（2019）研究不同施肥类型对 DDT 类物质农田残留的影响得出，施用秸秆和养殖粪肥会阻碍有机氯农药在土壤中的降解，即农药结合在土壤中的残留态增加。

但也有研究发现，堆肥处理对 DDT 在水稻土壤中结合态残留没有影响，却导致甘蔗地土壤中 DDT 结合态残留量增加。原因是在甘蔗地土壤中堆肥含有的有机碳如腐殖质等对 DDT 产生强吸附固定，从而增加了其结合态残留，同时 DDT 的挥发量减少。因此，堆肥处理对不同耕作土壤的农药结合态残留的影响不同（金鑫等，2017）。

2）农药施用方式

通过耕作，将农药均匀撒入土壤，使其与土壤充分混匀，可显著减少因挥发和径流造成的农药损失，并且倾向于将更多的化合物固定在更深的土壤层中，而还原条件更为突出，因此有利于母体化合物或代谢产物形成结合态残留。土壤结合态残留的量随化合物施用方法的变化而变化，如果化合物施用于土壤表面，则结合态残留的比例大大增加。Schoen 和 Winterlin（1987）的研究发现，在土壤中形成的结合态残留的数量随农药的施用方法而改变。与表面施药相反，如果将这些化合物均匀地掺入并且能与土壤充分混合，则形成的结合态残留的比例会更高。由此可见，施用农药的方式会影响农药在土壤中的结合态残留形成。

3）种植类型对结合态残留形成的影响

不同种植类型对农药结合态残留形成的影响不同。例如，种在稻田土壤和旱地土壤中的不同作物对农药降解行为的影响或许有所不同，已有的污染调查表明 DDT（包括 DDD 和 DDE）在菜地和果园中的残留浓度高于其在水稻土中的残留浓度。因此，金鑫等（2017）利用 ^{14}C 标记研究不同耕作类型土壤对 DDT 的结合态残留影响证明，水稻土壤和甘蔗土壤除了理化性质的差异外，土壤微生物的群落功能也存在差异。由于水稻土壤长期经历厌氧—好氧循环，水稻土中厌氧微生物多样性明显高于甘蔗地土壤，厌氧环境更有利于 DDT 的共代谢矿化降解，甘蔗地土壤中的好氧微生物多样性高于水稻土，有利于降解氯取代基相对较少的氯苯类物质。

金鑫等（2017）研究显示，DDT 及其主要代谢产物在水稻土中的残留量往往低于甘蔗地土壤，一方面是因为旱地（棉花地等）在持续施用含有 DDT 的农药化学品，如三氯杀螨醇；另一方面是水稻土经历厌氧—好氧交替循环。综上，低氯代持久性有机农药——滴滴涕（DDT）在水稻土壤中的结合态残留低于甘蔗地土壤。因此，不同种植地点的耕作土壤对同一药剂的结合态残留形成的影响是多方面的，取决于各方面的综合作用。

4）轮作对结合态残留形成的影响

轮作是指在同一块田地上，有顺序地在季节间或者年间种植不同的作物或复种组合的一种种植方式。安琼和陈祖义（1993）研究发现，轮作可以提高植物对农药结合态残留的吸收，降低土壤中的农药结合态残留形成。土壤中 ^{14}C-氟乐灵和绿麦隆的结合态残留对后茬作物具有有效性，绿麦隆和氟乐灵的土壤结合态残留均可被后茬作物经根系吸收并向上运转。它们可重新释放并被小麦和黑麦草吸收，且黑麦草对土壤结合态残留的吸收量高于小麦。说明除了前茬作物的吸收外，后茬作物也可吸收土壤中 ^{14}C-氟乐灵和绿麦隆的结合态残留，对于同一块农田来说，轮作降低了土壤中的农药结合态残留形成。

7.1.4 土壤中污染物结合态残留的降低途径

尽管目前对土壤中污染物结合态残留的形成和释放机制，尤其是生物效应存在不同的观点，但是可以看出，有机污染物结合态残留物作为土壤中一种"隐形"的外源化学物或代谢物，能够在长期的生物作用影响下，通过以下途径被继续释放和利用。

1. 微生物活动

土壤中有机污染物结合态残留的释放和降解会受到土壤类型、土壤作物、土壤处理过程以及土壤中生物活动的影响,其中,土壤微生物活动被认为是污染物结合态残留释放和降解的主要因素。

土壤微生物促进结合态残留释放的机制较为复杂。一方面,有机污染物的结合态残留可以为某些微生物提供能源,从而增加该类微生物的种类和数量,如汪海珍等(2003)发现土壤中结合态甲磺隆残留物对土壤细菌、真菌具有明显的促进作用,而对土壤放线菌有强烈的抑制作用,并认为土壤微生物群落,尤其是放线菌可作为评价甲磺隆土壤残留污染生态环境效应的敏感指标。同时,微生物又能降解土壤中结合态残留,促进结合态残留的再次释放。有研究发现,四溴双酚 A 的特异性降解菌能促进土壤中四溴双酚 A 结合态残留的生物转化过程,在 91d 的培养过程中胡敏素上有 22.8%的结合态残留被释放,同时检测到了 4.6%的矿化。不仅如此,微生物的作用还改变了四溴双酚 A 在土壤中结合态残留的赋存形态,使其在腐殖酸上的结合比例更高(Wang et al.,2019)。沈东升等在微生物对土壤中结合态甲磺隆残留的降解研究中发现,优选菌株(*Penicillium* sp.)的加入对结合态甲磺隆的降解和矿化有较大的作用。在加入菌液的土壤中,结合态甲磺隆含量明显低于对照土壤,甲磺隆的矿化作用则明显高于对照土壤,这说明优选微生物(*Penicillium* sp.)的加入,不但可以促进可提态甲磺隆的降解,还可以显著地促进结合态甲磺隆,尤其是锁定态甲磺隆的降解,从而减少了结合态甲磺隆的生成,且这种影响作用会随培养时间的延续而逐步增加。有研究发现,用 ^{14}C 标记的扑草净处理土壤经培养一年后,结合态残留 ^{14}C 量达总用量的 57.4%,萃取过的含结合态残留土壤培育 22d 后,再用甲醇充分提取,结合态残留 ^{14}C 占 71.6%。释放出来的结合态残留 ^{14}C 经定性分析为扑草净、羟基扑灭净和少量的 *N*-脱烷基化合物,因此认为微生物裂解了 ^{14}C 标记的扑草净与土壤间的连接,然后又将释放的扑草净降解为脱烷基化合物(khan et al.,1987)。

因此,微生物在有机污染物结合态残留的形成和释放过程中扮演着双重角色。随着土壤中微生物种群数量的增加,土壤中结合态残留的释放量也在增加,向土壤中增加或降低微生物活性的底物,结合态残留的释放以及 $^{14}CO_2$ 的矿化也随之增加或者降低,如果向土壤中添加牛粪,土壤中微生物的群落增加,初始的结合态残留量降低。

2. 动物吸收

土壤动物在陆地生态系统中具有十分重要的功能,它们能与土壤中的污染物直接接触,而受到直接的毒害效应。目前有少数关于磺胺类抗生素结合态残留的生物可利用性研究,通过活性污泥、植物和蚯蚓实验探究结合态残留是否能在微生物、植物和动物作用下再次释放(Heise et al.,2006)。短期实验发现活性污泥的加入会导致<3%的放射性转移到可提取部分,而仅有 0.1%被植物吸收。另外,蚯蚓的活动对于结合态残留的释放影响也较小,96%的结合态残留仍然存在于土壤中,但即便是在可提取态浓度较低的情况下,蚯蚓仍然对结合态残留放射性有 1%的吸收。由此看出,磺胺类抗生素的结合态残留尽管对土壤基质有较高的亲和力,但仍有被生物利用的可能。虽然土壤生物在短期内对于磺胺结合态残留的释放没有太大的影响,但仍不能忽视磺胺结合态残留在土壤生物长期影响下的释放可能性。

Gevao 等(2000)研究了结合态农药残留对蚯蚓的生物有效性,将 ^{14}C 标记的莠去津、异丙隆和麦草畏加入土壤中培养 100d,然后用甲醇、二氯甲烷充分提取,三种农药在土壤中结合残留率分别为 18%、70%和 67%。以 7：1 的比例加入干净土壤后,将蚯蚓引入上述土壤中培养 28d,发现蚯蚓体内有 0.02%～0.2%的 3 种结合态残留农药的检出。Fuhremann 和 Lichtenstein（1978）报道土壤中对硫磷的结合态残留被蚯蚓吸收的可能性。结果表明,将蚯蚓放入经有机溶剂处理后仅含有对硫磷结合态的土壤中培养 2～6 周,蚯蚓可以吸收并在体内积累残留物,即土壤中大部分的对硫磷结合态残留可被蚯蚓生物富集。Katan 和 Lichtenstein（1977）发现,果蝇与含 0.43mg/kg 新添加对硫磷的砂土及与含有等量结合态残留的砂土接触 24h 后,致死率分别为 87%和 0%；在含有 3.3mg/kg 新添加农药和等量结合态残留的土壤中,果蝇死亡率分别为 95%和 5%。果蝇对地虫磷和甲基硫磷等农药也有类似反应,可见结合态残留农药比可提取态农药的生物活性要低得多。可以预测,结合态残留的缓慢释放对实际环境的毒性及生态影响较小。寄居于土壤或沉积物中的生物也会促进结合态残留的释放,主要通过消化吸收分泌有降解作用的酶,以及有机质同化作用、生物扰动等来促进结合态残留的释放。

3. 植物吸收

已有的研究表明,植物能吸收土壤中有机污染物的结合态残留,例如,在种植作物的土壤中,2,4-D 的结合态残留比没有种植作物的土壤更多。对于溴代阻燃剂四溴双酚 A 来说,水稻和芦苇均能够减少其在土壤中结合态残留的含量,并且芦苇减少的结合态残留更多（Sun et al.，2014）。实际上,很多植物能够吸收结合态残留,如氟乐灵、甲基对硫磷、氯氰菊酯、羟基绿谷隆的结合态残留。同时这些研究还发现,植物中放射性物质占初始量的比例在 1%～5%。这显示,土壤中有机污染物的结合态残留被植物吸收后再一次与植物组织结合形成新的结合态残留。植物体内的结合态残留被认为以三种方式存在于植物体内：自由的可萃取残留物；与植物体成分形成可萃取结合产物；与植物体内组分紧密结合形成非萃取性的结合态残留。

陈祖义等（1996）认为绿磺隆在土壤中的结合态残留对作物（水稻）是有植物毒性效应的,超过作物耐受剂量即可导致药害,明显抑制根系发育和幼苗生长,水稻苗期结合态残留最低致害剂量为 10mg/kg。而且水稻幼苗的放射自显影表明,吸收的 ^{14}C-绿磺隆结合态残留在根系和叶尖比较多,与其危害症状——根系衰老和叶尖枯黄是一致的。同时,在自然条件下施于土壤（旱地条件）中的 ^{14}C-绿磺隆,在雨水淋溶和降解消失的同时,有一定量转为土壤结合态。形成结合态后,它的淋溶与消失相对减轻。因此,结合态残留有随时间延长而增长的趋势。

Helling 和 Krivonak（1978）在研究土壤农药结合态残留对大豆生长影响的试验中,发现土壤中乙氯地乐灵、长乐施、氟乐灵的结合态残留显著抑制大豆生长,降低大豆干重。大豆植株对结合态农药残留的吸收率为 0.46%～0.70%；植株体内的分配——根、茎、叶、果荚、果实分别为 76%、17%、5.0%、1.2%、0.3%,分配比例逐渐降低。吸收到植物体内的物质也可能在植物体内又重新变成结合态残留。Khan 等（1987）发现燕麦可以吸收土壤结合态的扑草净,并在植株体内变成结合态,且地上部和地下部都含有结合态农药。白婵等（2016）比较发现 ^{14}C 的多菌灵（^{14}C-MBC）在土壤和油冬菜的体系中,油菜可以吸收土壤里的 MBC。随着时间的延长,油冬菜对多菌灵的吸收均逐渐增多,且后期增长速度更快。

龙玲等（2018）研究 5 种新烟碱类药剂的结合态残留在种植蔬菜的污染土壤中 35d 内的浓度变化，结果显示，随着时间的推移，在种植蔬菜的土壤中，噻虫嗪、噻虫胺、噻虫啉、啶虫脒和呋虫胺的平均浓度均分别低于未种植蔬菜的土壤中对应的农药浓度。除了噻虫胺外，其他四种药物的降解速率均为种菜土壤快于未种菜土壤。同时，各种药剂的半衰期也均是种菜土壤快于未种菜土壤。根据 35d 内平均浓度、降解率和半衰期，发现植物可以加速农药的降解。在植物的根、茎、叶中均能检测到以上 5 种新烟碱类药剂的残留。此外，5 种新烟碱类药剂的浓度在植物茎叶中的浓度高于植物根系、土壤中。以上结果表明，5 种新烟碱类药剂结合态残留均可以从土壤中进入植物根系，再输送到植物茎叶。从另一方面也反映出，植物的确可以吸收污染土壤中的结合态残留药剂。

综上所述，在土壤中已经形成结合态残留的农药，在种植植物后可能被再次释放出来。大部分研究中，植物对农药结合态残留的生物有效性在 1%~5%，这些被吸收到植物体内的农药残留，有些可能重新与植物组织形成结合态残留。不同作物均可能吸收土壤中的农药结合态残留，从而降低土壤中农药结合态残留量。

4. 环境因素

土壤环境条件，如土壤含水量、温度都会影响结合态残留的形成，且对不同污染物的影响可能截然相反。因此，环境因素对结合态残留的影响较为复杂。土壤含水量为 2%~19% 时对燕麦敌结合态残留的形成影响很小，含水量为 12% 时结合态残留量最小，但增加了野麦畏的结合态残留量。在 20%、40% 和 50% 的田间持水量条件下，甲磺隆在土壤中的结合态残留逐渐增加。甲磺隆在土壤中的结合态残留也与温度有关，在培养的前 14d 温度越高，结合态残留含量越高，但随后却呈相反趋势，温度的影响在不同土壤中也有差异。因此，要根据不同农药采取不同的环境条件来降低农药结合态残留的形成。有关溴代阻燃剂 TBBPA 的研究显示，在纯厌氧条件下 TBBPA 的结合态残留不到总放射性量的 35%，但是进入好氧环境后结合态残留又大幅提高至总放射性量的 80%（Liu et al.，2013）。

由于有机物结合态残留在土壤中的环境行为具有上述特性，农药作为一种人为施用于土壤中的有机物质，在施用过程中应尽量减少其在土壤中的结合态残留的含量。下面以农药为例介绍降低土壤中的污染物结合态残留的一些方式。

1）增加农药的重复施用次数

早期大多数研究认为，多重施用农药会造成结合态残留量的增加。但随着研究不断深入，Samuel 和 Pillai（1991）指出重复施用农药对其在土壤中的归趋具有双重效应，即"加速消散"和"减速结合"，两者对施入土壤中农药的转移和保持均具有深远的意义。总之，重复施用农药的这两个过程降低了土壤中农药残留的持久性，进而减小了潜在的环境风险。

Samuel 和 Pillai（1991）在热带土壤中研究了重复施用 DDT 和六六六的结合态残留的形成和持久性效应。结果表明，重复施用农药阻碍了结合态残留的形成，提高了挥发降解和代谢产物的比例，加速了挥发损失率及代谢产物的形成率。损失过程符合一级动力学。重复施用农药后，挥发作用将出现最大高峰，而吸附和结合不受影响。Wada 等（1989）报道，在第 3 和 4 次施用六六六后的 1 个月内，流失量超过了施入量的 80%。同样，Suett 和

Jukes（1990）在研究二嗪磷在土壤中的归趋时，发现超过80%的二嗪磷在预处理过的土壤中损失，而相比未经过预处理的土壤，只有20%~60%的损失。Khan 和 Iarson（1981）也发现，向原先已经含有扑草净结合态残留的土壤中重复施用扑草净时，会导致残留物形成比例下降。Racke 和 Lichtenstein（1987）在研究对硫磷在土壤中的结合态残留时，将 15mg/kg 剂量的对硫磷分为 5mg/kg 三次施用和一次施用，3周后发现前者在土壤中的结合态残留量要少得多。综上所述，增加农药的重复施用次数，有可能降低农药结合态残留的形成。

2）提高农药初始浓度

研究发现，提高浓度可以增加农药在土壤中的持续时间，在高浓度下，会导致矿化、降解产物和结合态残留的减少。Racke 和 Lichtenstein（1987）发现，在 1mg/kg 和 5mg/kg 的施用浓度下，土壤培养4周后，^{14}C 标记的对硫磷在土壤中的结合态残留量，分别为施用量的31%和24%。而在施用浓度为 45mg/kg 和 86mg/kg 时，结合态残留量仅分别占施用总量的17%和16%。Gan 等（1995）发现，甲草胺的施用浓度为 10mg/kg 和 100mg/kg 时，在黏壤土上经过40周的培养后，分别形成了48%和37%的结合态残留。进一步试验观察到，当浓度超过 100mg/kg 时，结合态残留显著降低。由此可见，可通过提高农药初始施用量来降低农药结合态残留的比例，但是需要注意的是，结合态残留的绝对量却是随初始施用量的增加而增加。

但是从另一个方面来说，土壤中多种农药结合态残留与土壤微生物介入有关。高浓度农药的施用对降解性微生物具有抑制和毒害作用，高浓度农药抑制了一种或几种能降解农药的微生物群体。例如，Felsot 和 Dzantor（1990）发现，当土壤农药施用浓度大于 750mg/kg 时，甲草胺对土壤中脱氢酶活性的抑制作用长达21d。故关于如何找到一个合适的初始量，既能有效降低农药结合态残留的比例，结合态残留的生物有效性又保持在一个合理的范围内的讨论仍在继续。

3）采用亲水凝胶包覆农药

大多数农药在土壤中的结合态残留随着时间不断上升。农药及其降解物与土壤腐殖质、黏土矿物等基质逐渐随时间结合，结合态残留升高，最终达到一个动态平衡。例如，Fu 等（2013）发现杀虫剂哌虫啶在 100d 的培养周期中结合态残留始终呈上升趋势，除草剂丙酯草醚的结合态残留也随时间递增（岳玲，2009）。亲水凝胶包覆（hydrogel encapsulated，HGE）农药（HGE-农药）是一类基于药物缓释体系的高分子材料——农药活性分子复合物，其结构基础是一种具有超强亲水能力的高分子凝胶，主要通过高分子凝胶与农药活性分子之间的相互作用来控制农药活性分子在生态环境中的释放、迁移转化、残留和生物积累。作为土壤调节剂，亲水凝胶材料通常会改变土壤密度和结构，同时对土壤微生物来说是一种较好的营养源，通常会改变土壤生态系统中主要指标微生物的群落结构和多样性。与传统农药相比，亲水凝胶包裹农药可能会对农药活性分子在环境中的吸收运转、代谢/降解、生物富集与环境持留等规律产生影响，进而导致其在环境中的行为与归趋产生不可预知的差异（高琪等，2018）。目前，有关亲水凝胶包覆对 HGE-丙酯草醚、HGE-乙草胺等 HGE-农药在土壤中的结合态残留的研究证实，亲水凝胶的包覆作用会对农药的环境行为产生实质性影响，HGE-农药在土壤中的结合态残留一般较原药高。从分子结构上看，亲水凝胶材料分子链上通常含有大量的羟基、氨基以及羧基等活性基团，可以通过离子结合、疏水分配、电荷转移、共价键、氢键和范德华力等作用与农药及其降解物作用形成结合,因此 HGE-农药在土壤中的结合态残留可能既包含了土壤基质与农药及其降解物形成的结合态残留,也包括了凝胶与农药及其降解物形成的结合态残留。以上结果表明,亲水凝胶的包覆作用会影响农药在土壤中的结合态残留,对于农药新剂型,应重新评估其环境安全性。

7.2 基于生物炭的土壤典型有机污染强化削减调控原理与方法

7.2.1 生物炭概述

早在 19 世纪,人们发现亚马孙河流域的一种特殊黑色土壤(terra preta)的肥沃程度明显优于周边低有机质酸性土壤。1870 年,美国探险家和地质学家 James Orton 在《亚马孙与印第安人》一书中第一次记载了这种肥沃的亚马孙黑土。研究证明,亚马孙黑土是 2500～6000 年前生活在亚马孙河流域的居民人为制造而成的,其主要成分是生物炭。生物炭具有稳定的碳结构和碳封存作用,可在土壤中保存数百年甚至数千年。2006 年 Lehmann 在 Nature 杂志上发表了关于生物炭的概念性文章 "Black is Green",从此"生物炭"一词被正式提出(Lehmann,2007a),并逐步被相关研究学者所认同。随着研究的不断深入,人们发现生物炭除了具有固碳减排作用外,还具有改良和修复土壤的功能(Lehmann et al.,2011)。这一发现激起了科学家对研究生物炭在环境污染治理等方面应用潜力的极大兴趣。

1. 生物炭的制备

生物炭是利用热裂解技术制备而成的,生物质热裂解(又称热解或裂解)指的是在隔绝空气或通入少量空气的条件下,利用热能切断生物质大分子中的化学键,使之转变为低分子物质的过程,热解过程通常采用限氧升温炭化法。根据反应条件,热裂解可以分为快速、中速和慢速裂解三种,反应所需要的能量由四种不同的途径提供:①由反应自身放热提供;②通过直接燃烧反应副产物或基质提供;③燃气燃烧加热反应器间接提供;④由其他含热物质间接提供(Lehmann and Joseph,2009)。

根据加热方式的不同,国内外生物炭的制备方法主要有自燃热解、电热解和微波热解三种。自燃热解是利用炭化过程中生物质热解生成的气体进行燃烧,能耗低(陈温福等,2011)。电热解法是在无氧或缺氧条件下,利用电阻丝产生热量并传递给生物质,使生物质中的大分子转变成低分子物质的过程。实验室常用马弗炉电热解来制备生物炭。微波热解法是利用微波辐射热能在无氧或缺氧条件下切断生物质大分子中的化学键,使之转变为低分子物质,然后快速冷却分别得到气、液、固三种不同状态的混合物(Lei et al.,2009;Masek et al.,2013)。

目前,国内外生物炭规模化制备方式主要分为集中式、分散式和流通式三种:①集中式是指将某一地区的所有生物质废料都运送到中央处理厂进行集中处理。②分散式是指每个农户或小型农户联合体利用自己拥有的技术含量相对较低的高温分解炉制备生物炭。③流通式是指通过一辆装有高温分解设备的合成气动力车走乡串户,将制好的生物炭分发给农户使用。制备技术主要包括序批式(batch process)和连续式(continuous processes)

两种（表 7-1）。序批式是一种传统的制炭方法，一般将土覆盖在点燃的生物质上使之长时间无焰燃烧，或者以窑的形式将生物质加温，在缺氧环境条件下燃烧。这些方式设备虽然比较简单，易于实施，并且成本低，但是产率不高，且无热量回收，制备过程中会产生新的污染。随着生物炭应用与需求的不断扩大，运用传统方法生产生物炭已不切实际。现代制备生物炭常用连续制备，具有产率更高、原料更灵活、操作更简单、产物更清洁、能量易于回收并用于反应本身、可连续生产等特点，是未来生物炭生产的主流方式（图 7-7）。

表 7-1　典型生物炭制备方式特点比较（王怀臣等，2012；Duku et al.，2011）

制备方式	反应器类型	生物炭产率	优点	缺点
批式制备	地窑、砖窑等	10%~30%	设备简单、成本低廉	产率较低、无能量回收、裂解气排入大气污染环境
连续制备	回转窑、螺杆式裂解仪等	25%~40%	产率更高、原料更灵活、操作更简单、产物更清洁、能量易于回收并用于反应本身、可连续生产	设备复杂、成本较高

图 7-7　时科生物科技（上海）有限公司生物炭连续生产设备

2. 生物炭的元素组成

生物炭的组成主要有碳、氢和氧等元素，其中，碳的含量高（表 7-2），碳大多以稳定芳香环不规则叠层堆积的形式存在，具有较高的生物化学和热稳定性。此外，氮、磷、钾、钙和镁的含量也相对较高。由于燃烧和挥发的原因，碳和氮的含量随生物炭制备温度的升高而降低，钾、钙、镁和磷的含量随制备温度的升高而增加（Cao and Harris，2010）。生物炭的元素组成和含量与原材料的化学组成有着重要的关系（Alexis et al.，2007），但由于热解过程中某些养分被富集和浓缩，生物炭中磷、钾、钙和镁的相对含量高于其制备原材料。

表 7-2　常见生物炭元素分析（Premarathna et al.，2019）

生物炭	热解温度与时间	碳	氢	氧	氮	硫	铁	铝	钙	钠	钾	镁
		含量/%											
竹子	250℃　30min	51.90	5.45	—	0.87	0.08	0.01	—	0.50	—	0.83	—
	350℃　30min	71.50	4.02	—	1.11	0.07	0.01	—	0.08	—	1.40	—

续表

生物炭	热解温度与时间	碳	氢	氧	氮	硫	铁	铝	钙	钠	钾	镁
		\multicolumn{11}{c}{含量/%}										
竹子	450℃ 30min	75.00	3.42	—	1.38	0.12	0.02	0.01	0.10	—	1.40	—
	550℃ 30min	79.20	2.72	—	1.28	0.06	0.03	0.01	0.08	—	0.85	—
马铃薯茎	500℃ 6h	75.81	—	19.30	—	—	—	0.39	1.51	—	—	1.49
	500℃ 6h	59.75	—	30.92	—	—	—	1.15	2.13	—	—	2.05
竹子	600℃ 1h	80.89	2.43	14.86	0.15	—	0.00	0.04	0.34	0.01	0.52	0.23
甘蔗渣	600℃ 1h	76.45	2.93	18.32	0.79	—	0.05	0.11	0.91	—	0.15	0.21
核桃壳	600℃ 1h	81.81	2.17	14.02	0.73	—	—	0.01	0.82	—	0.24	0.13
竹子	400℃ 1h	76.05	3.47	19.04	037	0.37	—	—	—	—	—	—
松木	600℃ 1h	85.70	2.10	11.4	0.30	—	0.02	0.04	0.19	—	0.05	0.12
玉米芯	500℃ 2h	82.84	2.11	—	1.36	—	—	—	—	—	—	—
开心果壳	400℃ 1h	73.42	2.93	23.44	0.21	—	—	—	—	—	—	—
胡桃壳	400℃ 1h	71.6	2.65	25.15	0.6	—	—	—	—	—	—	—
木屑	400℃ 1h	65.2	2.08	32.4	0.32	—	—	—	—	—	—	—

3. 生物炭的pH

生物炭的 pH 取决于生物炭制备时采用的生产原料和工艺条件。不同原料和生产工艺对生物炭的特性具有重要的影响。研究表明，生物炭通常呈碱性，并且随着裂解温度升高，碱性增大。Yuan 等（2011）采用厌氧热解法分别在 300℃、500℃和 700℃条件下制备了玉米、油菜、大豆和花生秸秆的生物炭，结果表明，碳酸盐和表面有机官能团是生物炭中碱的主要存在形态。Lehmann（2007b）研究认为，表面高度共轭的芳香结构是低含氮量生物炭呈碱性的主要原因。生物炭表面由多环或杂环（r-吡喃酮等）聚集形成连续的石墨结构层具有电子云高度密集的π电子结构，其作为 Lewis 碱性位点与水分子发生电子供体和受体的相互作用而导致生物炭表面呈碱性，该过程的反应通式可表示为 $C_\pi + 2H_2O \longleftrightarrow C_\pi - H_3O^+ + OH^-$。另外，植物生长过程中需吸收一定量 Ca^{2+}、Mg^{2+}、K^+ 等营养元素，为保持电荷平衡，植物体内会积累一定量的有机阴离子(碱基)，这些碱基在热解过程中被浓缩而导致生物炭呈碱性。因此，原材料的种类对生物炭的碱性也有显著影响（Yip et al.，2009；谢祖彬等，2011）。

4. 生物炭的孔隙结构

多孔结构是生物炭的重要物理特性之一。生物炭孔隙结构决定了生物炭表面积的大小（表 7-3）。生物质炭化后表面展现出明显的多孔特性（图 7-8），空隙大小不一，小到纳米，大至微米。生物炭的孔隙按孔径的大小可分为小孔隙、微孔隙和大孔隙。大孔隙主要影响土壤的通气性和持水力，同时也为微生物的生存和繁殖提供场所；小孔隙则影响分子在生物炭表面的迁移转换（张伟明，2012）。

表 7-3 不同热解温度下生物炭的表面积及孔隙度

原料	热解温度/℃	表面积/(m^2/g)	孔隙容积/(cm^3/g)
花生壳	700	448.20	0.200
烤肉垃圾	350	60.03	0.000
	700	94.00	0.018
野牛草	300	4.00	0.010
	700	9.30	0.020
栎树皮	450	1.90	1.060
橡木	400~450	2.70	0.410
橘子皮	150	22.82	0.023
	200	7.80	0.010
	250	33.33	0.020
	300	32.35	0.031
	350	51.04	0.010
	400	34.02	0.010
	500	42.47	0.019
	600	7.83	0.008
	700	201.05	0.035
造纸污泥	105	4.22	0.020
	300	4.37	0.020
	700	145.65	0.070
松针	400	112.41	0.044
	500	236.44	0.095
	600	206.72	0.076
	700	490.8	0.186
松木	700	29.03	0.130
家禽粪便	300	4.31	0.012
	400	11.62	0.027
	500	5.82	0.022
	600	3.74	0.019
	700	6.66	0.020
油菜植株	400	16.05	1.244
	500	15.74	1.150
	600	17.61	1.263
	700	19.32	1.254
	800	19.04	1.155

续表

原料	热解温度/℃	表面积/(m²/g)	孔隙容积/(cm³/g)
油菜植株	900	140.40	1.323
稻壳	500	34.40	0.028
活性污泥	300	4.50	0.010
	400	14.14	0.020
	500	26.21	0.040
	600	35.81	0.040
	700	54.81	0.050
大豆秸秆	700	420.32	0.190
橡胶	400	24.26	0.080
	600	51.53	0.120
	800	50.02	0.110

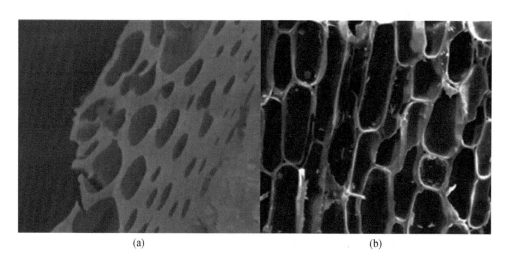

图 7-8　水稻秸秆（a）和竹制生物炭（b）

生物炭的孔隙结构差异显著。从化学反应的角度分析，生物质在热解过程中发生了复杂的热化学反应，涉及分子键的断裂、重组、异构化和聚合等反应。从微观结构上看，生物炭一般多由高度扭曲、堆积紧密的芳香环片层组成，这种特殊的微观结构不仅有利于微生物生长，而且有助于底物的传递和氧气的携带，同时增加土壤对水分和养分的保持能力，为土壤微生物提供一个良好的微环境（袁金华和徐仁扣，2011）。

5. 生物炭的表面化学性质

生物炭表面含有大量的官能团，主要包括羧基、羰基、酚羟基、内酯、酸酐和吡喃酮等。Lehmann 等（2005）利用 X 射线吸收精细结构（XAFS）技术研究了纳米级生物炭的微观结构，研究发现生物炭的核心是一类高度聚合的芳香结构，其外层含有羧基和酚羟基等富氧结构。这些表面官能团使生物炭对水分、土壤或沉积物中的无机离子、极性或非极性有机化合物等表现出良好的吸附特性。生物炭另一个重要的表面化学特性是具有较强的阳离子交换能力，因此，生物炭施用到土壤中后能增加土壤对钙、钾、铵等养分离子的保持能力，减少农业化肥的流失而提高其利用效率（Lehmann and Joseph，2009）。

6. 生物炭表面环境持久性自由基

环境持久性自由基（environmental persistant free radicals，EPFRs）是针对传统短寿命自由基而提出的，与羟基自由基、脂氧自由基、过氧自由基和超氧自由基等相比，EPFRs的半衰期更长（Pryor，1986；Finkelstein et al.，1982）。大量研究发现，EPFRs普遍存在于焦油、烟草燃烧颗粒物和大气颗粒物等各种碳质材料表面（Gehling and Dellinger，2013；Gehling et al.，2014；Khachatryan et al.，2011；Paciolla et al.，1999；Pryor，1997；Valavanidis et al.，2006）。Dellinger等（2007）研究发现，在生物质燃烧中的低温区、有机物燃烧后期以及其他一些热处理过程中均会产生EPFRs。生物炭吸附金属的能力比较强，因而可作为产生EPFRs的前驱物分子。Ingram等（1954）在木炭的热解产物中发现了EPFRs，且当温度为550℃时，EPFRs的含量达到最大。由于生物炭富含芳香官能团，研究发现生物炭原材料中自身含有或负载的金属元素有助于EPFRs的形成（Fang et al.，2014）。Fang等（2015）报道了松针、小麦秸秆和玉米秸秆生物炭中均存在EPFRs，其含量随制备温度的升高（300～500℃）而增加，当松针生物炭制备温度由300℃升高到500℃时，EPFRs的浓度由$5.38×10^{18}$spins/g升高到$22.3×10^{18}$spins/g。Liao等（2014）研究发现，由生物聚合物（木质素和纤维素）和生物质（小麦秸秆、玉米秸秆和稻秆）制成的生物炭可以用电子顺磁共振（EPR）波谱仪检测到EPFRs的产生，且该EPR信号可稳定存在1个月之久。Fang等（2017a）报道了46.7%～86.3%的单线态氧（$^1O_2$）以及3.7%～12.5%的·OH由生物炭上的EPFRs所产生，其中EPFRs被束缚在生物炭上的溶解性有机质（DOM）中；10%～44.7%的$^1O_2$以及63.6%～74.6%的·OH由束缚在生物炭骨架上的EPFRs产生。

一般认为，EPFRs的形成机理主要有两种：一种为前驱体中大分子的共价键在微波、紫外辐射、加热等外界能量的作用下均裂形成小分子自由基；另一种为前驱体中小分子和过渡金属氧化物的表面羟基作用，通过消去H_2O或HCl等小分子，过渡金属离子接受前驱体分子转移的电子后，前驱体分子自身在颗粒物上形成稳定的持久性自由基（Gehling et al.，2014；DiStefano et al.，2009；Fang et al.，2015；Valavanidis et al.，2008）。Vejerano等（2012）研究发现，过渡金属氧化物和被取代的芳香化合物同时存在时即可产生EPFRs，并推测了有机污染物邻氯苯酚在Ni（Ⅱ）O/SiO_2颗粒表面形成EPFRs的机理（图7-9）：过渡金属Ni^{2+}与邻氯苯酚之间发生化学吸附后，脱去H_2O和HCl或H_2O形成较强的化学键，然后过渡金属Ni^{2+}上的电子转移到邻氯苯酚上，从而形成EPFRs。He等（2014）研究发现，EPFRs是由小分子有机物在某些结构位点与其他物质发生电子转移产生的，其自身具有单电子结构，十分稳定且具有持久性。

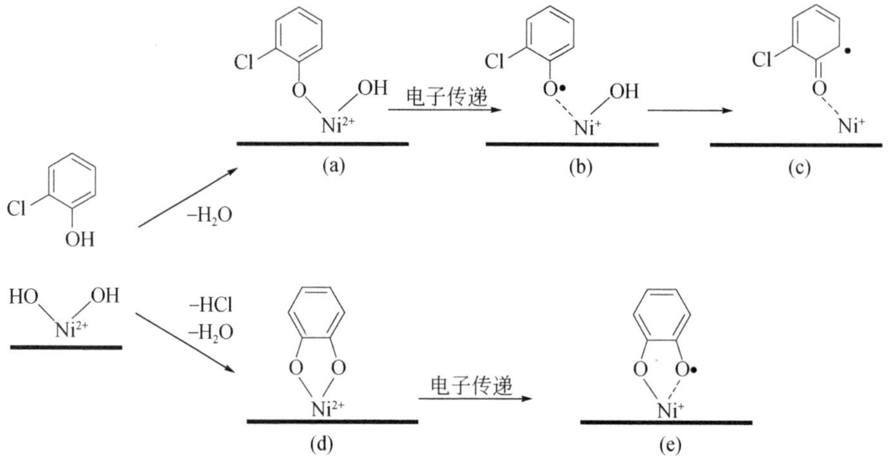

图 7-9　持久性自由基 EPFRs 的形成机理（Vejerano et al.，2012）

7. 生物炭改性

生物炭虽优势众多，但传统热裂解方法所制备的生物炭仍有许多不足之处，如孔隙结构单一、比表面积小、官能团数目和种类偏少等。生物炭改性是指通过特定的处理方法改变生物炭表面化学性质，从而强化生物炭的各种物理化学功能。常见化学、物理及生物改性方法见表 7-4。

表 7-4　不同原料来源生物炭的改性方法及其对有机污染物的吸附效应与机理（Rajapaksha et al.，2016）

改性方法	生物炭原料	热解温度	有机污染物	去除效果	机理	文献来源
$KMnO_4/HNO_3/NaOH$	竹子	550℃	糠醛	化学氧化改性抑制了生物炭对糠醛的吸附能力	在生物炭表面引入大量酸性官能团；HNO_3 比 $KMnO_4$ 更有效。相比之下，氢氧化钠和热处理增加了生物炭的碱度	Li 等（2014）
$10\%H_2O_2$ 3mol/L KOH	稻壳	450～500℃	四环素	表现出更好的吸附性能（58.8mg/g）	比原始的生物炭具有更大的比表面积	Liu P 等（2012）
KOH	松针	300℃	双氯芬酸，萘普生和布洛芬			Jung 等（2015）
酸改性		300℃和700℃	磺胺二甲嘧啶		比表面积的大幅度增加导致对磺胺二甲嘧啶的吸附增强	Vithanage 等（2015）
磷酸微波法	松树锯末	550℃	氟化物		化学反应和比表面积的增加导致对 F^{-1} 的吸附能力增加	Guan 等（2014）
甲醇改性	稻壳	450～500℃	四环素	吸附容量提高约 45.6%	含氧官能团的改变	Jing 等（2014）
复合多壁碳纳米管涂层生物炭	山核桃皮和甘蔗渣	600℃	亚甲基蓝	在所有吸附剂中最高的吸附容量最大	具有较好的热稳定性、较高的比表面积和较大的孔体积	Inyang 等（2014）

续表

改性方法	生物炭原料	热解温度	有机污染物	去除效果	机理	文献来源
蒸气改性	入侵植物（黄瓜）	300℃和700℃	磺胺二甲嘧啶	吸附能力提高55%		Rajapaksha等（2015）
黏土改性	竹子/甘蔗渣/山核桃皮	600℃	亚甲基蓝	吸附能力增加约5倍	离子交换（与黏土）和静电吸引（与生物炭）	Yao等（2014）
零价铁改性	稻壳	600℃		最大吸附量为2.16mg/g（原始生物炭没有吸附能力）	含铁生物炭的化学吸附机理	Hu等（2015）
磁性改性	橘皮	250℃，400℃和700℃	萘和硝基甲苯			Chen等（2011）

1）化学改性

化学改性法是目前最常用的方法之一。生物炭表面物理化学性质在其吸附和催化过程中发挥着重要的作用，生物炭的酸碱性和极性与其表面官能团密切相关，在很大程度上决定了生物炭吸附污染物的种类和容量。因此，可通过调控生物炭表面官能团的种类和数量，改变其表面物理化学特性，继而强化生物炭对特定污染物的选择性吸附能力。常用的化学改性技术有酸、碱和负载改性等。

A. 酸改性

酸改性是指通过各种酸对原材料或者生物炭自身进行处理，使生物炭表面含氧官能团的数量和种类发生改变，以增强其对污染物的去除效果（Kasparbauer，2009）。酸处理主要有无机酸和有机酸处理，常用的无机酸包括H_3PO_4、H_2SO_4、HNO_3和HCl等。研究表明，酸处理不仅可以通过引入胺基、羧基等酸性官能团来提高引入生物炭的离子交换容量和表面络合能力，而且可以通过引入大量的含氧酸性基团来增加生物炭的多孔结构（Lin et al.，2012）。相比于其他无机酸，磷酸是最常用的化学改性活化剂（Guo and Rockstraw，2007），这是因为磷酸通过形成磷酸盐和聚磷酸盐交叉桥等方式使木质纤维素、脂肪族和芳香族材料分解，可避免生物炭的孔隙过度收缩（Klijanienko et al.，2008）。Stavropoulos等利用HNO_3处理生物炭，发现HNO_3可侵蚀破坏生物炭微孔壁，导致生物炭总表面积的减少。类似地，Yakout等（2015）研究发现，H_2SO_4处理使生物炭孔隙率降低10%~40%，这是因为H_2SO_4在热解过程中的脱水作用使过量的水蒸气向表面结构运动。此外，有机酸（草酸等）也被用于生物炭的表面改性，如通过配体和质子促进作用增强生物炭对污染物的吸附（Vithanage et al.，2015）。尽管在60℃下用10%硫酸预处理对生物炭表面碳和氧含量的影响很小（Fan et al.，2010），但与未经修饰的原始生物炭相比，30%硫酸和草酸的复合酸处理可使生物炭的比表面积增加250倍（Vithanage et al.，2015）。而且，酸洗法也能有效去除大部分无机/金属杂质（Liou and Wu，2009）。

B. 碱改性

碱改性是指通过强碱对生物炭进行处理，使生物炭表面结构和性质发生改变，从而增强其对污染物的去除效果。研究表明，采用KOH或NaOH改性后的生物炭具有极高的表面积，改性生物炭对四环素等有机污染物的去除能力显著增加（Liu et al., 2012；Chia et al., 2015；Fan et al., 2010）。Regmi 等（2012）研究表明，尽管生物炭表面官能团种类在 KOH 活化后基本保持不变，但对 Cu^{2+} 和 Cd^{2+} 的吸附显著增强，这可能是比表面积和含氧官能团增加所致。Jin 等（2014）报道，KOH 改性后的生物炭由于比表面积和孔隙体积的增加以及表面官能团的变化，其对 As（V）的吸附容量显著提高。Mao 等（2015）研究表明 KOH 处理后，生物炭表面可以形成 K_2O 和 K_2CO_3，这是由于在碱处理过程中 K^+ 嵌入了炭结构的微晶层，这些 K_2O 和 K_2CO_3 可以扩散到生物炭基质的内部结构中，扩大现有的孔隙，并产生新的孔隙，从而增强生物炭对污染物的吸附。

总的来说，酸碱改性可以通过增加生物炭的比表面积创造更多的吸附位点，从而增强其对污染物的吸附能力，使生物炭表面更有利于静电吸附、表面络合和表面沉淀，以及通过增强与特定表面官能团的相互作用来实现更好的吸附去除污染物。此外，使用过氧化氢（H_2O_2）、高锰酸钾（$KMnO_4$）、过硫酸铵［$(NH_4)_2S_2O_8$］和臭氧（O_3）的氧化也可以实现对生物炭表面官能团的改性（Cho et al., 2010；Uchimiya et al., 2011）（表 7-5）。

表 7-5　常见生物炭化学改性方法（Rajapaksha et al., 2016）

改性剂	生物炭	改性剂用量（液/固）	改性剂浓度	体系温度	反应时间	pH	文献来源
H_3PO_4	柳荆炭	40mL/g	1mol/L	90℃	1h	N/A	Lin 等（2012）
H_2SO_4+草酸	刺瓜藤炭	20mL/g	30%	室温	4h	N/A	Vithanage 等（2015）
H_2SO_4	稻壳炭	10mL/g	10%（v/v）	60～70℃	1h	5～9	Liu 等（2012）
KOH	柳枝稷水热炭	250mL/g	2mol/L	室温	1h	5，7	Regmi 等（2012）
NaOH	竹炭	N/A	10%	60℃	6h	N/A	Fan 等（2010）
H_2O_2	竹炭	1mL/g	15%～30%	室温	12h	N/A	Tan 等（2011）
H_2O_2	花生壳水热炭	20mL/3g	10%	室温	12h	N/A	Xue 等（2012）

注：N/A 表示不适用。

C. 纳米颗粒负载改性

生物炭的负载改性主要利用负载颗粒对生物炭进行包覆，是指将生物炭在被负载物溶液中进行浸泡处理，使金属或化合物结合到生物炭的表面，而不会对生物炭表面酸碱性产生明显的影响。负载改性可以结合生物炭基质和负载颗粒的优点，生产出廉价的复合材料，同时能够高效地去除各种污染物。这些负载颗粒可以极大地改善生物炭的表面官能团、比表面积、孔隙率和热稳定性，从而有助于更好地去除污染物。主要的改性材料包括功能纳米颗粒、金属氧化物/氢氧化物和磁性颗粒等。Zhang 等（2012）通过对石墨烯/花衍生物处理的生物质原料进行退火处理，制备了一种新型的改性石墨烯涂层生物炭，结果表明，石墨烯"皮"可以提高生物炭的热稳定性，石墨烯改性显著增强了生物炭对亚甲基蓝的吸附能力。Tang 等（2015）通过石墨烯预处理麦秸，然后慢速热解制备了石墨烯改性的生物炭材料，结果表明，石墨烯主要通过π—π相互作用包覆在生物炭的表面，从而使其具有更大的比表面积、更多的官能团和更高的热稳定性，石墨烯改性生物炭与原始生物炭相比，对菲和汞的去除能力显著提高。Inyang 等（2014）在缓慢热解生物质之前，通过在不同浓度的羧基化碳纳米管溶液浸渍生物质，合成了多壁碳纳米管（CNT）的改性生物炭。结果表明，碳纳米管的加入提高了生物炭的比表面积、孔隙率和热稳定性。除上述方法外，将功能性纳米颗粒浸涂到生物炭上制备功能性改性生物炭也可以将生物炭的优点与功能性纳米颗粒的特性结合起来，如水凝胶（Karakoyun et al., 2011）、Mg/Al LDH（Zhang et al., 2013）、壳聚糖（Zhou et al., 2013；Zhang et al., 2015）、零价铁（ZVI）（Devi 和 Saroha, 2015；Yan et al., 2015）和 ZnS 纳米晶体（Yan et al., 2015）常用于该合成工艺。这些功能性纳米材料颗粒沉积在生物炭的表面，可以作为吸附污染物的活性位点，所得到的复合物具有从功能性纳米颗粒和生物炭继承来的优异功能和性质。然而，在生物炭上包覆功能性纳米粒子也存在堵塞生物炭孔隙的风险。Zhou 等（2013）通过在生物炭表面涂覆壳聚糖来合成壳聚糖改性生物炭，结果表明，虽然这种改性结合了生物炭多孔网络的优点以及相对较大的比表面积和壳聚糖的高化学纯度，但壳聚糖与生物炭结合后，由于壳聚糖堵塞了生物炭的部分孔道，使得生物炭的比表面积显著减小。因此，在引入目标纳米材料时，应尽量减少合成方法对生物炭其他性能的负面影响。

D. 金属氧化物/过氧化物负载改性

金属负载也是生物炭改性的主要方法之一，主要包括热解前改性、热解后改性和生物富集改性三种方式。经过改性，金属离子将转化为纳米金属氧化物或金属氢化物附着在生物炭的表面或内部，形成改性生物炭纳米复合材料（Yao et al., 2013）。$AlCl_3$（Zhang et al., 2013）、$CaCl_2$（Fang et al., 2015；Liu et al., 2016）、$MgCl_2$（Zhang et al., 2012；Fang et al., 2015）、$KMnO_4$（Wang et al., 2015）、$MnCl_2$（Wang et al., 2015）、$ZnCl_2$ 和 $FeCl_3$ 或 $FeCl_2$ 是生物质预处理常用的金属盐，通过预处理和热解，它们分别在生物炭的表面形成 Al_2O_3、AlOOH、CaO、MgO、MnO_x 和 ZnO 等纳米晶体颗粒。Zhang 等（2012）通过缓慢热解 $MgCl_2$ 预处理的生物质，合成了多孔结构的 MgO 改性生物炭纳米复合材料，改性后的生物炭表面 MgO 纳米颗粒分散均匀。Zhang 等（2013）热裂解 $AlCl_3$ 预处理的生物质制备富含 AlOOH 的改性生物炭材料，在生物炭表面生长的纳米晶体 AlOOH 颗粒显著增加了生物炭的比表面积和活性位点，从而增加了其对有机污染物的吸附能力。除此之外，$ZnCl_2$ 也用于制备 ZnO-改性生物炭复合材料。研究发现，通过 $ZnCl_2$ 预处理甘蔗渣制备的 ZnO-改性生物炭纳米复合材料比用原始生物质（BET=$1.98m^2/g$，TPV=$0.0037m^3/g$）制备的生物炭具有更高的比表面积（BET）和总孔隙体积（TPV）（BET= $21.28m^2/g$，TPV=$0.0325m^3/g$）。

除此之外，蒸发法（Cope et al., 2014）、热处理（Song et al., 2014）、常规湿浸渍法（Wang et al., 2015）和直接水解法（Hu et al., 2015）等是热解生物质后在金属盐存在下制备改性生物炭的常用方法。例如，$Fe(NO_3)_3 \cdot H_2O$ 通过蒸发法（Cope et al., 2014）可以对生物炭进行改性，形成氧化铁改性生物炭，新形成的改性生物炭的表面积增加了 2.5 倍以上。

E. 磁性氧化铁负载改性

针对生物炭在实际应用中难以回收等问题，近年来，研究人员提出将生物炭与磁性物质结合制备磁性生物炭的方法，赋予生物炭磁性响应特征，能有效解决生物炭难回收、损失大等问题。有研究表明，Fe_3O_4（Baig et al., 2014）、γ-Fe_2O_3（Wang et al., 2015）和 $CeFe_2O_4$ 晶体颗粒（Reddy and Lee, 2014）均可以镶嵌到改性生物炭的表面，合成的磁性生物炭很容易被外部磁场分离，其吸附容量也可以通过磁性氧化铁的浸渍来增强（Chen et al., 2011; Zhang et al., 2013）。磁性生物炭常用的制备方法包括铁离子预处理生物质和氧化铁/生物炭化学共沉淀两种方法。

铁离子预处理生物质是在生物质上浸渍或化学共沉淀 Fe^{3+}/Fe^{2+}，然后热解或微波加热。Zhang 等（2013）通过对 Fe^{3+}/Fe^{2+} 预处理的生物质进行热裂解，合成了一种新型的具有良好铁磁性改性的生物炭，饱和磁化强度为 69.2emu/g。Chen 等（2011）研究了在橘皮粉上化学共沉淀 Fe^{3+}/Fe^{2+}，然后对其热解制备磁性生物炭，并用 TEM、SAD 和 XRD 分析证实了磁性生物炭中存在磁性氧化铁。Mubarak 等（2014）通过微波加热技术用 $FeCl_3$ 浸渍棕榈油空果串合成的磁性生物炭，其表面积达到 $890m^2/g$，其对亚甲基蓝最大吸附容量达 265mg/g。此外，天然赤铁矿对生物质的处理也可用于制备磁性生物炭（Wang et al., 2015）。与原始生物炭相比，赤铁矿改性生物炭具有更强的磁性，生物炭表面的 $\gamma\text{-}Fe_2O_3$ 颗粒是吸附的主要位点。

制备磁性生物炭的另一种方法是将 Fe^{3+}/Fe^{2+} 直接化学共沉淀在已经热解完成的生物炭上。近年来，也有研究将磁性颗粒经热解后浸渍到生物炭中制备出磁性生物炭，其中，氧化铁在生物炭上的化学共沉淀是最常用的方法之一（Mohan et al., 2014; Han et al., 2015; Ren et al., 2015）。用化学共沉淀合成磁性生物炭的过程中，先通过生物质的热解获得生物炭，然后将生物炭与 Fe^{3+}/Fe^{2+} 溶液混合，再进行碱处理（Han et al., 2015）。Mohan 等（2014）将栎树皮和橡木生物炭通过化学共沉淀铁氧化物成功地制备出磁性生物炭。Wang 等（2014）以桉树叶渣为原料，采用相似的化学共沉淀法制备出了磁性生物炭。Baig 等（2014）对以上热解前和热解后的两种化学共沉淀方法进行了比较，结果表明，热解前化学共沉淀法制备的磁性生物炭的物理化学性质（Fe_3O_4 负载量、饱和磁化强度和热稳定性及其吸附能力）高于热解后化学共沉淀法制备的磁性生物炭。

2）物理改性

生物炭物理改性法主要是利用二氧化碳（CO_2）、氨气（NH_3）等蒸气及高温煅烧方法消除生物炭孔隙中的有机物，从而使其孔隙结构发生改变，比表面积增加。一般来说，物理改性方法简单且经济可行，但其效果不如化学改性方法。蒸汽活化通常在 400～800℃下（无氧环境）发生，使生物炭中水分的挥发以及结晶 C 的形成（Chia et al., 2015）。这种蒸气改性方法会产生新的孔道，并扩大热解过程中产生的小孔直径（Lima et al., 2010）。Rajapaksha 等（2014）研究报道，对废弃茶叶生物炭进行蒸气改性后，生物炭比表面积从 $342m^2/g$ 增加到 $576.09m^2/g$。蒸气可通过去除热处理期间不完全燃烧的滞留产物来改变生物炭的特性（Manyā, 2012），如增加生物炭的孔隙体积。蒸气改性的典型反应包括水分子与生物炭表面交换，产生表面氧化物 C(O) 和 H_2 气体（Lussier et al., 1998），所产生的 H_2 可以与生物炭表面反应，在生物炭表面形成氢(H)复合物 [C(H)]。热解后生物炭中的额外合成气在蒸气活化过程中以 H_2 的形式释放出来，从而增加比表面积和孔隙体积（Rajapaksha et al., 2014）。此外，蒸气改性还可增强生物炭内部孔隙和可利用性（Chia et al., 2015）。Xiong 等（2013）报道了高温下 CO_2 和 NH_3 混合物对生物炭进行改性的研究，结果表明，NH_3 的引入可以在生物炭表面上引入含氮基团，N 含量增加到 3.91%，质量分数；而 CO_2 在孔隙形成中发挥了重要作用，如改善了生物炭的微孔结构，从而增强了生物炭的吸附能力。二氧化碳改性生物炭的比表面积和孔隙体积远高于未改性生物炭,这是由于二氧化碳可以与生物炭反应形成 CO(即热腐蚀),从而产生微孔结构。

3)生物改性

生物改性法主要是利用生物方法对生物炭进行改性来改善生物炭性能的方法。张慧(2009)研究了有效微生物群菌(EM)和聚磷菌改性秸秆炭对水体中氨氮、磷的去除效果,发现 EM 和聚磷菌改性生物炭对水中氮、磷化学需氧量(chemical oxygen demand,COD)的去除效果更好,这可能是由于菌生存需要较多的氮源和磷源。改性需要的目标化学元素也可通过生物积累进行富集,进而用于制备具有所需特性的改性生物炭。生物质中富集的金属元素经热处理后可转化为纳米金属氧化物/氢氧化物。Yao 等(2013)采用水培的方式,用富含镁元素的营养液灌溉番茄植株,以提高番茄植株中镁的含量,然后将富含镁的番茄组织通过缓慢热解制备出改性生物炭,该改性生物炭镁元素含量丰富。目前,利用生物累积对生物质原料进行改性的生物炭研究较少,而且该方法需要长期培养目标元素生物质植株,耗时较长。

7.2.2 生物炭对土壤有机污染物的吸附与作用机制

1. 吸附作用

生物炭对有机污染物的吸附作用是其削减土壤污染的重要机制。从微观结构上看,生物炭具有疏松、多孔、比表面积大等特点,生物炭表面官能团包含羧基、酚羟基和酸酐等多种基团,这些特征使生物炭具有良好的吸附特性,能够强烈吸附土壤环境中的有机污染物,削减其在土壤中的环境风险(王宁等,2012)。已有研究表明,生物炭能有效地吸附农药、多环芳烃、抗生素、邻苯二甲酸酯、激素等多种土壤有机污染物。Yu 等(2010)研究发现红胶(桉树属)木片在 450℃和 850℃下制备的生物炭对土壤中农药乙嘧啶具有较强的吸附作用,吸附等温线呈非线性增加。Yang 等(2006)报道添加 1%的小麦秸秆生物炭到土壤中可以使敌草隆吸附量增加 70~80 倍。Hale 等(2012)报道生物炭可用于吸附芘,效果与活性炭相当,表明其可用于修复被多环芳烃污染的土壤。Zhang 等(2011)研究发现,0.5%的 700℃热解的生物炭使土壤对菲的吸附分配系数 K_d 由 47L/kg 增加到 3.4×10^4L/kg。李蓝青(2016)报道,土壤中添加生物炭之后,对土霉素的吸附容量从 2210.00mg/kg 增加到 2920.06mg/kg,对四环素的吸附容量从 2678.54mg/kg 增加到 5069.32mg/kg,对金霉素的吸附容量从 2522.73mg/kg 增加到 2778.99mg/kg,对多西环素的吸附容量从 2372.64mg/kg 增加到 2624.51mg/kg。

2. 吸附机制

生物炭对土壤有机污染物的吸附可以理解为有机污染物在生物炭上的积累和汇集过程(王宁等,2012)。土壤中的有机污染物主要存在于土壤水相和固相中,污染物从土壤积累和汇集到生物炭界面包括污染物从土壤固相到土壤水相再到生物炭固相的过程。本质上,生物炭对土壤有机污染物的吸附是将土壤中有机污染物转移到生物炭表面,通过生物炭与污染物的相互作用,实现土壤中有机污染物浓度的降低。现有的研究表明,生物炭的吸附机制与生物炭比表面积、表面功能基团、孔隙结构、矿物成分、制备技术和裂解温度等密切相关。生物炭吸附有机污染物的主要机理包括分配作用（partition）和表面吸附作用（adsorption）。除此之外，还可能存在微孔填充（pore filling）、静电和离子交换作用等（图7-10）。分配作用机制的理论最早由Chiou等（1979）提出，分配作用类似于有机物分配到有机质当中，表现为线性等温吸附（Chen et al.，2008；Chiou et al.，2015，1979）。分配作用主要来自生物炭表面未完全碳化组分对有机污染物的吸附。Chiou等（1979）首次提出了简单的线性分配理论，该理论认为非离子有机物吸附到土壤的过程是有机物分配到有机质的过程，与表面积无关。分配理论的提出对生物炭吸附机理研究具有里程碑式的贡献，它成功解释了部分条件下生物炭高效吸附有机污染物的实验现象。陈宝梁等（2008）利用分配理论解释了当4-硝基甲苯浓度较高时，松针制备的生物炭对水中4-硝基甲苯的吸附呈线性的特点，后续研究也证实吸附分配系数与土壤/沉积物有机质以及相应的辛醇-水分配系数之间呈线性关系。总体而言，在一定条件下，分配作用机制会对一定条件下生物炭吸附过程产生重要影响，这一点得到了学术界的普遍认可。

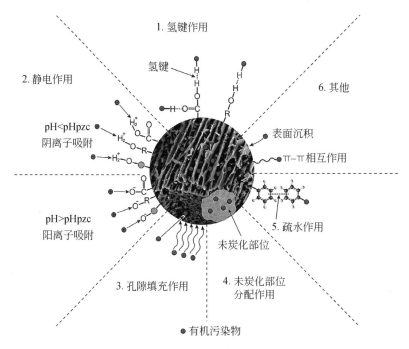

图7-10 生物炭对有机污染物的吸附机制（Tan et al.，2016）

随着研究的深入，生物炭吸附实验中出现了大量分配理论无法解释的非线性吸附现象，而表面吸附作用的提出在一定程度上弥补了分配理论的不足。生物炭表面吸附过程是利用分子和原子间微弱的物理或是化学作用把有机污染物分子黏着在生物炭的表面，如果生物炭与污染物之间是通过分子间引力，即范德华力而产生吸附通常称之为物理吸附。物理吸附一般无选择性，也就是说，任何溶质分子都可以吸附在生物炭表面，它可以是单分子层也可以是多分子层，其吸附和解吸速度都很快。这类吸附的过程无电子转移，也没有化学键的生成和破坏。生物炭与污染物之间产生化学作用，生成化学键，如氢键、离子偶极键、配位键及π键作用等引起的吸附称为化学吸附。这类吸附有选择性，吸附和解吸速度都很慢。表面吸附作用可用来描述极性、弱极性有机污染物在吸附剂表面的吸附行为，生物炭丰富的表面官能团和稠芳环结构为污染物提供了大量的吸附位点，此外，稠芳环结构与芳香性污染物还存在π—π电子授受作用；物理吸附、化学吸附和孔填充作用都属于表面吸附的范畴。其中，物理吸附的作用力主要有范德华力、氢键、电子授受作用。

现有的研究表明，分配作用表现为等温吸附曲线呈线性非竞争吸附，而表面吸附则为非线性竞争吸附。生物炭既包含碳化（玻璃态）部分又包含非碳化（橡胶态）部分，因此，生物炭吸附有机污染物的具体机理由两种组分的含量决定。研究表明，随着生物炭制备温度的升高，生物炭非碳化含量逐渐减少，碳化含量逐渐增加。生物炭的吸附机理从分配作用为主逐渐过渡到表面吸附为主，等温吸附曲线也由线性逐渐过渡到非线性。Chen 等（2008）报道了松针生物炭对芳香性有机污染物的吸附特性，研究发现生物炭对萘、硝基苯、间二硝基苯的吸附机理在低温下为分配作用，而在高温下为表面吸附作用；在高热解温度下，随着热解温度的升高，其表面吸附的机理也进一步从极性诱导的吸附转为孔填充作用。随着生物炭制备温度的升高，生物炭上的碳化组分增强，有机污染物分配到未完全炭化成分的程度降低，表面吸附作用增强。Chen B 和 Chen Z（2009）报道了 150~600℃制备的橘皮生物炭对 1-萘酚和萘的吸附等温线随着制备温度的升高从线性转换为 Freundlich 吸附等温线，由于特异性吸附的原因生物炭对 1-萘酚的吸附作用比萘更强；低温（200℃）制备的橘皮生物炭分配作用明显，因而对高浓度的萘具有最大的吸附容量。Nguyen 等（2007）采用孔隙填充机制解释了树木生物炭对芳香烃的吸附。Feng 等发现π—π电子供体-受体对三嗪除草剂在生物炭的吸附中起到了重要作用。Zhang 等（2011）报道了富含芳香烃的生物炭对农药西玛津具有较强的亲和力，表面吸附作用随着生物炭的炭化作用增强而增强，且发现生物炭的表面积与吸附量之间的正相关性，表明孔填充为主要的吸附机制。目前研究人员多用表面吸附-分配二元吸附模式（dual-mode sorption）来描述含生物炭土壤或沉积物对污染物的吸附-解吸过程，同时以孔隙填充等微观机制作为补充用来分析吸附-解吸的不可逆现象。表 7-6 列出了典型有机污染物的生物炭吸附特征。

3. 生物炭对有机污染物的吸附过程

生物炭对有机污染物的吸附，包含有机污染物分子碰撞到生物炭表面并被截留在生物炭表面的吸附过程和生物炭表面截留的有机污染物脱离生物炭表面的解吸过程。随着生物炭表面有机污染物数量的增加，污染物从生物炭表面的解吸速度逐渐加快，当吸附速度与解吸速率相同时，生物炭对有机污染物的吸附量不再继续增加，达到吸附平衡。当温度保持一定时，生物炭的吸附量与有机污染物浓度的关系可以用吸附等温线进行描述。常见的等温吸附模型包括 Langmuir 吸附模型、Freundlich 模型和 Dubinin-Radushkevin（D-R）吸附模型。

1）Langmuir 吸附模型

Langmuir 吸附模型是基于吸附发生在特定均一的吸附位点上，其假定吸附具有相同的吸附能，被吸附的分子没有相互作用。Langmuir 是一个最简单的理论模型，可以用来描述单分子层吸附（Zhang et al., 2001）。其方程式如下：

表 7-6 生物炭对典型有机污染物的吸附特征（Li et al., 2019）

生物炭原料	热解温度/℃	吸附时间	污染物	吸附 pH	吸附温度/℃	最大吸附量/(mg/g)	吸附等温线	动力学模型
玉米秸秆	200/700	48h	心得安（药物）	—	20±1	7.6±9.2	Freundlich 模型	拟二阶
玉米秸秆	100~600	7d	西玛津（农药）	6	25±1	—	Freundlich 和 Dual 模型	—
作物残渣	200/350	4~5h	莠去津（农药）	6.3~6.8	25	641	Freundlich 和 Dual 模型	—
混合木材	700	14d	多氟化合物	—	—	4.61±0.11	Freundlich 模型	拟二阶
花生壳	300~700	7d	邻苯二甲酸酯	4	23~25	20.87	Freundlich 和 Langmuir 模型	—
稻壳和木片	200~600	24h	左氧氟沙星	2~9	30	1.49~7.72	Langmuir 模型	拟二阶
花生壳	200/400/600	7d	卡马西平（药物）	6.4~8.5	25	2	Freundlich 模型	拟二阶
黏土生物炭和天然凹土	500	5min~36h	诺氟沙星	2~12	25	5.24	Freundlich 和 Langmuir 模型	拟二阶
小麦	105	4h	农药	2.2~6.6	25	1.5~6.0	—	—
草药	700	12h	环丙沙星	6	25	68.9±3.23	Langmuir 模型	拟二阶
木材	400	42h	磺胺二甲嘧啶	4.0~4.25	25	45.19±5.03	Freundlich 和 Langmuir 模型	拟二阶
木材	400	42h	氯霉素	4.0~4.25	25	21.35±2.27	Freundlich 和 Langmuir 模型	拟二阶
木材	400	42h	磺胺甲噁唑	4.0~4.25	25	20.71±1.99	Freundlich 和 Langmuir 模型	拟二阶
木材	400	42h	磺胺塞唑	4.0~4.25	25	28.29±2.30	Freundlich 和 Langmuir 模型	拟二阶

续表

生物炭原料	热解温度/°C	吸附时间	污染物	吸附 pH	吸附温度/°C	最大吸附量/(mg/g)	吸附等温线	动力学模型
松木片	300	7d	双氯芬酸（药物）	7	23~25	372	Langmuir 模型	—
松木片	300	7d	萘普生（药物）	7	23~25	290	Langmuir 模型	—
松木片	300	7d	布洛芬（药物）	7	23~25	311	Langmuir 模型	—
松针和小麦秸秆	350/550	72h	多氯联苯	5±0.1	25	8.39	Freundlich 模型	—
柳树	200	2月	多环芳烃	—	21±1	5.893±0.185	Freundlich 和 Langmuir 模型	—
羽毛和玉米秸秆	220~450	90min	阿莫西林	7	20	65.04±92.87	—	Elovich
黏土生物炭和天然凹土	500	5min~36h	诺氟沙星	2~12	25	5.24	Freundlich 和 Langmuir 模型	拟二阶
小麦秸秆	300/700	3d	酮洛芬（药物）	2/7/10	25±1	2±0.18	Freundlich 模型	—
小麦秸秆	300/700	3d	三氯生（抗菌剂）	2/7/10	25±1	2±0.18	Freundlich 模型	—
羽毛和玉米秸秆	220~450	90min	阿莫西林	7	20	65.04±92.87	—	Elovich
Ag/Fe 改性生物炭	200~400	—	头孢氨苄	6.15	—	2.67	—	拟二阶
零价铁和木材颗粒改性生物炭	380	7min	氯霉素	4.0~4.5	25	287	—	—
农业废弃物	200~300	7d	双酚 A（药物）	—	25	—	Freundlich 和 Dual 模型	—
污泥	210	4~6h	双氯芬酸（药物）	—	—	1.82	—	—
柳树	200	2月	多环芳烃	—	21±1	5.893±0.185	—	—

$$\frac{C_e}{q_e} = \frac{C_e}{q_m} + \frac{1}{q_m K_L} \tag{7-1}$$

式中，q_e 为吸附在吸附剂上吸附质的浓度，mg/g；C_e 为平衡浓度，mg/L；q_m 为最大吸附容量；K_L 为吸附过程中的能量常数。

2）Freundlich 模型

基于多层吸附和不均匀表面吸附，Freundlich 模型的线性表达如下：

$$\lg q_e = \lg K_F + \frac{\lg C_e}{n} \tag{7-2}$$

式中，q_e 为吸附剂上吸附质的浓度，mg/g；C_e 为吸附平衡浓度，mg/L；K_F，Freundlich 为吸附常数，g/L，相当于 Freundlich 为吸附容量；$1/n$，Freundlich 为吸附强度参数。

3）Dubinin-Radushkevin（D-R）吸附模型

D-R 吸附模型的理论基础是孔隙填充，因而适用于多孔吸附剂的气体吸附体系。D-R 方程的表达式如下：

$$q_t = q_{max} \exp\left[-\left(\frac{A}{E_0^2 \beta^2}\right)\right] \tag{7-3}$$

$$E = \beta E_0 \tag{7-4}$$

$$A = RT \ln \frac{C_0}{c} \tag{7-5}$$

式中，q_t 为吸附剂吸附吸附质的量，mg/g；q_{max} 为最大吸附容量，mg/g；c 为吸附质的分配吸附浓度，μg/cm³；C_0 为吸附质在温度为 T（K）时的饱和蒸气浓度，μg/cm³；β 为吸附质的吸引力系数；E 为吸附质的特征吸附能，kJ/mol；E_0 为标准吸附质的特征吸附能，kJ/mol。

7.2.3 生物炭及改性生物炭对土壤有机污染物的催化降解

1. 生物炭对有机污染物的催化降解

生物炭对土壤中有机污染物具有饱和吸附效应，表现为随着时间的延长，生物炭会出现老化现象，对有机污染物的吸附作用下降，并且吸附的有机污染物很可能出现解吸，对生态环境造成潜在风险。近年来，生物炭催化降解有机污染物引起国内外的广泛关注。归纳起来，生物炭对有机污染物的催化降解机制包括非自由基和自由基两种机制。

1）非自由基机制

与其他炭质材料相似，生物炭对有机污染物的降解包括非自由基和自由基两种机制。Lee 等（2016）报道了石墨化纳米金刚石通过非自由基机制去除有机污染物，研究者用石墨化纳米金刚石激活过硫酸盐和过二硫酸盐氧化有机化合物酚，结果发现过硫酸盐和酚结合在石墨纳米金刚石上形成电子导体复合物，对酚的降解起到主要作用；Zhou 等（2015）报道了苯醌通过非自由基机制降解有机污染物，他们发现苯醌可以活化过硫酸盐降解磺胺甲噁唑。化学探针实验显示，单线态氧（$^1O_2$）是催化有机污染物降解的主要原因。与此类似,生物炭也可以通过非自由基机制催化降解污染物。在"生物炭/污染物"反应体系中,生物炭可通过特殊结构(如表面官能团、稠芳环结构)与污染物发生氧化还原反应或通过生物炭上的亲核基团加速有机污染物的水解等过程起到催化降解有机污染物的作用。Xu 等(2014)报道了 H_2S 在猪粪生物炭表面被氧化成 SO_4^{2-},在猪粪生物炭的孔结构中转变成 S^0。Zhang 等(2013)报道了猪粪生物炭对农药西维因和阿特拉津的降解,结果表明,生物炭的矿物表面、可溶性金属离子以及由生物炭悬浮液引起的 pH 上升是促进西维因和阿特拉津水解的主要原因。Yang J 等(2016)发现对硝基苯酚可在生物炭悬浮液中发生降解,降解可能是生物炭上的 EPFRs 直接氧化造成。

2)自由基机制

生物炭通过自由基机制催化有机污染物降解取决于"活性氧供体"的存在,如过氧化氢(H_2O_2)、过硫酸盐($S_2O_8^{2-}$)和氧气(O_2)等,可产生活性自由基·O_2^-、SO_4^-·和·OH,这些活性自由基可引发有机污染物的降解。

A. 催化 H_2O_2 产生·OH 自由基

过氧化氢(H_2O_2)是一种较强的氧化剂,但其单独作用很难将污染物直接降解。已有研究表明,生物炭表面含有的持久性自由基(EPFRs)可将电子传递给 H_2O_2 从而产生羟基自由基(·OH)降解吸附在其表面的有机污染物。Liao 等(2014)推测,生物炭中的 EPFRs 主要由于生物质热裂解过程中官能团化学键的断裂产生。Fang 等(2014)认为生物炭上的 EPFRs 是由生物质热裂解中产生的大量醌类和酚类基团向过渡金属传递电子而形成的。大量研究表明,生物炭上的 EPFRs 具有催化 H_2O_2 产生·OH 降解土壤有机污染物的能力。Fang 等(2014)研究表明,松针、小麦和玉米秸秆生物炭在热解的过程中生成 EPFRs,当 H_2O_2 添加到生物炭中时,·OH 浓度升高,而 EPFRs 的浓度明显下降,表明生物炭上的 EPFRs 可以激活 H_2O_2 产生·OH,EPFRs 与所捕获的·OH 呈现线性正相关关系,生物炭活化 H_2O_2 对有机污染物的降解产生·OH 的机理如图 7-11 所示。Huang 等(2016)研究了 6 种制备温度(300~800℃)的小麦生物炭对 H_2O_2 活化效果,结果表明,制备温度越高生物炭活化 H_2O_2 形成的·OH 的产率越高,这可能是由于高温下获得的生物炭有更好的形态特征和化学特性。

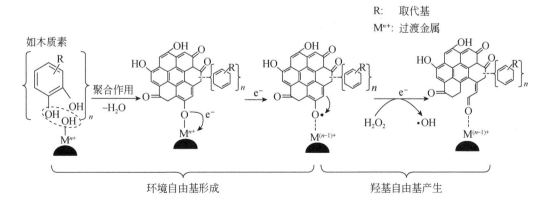

图 7-11 生物炭 EPFRs 形成过程及其催化 H_2O_2 产生·OH 的机理(Fang et al., 2014)

B. 催化 PS/PMS 产生 $SO_4^-·$ 自由基

生物炭的 EPFRs 除了可以活化 H_2O_2 外，还可以活化过硫酸盐 PS/PMS。通常，EPFRs 的含量可以直接影响对 PS/PMS 的激活性能，而生物炭热解制备温度和时间与生物炭中 EPFRs 的含量密切相关。生物炭活化 PS 和 PMS 的机理主要是电子传导。生物炭的组成和结构对生物炭的氧化还原电位至关重要，会直接影响生物炭与 PS/PMS 的电子传导。生物炭将电子转移给 PS/PMS，以形成反应性自由基，过程如式（7-6）和式（7-7）所示。

$$S_2O_8^{2-} + e^- \longrightarrow SO_4^-· + SO_4^{2-}· \tag{7-6}$$

$$HSO_5^- + e^- \longrightarrow SO_4^-· + OH^- \tag{7-7}$$

Huang 等（2018）研究表明，污泥生物炭是一种有效的过硫酸盐活化剂，可用于催化降解有机污染物，在 0.2g/L 的生物炭用量、pH 为 4.0~10.0 的范围内，30min 内达到约 80% 的高矿化效率。Wu 等（2018）探索了稻草生物炭活化 PS 对苯胺的降解，结果表明，PS 和 RSBC 的结合可以快速分解苯胺，苯胺在 80min 内的降解效率高达 94.1%。

除了活化 H_2O_2 和 PS/PMS 外，Fu 等（2016）报道了生物炭上的可溶性有机碳通过光照产生 $O_2^-·$ 和 $^1O_2·$。Fang 等（2015）报道了生物炭上的 EPFRs 可以激活 O_2 产生 ·OH 降解邻苯二甲酸二乙酯，大约 12 单位的 EPFRs 产生 1 单位的 ·OH，在松针、小麦秸秆和稻草秸秆三种生物炭上邻苯二甲酸二乙酯的降解效率分别可达到 100%、95% 和 89%；在生物炭原材料上负载金属离子（如 Fe^{3+}、Cu^{2+}、Ni^{2+} 和 Zn^{2+}）和酚类后对生物炭 EPFRs 种类和数量的影响，进一步研究发现生物炭上的 EPFRs 能引发过硫酸盐产生 $SO_4^-·$ 和 ·OH 降解多氯联苯；Chen 等（2017）报道了相比于黑暗情况下，日光照射下水热生物炭（hydrochar）可以产生更多的 H_2O_2 和 ·OH，使得磺胺二甲嘧啶的降解速率增加 6 倍。另外，EPFRs 自身也表现出一定的催化降解特性。Fang 等（2015）发现生物炭悬浮液中产生的 ·OH，在不添加 H_2O_2 的情况下，也可以用于邻苯二甲酸二乙酯降解，并利用自由基猝灭试验证明了 ·OH 生成机理。Yang J 等（2016）检测了生物炭对硝基苯酚（PNP）的降解过程，发现 PNP 降解的程度与生物炭颗粒的 EPFRs 信号强度有关，且叔丁醇（·OH 清除剂）不能完全抑制 PNP 降解，这表明 ·OH 无法完全解释 PNP 降解，通过直接与生物炭颗粒中的 EPFRs 接触使 PNP 降解。

2. 改性生物炭对有机污染物吸附与催化降解

Zhang 等（2012）报道，将石墨烯包裹在生物炭表面，可使得生物炭对多环芳烃的去除率提高 20 倍。Kasozi 等（2010）报道 250℃、400℃ 及 650℃ 热解温度下制备的橡树、松树和草生物炭对邻苯二酚的吸附容量随着生物炭制备温度的升高而增加。Quan 等（2014）报道了负载零价纳米铁的生物炭对偶氮染料酸橙 7（即 AO_7）的降解，10min 之内其降解率可达 98.3%，降解符合一级降解动力学。Kastner 等（2015）报道铁改性生物炭可作为一种廉价催化剂用于催化煤焦油分子的分解。Yan 等（2015）报道负载零价纳米铁的生物炭可激活过硫酸盐产生 $SO_4^-·$ 降解三氯乙烯，5min 之内降解效率可达到 99.4%。Fu 等（2017）报道沼渣生物炭负载纳米 Cu 激活过氧化氢可吸附和降解四环素，降解机理为过氧化氢和 Cu（Ⅱ）/Cu（Ⅰ）之间的氧化还原反应产生的 ·OH，以及生物炭上的环境持久性自由基

（EPFRs）电子转移过程。Yan 等（2017）报道负载零价纳米铁生物炭可通过类 Fenton 反应激活过氧化氢降解三氯乙烯，30min 内对三氯乙烯的降解率可达 98.9%，降解机理为零价纳米铁表面的 Fe^{2+}/Fe^{3+} 的氧化还原反应，以及电子从生物炭表面的 C—OH 转移到过氧化氢促进·OH 的产生。从以上文献可看出，生物炭纳米复合材料主要通过产生自由基（·OH 或 $SO_4^-·$）实现有机污染物的降解。

3. 生物炭降解有机污染物的影响因素

已有研究表明，生物炭的制备温度是影响生物炭降解性能的重要因素。Singh 等（2012）报道，生物炭制备温度与生物炭元素组成、炭化程度、芳香性、比表面积、表面官能团、孔隙度密切相关，进而影响生物炭的反应活性。Fang 等（2014）的研究结果表明，随着制备温度从 300℃增加至 500℃，生物炭中 PFRs 的含量升高，因而与 H_2O_2 反应生成羟基自由基的活性增强（表 7-7），对有机污染物的降解效率提高。Qin 等（2017）报道，在生物炭的制备温度为 300~700℃范围内，稻壳生物炭和牛粪生物炭上的 EPFRs 的含量随着制备温度的升高呈现先升高后降低的趋势，而生物炭对农药 1,3-二氯丙烯（1,3-D）的降解则呈相反趋势，由此推测，这一现象可能与生物炭自由电子分布有关，外部自由电子暴露于空气的表面可参与对污染物的催化降解反应，而内部自由电子几乎不参与反应（Gehling et al., 2014；Valavanidis et al., 2008；Alaghmand and Blough, 2007）。对于水热生物炭而言，生物质与水的比例也会影响生物炭的催化性能（Gao et al., 2018）。除此之外，过渡金属元素的含量也是影响生物炭催化活性的重要因素，这是因为人们发现存在环境持久性自由基的环境介质的共同点为含有过渡金属元素。Fang 等（2015）研究生物质表面负载不同含量的金属离子制备生物炭，发现负载一定量的金属离子会增加持久性自由基含量，过少或过多都会减少其生成量。

表 7-7　不同制备温度下生物炭中持久性自由基的浓度变化（Fang et al., 2014）

样本	g 因子	线宽度/Gs	PFRs 浓度/（×10^{18}spins/g）
P350	2.0034±0.0001	6.6±0.1	1.96±0.01
P550	2.0028±0.0002	4.5±0.2	13.7±0.06
W300	2.0036±0.0001	6.5±0.1	7.72±0.05
W400	2.0030±0.0002	5.0±0.2	16.5±0.09
W500	2.0029±0.0001	4.8±0.1	28.6±0.12
M300	2.0037±0.0001	6.8±0.3	3.88±0.08
M400	2.0031±0.0001	6.2±0.2	6.25±0.12
M500	2.0029±0.0002	5.2±0.1	30.2±0.09

7.2.4　生物炭对土壤有机污染的控污增产双向调控

鉴于我国人多地少的基本国情，在实行农田土壤污染控制的同时，维持土壤肥力，增加农田土壤的生产效益，是我国实行土壤污染综合防控的有效途径。Chen 等（2019）利用生物炭所具有的催化降解和土壤养分滞留功能，提出了生物炭活化过氧化尿素（UHP）对农田有机污染土壤控污增产双向调控技术，实现了在生物炭原位修复污染土壤的同时，改善提高土壤肥力和农田生产效益，为农田土壤污染修复与综合防控提供了一条新途径（图 7-12）。该技术基于改性生物炭活化 UHP 产生羟基自由基·OH 降解土壤有机污染物。在农田土壤中，UHP 缓慢水解释放出 H_2O_2 和尿素，生物炭表面含有的持久性自由基（PFRs）将电子传递给 UHP 中的 H_2O_2，产生具有强氧化能力的羟基自由基·OH，为生物炭活化 H_2O_2 产生活性氧类物质催化降解有机污染物提供了基本反应条件。同时缓慢释放出的尿素为植物提供了必需的营养，实现了控污增肥的效果。

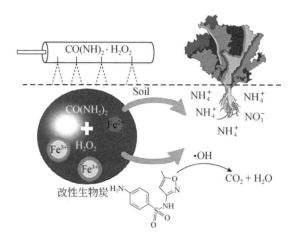

图 7-12　生物炭对土壤化学污染的控污增产双向调控（Chen et al.，2019）

过氧化尿素（也称过碳酰胺）是一种固体过氧化物，分子式为 $CO(NH_2)_2H_2O_2$，是 H_2O_2 以氢键形式结合到尿素分子上而形成的一种新型根际给氧肥料，兼具 H_2O_2 和尿素的性质，稳定性好（钟宁等，2009；Moh et al., 2004；赵锋，2010）。Bryce 等（1982）研究发现，UHP 是优良的土壤改良剂，具有提高土壤中氮的利用率、土壤的通气性以及促进植物的生长等作用。蔡文生等（2000）对比了 UHP 和尿素溶液处理植物种子对植物后期生长状况的影响，发现 UHP 预处理后植物的长势均好于尿素。在土壤污染修复方面，Frankenberger（1997）采用 UHP 对石油烃污染的土壤进行原位修复，结果发现，UHP 处理提高了土壤的透气性和氮利用率，但土壤中石油烃的去除率仅为 20%~25%。Zhang 等（2013）研究表明 UHP 对土壤中多环芳烃的降解率仅有 14%~24%。Chen 等（2019）报道，铁改性生物炭活化过氧化尿素处理土壤 7d 后，土壤中磺胺甲噁唑的降解率达到 91.99%，比对照 H_2O_2、铁改性生物炭和过氧化尿素单独处理分别提高了 2.4 倍、4 倍和 1.3 倍。可见，单独施用 UHP 对土壤有机污染物的降解效率较低，这主要是由于过氧化物本身对有机物的活性常常较低，需要通过活化产生强氧化剂来快速氧化降解有机污染物（Yan et al., 2017）。生物炭活化过氧化尿素降解土壤有机污染物的同时，也可增加土壤氮营养，促进作物生长。Chen 等（2019）报道，铁改性生物炭活化过氧化尿素处理土壤表层氮元素含量增加，土壤淋溶液中全氮的浓度比对照减少 18.96%。盆栽试验 21d 的结果表明，与对照相比，铁改性生物炭活化过氧化尿素处理土壤中总氮和 NO_3^--N 含量分别增加了 72.73% 和 23.22%，NH_4^+-N

增加了 7 倍,植株生物量显著增加。有关生物炭活化 UHP 对有机污染土壤控污增产双向调控的研究有待进一步深入,尤其是生物炭颗粒内部持久性自由基的反应活性、土壤环境中生物炭对 UHP 的活化机理及其对污染土壤土著微生物的影响等关键科学问题还未解决,需要通过对反应体系主导自由基的鉴定,以及生物炭活化 UHP 对农田有机污染物土著微生物降解功能基因和土壤氮利用率影响开展系列研究,为生物炭应用于我国农田有机污染土壤原位肥力维持性综合防控提供科学依据和技术支撑。

7.3 基于纳米材料的土壤典型有机污染强化削减调控原理与方法

纳米是一个 10^{-9}m 数量级的长度单位,纳米材料指的是在三维空间中至少有一维处在纳米尺度范围或由它们作为基本单元构成的材料。由于纳米材料粒径小,比表面积大,表面配位不饱和原子比例高,因而具有传统材料所不具备的许多特殊基本性质,如体积效应、表面效应、量子尺寸效应、宏观量子隧道效应和介电限域效应等,也使得纳米材料具有微波吸收性能、高表面活性、强氧化性、超顺磁性及吸收光谱表现明显的蓝移或红移现象等。除此之外,纳米材料还具有特殊的光学性质、催化性质、光催化性质、光电化学性质、化学反应性质、化学反应动力学性质和特殊的物理机械性质。

纳米技术发展迅速,已经渗透到化工、医药、能源、材料、生命科学、环境等各个领域,其在农业领域的应用主要集中于农业投入品的传输、动植物遗传育种、农产品加工、农业环境改良和农业纳米检测技术。我国 2014 年《全国土壤污染状况调查公报》显示,我国耕地土壤质量堪忧,虽然污染类型以无机物污染为主,但随着我国农业现代化的不断推进,农药、化肥等有机物的施用日益增多,地表水污染逐渐加重,使得有机物对农业土壤造成的污染越来越严重。其中,传统施肥模式(畜禽排泄物直接还田)、农药的大范围使用均会造成水体和土壤污染,制约农业生产的可持续发展。近年来,为有效控制农业面源污染,实现农业清洁生产与可持续发展,利用纳米材料和技术对农业环境进行改良受到广泛的关注,纳米材料特殊的结构特征为高效吸附或催化降解农业环境中的污染物及有害微生物提供了巨大的应用前景。

7.3.1 氧化体系及纳米材料的选用

1. 氧化体系的选用

高级氧化工艺(advanced oxidation process,AOP)几乎能够将所有类型的有机污染物降解为无害产物(Esplugas et al.,1994),通过氧化剂与催化剂的相互作用,产生活性极强的自由基,自由基与有机污染物之间通过电子转移、取代、加合、断键等方式反应,实现对有机污染物的高效去除。AOP 是用于修复难降解有机污染土壤最有前景的一种技术(Cheng et al.,2016)。常用的氧化剂包括高锰酸盐、Fenton 氧化法、过氧化氢、臭氧和过硫酸盐,每种氧化剂都有其应用的优点和局限性。

（1）高锰酸盐（1.7V）。高锰酸盐是具有低标准氧化电位和高土壤氧化剂需求量（soil oxidant demand，SOD）的非特异性氧化剂，它不需要催化剂，使用pH范围广，可长时间保留于地下，从而增加氧化剂与污染物的接触并减少污染物回弹的可能性。但高锰酸盐的使用会影响土壤微生物的活性，且易生成锰氧化物沉淀，对污染物的氧化产生不良影响。

（2）Fenton氧化法。Fenton氧化法中主要的活性物种为羟基自由基（2.8V），具有强氧化性，可降解大多数有机污染物。Fenton法是在酸性条件下用亚铁离子催化过氧化氢产生活性物种来降解污染物的，这需要注入酸以控制处理区的pH≤3。传统的Fenton氧化法因反应速度快、需控制pH≤3、与目标污染物接触时间短而只能对注入点周围很小的区域产生作用等方面的限制而影响其对有机污染土壤的修复效果。除此之外，Fenton氧化法中还存在限制有机物降解速率的其他因素：在传统的Fenton氧化法反应过程中，亚铁会被氧化为三价铁，沉淀为铁泥，导致注入点附近土壤的渗透性降低；H_2O_2可能会被土壤中的氧化铁和酶（如过氧化氢酶和过氧化物酶）分解。

（3）过氧化氢（1.8V）。一般情况下，土壤能提供足够的铁或者其他过渡金属，直接催化过氧化氢产生羟基自由基。但由于过氧化氢的高反应性和分解率，无法对低渗透性土壤中的污染物实现很好地去除，且反应过程中H_2O_2的非目标性消耗也是一个大问题。

（4）臭氧（2.1V）。臭氧作为强氧化剂之一，可以直接以气体形式被利用或者溶于水后再使用，对一些化合物的溶解态和纯物质态都可以实现直接降解，并为降解过程提供足够的有氧环境，且溶于水的臭氧可以产生高反应性和非特异性的自由基，提高污染物的去除效率。但是，臭氧对设备要求较高，地面一般需配备蒸气控制设施，且臭氧的注入时间也比其他氧化剂长，其在低渗透性土壤中的扩散速度较慢，适合处理低水分含量的土壤（Cheng et al.，2016）。

（5）过硫酸盐（2.0V，persulfate，PDS）。过硫酸盐是一种强氧化剂，具有比过氧化氢更高的氧化电位，可氧化大多数有机污染物，且过硫酸盐的SOD值比高锰酸盐和过氧化物更低，可以在土壤和含水层材料中保持活性几周至几个月，同时，它可以被多种方式活化，如热活化、碱活化、过渡金属活化、超声活化、碳物质活化及其他多种方式组合活化等，活化后产生氧化还原电位更高的硫酸根自由基（2.5～3.1V），硫酸根自由基的半衰期相对较长，且不受pH的显著影响（Epa，2006）。

近年来，TiO_2光催化（Pelaez et al.，2012）、等离子体氧化（Wang et al.，2015）等技术被尝试用于土壤有机物污染的修复。但在实际修复过程中，TiO_2光催化对可见光利用率低；等离子体法的氧化能量需求大，基建投资成本高。总体而言，过硫酸盐对于修复有机污染土壤具有不可忽视的应用潜力。考虑新兴典型农田污染物的有机性、基建设备投资、药物运输等方面的影响，过硫酸盐作为农田有机污染控制的优选氧化剂，可以结合有效的催化剂活化，实现低影响、绿色环保的农田有机污染控制。

2. 纳米材料的选用

纳米材料种类繁多，根据材料的成分，可将其分为纳米金属材料、纳米碳材料、纳米陶瓷材料、纳米半导体材料、纳米高分子材料和纳米复合材料等，其中，纳米金属材料、纳米碳材料及纳米复合材料已在环境污染控制中与过硫酸盐结合使用。

银、铜、铁、锌、钴和锰等金属可通过单电子转移活化过硫酸盐，基于这些金属合成的纳米级非均相催化剂均具有优异的催化活化性能，如纳米 Mn_3O_4、纳米 CuO、纳米 Co_3O_4、纳米 Fe_3O_4 及纳米零价铁（nano zerovalent iron，nZVI）等（Zhang et al.，2016；Amir et al.，2019；Zhou et al.，2018）。其中，基于铁元素合成的纳米材料因其应用后的环境友好性而备受关注，nZVI 作为最普遍的纳米金属材料之一，由于其粒径小（1~100nm）、比表面积大，因而具有比其他铁基材料更高的还原能力、更强的吸附性能和更好的流动性。当用 nZVI 活化过硫酸盐时，nZVI 可作为持续的 Fe^{2+} 来源提高 PS 活化效率，减少硫酸盐的非生产性消耗；且因环境中铁元素含量丰富，铁基催化剂相较于其他金属元素对环境更加绿色友好，因而被广泛应用于土壤和地下水污染原位修复中。已有研究表明，nZVI 活化过硫酸盐高级氧化技术可以降解水中的甲草胺，减少污染物氯化过程中消毒副产物（DBPs）的产生（Wang et al.，2020），并且对地下水及土壤中的卤代有机物也有良好的去除率，其完全降解产物一般为碳烃类，不会对环境产生二次污染（Liu et al.，2005）。因此，选用 nZVI 作为催化剂活化过硫酸盐进行土壤污染控制，探索金属纳米材料结合氧化剂对土壤有机污染物的降解能力和农作物生长发育的影响。

此外，基于碳元素制备的纳米材料在催化应用中越来越受欢迎，其中碳纳米管（carbon nanotubes，CNT）作为最普遍的碳纳米材料之一，因其独特的结构和性能而被制备成新兴碳纳米肥料，应用在植物科学/农业等领域中。它具有多种功能：能够刺激许多植物物种的生理过程，包括种子萌发、根伸长和植物生长等（Khodakovskaya et al.，2012）；作为催化剂活化过硫酸盐时，材料本身对环境绿色友好，可调控的纳米管腔结构、大的长径比和边界效应等也赋予了其高的催化活化性能。已有学者发现 CNT 活化过硫酸盐可有效降解不同的有机污染物（Wei et al.，2016），对酚类化合物和几种药物的降解效果显著。选用碳纳米管作为催化剂活化过硫酸盐进行土壤污染控制，对有机污染物降解和后续的作物生长发育均有着不可忽视的应用潜力；但 CNT 作为新兴材料，其在农业、环境等领域应用过程中的生态安全性不容忽视。对碳纳米管的植物发育毒性研究表明（Miralles et al.，2012），碳纳米管对植物发育的刺激作用的利弊与其管直径密切相关，普遍认为单位纳米级管径的碳纳米管会穿透植物细胞壁，对植物细胞尤其是根部细胞产生不利的氧化应激，甚至会随着植物的生长进行迁移。因此，考虑通过对碳纳米管表面负载金属氧化物对其进行改性，降低碳纳米管的迁移性，减少土壤中残留材料对后续作物生长的影响，同时改善π电子迁移率，改变局部碳原子中的电子密度，引入新的电催化活性位点和官能团量，促进碳材料表面的催化氧化反应，进一步提高活化体系的污染物去除能力。

综上所述，可选用纳米零价铁、碳纳米管及金属改性碳纳米管三种纳米材料作为催化剂活化过硫酸盐进行土壤污染控制，探索纳米材料与氧化剂联用在土壤环境改良中的应用潜力，为土壤污染控制提供新思路。

7.3.2 纳米零价铁结合过硫酸盐对土壤有机污染的强化削减调控原理

我国作为一个传统的农业大国，农肥还田与农药施用在我国普遍存在，随之带来的有机污染成为土壤质量控制的难题：用于治疗和预防动物疾病以及促进食用动物生长的磺胺类抗生素因无法被动物体完全吸收会大量富集于畜禽粪便中,此类畜禽粪便作为农家肥施用于农田后,会造成土壤中磺胺类抗生素浓度上升。自 2007 年起,我国禁止使用甲基对硫磷、甲胺磷、对硫磷、磷胺、久效磷等五种高毒有机磷农药,此类品种的退出使得其替代杀虫剂毒死蜱的需求量和使用量急剧增加,导致农作物和土壤里毒死蜱大量残留。

因此,选用磺胺甲噁唑(SMX)和毒死蜱(Chl)作为农田磺胺类抗生素和农药类污染物的代表目标物,以纳米零价铁为有效催化剂,模拟农田土壤污染化学削减调控。模拟的降解体系主要包括单独过硫酸盐体系、单独纳米零价铁体系和纳米零价铁活化过硫酸盐体系(图 7-13)。从图中可知,在单独加入过硫酸盐的体系中,受试土壤中的铁、锰等金属元素可对过硫酸盐起活化作用,产生了少量的活性自由基对目标污染物进行降解,使得磺胺甲噁唑的 4h 去除率为 25.6%,毒死蜱的 6h 去除率为 31.1%,然而土壤中可起催化作用的物质含量有限,所以在反应 2h 后几乎无污染物的进一步降解。在单独加入纳米零价铁的体系中,具有强还原能力的纳米零价铁可以直接降解土壤中的有机污染物,使得磺胺甲噁唑在反应 4h 内实现 37.8%的去除率,而毒死蜱在反应 6h 内实现 50.1%的去除率,降解反应在 0.5~1h 速率较快,后因 nZVI 直接降解能力的限制,速率明显下降。而在纳米零价铁活化过硫酸盐体系中,共存体系大幅度提高了土壤中磺胺甲噁唑和毒死蜱的去除率,磺胺甲噁唑的 4h 去除率可达 87.5%,毒死蜱的 6h 去除率也达到 80.9%,展现出催化氧化体系的优秀应用潜力。

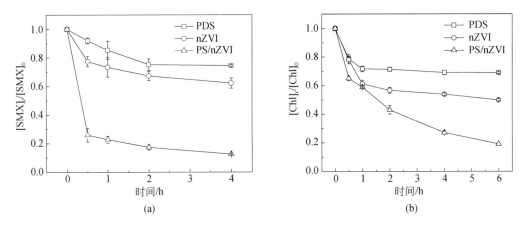

图 7-13 不同体系条件下土壤中磺胺甲噁唑(a)和毒死蜱(b)的降解效率(Zhou et al., 2019)

反应条件:C_0=20mg/kg, n(污染物)/n(PDS)=1:75, nZVI=0.03g, 土:水=1:1, T=30℃

催化剂剂量、氧化剂剂量、水土比及温度均是污染物的去除率和技术成本的关键影响因素。研究通过设置单变量控制实验,探讨了这四种影响因素在纳米零价铁活化过硫酸盐体系中对土壤中的磺胺甲噁唑和毒死蜱去除率的影响(图 7-14)。研究表明,当纳米零价铁用量从 0.03g 提高到 0.05g 时,催化剂含量增加造成了更多的过硫酸盐被活化,使得土壤中产生的活性物质增加,导致磺胺甲噁唑及毒死蜱的降解效率提高,但当纳米零价铁剂量进一步提高时,土壤中的磺胺甲噁唑及毒死蜱的降解效率则会因为催化剂的利用率、污染物有效性及氧化剂剂量的限制而不再明显提升。与之类似,当初始过硫酸盐投加比例从 1:0

上升到 1∶75 时，土壤中磺胺甲噁唑与毒死蜱的降解效率会随着氧化剂剂量的上升而提高，当氧化剂剂量进一步提高时，催化剂的剂量和污染物有效性的限制会影响土壤中磺胺甲噁唑和毒死蜱的降解。水的添加可以提高活性物质的比例并促进物质运输，进而降低土壤原位氧化的成本。因此，合适的水土比可以实现高效、低成本的土壤修复。当土水比为 1∶0.5 时，加入的过硫酸盐溶液无法与污染土壤混合均匀，影响氧化剂、催化剂及污染物之间的物质运输，导致磺胺甲噁唑的 4h 去除率为 74.2%，毒死蜱的 6h 去除率仅为 52.4%；当土水比降为 1∶1 时，物质运输的屏障被打破，纳米零价铁与过硫酸盐的接触更容易，反应体系产生的活性自由基更多，土壤中磺胺甲噁唑和毒死蜱的降解率明显提高；但当土水比进一步下降到 1∶2 时，降解率的提高便不是特别明显。此外，在环境普遍温度范围内（10~40℃），反应温度的上升会降低催化及氧化反应的活化能，使得分子运动加强，土壤中磺胺甲噁唑和毒死蜱的降解效率也随之上升。但在 nZVI/PDS 体系中，磺胺甲噁唑与毒死蜱在 30℃ 和 40℃ 条件下降解效率差异不大，表明热力学助力在催化体系中的促进作用有限。因此，实验室模拟的 nZVI/PDS 反应体系最佳降解条件为：0.03g nZVI，n（SMX）/n（PDS）=1∶75，土水比为 1∶1，反应温度为 30℃。

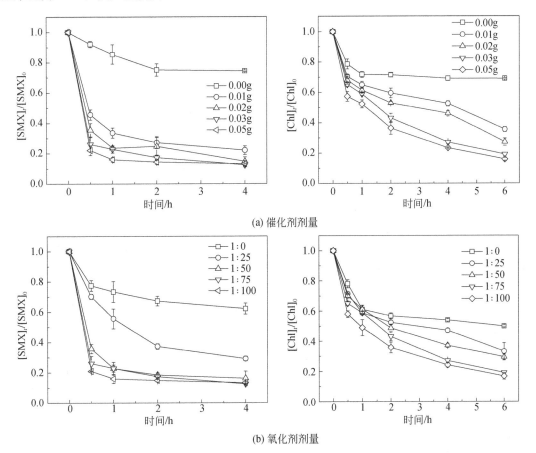

(a) 催化剂剂量

(b) 氧化剂剂量

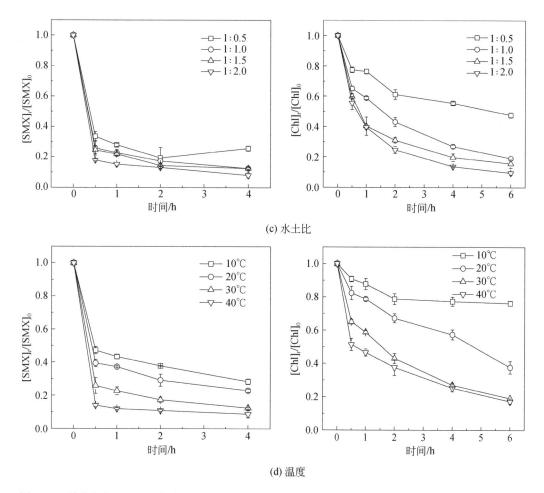

图 7-14 催化剂剂量（a）、氧化剂剂量（b）、水土比（c）及温度（d）对土壤中磺胺甲噁唑（1）和毒死蜱（2）降解效率的影响（Zhou et al., 2019）

基于液相色谱质谱联用仪（LC/MS）对降解土壤中磺胺甲噁唑与毒死蜱的降解中间产物进行测定。通过与文献对比，共发现 5 个磺胺甲噁唑降解产物，通过降解产物结构推断在 nZVI/PDS 反应体系中，磺胺甲噁唑可能通过苯环的羟基化、苯环结构上氨基的氧化以及磺酰胺键的断裂三种途径进行降解；而通过对比文献只发现一种毒死蜱降解产物，即 3,5,6-三氯-2-吡啶酚（TCP）。毒死蜱在自然降解时，便可通过水解生成 TCP 中间产物，并最终矿化成 CO_2。此外，毒死蜱在含氯水溶液中的降解产物为毒死蜱的含氧衍生物毒死蜱 oxon 和 TCP，也包含了 TCP。结合相关参考文献，推测 PDS/nZVI 反应体系中毒死蜱可能的降解路径类似其自然降解过程，而 PDS/nZVI 体系的主要作用是加速了自降解过程中的水解作用。

为了进一步探索 nZVI/PDS 体系对降解土壤中磺胺甲噁唑与毒死蜱的广泛适用性，将 nZVI/PDS 体系应用于不同类型的土壤（吉林黑土、江西红壤、河南棕壤土、安徽黄棕壤及江苏褐土）中。实验结果如图 7-15 所示，吉林黑土、江西红壤、河南棕壤土、安徽黄棕壤及江苏褐土中磺胺甲噁唑的 4 h 降解率分别为 86.4%、96.1%、80.7%、90.5% 及 87.5%，降解效率从高到低排序依次为江西红壤>安徽黄棕壤>江苏褐土>吉林黑土>河南棕壤土。吉林黑土、江西红壤、河南棕壤土、安徽黄棕壤及江苏褐土毒死蜱的 6 h 降解率分别 65.3%、90.0%、58.0%、84.7%及 80.9%，降解效率从高到低排序依次为：江西红壤＞安徽黄棕壤＞江苏褐土＞吉林黑土＞河南棕壤土，与磺胺甲噁唑排序一致。从不同种类土壤的降解效率排序可知，有机物含量最高的河南棕壤土中磺胺甲噁唑与毒死蜱的降解率均排序最低，表明土壤有机质含量高低会影响磺胺类和农药类污染物的降解，高含量有机质会明显增加与目标污染物的竞争反应，从而降低污染物的降解效率；并且当土壤有机物含量差别不大时，酸性更低的土壤更有利于有机物的降解，如江苏褐土中的磺胺甲噁唑与毒死蜱的降解效率不如安徽黄棕壤，因为在高级氧化技术中，越低的 pH 往往越能促进更多的活性自由基的产生（Wei et al.，2016）。因此，江西红壤中磺胺甲噁唑与毒死蜱的降解效率显著优于其他种类土壤，其最低的有机物含量和酸碱度均有利于有机污染物的降解，并且红壤中还含有丰富的铁元素，多价态的铁元素可为活化过程提供可转移的电子，进一步加强污染物的去除。

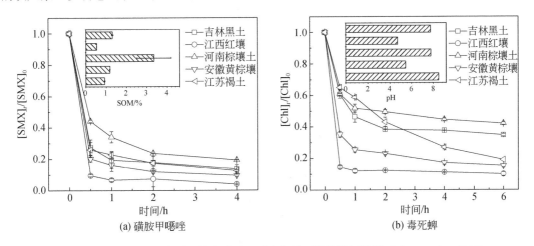

图 7-15 不同地区不同类型土壤中磺胺甲噁唑和毒死蜱的降解情况（Zhou et al.，2019）

反应条件：C_0（污染物）=20mg/kg，n（污染物）/n（PDS）=1∶75，nZVI=0.03g，土∶水=1∶1，T=30℃

在 nZVI/PS 体系中，nZVI 作为一个强还原性物质，可被过硫酸盐直接氧化为 Fe^{2+}，Fe^{2+} 可继续被过硫酸盐氧化为 Fe^{3+}，氧化过程中同时产生硫酸根和硫酸根自由基。此外，也有学者发现 nZVI 也可被直接氧化为 Fe^{3+}（Matzek and Carter，2016），过程中产生硫酸根和硫酸根自由基。在磺胺甲噁唑降解体系中，体系的 Fe^{3+} 会从反应前的 80.6%上升到反应后的 87.2%，对应的 Fe^{2+} 会从反应前的 19.4%下降到 12.8%（Zhou et al.，2019），被氧化的铁推测主要来源于添加的 nZVI，少量来源于土壤本身的矿物铁，如图 7-15 所示，含铁量高的红壤中矿物铁活化比例会有所提高，使得磺胺甲噁唑及毒死蜱的降解效率较其他类型土壤高。同时，在磺胺甲噁唑的降解体系中，反应前半个小时几乎实现了 80%左右的污染物降解[图 7-15（a）]，这可能与 nZVI 核-壳结构在 nZVI/PS 体系中演变有关，过程可能类似 Kim 等（2018）对苯酚/nZVI/PS 体系中的 nZVI 核-壳结构演变的研究发现：nZVI 的直接氧化过程为 nZVI 活化过硫酸盐的初始阶段，nZVI 表面的 Fe^0 被过硫酸盐迅速消耗产生 Fe^{2+}，产生的 Fe^{2+} 进一步活化过硫酸盐产生 $SO_4^-\cdot$ 和 Fe^{3+}，大量产生的 $SO_4^-\cdot$ 迅速氧化苯酚；nZVI

颗粒表面的 Fe^0 因为初始阶段的腐蚀转化成磁铁矿，且磁铁矿层外壳包围着初始阶段反应产物 Fe^{3+} 层，Fe^0 向 Fe^{2+} 的直接转化被阻隔，此阶段主要靠上述多层壳之间的电子传导活化过硫酸盐，导致 $SO_4^-\cdot$ 产率大幅度下降，污染物的氧化速率是第一阶段的 1/1000。因在土壤泥浆中反应后的 nZVI 颗粒无法分离出来进行核-壳结构的研究，上述推测需探索新方法进行验证。在毒死蜱降解体系中，体系反应前后的铁元素价态差异不大，nZVI 核-壳结构演变的影响也不是很明显，这可能与污染物的结构相关，导致两种污染物与土壤颗粒物、催化剂之间的结合碰撞出现差异，具体结构机理仍待进一步研究探索。

利用猝灭实验和 ESR 对土壤反应体系中产生的自由基种类进行探索。使用甲醇、叔丁醇和苯酚（甲醇可猝灭 $SO_4^-\cdot$ 和 $\cdot OH$；叔丁醇可猝灭 $\cdot OH$；苯酚可猝灭 $SO_4^-\cdot$ 和 $\cdot OH$）作为猝灭剂探索体系中自由基的产生情况及种类 [图 7-16（a）和（c）]，研究结果表明，甲醇和叔丁醇的加入对土壤中的磺胺甲噁唑和毒死蜱的降解影响不大，而苯酚的加入则可以明显抑制污染物的去除，磺胺甲噁唑的 4h 降解率从 87.6% 下降到 66.5%，毒死蜱的 6h 降解率从 81.0% 下降到 31.4%；猝灭结果的差异主要与猝灭剂的结构相关，苯酚具有苯环结构，可与土壤中有机物的环状结构产生类 π—π 键，从而易被吸附到土壤固体颗粒物表面，其明显的猝灭效果证明污染物的降解反应可能位于土壤固体颗粒物表面，而对反应体系的 ESR 检测结果也证明了这一点：反应上清液中无自由基信号检出，自由基的产生和反应过程可能位于固体颗粒物表面。此外，在土水混合液中检测出 DMPO-OH 特征峰[图 7-16（b）和（d）]，且信号随着反应时间的推进而加强，而无 $DMPO-SO_4$ 的特征峰出现。分析土壤反应体系中自由基种类与液相中不一致的主要原因为反应介质的差异，如 Kim 等的实验探究均在酸性条件下完成，而本试验采用的受试土壤为碱性，且为一个天然的缓冲体系，虽然整个反应体系的 pH 在加入过硫酸盐溶液后会有所下降，但随着反应推进 pH 逐渐上升并趋于稳定，且整个变化过程中体系的 pH 都在弱碱性范围，易产生 $\cdot OH$（Furman et al.，2010）。

因此，在 nZVI/PDS 体系中，污染物的去除机理可大致推论如下：

$$Fe^0 + S_2O_8^{2-} + OH^- \longrightarrow Fe^{2+} + \cdot OH + 2SO_4^{2-}$$

$$2Fe^{2+} + S_2O_8^{2-} + OH^- \longrightarrow 2Fe^{3+} + \cdot OH + 2SO_4^{2-}$$

$$\cdot OH + pollutant \longrightarrow byproduct + OH^-$$

此外，也不排除土壤基质对 ESR 检测 $DMPO-SO_4$ 信号的影响，因为体系中 nZVI 可能被 PS 氧化产生了 $SO_4^-\cdot$，但因受试土壤偏碱性，在土壤颗粒物表面产生的 $SO_4^-\cdot$ 被迅速转化为 $\cdot OH$，剩余的 $SO_4^-\cdot$ 与 DMPO 结合后产生的信号又被 DMPO-OH 强信号及基质干扰而掩盖，因此，nZVI/PDS 催化体系在土壤反应相中涉及的表面反应机理仍待进一步探索研究。

7.3.3 碳纳米管结合过硫酸盐对土壤有机污染的削减调控原理

畜禽粪便农用、污水处理厂污泥农用以及污水回灌等会导致土壤中类固醇雌激素（SEs）浓度大幅度上升，使得背景浓度集中在 ND~ng/kg 范围的 SEs 迅速增加到 μg/kg~mg/kg（陈斌等，2014）。尤其是随着我国集中化养殖业的发展，大量经过简单处理或者未处理的畜禽粪便被排放在有限的农田中。考虑环境中 SEs 对人类和野生动物生殖发育的不利影响，对土壤环境中激素的浓度控制可以有效降低农肥还田的生态风险。

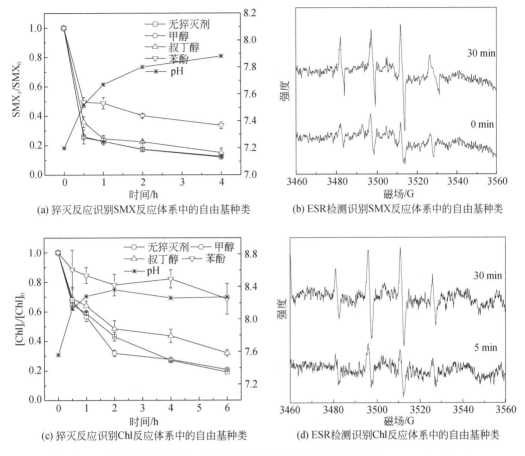

图 7-16 对两种土壤反应体系中自由基种类识别的结果示意图（Zhou et al., 2015）

反应条件：C_0（污染物）=20mg/kg, n（污染物）/n（PDS）=1:75, nZVI=0.03g, 土:水=1:1, T=30℃

因此，选用 17β-雌激素（17β-estradiol，17β-E2）作为农田激素类污染物的代表目标物，选用纯商用碳纳米管及自备的金属改性碳纳米管作为催化剂，探索纳米碳材料活化过硫酸盐的有效性，模拟农田土壤污染化学强化削减调控，其中引入我国农田土壤含量普遍丰富的背景金属元素钒（V）对 CNT 进行改性，合成钒氧化物改性的碳纳米管（VO$_x$-CNT）。模拟降解体系主要包括单独过硫酸盐体系、单独碳材料体系和碳材料活化过硫酸盐体系（图 7-17）。从图中可知，单独加入过硫酸盐的体系中，土壤中的 17β-雌激素的去除率为 50%左右，且不随着反应时间的延长产生明显变化。在单独 CNT 体系中可以观察到碳材料对 17β-雌激素的吸附现象，实现了 40%左右的去除率，而 VO$_x$-CNT 的吸附作用不明显，12h 的污染物去除率仅 10%左右。当碳材料与过硫酸盐共存时，可以看到 17β-雌激素的显著去除，CNT/PDS 体系的 17β-雌激素 6h 的去除率可达 90.6%，VO$_x$-CNT/PDS 体系的 17β-雌激素 12h 的去除率可达 86.1%。在 CNT/PDS 体系中，CNT 可能起着两方面作用：一方面直接吸附污染物；另一方面活化过硫酸盐产生活性物质氧化去除污染物；而在 VO$_x$-CNT/PDS

体系中，VO$_x$-CNT 的吸附作用不明显，主要依赖于活化过硫酸盐的氧化去除。

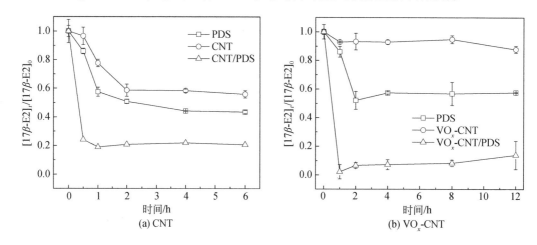

图 7-17　不同体系条件下土壤中 17β-雌激素的降解效率

CNT 反应条件：C_0=20mg/kg，n（污染物）/n（PDS）=1:100，催化剂=0.005g，土:水=1:2，T=30℃；

VO$_x$-CNT 反应条件：C_0=20mg/kg，n（污染物）/n（PDS）=1:50，催化剂=0.005g，土:水=1:2，T=30℃

通过对纳米碳材料活化过硫酸盐体系进行单变量控制实验，探索催化剂剂量、氧化剂剂量、水土比及温度对土壤中 17β-雌激素去除率的影响（图 7-18）。研究结果表明，当两种催化剂的剂量从 0.00%上升到 0.50%时，碳材料对污染物的吸附量上升，同时有更多的碳材料可以催化活化过硫酸盐。因此，土壤中 17β-雌激素的去除率显著提高；但当催化剂进一步增加到 1.00%时，在主要依赖于体系氧化能力的 VO$_x$-CNT/PDS 体系中，过多的催化剂则导致 PDS 的非生产性消耗，抑制 17β-雌激素的去除，而此催化剂剂量对 CNT/PDS 体系的吸附量和氧化力影响不大。当 CNT 添加量进一步上升至 4.00%时，过多的 CNT 几乎完全消耗掉氧化剂，使得体系仅保留吸附能力，17β-雌激素的去除率大幅度下降。初始过硫酸盐投加比例的变化在 CNT/PDS 体系中影响不大，一旦有过硫酸盐的存在，CNT/PDS 体系便可实现可观的 17β-雌激素的去除；而在 VO$_x$-CNT/PDS 体系中，当氧化剂投加比例从 1:0 上升到 1:50 时，氧化剂剂量的增加会明显增加体系中活性物质的量，包括 PDS 本身和活化后产生的自由基，使得 17β-雌激素的去除率上升；而当氧化剂剂量进一步提高至 1:75 时，降解体系氧化物剂量的影响已不明显，土壤中 17β-雌激素的降解也不会出现明显的增加或者变化。需要注意的是，在液相反应中普遍存在的过量氧化剂抑制效应并不会出现在土壤体系中，因为土壤中存在丰富的有机质可以完全消耗多余的氧化剂，避免过多 PDS 引发的自我猝灭反应而导致污染物去除率的降低。体系中水的添加量也影响污染物的去除率，当水量添加过少（1:0.5）时，体系中的物质运输受限，氧化剂、催化剂及污染物的接触受限，土壤中的污染物去除率不高（60%左右）；当水的添加量持续增加时，物质运输限制逐渐减少，此外水本身可以参与活化反应，提高体系中活性物质的含量，促进污染物的去除；而当水量充足时，如当 CNT/PDS 体系中水土比增加至 1:3 时或在 VO$_x$-CNT/PDS 体系中水土比增加至 1:1 时，物质运输不再受到限制，继续增加水量也不会明显提高污染物的去除率。此外，环境温度似乎对 CNT/PDS 和 VO$_x$-CNT/PDS 体系中的污染物去除率影响不大，温度的升高并不能明显提高 17β-雌激素的去除率。总结实验室最佳降解条件为：0.005g CNT/VO$_x$-CNT，n（17β-雌激素）/n（PDS）=1∶50，土水比为 1∶2，反应温度为 30℃。

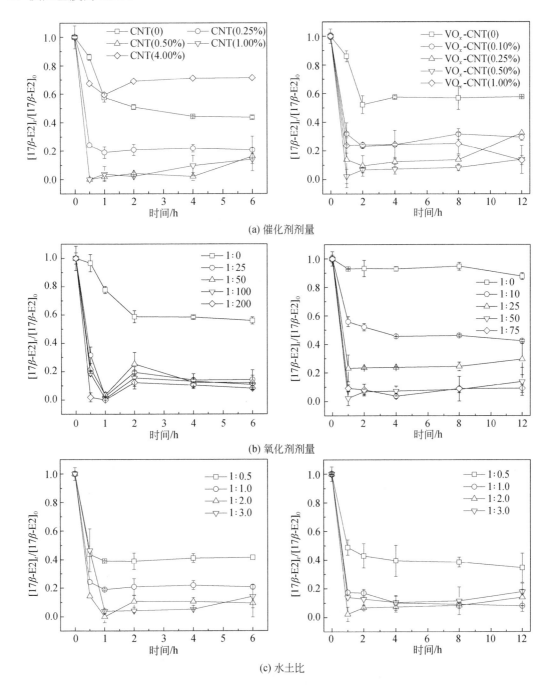

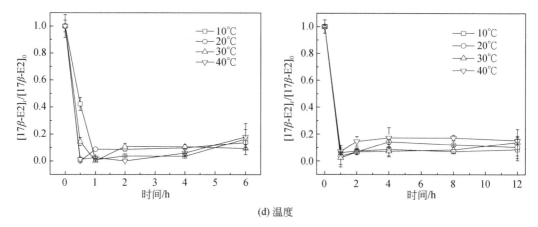

(d) 温度

图 7-18 催化剂剂量（a）、氧化剂剂量（b）、水土比（c）及温度（d）在 CNT/PDS（1）和 VO$_x$-CNT/PDS（2）体系中对土壤中 17β-雌激素降解效率的影响

基于气相色谱质谱联用仪（GC/MS）对土壤中 17β-雌激素的降解中间产物进行测定。有文献报道 17β-雌激素主要通过苯环的去质子化、羟基化或者五元环的氧化开环进行降解，但是文献报道可见的产物未在 GC/MS 检测结果中显示；本书检测发现了更为碎片化的环状产物和加合物，推测在 CNT/PDS 和 VO$_x$-CNT/PDS 体系中，自由基等活性物质主要通过攻击苯环上的羟基和五元环上的羟基进行污染物降解，且在微生物降解产物中的常见 E1 并未检测出，表明 CNT/PDS 和 VO$_x$-CNT/PDS 体系对 17β-雌激素的矿化程度可能大于微生物降解，其他单环产物的出现也证明了此点论证。

为了进一步探索 CNT/PDS 和 VO$_x$-CNT/PDS 体系在不同类型土壤中对 17β-雌激素去除的广泛适用性，在黑土体系基础上，增加了江西红壤、河南棕壤土、安徽黄棕壤及江苏褐土模拟实验体系。实验结果如图 7-19 所示，在 CNT/PDS 体系中，吉林黑土、江西红壤、河南棕壤土、安徽黄棕壤及江苏褐土中 17β-雌激素的 6h 降解率分别为 86.3%、91.4%、64.8%、72.5% 及 89.3%，降解效率从高到低排序依次为江西红壤＞江苏褐土＞吉林黑土＞安徽黄棕壤＞河南棕壤土。在 VO$_x$-CNT/PDS 体系中，吉林黑土、江西红壤、河南棕壤土、安徽黄棕壤及江苏褐土中 17β-雌激素的 12h 降解率分别为 86.1%、89.8%、71.4%、71.0% 及 83.8%，降解效率从高到低排序依次为江西红壤＞吉林黑土＞江苏褐土＞河南棕壤土＞安徽黄棕壤。与 nZVI/PDS 体系相比，虽然两种催化氧化体系在江西红壤中均取得最高的 17β-雌激素去除率，但江西红壤、江苏褐土及吉林黑土中的污染物去除率并未出现明显的差距，且在同样偏酸性的安徽黄棕壤中污染物的去除率明显低于前三者，表明土壤酸碱性对碳纳米材料活化过硫酸盐体系不产生明显影响；污染物在有机质含量最高的河南棕壤中的去除率均不高，表明土壤有机质产生的竞争反应会显著影响 17β-雌激素的去除。

对 CNT、VO$_x$-CNT 及土壤反应后的 VO$_x$-CNT 进行 XRD、FTIR、Raman 及 XPS 表征，探索催化材料本身及反应后晶态、表面官能团、缺陷碳原子比例和元素价态分布情况（VO$_x$-CNT 因金属氧化物改性密度较大，可通过水洗法从反应后的土壤中分离部分进行表征，碳纳米管则与土壤混合均匀，无法分离）。表征结果如图 7-20 所示，CNT 与 VO$_x$-CNT 均只在 XRD 图谱中出现碳晶态峰 [图 7-20（a）]，未出现其他元素的晶态峰，土壤反应后

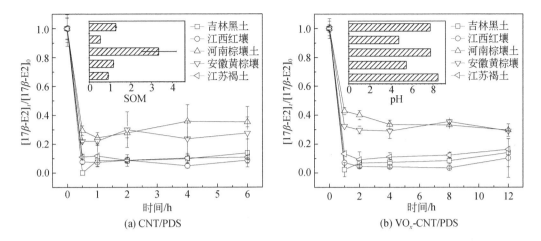

图 7-19 CNT/PDS 和 VO$_x$-CNT/PDS 对不同地区不同类型土壤中 17β-雌激素的降解情况

反应条件：C_0（污染物）=20mg/kg，n（污染物）/n（PDS）=1∶75，催化剂=0.005g，土∶水=1∶2，T=30℃

的 VO$_x$-CNT 扣除土壤基质的干扰后 XRD 图谱也未出现明显变化，表明两种催化剂在反应过程中不涉及元素晶态变化。在 FTIR 图谱中 [图 7-20（b）]，CNT 与 VO$_x$-CNT 均出现—OH、CH$_2$（不对称/对称）、C—O（来源于醚、醇、酸酐、内酯或羧酸）及奎宁类型的羰基谱峰，且含量大体相当，VO$_x$-CNT 中羟基官能团稍微增多；土壤反应后的 VO$_x$-CNT 在 959cm^{-1} 处的强吸附峰消失，在 772cm^{-1} 处的吸附峰增强，前者可能是钒氧化态的转变引起的，后者则可能是土壤基质的干扰所致。在 Raman 光谱中 [图 7-20（c）]，CNT、VO$_x$-CNT 及土壤反应后 VO$_x$-CNT 的 I_D/I_G 值分别为 1.14、0.93 及 0.90，表明钒氧化物改性过程中，钒氧化物可能与碳纳米管上的缺陷碳原子进行键结合从而导致 VO$_x$-CNT 的 I_D/I_G 值低于 CNT，且在土壤污染物去除过程中，碳纳米管表面的缺陷碳原子也会参与反应，从而导致 I_D/I_G 值进一步下降。在 XPS 能谱中，CNT、VO$_x$-CNT 及土壤反应后 VO$_x$-CNT 的 C$_{1s}$ 能谱峰无明显差异 [图 7-20（d）]，而在 VO$_x$-CNT 的 O$_{1s}$ 能谱峰中出现的钒氧化物中氧原子结合能则在土壤反应后消失 [图 7-20（e）和（f）]，表明钒氧化物确实参与了催化氧化过程，导致其形态发生变化；VO$_x$-CNT 及土壤反应后 VO$_x$-CNT 的 $V_{2p\ 3/2}$ 的电子能级均出现在 517.0eV 和 517.4eV 处 [图 7-20（h）和（g）]，其中，土壤反应后 VO$_x$-CNT 的低氧化态钒键能升高 1.2eV，该键能的变化说明在催化氧化过程中存在低氧化态钒向高氧化态钒转变的过程，而此过程中的电子转移则大多用于过硫酸盐的还原，这与 Fang 等（2017a）对钒氧化物活化过硫酸盐降解 PCBs 的机理研究结果相一致：V$_2$O$_3$ 中的 V（Ⅲ）通过电子转移将 PS 活化为 SO$_4^-$•和 V（Ⅳ）（VO$_2$），过程中形成的 V（Ⅳ）进一步将电子转移到 PS 上，生成 SO$_4^-$•和 V（Ⅴ）（V$_6$O$_{13}$）。此外，VO$_2$ 和 V$_2$O$_5$ 也可通过 V（Ⅴ）的还原再生再次激活 PS 来降解 PCBs。对反应环境因素的探索发现即使相对较低的 V 离子浓度（0.01mmol/L）也可以有效地活化 PS 降解 PCBs（Fang et al.，2017b），且适当添加腐殖酸有助于 PS 的活化。此外，在某些类型腐殖酸存在条件下，较高的反应体系 pH 有利于 PS 活化和污染物降解，但本书中，均呈弱碱性的棕壤和褐土对污染物的降解效率有所差异，高 SOM 含量的棕壤中污染物的降解明显不如低 SOM 含量的褐土，猜测土壤复杂的成分会干扰 pH、影响有机质对钒氧化物对 PS 活化。

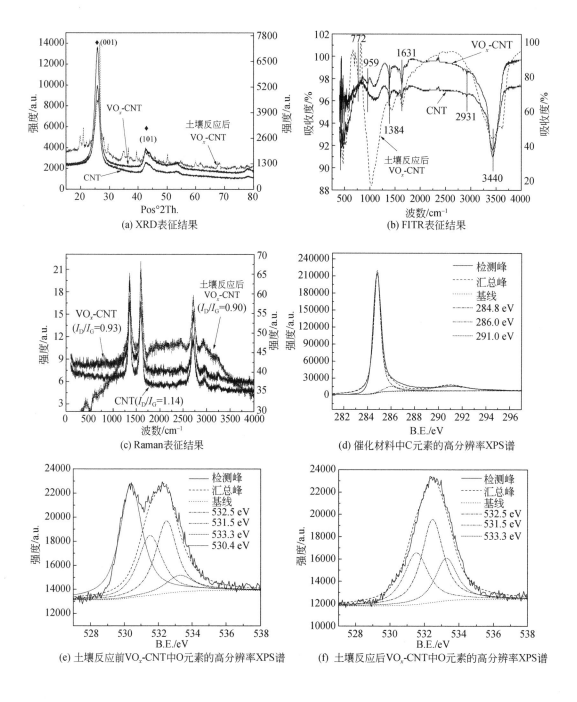

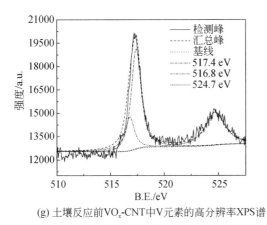
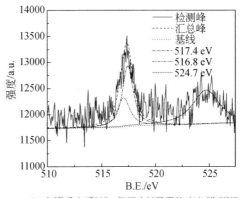

(g) 土壤反应前VO$_x$-CNT中V元素的高分辨率XPS谱   (h) 土壤反应后VO$_x$-CNT中V元素的高分辨率XPS谱

图 7-20　对催化材料的表征结果

反应条件：C_0（污染物）=20mg/kg；n（污染物）/n（PDS）=1:50，CNT/VO$_x$-CNT=0.005g，土:水=1:2，T=30℃

为了阐明 CNT/PDS 和 VO$_x$-CNT/PDS 体系中产生的自由基及其种类，使用乙醇、叔丁醇和苯酚作为自由基猝灭剂，对两种体系进行自由基猝灭实验，结果如图 7-21（a）所示。猝灭实验的结果表明，在 CNT/PDS 和 VO$_x$-CNT/PDS 体系中乙醇和叔丁醇的存在对 17β-E2 的降解几乎没有抑制影响，只有苯酚存在时，可以观察到反应监测时间结束时其对 17β-E2 的降解有所抑制，抑制率为 15%左右；这与 nZVI/PDS 反应体系相似，表明降解反应可能在催化剂或者土壤颗粒物表面发生，苯酚含有的苯环结构可作为 π 电子受体与 CNT、VO$_x$-CNT 或者土壤颗粒物表面的富 π 电子区域反应，从而实现对颗粒物表面反应的猝灭，而乙醇和叔丁醇只能存在于液相，无法起到很好的猝灭效果。此外，由于苯酚能同时猝灭 SO$_4^-$·和·OH，在该反应体系中起作用的活性自由基可能是 SO$_4^-$·和·OH，且由于苯酚的加入并没有达到 100%的抑制效率，体系中可能存在其他氧化基团。应用 ESR 进一步确定自由基种类[图 7-21（b）]，CNT 由于纯度关系，未获得有效 ESR 图谱，而在 VO$_x$-CNT/PDS 液相降解体系中，观察到 DMPO-OH 和 DMPO-SO$_4$ 的复合信号峰，将反应溶液调节至酸性时，还可发现改性过程中添加的 CH$_3$CHOOH 与 DMPO 反应产生的 DMPO-CH$_3$CHOOH 六重峰；在 VO$_x$-CNT/PDS 土壤降解体系的上清液和泥水混合物中均检出 DMPO-X 的典型七重峰，DMPOX 是由强氧化物和 DMPO 在二次氧化还原过程中生成的衍生物，如表面活化的 PMS、次氯酸和二氧化氯均可产生 DMPOX，而 DMPO-SO$_4$ 也可因其较低的灵敏度和较短的寿命分解为 DMPOX。猜测 VO$_x$-CNT/PDS 土壤降解体系中，土壤 SOM 会与 VO$_x$-CNT、PDS 或者体系产生的自由基产生反应，生成一些强氧化物氧化 DMPO，而 SO$_4^-$·和·OH 可能会因为产生于颗粒物表面和产生的量较少而不易被 DMPO 捕捉。

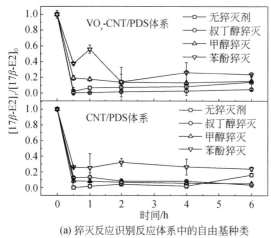 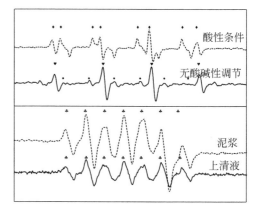

(a) 猝灭反应识别反应体系中的自由基种类　　(b) ESR检测识别VO$_x$-CNT/PDS反应体系中的自由基种类

图 7-21　对土壤反应体系中自由基种类识别的结果示意图

反应条件：C_0（污染物）=20mg/kg，n（污染物）/n（PDS）=1∶50，催化剂=0.005g，土∶水=1∶2，T=30℃

总结污染物在 CNT/PDS 和 VO$_x$-CNT/PDS 体系中的降解过程：加入催化剂使污染物吸附于其表面，随后加入氧化剂形成催化剂-氧化剂-污染物-颗粒物的复合物，碳材料表面的活性官能团为活化 PDS 提供电子及场所，产生的自由基会直接与吸附到表面的污染物反应，从而将其降解。而在 VO$_x$-CNT/PDS 体系中，改性碳纳米管表面的钒氧化物也参加活化过程，低氧化态钒与过硫酸盐反应，产生高氧化态钒和硫酸根及硫酸根自由基，活化过程可大致推论如下：

$$\equiv V(III) + S_2O_8^{2-} \longrightarrow SO_4^- \cdot + \equiv V(IV) + SO_4^{2-}$$

$$\equiv V(IV) + S_2O_8^{2-} \longrightarrow SO_4^- \cdot + \equiv V(V) + SO_4^{2-}$$

7.3.4　纳米材料结合过硫酸盐的方法应用评价

1. 发芽实验毒性评估

通过植物发芽实验从宏观角度评价不同催化氧化体系应用后土壤的生态毒性，调研发现所采土壤样品地区主要种植的作物为玉米和济麦，因此，以玉米和济麦为农田耕作作物的代表，进行为期一周的发芽实验，试验过程中控制土壤含水率为田间持水量的70%，实验结束后测量各组作物的发芽率、根数、茎长、叶长及最长根长度，结果见表 7-8。在 nZVI/PDS 体系中，所有的玉米培养组均实现了 100%的发芽率，但与暴露组相比，nZVI/PDS 处理提高了玉米最大根长的长度，减少了培育玉米的根数，缩短了茎长和叶长，表明残留氧化剂、催化剂对玉米的培育生长存在一定影响；在小麦培养组中，磺胺甲噁唑暴露组及处理组均实现了 100%的发芽率，毒死蜱暴露组的发芽率为 93.3%，表明毒死蜱本身存在对济麦的发芽毒性，但经过 nZVI/PDS 处理后发芽率会提高至 96.7%，且除了茎长数值无明显变化外，处理组的济麦根数、叶长及最大根长均有明显提高。

表 7-8　济麦与玉米在不同试剂处理的土壤中发芽相关的数据

体系	SMX		nZVI/PDS/SMX		Chl		nZVI/PDS/Chl		17β-E2		CNT/PDS		VO$_x$-CNT/PDS	
植物类型	玉米	济麦	玉米	济麦	玉米	济麦	玉米	济麦	玉米	济麦	玉米	济麦	玉米	济麦
发芽率/%	100	100	100	100	100	93.3	100	96.7	100	90	100	100	100	100
根数	4.63	4.46	4.50	4.82	3.97	4.32	3.47	4.76	5.5	6.5	5.8	5.5	6.5	6
茎长/cm	2.18	2.27	2.06	2.12	1.90	2.03	1.83	2.16	3.19	1.96	4.46	2.13	4.15	1.95
叶长/cm	3.26	4.85	2.54	5.88	1.39	5.80	1.06	7.71	1.27	7.29	1.75	5.49	0.98	6.2
最大根长/cm	6.44	3.29	7.97	5.97	7.28	9.64	6.85	10.61	6.33	9.39	6.09	8.28	9.21	7.04

注：所有数值均为平均数。

在 CNT/PDS 和 VO$_x$-CNT/PDS 体系中，玉米培养组均实现了 100%的发芽率，CNT/PDS 处理可明显促进玉米茎的生长，但对其他生长指标的促进作用不明显；而 VO$_x$-CNT/PDS 处理除了对叶长有所抑制外，还能明显促进玉米根数、茎长及最大根长的长度。在济麦培育组，CNT/PDS 和 VO$_x$-CNT/PDS 处理均可改善济麦的发芽情况，实现 100%的发芽率，但 CNT/PDS 处理并没有对济麦其他生长指标产生明显改善效果，除了茎长稍有增长外，处理组济麦的根数、叶长及最大根长均低于暴露组；VO$_x$-CNT/PDS 处理体系与之类似，根数、叶长及最大根长度也低于暴露组，茎长则与暴露组相当。

短期植物发芽实验结果表明，当土壤污染物本身生态毒性较大时，氧化处理可通过直接降低污染物浓度来明显改善土壤环境，如毒死蜱污染土壤在经过 nZVI/PDS 处理后，济麦培育明显得到改善。而对于本身生态毒性不明显的污染物，氧化处理残留的催化剂、氧化剂及降解产物等会对玉米和济麦的短期生长发育产生一定的影响，这种影响会因污染物种类、作物种类的不同而不同，如 CNT/PDS 和 VO$_x$-CNT/PDS 处理改善了 17β-雌二醇污染土壤中玉米的生长发育，而对济麦的生长发育改善不明显。

2. 土壤微生物活性及营养元素含量的变化

对 nZVI/PDS 氧化处理后的土壤进行酶活性及营养元素的监测，并辅以生物毒性测试实验。检测的酶活性包括土壤脲酶、磷酸酶及过氧化氢酶，观察氧化处理后土壤氮元素和有机磷的转化及对过氧化氢降解能力的变化；检测的土壤营养元素包括有效磷、有效钾、氨氮和硝态氮，综合反映处理后土壤肥力的变化。

由图 7-22（a）和（b）可知，磺胺甲噁唑与毒死蜱污染的土壤经 nZVI/PDS 处理后，土壤的脲酶、磷酸酶及过氧化氢酶活性均有所提高（0d 时为污染土壤的酶活性数值），其中，磺胺甲噁唑污染土壤的脲酶活性从 270.50U/g 提高到 460.43U/g，碱性磷酸酶从 1.95U/g 提高到 3.21U/g，过氧化氢酶从 8.98U/g 提高到 10.91U/g，毒死蜱污染土壤的脲酶从 336.69U/g 提高到 515.11U/g，碱性磷酸酶从 1.42U/g 提高到 1.74U/g 及过氧化氢酶从 15.15U/g 提高到 16.10U/g；以明亮发光杆菌的发光率评估反应后土壤的毒性，磺胺甲噁唑污染土壤的初始发光率为 49.5%，经三周处理后发光率会提高至 74.8%，毒死蜱污染的土壤类似，三周处理后明亮发光杆菌的发光率从初始的 51.2%提高到 81.1%，且发光率逐步提升趋于稳定。与此同时，磺胺甲噁唑污染土壤的氨氮与硝态氮含量在处理后未产生明显变化[图 7-22（c）]，而有效磷含量则在氧化处理后出现波动下降,而在毒死蜱污染土壤中,硝态氮和有效磷在 nZVI/PDS 处理后未产生明显变化[图 7-22(d)],但氨氮含量则出现明显下降。

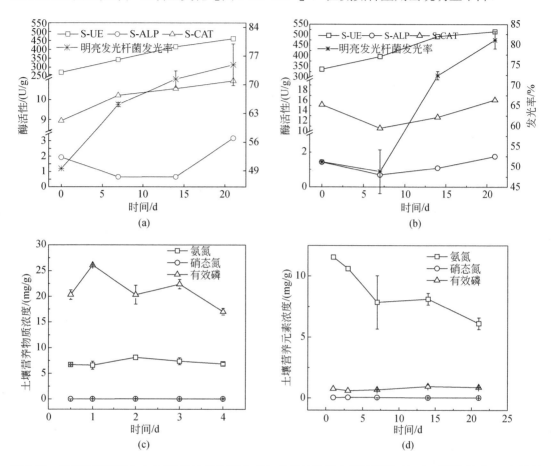

图 7-22 SMX/nZVI/PDS(a)和 Chl/nZVI/PDS(b)体系处理后土壤的脲酶(UE)、磷酸酶(ALP)和过氧化氢酶(CAT)酶活的变化及发光菌测试结果及 SMX/nZVI/PDS(c)和 Chl/nZVI/PDS(d)体系处理后土壤的氨氮、硝态氮、有效磷及有效钾的变化及发光菌测试结果

对暴露组、PDS 处理组及 CNT/PDS 或 VO_x-CNT/PDS 氧化处理组的土壤酶活进行长达五周的监测,结果见图 7-23。对于土壤脲酶,PDS 处理会在一开始提高其活性,但随着处理时间的加长,脲酶活性逐渐下降,而 CNT/PDS 或 VO_x-CNT/PDS 氧化处理的土壤虽然会在一开始降低脲酶活性,但随着处理时间的延长,其活性会逐渐恢复上升至暴露组水平;对于土壤过氧化氢酶,PDS 不对其产生明显影响,CNT/PDS 氧化处理会提高其活性,而 VO_x-CNT/PDS 处理则会稍微抑制其活性;PDS 处理、CNT/PDS 及 VO_x-CNT/PDS 氧化处理均未对土壤磷酸酶活性产生明显影响。与此同时,对处理后土壤营养元素监测的结果表明,CNT/PDS 处理后土壤的有效钾和氨氮会迅速上升再短时下降,后缓慢上升并保持相对稳定,有效磷含量则是在处理后稍微下降,硝态氮含量则不产生明显变化;VO_x-CNT/PDS 处理后,有效钾含量变化与 CNT/PDS 处理组类似,土壤氨氮则是在处理后迅速上升并保持稳

定,有效磷和硝态氮含量变化不明显。

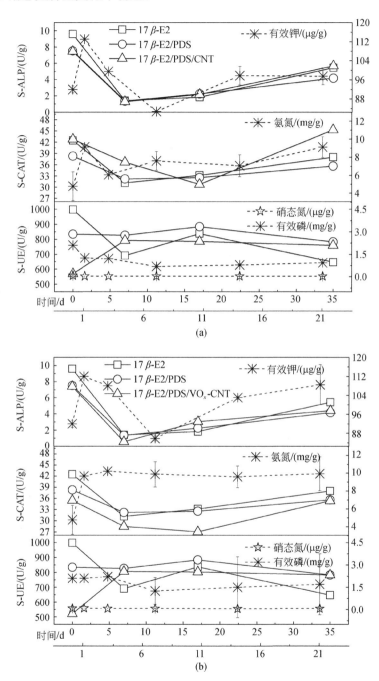

图 7-23　17β-E2、17β-E2/PDS 和 CNT/PDS 体系处理后土壤的脲酶 (UE)、磷酸酶 (ALP) 和过氧化氢酶 (CAT) 酶活性的变化及 CNT/PDS 体系处理后土壤的氨氮、硝态氮、有效磷和有效钾的变化 (a) 及 17β-E2、17β-E2/PDS 和 VO$_x$-CNT/PDS 体系处理后土壤的脲酶 (UE)、磷酸酶 (ALP) 和过氧化氢酶 (CAT) 酶活性的变化及 VO$_x$-CNT/PDS 体系处理后土壤的氨氮、硝态氮、有效磷和有效钾的变化 (b)

上述监测结果表明,氧化处理可能会在短时间内对土壤的酶活性和营养元素产生一些影响,但随着处理时间的推移,这种影响会逐渐消失,并且氧化处理会将土壤中的大分子有机物氧化为小分子有机物,可在一定程度上增强土壤肥力,提高土壤微生物新陈代谢速率。

3. 开放式大田试验结果

以毒死蜱和17β雌二醇为代表污染物,对1m×2m农田表层30cm土壤进行染毒(20mg/kg),自然放置3d后进行处理,催化剂的使用量控制在0.5~1.0kg/m²,处理放置1周后进行翻耕和玉米播种,定期进行土壤样品采集,监测污染物浓度变化,并在玉米成熟时进行植株采集,对株高、茎粗、生物量、玉米数、玉米直径、玉米长及秃尖长进行记录,实验结果见图7-24。由图7-24(a)可知,与暴露组土壤中毒死蜱的浓度相比,浓nZVI/PDS处理并没有明显降低毒死蜱的浓度,但可以明显降低毒死蜱最大有毒副产物TCP的浓度。TCP在自然环境中的稳定性较毒死蜱更高,导致其更难降解,且本身具有较大毒性,水

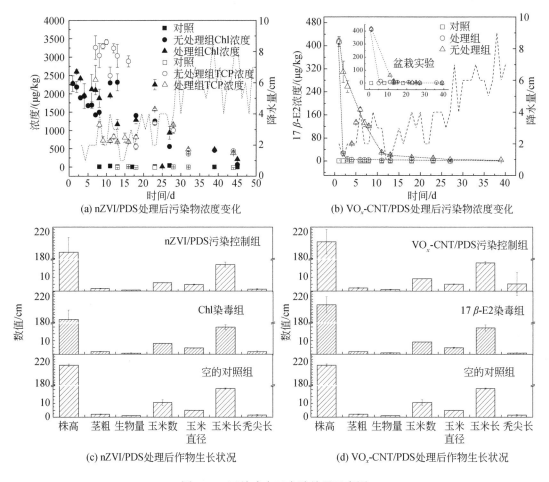

图7-24 开放式大田实验结果示意图

(c)和(d)中生物量单位为kg,玉米数单位为个

溶性较好，更易污染环境水体和土壤，会放大环境中残留毒死蜱的危害，因此TCP度的下降可使整体土壤毒性下降。由图7-24（a）可知，毒死蜱与TCP浓度差异在处理的前25d尤为明显；25d后进入雨季，降水量明显增加，导致土壤中污染物向四周环境流失的量增加，处理组和暴露组的污染物浓度差距减小；当处理时间长达50d时，两组污染物浓度不再有明显差距，但仍高于对照组，且残留的污染物浓度明显降低了种植玉米的株高和玉米数［图7-24（c）］，而nZVI/PDS处理会稍提高玉米的株高。由图7-24（b）可知，经VO_x-CNT/PDS处理，土壤中17β雌二醇的浓度在3d后便可以降低到对照组水平。盆栽实验结果与之相一致，培育的玉米植株与对照组、暴露组相比，长势未出现明显差异，且玉米植株的茎直径会有所提高，玉米秃尖长度也有所增长。

上述结果表明，当以实验室控制的高剂量进行开放式大田暴露和降解处理时，氧化处理可以通过降低污染物或者污染物有毒副产物的浓度来降低土壤毒性，不仅对作物的生长发育产生明显影响，甚至可以改善作物的某些生长指标。考虑实际环境中污染浓度更低，氧化处理对土壤的污染控制效果会更佳，对作物的影响也会更小。

随着我国现代化农业的发展，土壤质量控制必不可少，而基于纳米金属材料和纳米碳材料的化学强化削减控制法均可实现快速、高效的有机污染物去除，且应用后的土壤生态毒性在可接受范围内，该方法可为土壤有机物污染控制提供新思路。与此同时，纳米材料的蓬勃发展会持续不断地为该技术注入新动力，随着未来更加廉价、绿色、高效纳米催化材料的发展及应用，化学削减控制法在土壤有机物污染控制和修复中会体现出巨大的应用优势。

7.4 耦合生源要素循环的稻田有机氯农药污染强化削减调控原理与方法

稻田是我国最主要的农业生态系统之一，现有面积约占全国耕地总面积的1/3，水稻产量约占全国粮食总产量的50%，是具有重大经济意义的生态资源，对维护我国粮食安全和环境健康起着举足轻重的作用。在长期水耕和植稻的人为培育条件下形成的水稻土，具有明显区别于其他土壤类型的土壤发生学特性，包括氧化-还原交替过程和铁锰等元素的形态转化与淋溶过程以及稻田耕作层的形成与演化等，因而是研究土壤生物地球化学循环过程的理想模型（于天仁等，1983；吴金水等，2015；贺纪正等，2015）。稻田土壤中关键生源要素的氧化还原过程、耦合机理及其驱动的微生物学机制是农田有毒有害化学污染强化削减和调控研究的重要内容。

在水稻土等厌氧环境中，有机氯农药的生物脱氯是一个由微生物介导的还原反应过程，在这种反应中，有机氯农药充当电子受体而被还原（冯曦等，2017；宋长青等，2016）。而土壤环境中碳、氮、硫、铁等生物化学循环过程的发生也主要是通过一系列氧化还原过程实现的，这些氧化还原反应过程实质上是电子传递的过程，即微生物将电子从有机质等电子供体传递给电子受体的过程（冯曦等，2017）。因此，除了特定的有机碳化合物和H_2等电子供体外，其他的电子受体如NO_3^-、Fe（III）、SO_4^{2-}等也会影响微生物的厌氧还原脱氯（Xue et al., 2017；Zhu et al., 2018；Xu et al., 2018；Cheng et al., 2019）。厌氧微生物的活动将导致有机质厌氧分解及高价矿物质的还原，特别是在淹水土壤环境或厌氧沉积物中，这些由微生物介导的重要生物化学反应，包括NO_3^-、Fe（III）、SO_4^{2-}的还原和产甲烷过程，对厌氧环境中生源要素和污染物的生物地球化学循环具有重要的调节功能（Xu et al., 2015；徐建明，2016）。

因此，以稻田系统和稻田中可还原降解的残留有机氯农药为研究对象，以微生物异化还原作用介导的氧化还原反应为切入点，以外源电子供体/受体/穿梭体等对土壤生源要素以及污染物还原转化等多种还原过程中电子传递路径的影响和调控作用为核心，探究有机氯农药对稻田微生物种群和关键功能菌定向演变的诱导效应，阐明耦合生源要素循环的稻田有机氯农药强化削减的化学-微生物学耦合介导机制，预期成果可为发展协调稻田中污染物削减、温室气体减排、还原物质毒害降低的污染稻田综合调控新原理与措施提供重要科技支撑。

7.4.1 电子供体对强化有机氯农药还原脱氯降解的调控作用与机制

有机氯农药的还原程度受电子供体的影响很大，电子供体不仅能减缓有机氯农药对环境中微生物的毒害作用，还能被微生物利用产生能量来维持自身的生长发育。电子供体在代谢过程中产生的H_2能够供给脱氯菌生长使用，从而促进氯代有机污染物的降解。对于严格型脱氯呼吸菌来说，只能利用H_2和乙酸盐作为电子供体；而对于非严格型脱氯呼吸菌，可以利用H_2和碳源等多种电子供体。常见的电子供体包括甲酸钠、乙酸钠、丙酮酸钠、乳酸钠等。

在天然淹水土壤中，通过设置不同的还原条件（硫还原条件和产甲烷条件）以及外源添加不同的电子供体（甲酸钠、乙酸钠、丙酮酸钠、乳酸钠），研究了典型有机氯农药五氯酚（pentachlorophenol，PCP）的还原脱氯降解与土壤中典型氧化还原过程的关系。结果表明，经过63d的批处理培养试验，在不同还原条件下，外源电子供体添加均会促进PCP的还原降解，丙酮酸钠的促进效果最为显著（$P<0.001$），其次依次是乳酸、乙酸、甲酸。同时，外源电子供体的添加也促进了培养体系中甲烷的生成，其中，以丙酮酸处理中的甲烷生成量最高（图7-25）。此外，外源电子供体的添加也非选择性地促进了培养体系中铁/硫还原，进而表现出可能加重土壤中铁/硫还原物质毒害的负效应。结合考虑不同外源电子供体添加对PCP还原降解和土壤其他还原过程影响的综合效应发现，乙酸钠是协调PCP还原脱氯降解与土壤天然氧化还原过程间相互作用的最佳电子供体，可在促进绝大部分PCP还原降解的同时，最大限度避免由外源电子供体添加可能导致的稻田甲烷增排和铁/硫还原物质毒害形成的负面效应（Zhu et al., 2019a）。

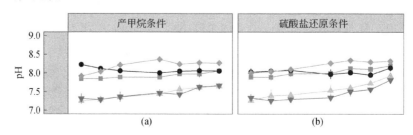

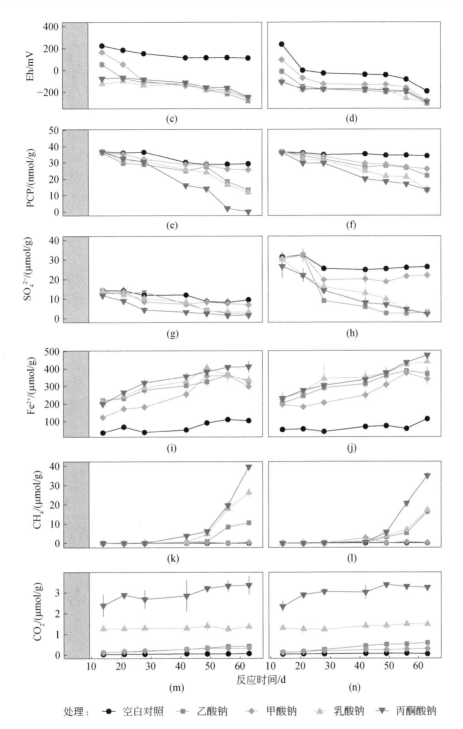

图 7-25　不同还原条件下土壤 pH [（a）和（b）]、Eh [（c）和（d）]、PCP 浓度 [（e）和（f）] 以及典型氧化还原过程 [（g）~（n）] 的动态变化

结合细菌和古菌的 16S 高通量测序，通过微生物生态共现性网络分析（图 7-26）发现，

土壤微生物群落在不同还原条件下均会形成几个主要的模块（功能类群），并且属于 Clostridia 纲的微生物种在各个模块中均占比最高，表明这些核心功能微生物组群可能在有机氯农药还原脱氯降解以及土壤典型氧化还原过程中扮演着重要的角色。值得注意的是，共现网络中的产甲烷模块（C4 和 S2，以一些典型的产甲烷古菌为主）与主要的细菌模块（C1 和 S1）在不同还原条件下都有着紧密的相关关系（$P<0.05$）。而且在 Spearman 相关分析过程中，除了典型的铁/硫还原过程与 PCP 还原脱氯降解过程有着显著的相关关系之外，甲烷生成量和 PCP 在土壤中的残留量有着显著的正相关关系（$P<0.05$）。因此，产甲烷古菌可能通过与一些细菌构建核心功能微生物组群，直接或间接地在 PCP 还原脱氯降解过程中发挥作用。通过进一步对各模块中相对丰度占比前 10% 的 OUT 分析发现，外源电子供体的添加会显著增加核心功能组群中微生物的相对丰度（$P<0.001$），如发酵菌（Clostridia）、潜在的铁还原菌（Natronincola、Geosporobacter）、硫还原菌（Desulfuromonadaceae）、产甲烷菌（Methanosarcinaceae）以及脱氯菌（Desulfitobacterium）等（图 7-27），因此，缺氧环境如土壤中，本底的氧化还原过程与还原脱氯降解过程能通过微生物的作用耦合在一起，外源电子供体的添加是调控有机氯农药还原脱氯降解和土壤本底氧化还原过程的重要手段之一（Zhu et al., 2019a）。

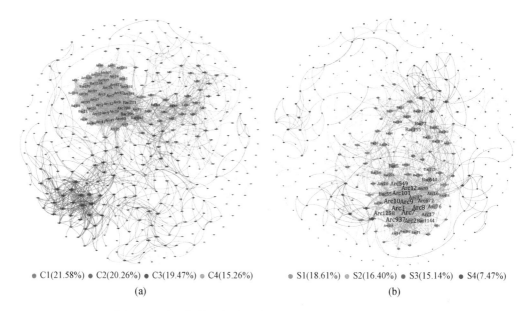

● C1(21.58%) ● C2(20.26%) ● C3(19.47%) ● C4(15.26%)　　● S1(18.61%) ● S2(16.40%) ● S3(15.14%) ● S4(7.47%)

(a)　　　　　　　　　　　　　　　　(b)

图 7-26　基于相关分析的土壤细菌和古菌 OTUs 的共存网络

网络 C（a）包括产甲烷条件下的所有样品，网络 S（b）包括硫酸盐还原条件下的所有样品。节点由模块化类别着色，具有标记的分类学隶属关系。图中只显示了每个网络中最主要的四个模块。两个节点（边缘）之间的连接代表强（Spearman $\rho>0.6$）和显著（$P<0.01$）相关，每个节点的大小与连接数（度）成比例

在上述研究基础上，选择四种电子供体处理中 PCP 降解效果最好的丙酮酸钠作为电子供体，基于不同浓度的产甲烷抑制剂（BES）和辅酶 M（CoM）的添加对产甲烷过程的调控（抑制或促进）效应，进一步探究了在电子供体充足条件下产甲烷过程对 PCP 还原脱氯的影响和作用机制。结果表明，在抑制产甲烷条件下，几乎没有甲烷产生，PCP 还原脱氯

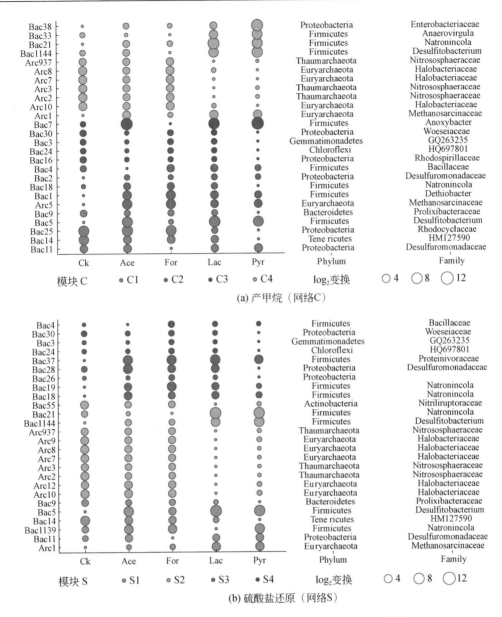

图 7-27 产甲烷（网络 C）和硫酸盐还原（网络 S）条件下的网络模块 C1～C4 和 S1～S4 中主要 OTUs 的相对丰度变化

降解过程也受到显著抑制；而在促进产甲烷条件下，PCP 的还原脱氯降解过程被显著加速（图 7-28）。并且随着培养后期甲烷生成速率的增加，PCP 的降解速率显著增加（图 7-29），表明在天然淹水土壤中产甲烷过程可以调控 PCP 还原脱氯降解过程。通过对不同条件下响应（显著增加或减少，$P<0.05$）的微生物分析得出，*Desulfitobacterium*、*Dethiobacter*、*Sedimentibacter*、*Bacillus* 和 *Methanosarcina* 可能是间接参与还原脱氯降解过程中的关键微生物。本书揭示了产甲烷过程与有机氯农药还原脱氯降解过程潜在的协同耦合关系，为在厌氧土壤环境中同时协调甲烷生成和促进 PCP 厌氧降解提供了新的思路。因此，多赢的调

控手段对于复杂的污染环境修复是十分必要的（Zhu et al., 2019b）。

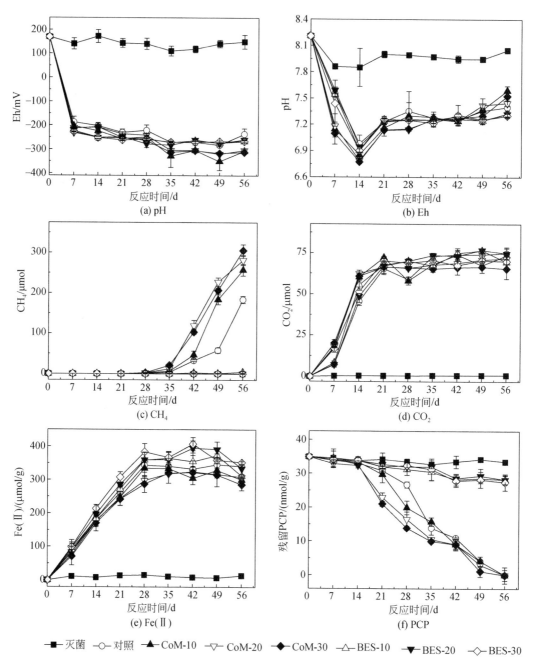

图 7-28　不同处理中土壤 pH、Eh、CH_4 和 CO_2 累积量、Fe(Ⅱ) 以及 PCP 浓度的动态变化

7.4.2　电子受体对有机氯农药还原脱氯降解的影响作用与机制

土壤中大量存在的硝酸盐、硫酸盐、金属以及腐殖酸等可使土壤不同氧化还原过程

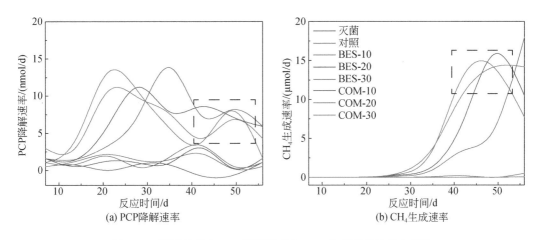

图 7-29 不同处理中 PCP 降解速率和 CH$_4$ 生成速率的动态变化

之间的关系更加复杂化。淹水土壤中，一般微生物对无机电子受体的利用顺序为 NO_3^- > Mn(Ⅳ) > Fe(Ⅲ) > SO_4^{2-} > CO_2 (Achtnich et al., 1995; Xu et al., 2015)。由于这些电子受体与微生物竞争有限的电子供体，有机氯农药的还原脱氯降解过程受到抑制。

强还原性稻田土壤因长期处于低通气环境，土壤中 N 大量缺失，而还原态 S 大量富集，形成了缺氮、富硫的土壤环境。基于厌氧泥浆培养，选择 PCP 为代表性有机氯农药，通过外源添加氮源 $NaNO_3$（同时设置不同浓度，1mmol/L、5mmol/L、10mmol/L 和 20mmol/L）以及硫酸盐还原抑制剂 Na_2MoO_4（20mmol/L）探究了自然还原条件的强还原性土壤中其他电子受体的竞争还原过程（NO_3^-、SO_4^{2-}）对有机氯农药（PCP）还原脱氯降解过程的影响以及这些还原过程中的微生物响应。结果发现，不同外源处理下，PCP 脱氯均在培养第 60d 开始启动，通过邻位脱氯形成唯一产物 2,3,4,5-TeCP；与对照相比，PCP 还原脱氯除在中氮处理（10mmol/L $NaNO_3$）中无显著差异外，在低氮处理（1mmol/L 和 5mmol/L $NaNO_3$）和抑制硫酸盐还原处理（20mmol/L Na_2MoO_4）中均被显著促进（$P<0.05$），而在高氮处理（20mmol/L $NaNO_3$）中被显著抑制（$P<0.05$）。与此同时，外源 NO_3^- 在培养的第 12d 均全部还原，SO_4^{2-} 还原则在低氮处理下被促进，在中氮和高氮处理下被抑制（图 7-30）。这表明通过补给适量而不是过量硝酸盐或抑制硫酸盐还原的发生均可有效促进 N 缺乏且 S 富集的淹水土壤中 PCP 的还原脱氯，而高氮处理中脱氯受到抑制可能与 NO_3^- 过量补给后作为选择性电子受体竞争还原从而抑制土壤中的其他还原过程有关。基于高通量测序分析，通过对比不同外源电子受体添加处理和对照处理中微生物相对丰度的显著变化，发现不同处理中微生物表现出差异性的富集响应，*Dethiobacter*、*Desulfoporosinus*、*Pesudomonas*、*Desulfovbrio* 是硝酸盐处理中响应 PCP 还原脱氯变化特征的敏感功能菌，此外，*Bacillus* 是适量硝酸盐处理中的核心功能菌，*Halomonas* 是过量硝酸盐处理中的核心功能菌；而在钼酸钠处理中则主要是 *Sedimentibacter*、*Geosporobacter_Thermotalea*（图 7-31）。这表明，在缺氮、富硫的强还原性土壤中可分别通过适量补给氮源或抑制硫酸盐还原，以调控构建不同的核心功能微生物菌群，从而达到加速有机氯农药还原脱氯降解的效果。但两种调控途径构建的核心功能菌群有所不同，且特别值得强调的是，两类核心功能菌群中发挥脱氯功能的均不是典型的专性脱氯菌（图 7-31）(Cheng et al., 2019)。

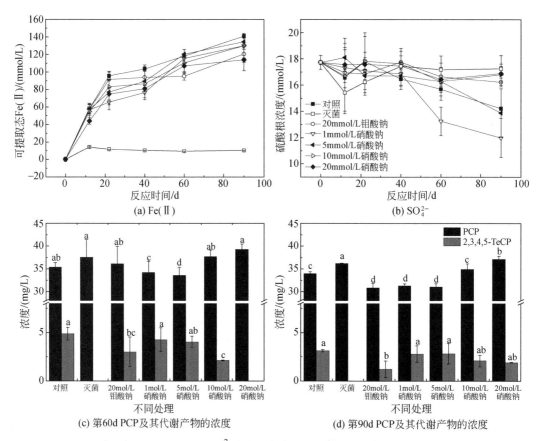

图 7-30　不同处理中可提取 Fe（Ⅱ）和 SO_4^{2-} 浓度动态变化以及第 60d 和第 90d PCP 及其代谢产物的浓度

不同字母代表样品间有显著性差异（$P<0.05$），下同

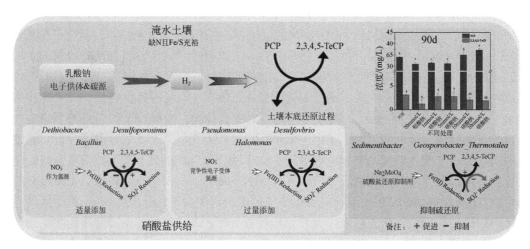

图 7-31　微生物调控缺氮富硫的强还原土壤中自然电子受体还原过程和 PCP 还原脱氯降解过程示意图

此外，基于土壤悬液厌氧培养试验，在富含铁、硫的土壤中通过外源调节体系不同 Fe/S 条件（CK、8/1、3/1、2/1、1/1、1/2 和 1/3）进一步研究硫酸盐还原和铁还原对 PCP 还原脱氯降解过程的影响，采用 qPCR 技术分析了硫酸盐还原菌、脱氯菌（*Dehalococcoides*）

和铁还原菌地杆菌属（*Geobacter*）等相关功能基因的丰度变化。研究发现，40d 的厌氧培养过程中，7 个梯度 Fe/S 条件对 PCP 削减的影响作用有所不同。与对照处理相比，2∶1、3∶1 和 8∶1 的 Fe/S 比处理中促进了 PCP 的削减，而其余小于等于 1 的 Fe/S 比较低处理则对 PCP 的削减产生了抑制作用（图 7-32）。这说明 SO_4^{2-} 的存在对 PCP 削减的影响与其浓度有较大的关系，当 Fe/S 在 8∶1～2∶1 时能够促进 PCP 的削减，这可能是因为此时 Fe(II) 对 PCP 削减的促进作用大于 SO_4^{2-} 对 PCP 削减的抑制作用；并且铁氧化物可以沉淀 S^{2-}，从而抵消 S^{2-} 对微生物活性造成的负面影响（Xue et al.，2017）。

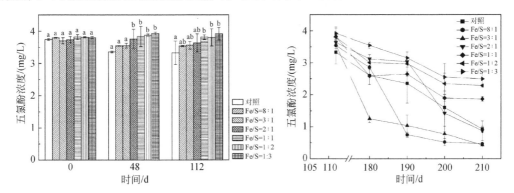

图 7-32　不同 Fe/S 比条件下铁还原和硫还原对 PCP 还原脱氯降解的影响

不同字母代表样品间有显著性差异（$P<0.05$），下同

7.4.3　电子穿梭体对有机氯农药还原脱氯降解的影响作用与机制

微生物可利用环境中存在的或细胞自身合成的具有氧化还原活性的物质来促进细胞向胞外传递电子，这类物质称为电子穿梭体。常见的电子穿梭体包括腐殖质、醌类化合物、硫化物、核黄素等微生物自身分泌物以及生物质炭等物质。

为了探究生物质炭电子穿梭性能对土壤微生物以及与土壤本底氧化还原过程相耦合的还原脱氯降解过程的影响和作用机制，在无外加碳源的条件下，通过厌氧条件下为期 120d 的泥浆培养试验发现，生物质炭的添加（1%，w/w）显著促进了土壤中的铁还原和硫还原过程，但却显著抑制了 PCP 的还原脱氯降解过程（$P<0.05$）。在典型的电子穿梭体 AQDS（蒽醌 2,6-二磺酸钠）添加的处理中，当铁还原过程被更大限度促进时，PCP 还原脱氯降解过程被抑制得更为明显，进一步说明土壤中 PCP 的还原脱氯降解过程以及土壤本底典型的还原过程如铁还原、硫还原过程等会受到电子穿梭体的影响和调控，特别是在电子供体不充足的条件下。同时，该研究也表明生物质炭可能具备类似于 AQDS 的电子穿梭体功能。值得注意的是，在添加典型的硫还原抑制剂（钼酸钠）抑制土壤中的硫还原过程时，生物炭的添加显著促进了 PCP 的还原脱氯降解过程，同时产甲烷过程也被显著促进（$P<0.05$）（图 7-33）（Zhu et al.，2018）。

通过对不同处理培养 120d 后的土壤微生物群落分析发现，在非度量多维尺度分析（NMDS）图中生物质炭和 AQDS 处理与对照处理相比有明显的区分，即这些电子穿梭体的添加显著改变了土壤细菌和古菌群落结构（图 7-34）。土壤本底相对丰度最高的细菌和古菌的主要几个门类为 Firmicutes（>60%）、Bacteroidetes（>16%）、Proteobacteria（>15%）、

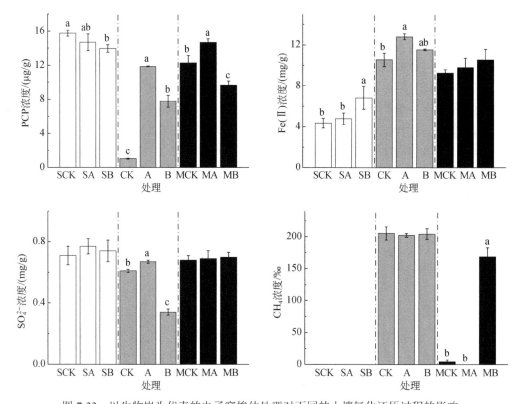

图7-33 以生物炭为代表的电子穿梭体处理对不同的土壤氧化还原过程的影响

CK，未灭菌土壤；A，未灭菌土壤+AQDS；B，未灭菌土壤+生物质炭；前缀S，灭菌处理组；前缀M，钼酸盐处理组。下同

Spirochaetes（>3%）和Euryarchaeota（>90%）。在科水平下，与未添加生物质炭处理相比较，生物质炭的添加显著增加了SB-1、Dehalobacteriaceae、Pelobacteraceae、Desulfobulbaceae和Desulfobacteraceae几个科细菌的相对丰度，而典型的产甲烷菌 *Methanosarcina* 和 *Methanolobus* 的相对丰度也分别从43.9%和35.3%增加到92.1%和70.5%。一些硫还原菌 *Desulforudaceae*、*Desulfobulbaceae* 和 *Desulfobacteraceae* 的相对丰度在硫还原抑制剂钼酸盐存在条件下显著减少（$P<0.05$），而一些发酵菌 *Clostridiaceae*、*Pseudomonadaceae* 以及脱氯菌 *Dehalobacteriaceae* 等的相对丰度却显著增加（Zhu et al.，2018）。

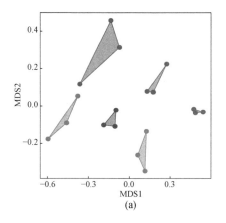

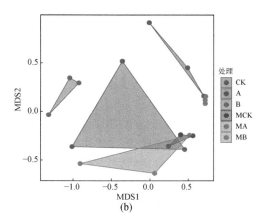

(a)   (b)

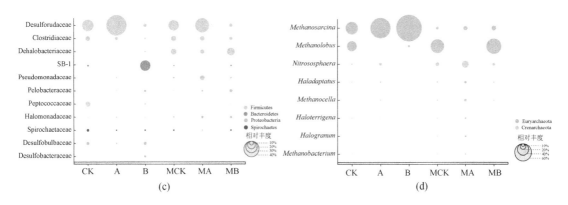

图 7-34 细菌（a）和古菌（b）群落结构的 NMDS 图及不同处理下细菌和古菌在科级（c）和属级（d）的优势菌群相对丰度

进一步计算土壤中各过程微生物还原消耗电子平衡账发现，添加生物质炭和 AQDS 相对增加了铁还原过程所消耗的电子，硫还原过程所消耗的电子量在生物炭存在时也相对增加，从而相对减少了还原脱氯过程所消耗的电子（图 7-35）。因此，该研究结果表明生物质炭在厌氧环境体系中电子受限的条件下，其作为电子穿梭体的性能可将有限的电子传递给土壤中其他更易获得电子的微生物还原过程（铁还原与硫还原过程），从而相对抑制了 PCP

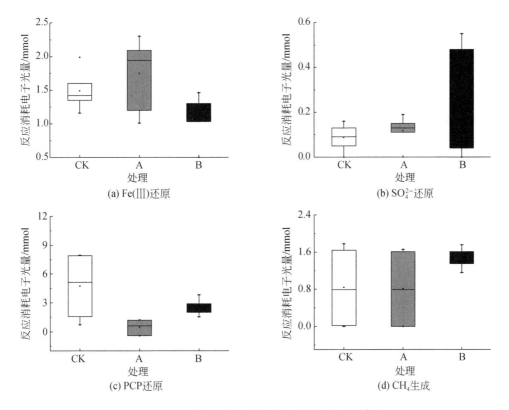

图 7-35 土壤中各过程微生物还原消耗电子平衡账

的还原脱氯降解。基于生物质炭对有机氯农药还原脱氯降解过程和土壤本底氧化还原过程间耦合关系及其过程中电子传递流向的影响作用与化学-微生物学耦合介导机制，未来的研究应集中在电子供体充足的条件下，协调微生物响应，利用生物质炭的电子穿梭特性达到对复杂污染环境的综合调控和修复效果（Zhu et al.，2018）。

7.4.4 水稻种植对有机氯农药还原脱氯降解的影响作用与机制

植物根际微生物在养分转化和吸收、病虫害防治、物质循环和能量流动等方面发挥着不可替代的作用。近年来，关于根际微生物组的群落结构特征、菌群的功能及其代谢表达，以及对外界环境胁迫的调控作用等方面的研究受到广泛关注。在长期淹水条件下，水稻根系的泌氧作用使得根际微域处于有氧-无氧交替发生的环境中，这必然影响有机氯农药的还原转化过程。因此，揭示水稻对外界环境胁迫的适应性和污染物的生物化学循环过程，可为优化有机氯农药污染稻田的调控与修复方法提供理论支撑。

基于对比在我国长江中下游流域广泛种植的典型粳稻（秀水 519）、籼稻（黄华占）和杂交稻（甬优 12）在低浓度（5mg/kg）和高浓度（20mg/kg）农药六六六（以林丹为例）污染土壤中的生长状况，探究了不同基因型水稻对林丹污染的削减，以及林丹污染下非根际土壤、根际土壤和根内微生物组装配的变化。结果表明，经过 60d 的温室培养，在污染处理中，水稻生长表型并未受到林丹胁迫的影响，植物根系和其地上部分的林丹积累量较小。但水稻种植明显抑制了高浓度污染土壤中林丹的削减效率，而杂交稻根际土壤中林丹浓度为 0.33mg/kg，显著低于籼稻"黄华占"（0.38mg/kg）和粳稻"秀水 519"（0.40mg/kg）。原位检测水稻根系泌氧量（ROL）指标发现，杂交水稻根系泌氧量最低，10h 内平均溶解氧含量为 120μmol/L（图 7-36）。上述结果说明，水稻根系泌氧能力会显著影响根际土壤中的氧化还原条件，较高的泌氧量会破坏淹水稻田中水稻根际微域的厌氧环境，进而抑制了林丹的还原脱氯削减，且这种作用在高浓度林丹污染处理中更为显著，其中又以常规稻（包括籼稻和粳稻）种植更为明显（Feng et al.，2019）。

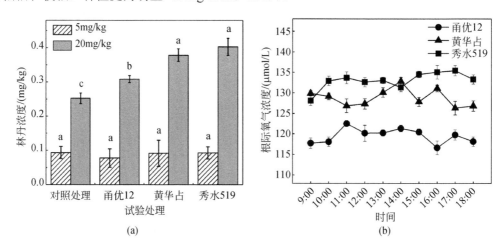

图 7-36　不同水稻品种根际土壤中林丹残留量和水稻根系泌氧量

高通量测序数据表明，高浓度污染降低了非根际土壤中微生物α-多样性，而不同水稻品种及其污染浓度间差异并不显著（$P>0.05$）。根际分区是造成微生物群落差异的主要因素，而水稻品种和污染胁迫对微生物群落组成同样有显著影响（图 7-36）。土壤中科水平的细菌 Bacillaceae 和 Comamonadaceae 在农药林丹影响下呈现相对富集的趋势，而 Solibacteraceae、Gallionellaceae 和 Streptomycetaceae 的相对丰度则分别下降了 0.47%、0.46% 和 0.33%。真菌微生物群落受林丹影响较小，只有 Lasiosphaeriaceae 科对农药林丹污染响应较为敏感（图 7-37）（Feng et al.，2019）。

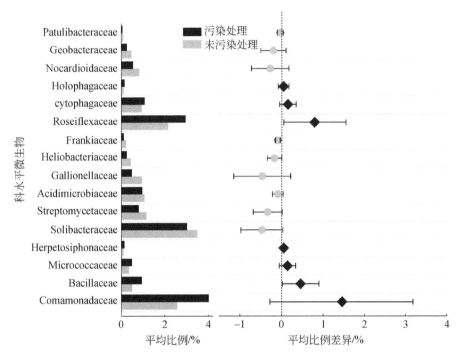

图 7-37 林丹污染下不同根际分区微生物相对丰度变化

常规水稻品种"黄华占"和"秀水 519"对林丹的胁迫响应更为敏感，其在林丹污染下显著变化的微生物占有的累积相对丰度明显高于杂交水稻。不同水稻品种间微生物组的组成具有明显差异。Actinobacteria、Chloroflexi 和 Acidobacteria 主要富集在杂交稻根际土壤中，而 Verrucomicrobia 和 Bacteroidetes 是常规栽培品种根际土壤中的主要细菌。在水稻根内区域中，Proteobacteria、Fimicutes 和 Fibrobacteres 在杂交稻中富集，常规稻中只包含了 Bacteroidetes（图 7-38）。因此，在林丹污染胁迫下，杂交水稻的微生物群落比传统常规栽培品种更稳定，受林丹污染后微生物群落变化较小。这可能是杂交稻"甬优 12"种植条件下林丹还原脱氯削减受到的抑制作用相较于籼稻"黄华占"、粳稻"秀水 519"，两种常规稻品种种植条件更强的原因（Feng et al.，2019）。

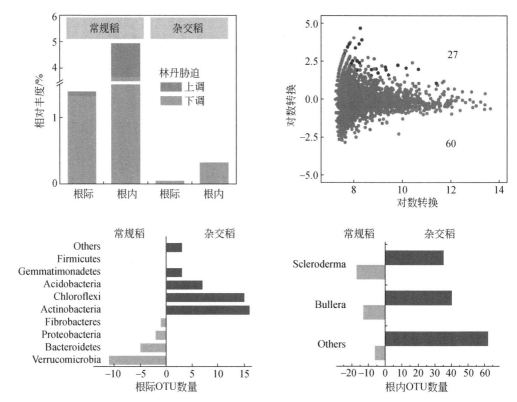

图 7-38 常规稻和杂交稻在林丹污染胁迫下不同根际分区微生物的相对丰度和 OTU 数量变化

7.4.5 耦合生源要素循环的稻田有机氯农药污染强化削减调控方法

综上所述,在稻田生态系统等多种厌氧环境下,土壤中天然存在的不同形态的氮、铁、硫等生源要素的氧化还原反应能够显著影响有机氯农药等难降解有机污染物的还原削减过程。这些由微生物厌氧呼吸作用所介导的生源要素的氧化还原循环对厌氧环境中污染物的生物地球化学过程及污染削减具有重要的调节功能,而土壤本底条件、电子供/受/穿梭体的种类和数量、参与代谢的微生物及微生物代谢中间产物以及种植植物等调控措施均会影响残留有机氯农药在稻田土壤中的还原脱氯降解。

基于以上关于电子供/受体、电子穿梭体和水稻种植环境等对稻田土壤中有机氯农药还原脱氯降解的调控作用与机制研究可总结得出。

(1) 可通过外源添加电子供体促进有机氯农药的还原脱氯降解,但该方法可同时非选择性促进温室气体甲烷的产生,因此,需要在调控促进有机氯农药还原脱氯削减的过程中关注可能发生的温室气体增排的风险。乙酸钠是调控有机氯污染削减与稻田土壤自然氧化还原过程间相互作用的最佳电子供体。

(2) 稻田中存在的选择性电子受体会显著影响残留有机氯农药的还原脱氯削减过程。通过外源调控手段干预土壤中选择性电子受体的还原过程可有效促进有机氯农药的污染削减,可达途径包括:其一,富铁硫的土壤中提高铁硫比至大于 1 以上;其二,缺氮土壤中适量而非过量补给氮源;其三,强还原富硫土壤中抑制硫酸盐还原。

(3) 作为一种电子穿梭体，生物质炭可干预一系列微生物厌氧呼吸过程中参与的电子传递过程，并通过对电子分配和电子传递流向的影响，调控土壤中生源要素的还原反应以及有机氯农药的脱氯降解过程。在电子受限的环境中，生物质炭因促进了电子向竞争性更强的土壤还原过程传递，由此可能进一步促进甲烷、二氧化碳等温室气体的排放。因此，调控过程中需要重点规避电子受限的污染稻田中可作为电子穿梭体的物质干预电子传递流向的影响。

(4) 水稻生长抑制了淹水环境中高浓度林丹的削减过程，而杂交水稻的抑制效果较传统栽培品种更低，这可能主要是受到不同水稻品种根系泌氧能力差异的影响。林丹污染胁迫会显著改变土壤和植物根内微生物群落结构，水稻品种对根际微生物的装配具有一定的选择性，推荐杂交水稻作为高浓度有机氯农药污染农田中的一种主要粮食作物品种。

总结而言，随着分子生物学技术的突飞猛进，由土壤微生物驱动的地球关键带中有机污染物的生物地球化学循环过程成为最新的科学前沿，并呈现出多介质、多界面、多要素、多过程耦合的多维特征（冯曦等，2017）。因此，正确理解稻田中由微生物介导的生源要素的生物地球化学循环过程，以及这种过程对微生物种群和关键功能菌的定向诱导，并通过改变电子传递路径最终影响稻田残留有机氯农药在厌氧环境中的还原脱氯削减过程和机制是十分必要的。基于改变电子供/受/穿梭体的数量和种类等途径来控制电子传递流向，协调好污染物快速削减，以及与温室气体排放的关系，实现多赢的修复目标，是一种重要的调控手段和防控措施，在未来的土壤有机氯农药污染修复应用中也具有广泛的前景。

7.5 土壤中病原微生物污染的强化调控与方法

农田系统由于多种污染来源，存在病原微生物污染风险。肠出血性大肠杆菌（Enterohemorrhagic *Escherichia coli*，EHEC）是一种产志贺毒素大肠杆菌属的菌种，其中大肠杆菌 O157:H7 作为与公共卫生有关的最重要的肠出血性大肠杆菌的血清型。大肠杆菌 O157:H7 感染剂量低、致病性强，甚至导致溶血性尿毒综合征（HUS）和血小板减少性紫癜（TTP）等严重并发症（Pennington，2010），对公众健康构成了重大威胁。

近年来，全球越来越多的疫情事件与食用被大肠杆菌 O157:H7 污染的新鲜农产品（包括芽苗菜、菠菜、生菜和卷心菜等）有关（Yeni et al.，2016）。由于大肠杆菌 O157:H7 主要来源于反刍动物等粪便中，因此农产品种植或收获期间某一阶段接触到家畜动物粪便就可能造成污染。农田土壤不仅是病原体的重要储存库，而且在粪-口途径中发挥着重要作用（Alegbeleye et al.，2018）。随着我国畜禽养殖业的快速发展，由此产生的大量畜禽粪便带来的环境问题日益凸显，特别是未经有效处理的畜禽粪便导致的农田土壤污染值得关注。虽然我国大肠杆菌 O157:H7 大规模感染暴发事件极少出现，但大肠杆菌 O157:H7 已从很多省份分离和检出（Ma et al.，2009）。有效的检测方法和调控措施的建立对农田中大肠杆菌 O157:H7 风险评估和控制具有重要的意义。

因此，以我国长江中下游农业主产区的典型土类水稻土以及设施农业蔬菜种植区重点种植制度（水稻、蔬菜）下的农田系统为研究对象，考察生物炭、微波等人为调控方法对农田典型人畜共患病原菌污染调控原理，考察干湿交替、控肥、翻耕、覆膜-日晒等农艺措施对病原菌防控原理，甄别并杀灭土壤病原菌。基于对农田系统典型病原菌污染调控原理的解析，构建人为干预强化结合农艺调控的区域农田病原微生物污染综合防控措施体系。

7.5.1 土壤中病原菌及其休眠状态的检测原理与方法

具有休眠状态的微生物在应对不利环境时进化出许多生存手段，其中"活的但非可培养（VBNC）"状态是一种常见的生存模式。VBNC 细胞被定义为一种在一定的应激诱导下，细胞仍然可以存污，但在通常支持其生长的培养基上不能生长繁殖，活性极低，但可以通过多种方法证明是活菌，而且能够复苏到代谢活跃和可培养的状态，被广泛地描述为具有高度耐性的生理状态的细胞（Oliver，2010）。自环境微生物学家 Rita Colwell 和徐怀恕于 1982 年首次发现 VBNC 状态以来，目前已有超过 85 种细菌、10 种古菌以及 3 种真菌被证实能够进入 VBNC 状态（Ayrapetyan et al.，2018）。已报道病原菌大肠杆菌 O157:H7 能够在多种压力条件下进入 VBNC 状态，如低温贫营养（Wei and Zhao，2018；Chen et al.，2019）、氯胺（Liu et al.，2009）和高压二氧化碳（Zhao et al.，2016）等。病原菌 VBNC 状态比正常状态具有更高的风险。该耐受（tolerance）的表型可能与"抗性"（resistance）形成有关（Levin-Reisman et al.，2017），VBNC 状态的病原菌仍然表达毒素（Alleron et al.，2013），能够在宿主体内复苏（Dietersdorfer et al.，2018），具有更高的压力耐性（Lin et al.，2017），具有在蔬菜表面定植的能力（Dinu and Bach，2011）。

基于 VBNC 状态的两大特征，即"活的"和"非可培养性"，病原菌 VBNC 状态的检测首先是建立不依赖培养（culture-independent）的活菌检测技术。活细胞检测主要基于活细胞的特性实现，如细胞膜完整性、基质吸收和分解能力，能量代谢能力。这些活细胞的特性能够通过荧光染色，辅以显微镜、流式细胞仪和实时荧光定量（qPCR）方法实现活细胞的定量。但是，基于染色的显微镜方法和基于荧光标记的流式细胞仪的方法不能检测土壤样本中特定的微生物种属。qPCR 技术具有快速、灵敏度高和特异性好的特点，被广泛应用于病原菌的定性和定量检测（Warish et al.，2015；Oliver et al.，2016）。由于 qPCR 技术不能区分活菌和死菌，降低了病原菌检测的准确性。叠氮溴化丙锭（PMA）与 qPCR 联用可有效地抑制死菌 DNA 的扩增，实现活菌的检测。PMA 是一种光敏反应核酸结合染料，其原理是在强光照射下，PMA 中的叠氮基转化为高活性的氮宾基，与 DNA 碱基反应形成稳定的氮碳键，在后续 PCR 过程中，形成交联的 DNA 不会被扩增。活菌具有完整的细胞膜，能够阻止 PMA 渗入细胞与 DNA 交联，因此活菌 DNA 不会受到 PMA 影响（Nocker et al.，2006）。对于土壤体系，PMA 结合测序技术已应用于表征土壤中微生物群落的组成结构（Carini et al.，2017），PMA-qPCR 已应用于评估土壤中病毒的杀菌效率（Gyawali et al.，2016）。然而，到目前为止 PMA-qPCR 应用于土壤体系中病原菌检测的研究仍是有限的，主要原因在于不同土壤介质对 PMA 效率影响存在差异，使 PMA 适用性下降；其中主要限制因素在于土壤悬液体系的高浊度使光交联反应效率下降，导致假阳性结果（Silva and Domingues，2015）；高比例的死菌（胞外 DNA）的存在使 PMA 不足，导致假阳性结果（Fittipaldi et al.，2012）。

1. PMA-qPCR 方法的优化

为有效降低土壤体系浊度和高死菌比例对 PMA 效率的干扰，对 PMA-qPCR 反应前进行了步骤优化。经土壤洗脱细胞、土壤颗粒去除和 Percoll 密度梯度分离步骤后,浊度从 1000~3500NTU 下降到 28.4~67.0NTU,且在该浊度下,PMA 能够完全抑制死菌扩增,避免了由浊度引起的假阳性结果。此外,为了去除土壤背景中高比例的死菌对 PMA 的干扰,在预处理过程中加入了梯度密度离心步骤。50%密度的 Percoll 中层和下层能够完全回收活菌,回收率接近 100%,且活菌比例从 0.001%提高到 1.025%,由于活死菌比例的提高,PMA 能够完全抑制死菌 DNA 的信号,避免了假阳性结果。基于此,通过设施蔬菜水稻土添加高比例死菌的大肠杆菌 O157:H7 实验,对比了该优化方法与 PMA-qPCR 直接法在检测水稻土中大肠杆菌 O157:H7 活菌数的差异。结果表明,通过直接 PMA-qPCR 检测大肠杆菌 O157:H7 活菌数显著高于阳性对照组($P<0.05$),存在明显假阳性;而该方法检测大肠杆菌 O157:H7 活菌数与阳性对照组无显著性差异($P>0.05$),一致性较好(图 7-39)。

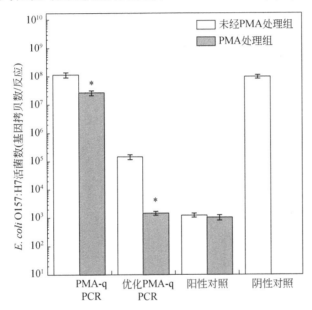

图 7-39　比较 PMA-qPCR 与优化 PMA-qPCR 在水稻土中检测大肠杆菌 O157:H7 活菌数

水稻土中添加 10^3CFU/g 活菌和 10^8CFU/g 死菌大肠杆菌 O157:H7。PMA-qPCR 是指未经前处理的 PMA-qPCR;优化 PMA-qPCR 是经土壤细胞分离和梯度密度分离步骤后 PMA-qPCR;阳性对照是土壤中只添加相同浓度活菌的阳性对照;阴性对照是土壤中只添加相同浓度死菌的阴性对照,*$P<0.05$

因此,该方法预处理能够有效降低土壤悬液的浊度至 28.4~67.0NTU,低于现有研究中 PMA-qPCR 应用于环境样品的浊度限值(120NTU 或 1000mg/L)(Yuan et al., 2018; Bae and Wuertz, 2009)。而且,在 28.4~67.0NTU 浊度下,PMA 能够有效抑制死菌的扩增。同时,PMA-qPCR 另一个限制因素在于存在高比例的死菌干扰。当活菌与死菌比例不低于 0.1%时,PMA 有效地抑制死菌的扩增(Fittipaldi et al., 2012)。然而,土壤中存在的大量胞外 DNA 会导致死活菌比例低于 0.1%。鉴于此,该方法在 PMA 处理前增加了一步梯度密度离心,能够在不影响活菌的数量和可培养性基础上,将活菌比例从 0.001%提高到 1.025%,符合 PMA 的应用范围,实现了土壤中病原菌的准确定量。更重要的是,该方法解决了高比例死菌存在下 PMA 应用的局限性,增加了 PMA 的适用范围,即使在存在高比例死菌的条件下,仍然能够准确实现多种土壤中低浓度病原菌活菌的定量。

2. 应用该优化 PMA-qPCR 方法检测土壤中大肠杆菌 O157:H7

将该方法应用于黑土、潮土和红壤中大肠杆菌 O157:H7 活菌数的检测。土壤中添加 100CFU/g 的大肠杆菌 O157:H7 后,通过该方法检测大肠杆菌 O157:H7 活菌数。结果表明,在每克黑土中检测到的活菌数量为 95 个,潮土中为 98 个,红壤中为 86 个,水稻土中为 83 个,即该方法的灵敏度达到 10CFU/g。同时,在土壤中检测大肠杆菌 O157:H7 活菌数上,该方法与培养法、直接镜检法无显著性差异($P>0.05$)。该方法能够有效地降低来自土壤体系的浊度和高比例死菌的干扰,实现病原菌活菌数的准确定量。

3. 应用该方法检测实际样品生物膜中 VBNC 状态的病原菌

基于建立的 PMA-qPCR 方法,对实际样品生物膜中四种病原菌的 VBNC 状态进行定量,包括 *Escherichia coli*、*Salmonella enterica*、*Pseudomonas aeruginosa* 和 *Vibrio cholerae*。结果表明,在生物膜中四种病原菌的活菌数均显著高于可培养数($P<0.001$),而且四种病原菌非可培养数均显著高于可培养数($P<0.001$),非可培养病原菌数量高于可培养数 41~92 倍(图 7-40)。表明实际样品生物膜中存在大量 VBNC 状态的病原菌。

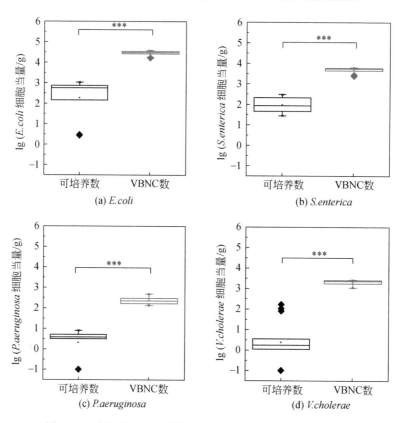

图 7-40 该方法应用于生物膜中病原菌的 VBNC 状态的检测

通过 two-way ANOVAs 和 Duncan's multiple range test(***$P<0.01$)比较病原菌可培养和 VBNC 菌数之间的差异

7.5.2 农艺调控措施对农田系统中病原微生物的强化调控与方法

农田种植的作物在生长、收获和加工阶段会频繁地与土壤接触，同时食源性病原菌通过粪肥施用、污水灌溉等方式进入土壤，因此，携带食源性病原菌的农田作物引起的疾病暴发事件近年来频繁出现（Iwu and Okoh，2019）。根据美国 FDA 的调查报告，新鲜农产品一直是全球食源性疾病暴发的一个重要原因。其中，绿叶作物是全球食源性疾病暴发的关键（Kintz et al.，2019）。大肠杆菌 O157:H7 在农田土壤中存活的时间和动态是影响蔬菜污染风险的一个重要因素。

清除病原微生物的农田土壤净化技术已实现了广泛的应用，主要是对植物病原菌的灭活，特别是对粮食、蔬菜和水果产量有害的病原微生物。针对植物病原菌灭活的主要农艺措施包括翻耕、日晒、干湿交替等，但这些农艺措施对食源性病原菌存活的影响却缺乏研究。因此，评估农艺措施对大肠杆菌 O157:H7 存活的影响具有重要的意义，可为食源性病原菌土壤净化方法的应用提供理论参考（Gutierrez-Rodriguez and Adhikari，2018）。

1. 土壤翻耕

翻耕是一种土壤管理措施，广泛应用于抑制农田土壤中的植物病原菌和害虫，包括碎屑种子传播的病原菌，如 *Pyrenophora tritici-repentis*（Yavari et al.，2016）；叶斑病相关病原菌，如 *Mycospaerella graminicola*；根腐烂相关病原菌，如 *Fusarium* spp.，*Rhizoctonia*（Pankhurst et al.，2002）；蚜虫，如 *Metopolopbium dirbodum*（Gosme et al.，2012）。然而也有一些不同结果的报道，如 Artz 等（2005）曾报道翻耕农艺措施有利于改善土壤孔隙度，促进大肠杆菌 O157:H7 的迁移行为。总体而言，翻耕对土壤中食源性病原菌存活的影响相关研究是十分有限的。

通过微宇宙实验，研究了翻耕对水稻土中大肠杆菌 O157:H7 存活的影响。结果表明，大肠杆菌 O157:H7 在水稻土中第 40d 可培养数降至不可检出；而翻耕处理组在第 40d 仍存在可培养大肠杆菌 O157:H7，达到 10^3CFU/g（图 7-41）。本研究表明翻耕有利于水稻土中大肠杆菌 O157:H7 存活及其活性的维持。

2. 土壤日晒

1）土壤日晒技术

土壤日晒技术（soil solarization）是指湿润土壤在温暖的月份用半透明的塑料防水布等覆盖，土壤最高温度超过 50℃下保持 30~45d，用于杀死病原微生物的一种技术。该过程也被称为聚乙烯覆膜、土壤覆膜、太阳能巴氏杀菌和土壤太阳能加热等。日晒能够有效地灭活植物病原菌，如 *Agrobacterium* spp.、*Pseudomonas* spp.和 *Streptomyces* spp.等（Stapleton and Devay，1984）。Katan（1981）报道了影响土壤日晒技术的四种因素：播前整地、土壤特性、土壤湿度以及覆膜材料。其中，播前整地促进土壤表面平整，有利于最大辐射吸收；覆膜是提高日晒技术效率的最有效方法，覆膜有利于提高土壤温度，高密度聚乙烯膜和淀粉基膜分别能够使土壤最高温度达到 71℃和 63℃；水分饱和土壤是最大热生成的有利条件。

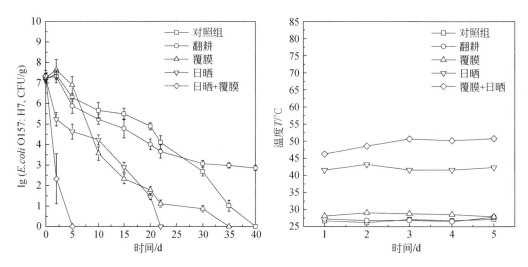

图 7-41 不同农艺措施对表层水稻土中可培养大肠杆菌 O157:H7 的影响以及水稻土表层温度的变化

施用粪肥之后，土壤日晒技术能够有效地杀灭土壤中微生物。Barbour 等（2002）通过添加 1.5kg/m² 鸡粪施用于 40cm 的犁耕黏土钙质土壤中，在日晒 6 周后，平均非乳糖发酵菌、粪大肠菌群、产气荚膜梭菌、真菌、需氧嗜中温菌和金黄色葡萄球菌的减少率分别为 100%、93%、82%、71%、46% 和 26%。

通过常温环境微宇宙实验，研究了日晒及覆膜-日晒措施对水稻土中大肠杆菌 O157:H7 存活的影响。结果表明，大肠杆菌 O157:H7 在水稻土中第 40d 可培养数降至不可检出；而日晒处理组在第 22d 可培养数降至低于检测限，而覆膜后的日晒处理组仅用 5d 就能够使水稻土中大肠杆菌 O157:H7 丧失可培养性。同时，日晒+覆膜处理组的土壤表层最高温度达到 51.5℃，日晒处理组土壤温度为 40~45℃，对照组土壤温度为 25~28℃（图 7-41）。覆膜+日晒能够快速使水稻土中大肠杆菌 O157:H7 丧失可培养性，是一种较好的控制病原菌大肠杆菌 O157:H7 的农艺措施。

2）热激诱导大肠杆菌 O157:H7 进入 VBNC 状态及其复苏

基于覆膜+日晒对土壤中大肠杆菌 O157:H7 削减的机制主要是温度的影响，因此进一步研究了热激（50℃）对溶液体系中大肠杆菌 O157:H7 存活及 VBNC 的影响。结果表明，热激 2h 大肠杆菌 O157:H7 完全进入 VBNC 状态，延长热激至 6h 时活菌数显著下降，8h 时降至 10^3 个/mL。热激 2h 大肠杆菌 O157:H7 能够复苏，而延长热激 4h、6h 及 8h 的大肠杆菌 O157:H7 不能复苏（图 7-42）。结合 SYTO9 和 PI 染色结果，热激能够诱导大肠杆菌 O157:H7 进入 VBNC 状态，而延长热激时间膜受损细胞逐渐增多，表明延长热激能够杀灭 VBNC 状态的大肠杆菌 O157:H7（图 7-43）。

3）热激诱导 VBNC 状态大肠杆菌 O157:H7 的风险

通过 RT-qPCR 分析大肠杆菌 O157:H7 的 VBNC 状态、复苏状态下毒力基因表达情况，发现热激诱导 VBNC 状态大肠杆菌 O157:H7 的 4 种毒力基因 *stx1*、*stx2*、*hylA* 和 *eae* 均表达。虽然在 VBNC 状态下 *stx1* 显著下调，但毒力基因 *eae* 显著上调。表明 VBNC 状态的大肠杆菌 O157:H7 仍然表达毒性，且 *eae* 毒性更强，存在健康风险（图 7-44）。

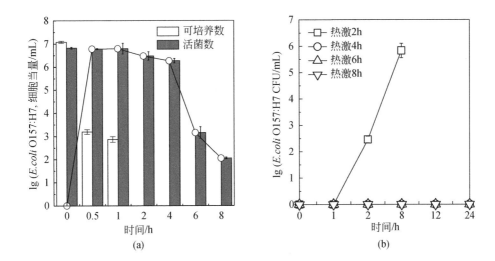

图 7-42 大肠杆菌 O157:H7 在热激（50℃）条件下 VBNC 形成及复苏

(a) 中柱形图表示在热激过程中可培养数和活菌数变化，折线表示 VBNC 数量的变化；(b) 表示在热激不同阶段下 "VBNC" 细胞的复苏能力

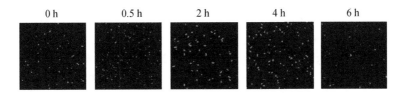

图 7-43 激光共聚焦显微镜结合 SYTO9&PI 染色表征大肠杆菌 O157:H7 在热激（50℃）过程中的变化

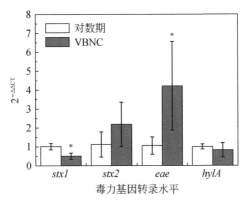

图 7-44 对数期与 VBNC *Escherichia* O157:H7 中 4 种毒力基因表达差异

*$P<0.05$

3. 土壤水分调控

1）干湿交替过程对土壤微生物的影响

水分对于所有生物都是必不可少的，它对许多生物过程至关重要，包括蛋白质折叠和稳定性，酶-底物相互作用和维持细胞结构（Finney，2014）。因此，微生物暴露于干燥条

件会明显影响其存活和正常生理功能。干燥压力是由缺水（干燥）或环境周围的溶质浓度过高（高渗性）而引起细胞中水分流出，从而引起生化、代谢、物理和生理胁迫。但是，生活在干旱沙漠地区的微生物，已经进化出在只有微量水的情况下生存的方法。大多数细菌不能在水活度值（aw）小于 0.91 时主动分裂，但是在许多更极端的环境中，发现微生物会应付水活度远低于这些限值的情况（Stevenson et al.，2015）。耐旱微生物不仅限于沙漠土壤，它们还可以在高盐度水生环境中生存。

土壤干湿交替（drying-rewetting）过程是自然界普遍存在的现象，由土壤落干（主要指蒸发蒸腾作用，evapotranspiration）及复水（主要指降水或灌溉，rainfall or irrigation）两个过程组成。而随着农业现代化集约化发展，在实际生产中频繁灌溉现象十分普遍（姜红娜等，2015）。无论是设施栽培或传统的露天栽培都会因频繁灌溉导致土壤反复发生干湿交替过程（Dempster et al.，2012）。

在土壤的干湿交替过程中，扩散限制（diffusive limitations）和渗透调节（osmotic regulation）对微生物活性影响显著。土壤落干增加了土壤的异质性，扩散限制导致有机、无机底物及胞外酶等溶质的迁移下降，同时限制了微生物随土壤孔隙水的主动/被动移动从而影响微生物对养分的获取。土壤落干时微生物细胞与水相之间保持水势平衡被打破，细胞通过脱水，积累渗透调节物（无机盐、氨基酸、碳水化合物、多羟基化合物）来进行渗透压调节（Halverson et al.，2000）。某些微生物还能通过分泌胞外多聚物（extracellular polymeric substances，EPS）提供与周围环境的缓冲界面，延缓微生物的脱水速度来抵御干旱（Kaiser et al.，2015）。此外，由于胞外多聚物具有多样化的生物组成，含有羧基、磷酰基、酰胺、氨基以及羟基等功能基团，可以与铁铝氧化物（Mikutta et al.，2011；Omoike and Chorover，2006）、铝-硅酸盐（Chenu，1993）以及砂粒级的石英颗粒（Arthur et al.，2013；Mager and Thomas，2011）相互作用。活性胞外多聚物的合成并吸附至矿物表面可以提高落干过程中土壤颗粒之间的胶结，从而提升土壤团聚体的稳定性（Mager，2010；Mager and Thomas，2011），这进一步提升了微生物在土壤失水时进行代谢调整的时间和空间。

Stark 和 Firestone（1995）研究指出，土壤中硝化细菌的活性受基质有效性和渗透压的共同影响。当土壤水势高于 0.6MPa 时，硝化细菌的活性主要受基质有效性的限制，但当土壤水势低于 0.6MPa 时，细胞脱水成为硝化作用的主要抑制因素。Srivastava 等（1998）指出土壤落干过程可导致 25%～35% 的微生物死亡，且微生物生物量碳急剧下降（Srivastava et al.，1998）。而部分适性较强的微生物特别是真菌和放线菌能在这一过程存活下来且在复水后能够迅速增殖（Schimel et al.，2007）。

细菌在面临水分胁迫时会进入可逆的休眠状态，细胞保持极低的代谢活性并在条件有利时恢复正常代谢（Jones and Lennon，2010；Rittershaus et al.，2013）。在沙漠土壤和腌制肉中发现的休眠细菌，如芽孢杆菌属和梭状芽孢杆菌，可形成高抗性孢子来应对多种极端条件，包括干燥、紫外线照射、高压、长期低温和化学处理胁迫等。虽然特定分子孢子抗旱性的机制尚不清楚，孢子的干燥耐受性很大程度上归因于吡啶二羧酸的积累内孢子中的酸性（DPA）和 α 型和/或 β 型小酸溶性蛋白质（SASP）空间，两者均可在物理方面和化学方面保护 DNA 免受氧化损伤（Setlow，2016）。而另一种形式的休眠是代谢休眠，这也是许多非芽孢细菌应对干燥条件的策略。它们在极端条件可进入活的但不可培养（VBNC）

的状态,包括病原菌如肠炎链球菌和军团菌,以及土壤细菌如苜蓿根瘤菌(Dworkin and Shah, 2010)。休眠被认为是菌群在面对干燥环境的重要生存策略。休眠不仅能延长存活时间,同时也可以创建"种子库",使休眠细胞的基因和遗传多样性得以保护和延续。

在干燥环境中,藻类、真菌、古细菌和细菌等主要的菌群结构中均发现了生物膜的存在(Wierzchos et al., 2012; Pointing and Belnap, 2012),并且生物膜与微生物在低含水量环境下的存活有很强的相关性。大多数生物质的生物膜由胞外多聚物 EPS 组成,EPS 是复杂的聚合物,可以形成共价的胶囊空间,附着在细胞表面或被分泌并形成外部黏性网格。EPS 对于生物膜介导应对干燥胁迫至关重要。大肠杆菌、斯图尔蒂氏菌和钙乙酸不动杆菌的 EPS 突变株在面对干燥胁迫时存活率显著下降(Ophir and Gutnick, 1994)。同样,产甲烷古菌巴氏甲烷菌产生的 EPS 有助于干粉状态细胞的存活(Anderson et al., 2012)。EPS 在抗干燥特性中的作用与其吸湿性有关。当恶臭假单胞菌遇到水分胁迫的压力时,它会生产过量的阴离子 EPS 海藻酸酯,可吸收几倍的水分(Chang et al., 2007)。EPS 的亲水性也会促进细胞快速吸水和恢复活性。

目前许多食品的保存,如干燥和盐腌过程,是将水分活度降低到损害微生物活力并阻止食源性病原体生长的水平。尽管如此,已经发现一些致病菌,如肠沙门氏菌、阪崎肠杆菌和单增李斯特菌仍然可以生存,包括在果脯等腌制食品中,并且有研究报道其在接种数年后的食用花生油中仍可检测出(Finn et al., 2013; Burgess, 2016; Timonen et al., 2017)。同样,金黄色葡萄球菌和肺炎链球菌可以在干燥的表面上存活数周至数年,包括在皮肤和衣服上(Walsh and Camilli, 2011)。因此,了解病原菌如何应对干燥环境压力并存活是控制病原菌的关键之一。目前关于土壤病原菌的研究处在起步阶段,且尚未有报道用干湿交替手段调控杀灭土壤病原菌的研究。而面对土壤干湿交替的剧烈变化,非芽孢类病原菌很可能进入 VBNC 状态来抵御这一环境胁迫。综上所述,本节研究土壤干湿交替过程对 VBNC 状态 O157:H7 的杀灭机制,以期用干湿交替这一调控方式达到对土壤中 VBNC 状态 O157:H7 的杀灭目的。

2)干湿交替对水稻土中 *Escherichia* O157:H7 的影响及其机制

考察了干燥对人工土壤体系中 *Escherichia* O157:H7 存活的影响。*Escherichia* O157:H7 在人工土壤的生存状态如图 7-45 所示。初始阶段,人工土壤(含水率为 30%)接入大肠杆菌 O157:H7 后可培养数为 3.58×10^7 CFU/g,之后可培养数随着土壤水分自然散失而下降,在第 11d 土壤含水量降为 1%,平板计数法无法检出,此时活菌数仍有 1.52×10^5 CFU/g。加水恢复含水量至 30%,4d 后可培养数达到 344.5CFU/g。对照组水分维持恒定,接入菌液后,大肠杆菌 O157:H7 的可培养数为 3.9×10^7 CFU/g,第 11d 的可培养数为 6.4×10^5 CFU/g。以上结果表明,与维持水分的对照组相比,土壤自然落干组 *Escherichia* O157:H7 丧失可培养性的速度更快,且活菌数更低;维持水分组中 *Escherichia* O157:H7 丧失可培养性需要的时间更久。更重要的是,在自然落干组可培养数低于检测限时,活菌数仍可达到 4.7×10^3 CFU/g;且在加水复苏 4d 后,可培养菌数达到 297CFU/g,说明土壤干燥条件诱导 *Escherichia* O157:H7 进入 VBNC 状态,存在潜在的健康风险。

3)干燥诱导 VBNC 及其复苏状态 *Escherichia* O157:H7 形态

采用透射电镜 TEM 考察了干燥诱导 *Escherichia* O157:H7 进入 VBNC 状态、复苏状态

及维持水分下的形态变化，结果如图 7-46 所示。大肠杆菌加入人工土壤 12d，在土壤含水

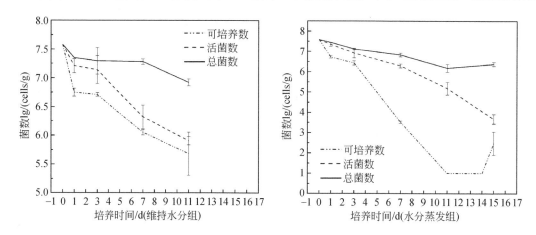

图 7-45 干湿交替对水稻土中 *Escherichia* O157:H7 的影响及其机制

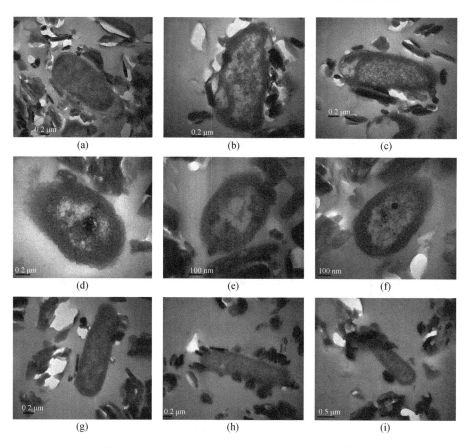

图 7-46 *Escherichia* O157:H7 在 TEM 下的形态特征

（a）～（c）大肠杆菌加入土壤中 12d 维持含水量组的菌体；（d）～（f）大肠杆菌加入落干土壤中 12d 部分菌体处于 VBNC 状态；（g）～（i）在土壤落干 12d 后加水复苏 4d 处于复苏状态的大肠杆菌

量维持30%处理组,细胞呈杆状并有均匀的细胞质;而自然落干的干燥处理组,存在进入VBNC状态的细胞,菌呈圆球状且细胞壁变厚,细胞质变得疏松,但是仍然可以清晰地看到胞内的细胞器等结构;同时存在濒死的细胞,细胞膜逐渐模糊并开始破裂,细胞内出现空洞。而加水4d后复苏的大肠杆菌细胞质再次恢复致密,但是部分细胞形态仍然呈球状,少部分呈短杆状。说明当面对低含水量条件时,土壤中的大肠杆菌可能通过改变细胞形态抗逆来维持生存。

4)干燥诱导VBNC及其复苏状态 *Escherichia* O157:H7 蛋白质组学

对以上各组细胞进行比较蛋白质组学研究,共鉴定到2324个蛋白,其中2122个可定量。将差异倍数大于1.2或小于0.83且经统计检验其 P 小于0.05的蛋白定义为差异表达蛋白。经统计,自然落干/维持水分组(VBNC/water maintain)共有1219个差异蛋白,其中在VBNC状态细胞中表达上调的蛋白有656个,表达下调的蛋白有563个(图7-47)。加水复苏/自然落干(resuscitation/VBNC)共有1204个差异蛋白,其中在复苏状态细胞中表达上调的蛋白有539个,表达下调的蛋白有665个(图7-48)。

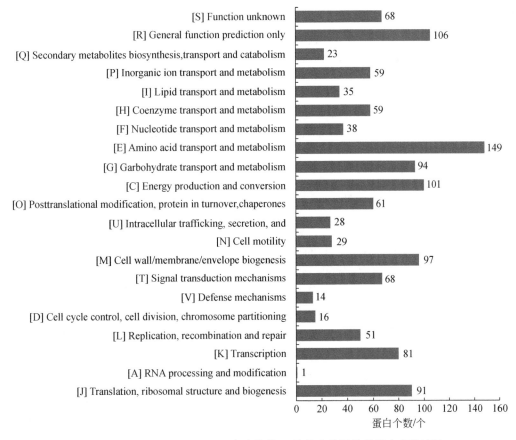

图7-47 *Escherichia* O157:H7 在自然落干/维持水分组差异蛋白表达情况

在所有可定量的2122个蛋白中,802个蛋白质(66%)位于细胞质中,200个蛋白质(16%)在细胞周质中,细胞内膜中具有127个(10%),细胞外膜中具有54个(5%),细胞外部具有蛋白质 36 个 (3%)，而其余的 903 个 (43%) 蛋白质的亚细胞定位无法确定。

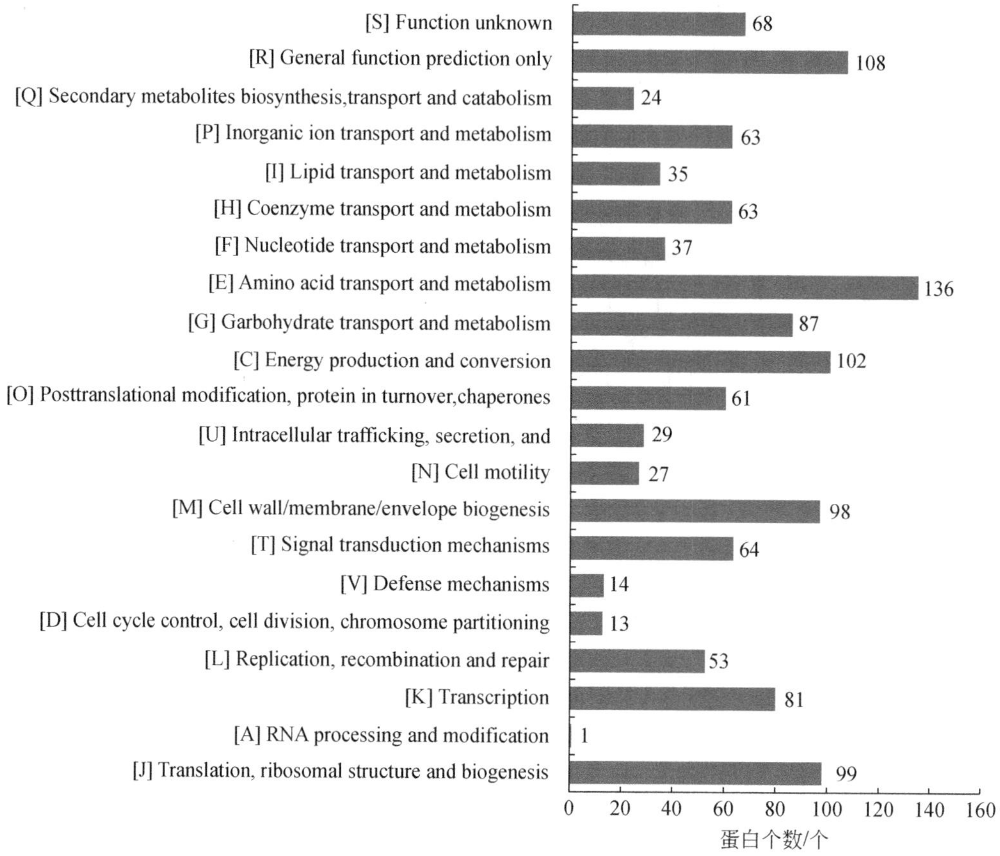

COG 分类	蛋白个数
[S] Function unknown	68
[R] General function prediction only	108
[Q] Secondary metabolites biosynthesis, transport and catabolism	24
[P] Inorganic ion transport and metabolism	63
[I] Lipid transport and metabolism	35
[H] Coenzyme transport and metabolism	63
[F] Nucleotide transport and metabolism	37
[E] Amino acid transport and metabolism	136
[G] Carbohydrate transport and metabolism	87
[C] Energy production and conversion	102
[O] Posttranslational modification, protein in turnover, chaperones	61
[U] Intracellular trafficking, secretion, and	29
[N] Cell motility	27
[M] Cell wall/membrane/envelope biogenesis	98
[T] Signal transduction mechanisms	64
[V] Defense mechanisms	14
[D] Cell cycle control, cell division, chromosome partitioning	13
[L] Replication, recombination and repair	53
[K] Transcription	81
[A] RNA processing and modification	1
[J] Translation, ribosomal structure and biogenesis	99

图 7-48 *Escherichia* O157:H7 在加水复苏/自然落干组差异蛋白表达情况

根据差异表达蛋白的 COG/KOG 功能分类富集分析，将差异表达蛋白分为 21 类，分别是翻译、核糖体结构和生物发生过程；RNA 加工和修饰；转录；复制、重组和修复；细胞周期控制、细胞分裂、染色体分配；防御机制；信号转导机制；细胞壁/膜/包膜生物合成；细胞运动；细胞内运输、分泌和囊泡运输；翻译后修饰、蛋白质周转、伴侣蛋白；能量生产和转换；碳水化合物的转运和代谢；氨基酸转运和代谢；核苷酸转运和代谢；辅酶转运和代谢；脂质运输和新陈代谢；无机离子转运和代谢；次级代谢产物的生物合成、转运和分解代谢；仅一般功能预测，以及功能未知。

根据分类可以看出，自然落干/维持水分差异表达蛋白主要参与氨基酸转运和代谢 (12.2%)；能量生产和转换 (8.3%)；细胞壁/膜/包膜生物合成 (8.0%)；碳水化合物的转运和代谢 (7.7%)；翻译、核糖体结构和生物发生 (7.5%)。加水复苏-自然落干差异表达蛋白主要参与氨基酸转运和代谢 (11.3%)；能量生产和转换 (8.5%)；翻译、核糖体结构和生物发生 (8.2%)；细胞壁/膜/包膜生物合成 (8.1%)；碳水化合物的转运和代谢 (7.2%)。

值得注意的是，自然落干/维持水分差异表达蛋白中与致病性有关的蛋白共占总差异表达蛋白的 6.54%，可将它们大致分为三类：第一类参与三型分泌系统 (T3SS) 的合成及功能发挥，包括编码三型结构蛋白基因 *sepQ*、编码三型分泌蛋白的基因。由 *tir* 基因编码的基座蛋白在 VBNC 状态中上调 1.33 倍，此基座蛋白是感染期间宿主上皮细胞形成有效基座所必需的。细胞外区域充当细菌因子的受体，允许细菌紧密附着于宿主细胞表面，说明 VBNC 状态细胞黏附能力增强。这可能是由于土壤中腐殖酸等有机质分布不均匀，大肠杆菌为了获得营养生存而黏附在有机质上。

第二类参与菌毛的合成，包括 *espD* 基因和 *fimC* 基因编码的菌毛伴侣蛋白分别在 VBNC 中上调 1.56 倍和 1.27 倍。它的功能主要包括两方面：第一是加速菌毛亚基的折叠和稳定；第二是运送菌毛亚基穿过周质空间而到达外膜的菌毛组装站。研究表明，突变 *fimC* 基因会引起 *E.coli* 周质空间中的菌毛亚基发生降解，并且 *fimC* 基因突变株不能进行菌毛的合成。因此，*fimC* 基因编码的蛋白上调表达可能会提升 VBNC 状态细胞的菌毛合成能力，从而增加其黏附能力，这可能会使 VBNC 状态细胞更好地黏附于土壤中的腐殖酸等，同时也增加了其致病性。

第三类是与致病性有关的致病因子，包括由 *lamB* 基因编码的麦芽糖孔蛋白（在 VBNC 中下调 1.29 倍）、由 *eda* 基因编码的酮-羟戊二酸醛缩酶（在 VBNC 中上调 1.69 倍），以及外膜蛋白 *OmpA* 基因也上调表达。这说明，在人工土壤体系中当含水率下降时，养分可利用性降低，大肠杆菌可能通过上调鞭毛蛋白从而更好地黏附在腐殖酸等表面维持存活状态，与此同时，黏附力的增加也加大了大肠杆菌的致病风险。

7.5.3 人为调控措施对农田系统中病原微生物的强化调控

主要讲述生物炭调控措施的应用。

近年来，生物炭作为一种高品质的改良剂，广泛应用于固碳减排、重金属吸附和土壤改良等方面（Ennis et al., 2012）。生物炭会影响微生物活性和生物量，重塑微生物群落结构。生物炭对微生物的影响主要包括以下几个方面：①生物炭具有丰富的孔隙结构，能够为微生物提供栖息地，使微生物免受不良环境的干扰，促进微生物的生存和繁殖（Quilliam et al., 2012）。②生物炭自身的营养元素，如碳、氮、磷、钾、钠等，能够为微生物提供营养物质（Yuan et al., 2016）；而且生物炭可以通过表面官能团吸附阳离子（Chen et al., 2015），从而保留营养物质，促进微生物的存活。③生物炭可改善微生物生存环境。生物炭会改变土壤环境 pH（Shah T and Shah Z, 2017），这也是影响微生物存活的一个重要因素。④生物炭对微生物潜在毒性。生物炭能够吸附金属矿物颗粒（Weng et al., 2018），抑制其表面微生物的存活。此外，生物炭产生持久自由基（Liao et al., 2014），持久自由基能够诱导氧化应激，通过积累活性氧（ROS）来破坏细胞膜的完整性，抑制微生物的存活。⑤生物炭对土壤微生物群落的影响。

施用生物炭对土壤中大肠杆菌 O157:H7 存活及迁移的影响引起关注。Gurtler 报道了在添加生物炭第 4~5 周，快速热解的柳枝稷生物炭、马粪生物炭和橡木生物炭处理土壤中可培养大肠杆菌 O157:H7 未检出，而未添加生物炭的土壤中在实验第 4 周和第 5 周大肠杆菌仍高达 5.8lgCFU/g 和 4.0lgCFU/g；相比于未添加生物炭土壤，添加缓慢热解的硬木生物炭土壤中有更多的大肠杆菌 O157:H7 失活。表明生物炭能够使土壤中大肠杆菌 O157:H7 失活，降低了蔬菜的病原微生物风险（Gurtler et al., 2014）。

1）生物炭对水稻土中大肠杆菌 O157:H7 存活的影响

研究了三种生物炭（竹炭、秸秆炭和稻壳炭）对水稻土中大肠杆菌 O157:H7 存活的影响，特别关注了大肠杆菌 O157:H7 的 VBNC 状态。结果表明，与对照组相比，竹炭和秸秆炭添加水稻土中大肠杆菌 O157:H7 进入 VBNC 状态所需时间更长，且活菌数更高，表明竹炭和秸秆炭有利于水稻土中大肠杆菌 O157:H7 的存活。与对照组相比，稻壳炭添加水稻土中大肠杆菌 O157:H7 更快丧失可培养性，且活菌数更低。表明稻壳炭对水稻土中大肠杆菌 O157:H7 存活有抑制作用（图 7-49）。

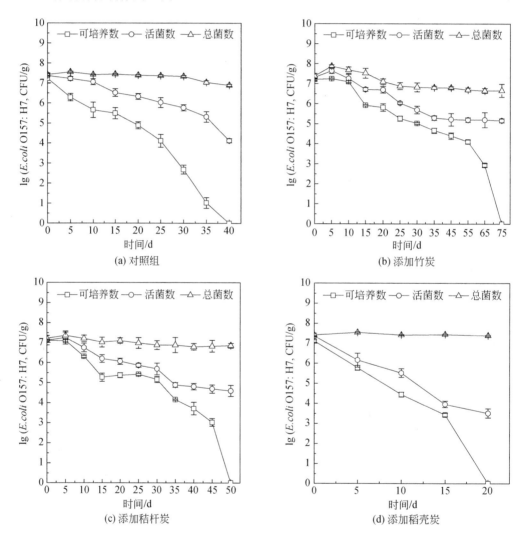

图 7-49 不同生物炭添加水稻土中大肠杆菌 O157:H7 的存活

2）不同生物炭添加土壤中 VBNC 状态大肠杆菌 O157:H7 的复苏能力

选取四种生物炭添加土壤中 VBNC 状态的大肠杆菌 O157:H7，采用本书 7.5.1 节中已建立的方法对 VBNC 状态大肠杆菌 O157:H7 进行复苏实验。结果表明，未添加生物炭、竹炭和秸秆炭的水稻土中大肠杆菌 O157:H7 均能够复苏，但添加稻壳炭的大肠杆菌

O157:H7 不能复苏（图 7-50），这进一步验证了稻壳炭对水稻土中大肠杆菌 O157:H7 存活的抑制作用。

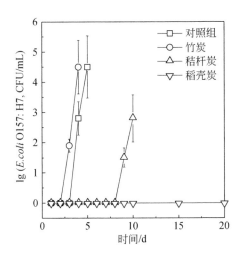

图 7-50 不同生物炭添加水稻土中 VBNC 状态大肠杆菌 O157:H7 的复苏

参 考 文 献

安琼, 陈祖义. 1993. 氟乐灵在土壤中的结合残留及其对作物的影响. 环境科学学报,（3）：295-303.

白婵. 2015. 水凝胶包覆多菌灵的制备、性能及其环境行为研究. 杭州：浙江大学硕士学位论文.

白婵, 陈碧瑶, 唐婧怡, 等. 2016. 油冬菜对水凝胶包裹 ^{14}C-多菌灵的吸收及其在土壤-油冬菜体系中的可提态残留和结合残留. 核农学报, 30（2）：338-346.

蔡文生, 左淑云, 张占营. 2000, 过氧化尿素的应用. 化工之友,（4）：12-15.

陈宝梁, 周丹丹, 朱利中, 等. 2008. 生物碳质吸附剂对水中有机污染物的吸附作用及机理. 中国科学 B 化学, 386：530-537.

陈斌, 马伟芳, 曾凡刚, 等. 2014. 类固醇雌激素在土壤与沉积物中的污染水平及其吸附研究进展. 环境工程, 32（7）：131-137.

陈温福, 张伟明, 孟军, 等. 2011. 生物炭应用技术研究. 中国工程科学, 13（2）：83-89.

陈祖义, 程薇, 成冰. 1996. ^{14}C-绿磺隆的土壤结合残留及其有效性. 南京农业大学学报,（2）：78-83.

冯曦, 朱敏, 何艳. 2017. 土壤还原过程对氯代有机污染物还原脱氯的影响与机制. 生态毒理学报, 12（3）：151-161.

高琪. 2017. 两种亲水凝胶包覆除草剂的药效及其在玉米-土壤体系中行为研究. 杭州：浙江大学硕士学位论文.

高琪, 杨晶莹, 张素芬, 等. 2018. 亲水凝胶包覆乙草胺的药效及在玉米幼苗中的吸收富集研究. 核农学报, 32（3）：569-575.

郜红建, 蒋新. 2004. 土壤中结合残留态农药的生态环境效应. 生态环境,（3）：399-402, 413.

贺纪正, 陆雅海, 傅博杰, 等. 2015. 土壤生物学前沿. 北京：科学出版社.

黄磊. 2017. ^{14}C 示踪法研究十溴联苯醚在土壤和土壤动物中的转化和归趋. 杭州：浙江大学博士学位论文.

姜红娜,李银坤,陈菲,等.2015.负水头灌溉施肥对日光温室番茄生长及产量的影响.中国土壤与肥料,(6):65-69.

金鑫,Kengara F O,王芳,等.2017.肯尼亚水稻土和甘蔗地土壤中 ^{14}C-六氯苯和 ^{14}C-滴滴涕 DDT 的自然消解.土壤学报,54(1):108-117.

李超.2013.顺硝烯新烟碱杀虫剂的同位素标记合成、手性分离鉴定及土壤中的归趋研究.上海:华东理工大学博士学位论文.

李菊英.2014.三种常用医药及新型手性农药哌虫啶在土壤中的环境行为与归趋研究.杭州:浙江大学博士学位论文.

李蓝青.2016.肥料中四环素类抗生素的检测方法及其在土壤中的降解与作物吸收效应.上海:上海交通大学硕士学位论文.

刘维屏.2006.农药环境化学.北京:化学工业出版社.

刘绚琦.2015.^{14}C 环氧虫啶手性异构体的环境归趋、生物有效性研究.上海:华东理工大学博士学位论文.

刘训悦.2014.新型杀菌剂唑菌酯的 ^{14}C 标记合成及其在土壤中的环境行为与归趋研究.杭州:浙江大学博士学位论文.

龙玲.2018.叶菜类蔬菜对土壤中不同农药的吸收差异及机理解析.南宁:广西大学硕士学位论文.

卢炜,眭晓,刘静,等.2016.高吸水性树脂的应用现状.产业与科技论坛,15(23):63-64.

陆贻通,朱江,周培.2005.影响土壤中农药结合残留的因素及其环境效应.科技通报,(3):287-291,301.

欧晓明,樊德方.2006.农药结合残留的研究现状及问题.农药,(10):660-663.

潘攀,杨俊诚,邓仕槐,等.2011.土壤-植物体系中农药和重金属污染研究现状及展望.农业环境科学学报,30(12):2389-2398.

单正军.1998.农药的结合残留及其环境意义.农药译丛,(6):51-54.

宋长青,等.2016.土壤学若干前沿领域研究进展.北京:商务印书馆.

唐东民,宗贵仪,唐勇.2011.农药在土壤中的结合残留及其生态风险.四川环境,30(2):115-118.

汪海珍,徐建民,谢正苗.2003.农药与土壤腐殖物质的结合残留及其环境意义.生态环境,(2):208-212.

王怀臣,冯雷雨,陈银广.2012.废物资源化制备生物质炭及其应用的研究进展.化工进展,31(4):907-914.

王宁,侯艳伟,彭静静,等.2012.生物炭吸附有机污染物的研究进展.环境化学,31(3):287-295.

王群.2013.生物质源和制备温度对生物炭构效的影响.上海:上海交通大学硕士学位论文.

王松凤,吴玄,王麒麟.2019.土壤中四溴双酚 A 不可提取态残留的降解转化.科学通报,64:3458-3466.

王伟.2011.疏水性有机污染物在水-土/沉积物体系中的环境行为与归趋.杭州:浙江大学博士学位论文.

王一茹,刘长武.1987.土壤和植物体中的结合农药残留及其环境意义.环境科学,(1):91-95.

吴金水,葛体达,胡亚军.2015.稻田土壤关键元素的生物地球化学耦合过程及其微生物调控机制.生态学报,35(20):6626-6634.

谢显传,王冬生.2005.结合态农药残留及其环境毒理研究进展.上海农业学报,(1):74-77.

谢祖彬,刘琦,许燕萍.2011.生物炭研究进展及其研究方向.土壤,43(6):857-861.

徐建明.2016.土壤学进展——纪念朱祖祥院士诞辰100周年.北京:科学出版社.

宣日成,王琪全,郑巍,等.2000.吡虫啉在土壤中的吸附及作用机理研究.环境科学学报,(2):72-75.

叶庆富,戚文元,孙锦荷.2002a.土壤中 ^{14}C-甲磺隆的结合残留及其在腐殖质中的分布规律.核农学报,(6):387-392.

叶庆富, 戚文元, 邬建敏, 等. 2003. ^{14}C-绿磺隆在土壤中的可提态残留, 结合残留和矿化研究. 核农学报, 17 (1): 46-55.

叶庆富, 邬建敏, 孙锦荷. 2002b. ^{14}C-甲磺隆在土壤中的可提态残留、结合残留和矿化. 环境科学, (6): 62-68.

于天仁等. 1983. 水稻土的物理化学. 北京: 科学出版社.

于雄胜. 2017. 土壤中五氯酚的残留及其对根际土壤细菌组成的影响. 杭州: 浙江大学博士学位论文.

余志扬. 2008. 不同芳环 ^{14}C 标记示踪法研究丙酯草醚在土壤中的降解途径与产物组成. 杭州: 浙江大学硕士学位论文.

袁红梅, 明东风. 2007. 土壤中农药结合残留的形成机理及其生态意义. 农药研究与应用, (4): 12-15.

袁金华, 徐仁扣. 2011. 生物质炭的性质及其对土壤环境功能影响的研究进展. 生态环境学报, 20 (4): 779-785.

岳玲, 余志扬, 汪海燕, 等. 2009. 好氧土壤中 [C 环-U-^{14}C] 丙酯草醚的结合残留及其腐殖质中的分布动态. 核农学报, 23 (1): 134-138.

张晗雪. 2015. 环氧虫啶在好氧土壤的归趋及对土壤微生物多样性的影响. 杭州: 浙江大学硕士学位论文.

张晗雪, 陈敏, 王伟, 等. 2016. ^{14}C-环氧虫啶光学异构体在不同土壤中的矿化、结合残留及其在腐殖质中的分布. 核农学报, 30 (1): 145-153.

张慧. 2009. 炭化秸秆对水体中氨氮、磷的去除效果研究. 南京: 南京农业大学硕士学位论文.

张素芬. 2014. 亲水凝胶包覆型丙酯草醚的制备、性能及其土壤行为规律的示踪法研究. 杭州: 浙江大学博士学位论文.

张素芬, 叶庆富. 2018. 亲水凝胶包覆乙草胺的药效及在玉米幼苗中的吸收富集研究. 核农学报, 32 (3): 569-575.

张伟明. 2012. 生物炭的理化性质及其在作物生产上的应用. 沈阳: 沈阳农业大学博士学位论文.

赵锋, 王丹英, 徐春梅, 等. 2010. 水稻对过氧化尿素用量的响应特征. 中国稻米, 16 (1): 4-8.

钟宁, 张灵, 曾清如, 等. 2009. 过碳酰胺对土壤中三氯甲烷和四氯乙烯的降解作用. 农业环境科学学报, 28 (5): 925-930.

Lichtenstein E P, 韩熹莱. 1982. 土壤中的"结合"残留及其向作物中的转移. 农药译丛, (6): 26-29.

Abdelhafid R, Houot S, Barriuso E. 2000a. Dependence of atrazine degradation on C and N availability in adapted and non-adapted soils. Soil Biology and Biochemistry, 32: 389-401.

Abdelhafid R, Houot S, Barriuso E. 2000b. How increasing availabilities of carbon and nitrogen affect atrazine behaviour in soils. Biology and Fertility of Soils, 30: 333-340.

Achtnich C, Bak F, Conrad R. 1995. Competition for electron donors among nitrate reducers, ferric iron reducers, sulfate reducers, and methanogens in anoxic paddy soil. Biology and Fertility of Soils, 19 (1): 65-72.

Ahmed E M. 2015. Hydrogel: preparation, characterization, and applications: a review. Journal of Advanced Research, 6: 105-121.

Alaghmand M, Blough N V. 2007. Source-dependent variation in hydroxyl radical production by airborne particulate matter. Environmental Science & Technology, 41 (7): 2364-2370.

Alegbeleye O O, Singleton I, Sant'Ana A S. 2018. Sources and contamination routes of microbial pathogens to fresh produce during field cultivation: a review. Food Microbiology, 73: 177-208.

Alexander M. 2000. Aging, bioavailability, and overestimation of risk from environmental pollutants. Environmental Science & Technology, 34: 4259-4265.

Alexis M A, Rasse D P, Rumpel C, et al. 2007. Fire impact on C and N losses and charcoal production in a scrub oak ecosystem. Biogeochemistry, 82 (2): 201-216.

Alleron L, Khemiri A, Koubar M, et al. 2013. VBNC Legionella pneumophila cells are still able to produce virulence proteins. Water Research, 47: 6606-6617.

Amir S, Mehdi S, Nader S, et al. 2019. Heterogeneous activation of persulfate by nano-sized Mn_3O_4 to degrade furfural from wastewater. Journal of Molecular Liquids, 298: 112088.

And L L, Barriuso E. 2002. Characterization of the atrazine's bound (nonextractable) residues using fractionation techniques for soil organic matter. Environmental Science & Technology, 36: 683-689.

Anderson K L, Apolinario E E, Sowers K R. 2012. Desiccation as a long-term survival mechanism for the archaeon methanosarcina barkeri. Applied and Environmental Microbiology, 78 (5): 1473-1479.

Arthur E, Schjonning P, Moldrup P, et al. 2013. Density and permeability of a loess soil: long-term organic matter effect and the response to compressive stress. Geoderma, 193-194: 236-245.

Artz R, Townend J, Brown K, et al. 2005. Soil macropores and compaction control the leaching potential of *Escherichia coli* O157:H7. Environmental Microbiology, 7: 241-248.

Ayrapetyan M, Williams T, Oliver J D. 2018. Relationship between the viable but nonculturable state and antibiotic persister cells. Journal of Bacteriology, 200 (20): e00249-18.

Bae S, Wuertz S. 2009. Discrimination of viable and dead fecal bacteroidales bacteria by quantitative PCR with propidium monoazide. Applied and Environmental Microbiology, 75 (9): 2940-2944.

Bai C, Zhang S F, Huang L, et al. 2015. Starch-based hydrogel loading with carbendazim for controlled-release and water absorption. Carbohydrate Polymers, 125: 376-383.

Baig S A, Zhu J, Muhammad N, et al. 2014. Effect of synthesis methods on magnetic Kans grass biochar for enhanced As (III, V) adsorption from aqueous solutions. Biomass and Bioenergy, 71: 299-310.

Barbour E K, Husseini S A, Farran M T, et al. 2002. Soil solarization: a sustainable agriculture approach to reduce microorganisms in chicken manure-treated soil. Journal of Sustainable Agriculture, 19: 95-104.

Barraclough D, Kearney T, Croxford A. 2005. Bound residues: environmental solution or future problem?. Environmental Pollution, 133: 85-90.

Barriuso E, Benoit P, Dubus I G. 2008. Formation of pesticide nonextractable (bound) residues in soil: magnitude, controlling factors and reversibility. Environmental Science & Technology, 42: 1845-1854.

Benicha M, Mrabet R, Azmani A. 2016. Characterization of carbofuran bound residues and the effect of ageing on their distribution and bioavailability in the soil of a sugar beet field in north-western Morocco. European Journal of Environmental Sciences, 6: 57-63.

Benoit P, Barriuso E, Houot S, et al. 1996. Influence of the nature of soil organic matter on the sorption-desorption of 4-chlorophenol, 2, 4-dichlorophenol and the herbicide 2, 4-dichlorophenoxyacetic acid (2, 4-D). European Journal of Soil Science, 47: 567-578.

Berns A E, Philipp H, Lewandowski H, et al. 2018. Interactions of N-15-sulfadiazine and soil components as evidenced by N-15-CPMAS NMR. Environmental Science & Technology, 52: 3748-3757.

Berry D F, Boyd S A. 1985. Decontamination of soil through enhanced formation of bound residues. Environmental Science & Technology, 19: 1132-1133.

Bertolotti S G, Cosa J J, Gsponer H E, et al. 1987. Charge tranfer complexes of diquat and parquat with halide anions. Canadian Journal of Chemistry, 65: 2425-2427.

Bialk H M, Pedersen J A. 2008. NMR investigation of enzymatic coupling of sulfonamide antimicrobials with humic substances. Environmental Science & Technology, 42: 106-112.

Bialk H M, Simpson A J, Pedersen J A. 2005. Cross-coupling of sulfonamide antimicrobial agents with model humic constituents. Environmental Science & Technology, 39: 4463-4473.

Boivin A, Amellal S, Schiavon M, et al. 2005. 2, 4-Dichlorophenoxyacetic acid(2, 4-D)sorption and degradation dynamics in three agricultural soils. Environmental Pollution, 138: 92-99.

Bollag J M, Myers C J, Minard R D. 1992. Biological and chemical interactions of pesticides with soil organic-matter. Science of the Total Environment, 123: 205-217.

Bryce J H, Focht D D, Stolzy L H. 1982. Soil aeration and plant growth response to urea peroxide fertilization. Soil Science, 134 (2): 111-116.

Burauel P, Führ F. 2000. Formation and long-term fate of non-extractable residues in outdoor lysimeter studies. Environmental Pollution, 108: 45-52.

Burgess C M. 2016. The response of foodborne pathogens to osmotic and desiccation stresses in the food chain. International Journal of Food Microbiology, 221: 37-53.

Calderbank A. 1989. The occurrence and significance of bound pesticide residues in soil. Reviews of Environmental Contamination and Toxicology, 108 (1): 71-103.

Cao X, Harris W. 2010. Properties of dairy-manure-derived biochar pertinent to its potential use in remediation. Bioresource Technology, 101 (14): 5222-5228.

Capriel P, Haiseh A, Khan S U. 1985. Distribution and nature of bound (nonextractable) residues of atrazine in a mineral soil nine years after herbicides application. Joumal of Agriculture and Food Chemistry, 33: 567-569.

Carini P, Marsden P J, Leff J, et al. 2017. Relic DNA is abundant in soil and obscures estimates of soil microbial diversity. Nature Microbiology, 2 (3): 1-6.

Celis R, Barriuso E, Houot S. 1998. Sorption and desorption of atrazine by sludge-amended soil: dissolved organic matter effect. Journal of Environmental Quailty, 27: 1348-1356.

Chang W S, van de Mortel M, Nielsen L, et al. 2007. Alginate production by pseudomonas putida creates a hydrated microenvironment and contributes to biofilm architecture and stress tolerance under water-limiting conditions. Journal of Bacteriology, 189 (22): 8290.

Chen B, Chen Z. 2009. Sorption of naphthalene and 1-naphthol by biochars of orange peels with different pyrolytic temperatures. Chemosphere, 76 (1): 127-133.

Chen B, Chen Z, Lv S. 2011. A novel magnetic biochar efficiently sorbs organic pollutants and phosphate. Bioresource technology, 102 (2): 716-723.

Chen B, Zhou D, Zhu L. 2008. Transitional adsorption and partition of nonpolar and polar aromatic contaminants by biochars of pine needles with different pyrolytic temperatures. Environmental Science & Technology, 42 (14): 5137-5143.

Chen H, Zhao Y Y, Shu M, et al. 2019. Detection and evaluation of viable but non-culturable *Escherichia coli* O157:H7 induced by low temperature with a BCAC-EMA-Rti-LAMP assay in chicken without enrichment. Food Analytical Methods, 12: 458-468.

Chen N, Huang Y, Hou X, et al. 2017. Photochemistry of hydrochar: reactive oxygen species generation and sulfadimidine degradation. Environmental Science & Technology, 51 (19): 11278-11287.

Chen Q, Rao P, Cheng Z, et al. 2019. Novel soil remediation technology for simultaneous organic pollutant catalytic degradation and nitrogen supplementation. Chemical Engineering Journal, 370: 27-36.

Chen Z, Xiao X, Chen B, et al. 2015. Quantification of chemical states, dissociation constants and contents of oxygen-containing groups on the surface of biochars produced at different temperatures. Environmental Science & Technology, 49: 309-317.

Cheng J, Xue L L, Zhu M, et al. 2019. Nitrate supply and sulfate-reducing suppression facilitate the removal of pentachlorophenol in a flooded mangrove soil. Environmental Pollution, 244: 792-800.

Cheng M, Zeng G, Huang D, et al. 2016. Hydroxyl radicals based advanced oxidation processes (AOPs) for remediation of soils contaminated with organic compounds: a review. Chemical Engineering Journal, 284: 582-598.

Chenu C. 1993. Clay-or sand-polysacchafide associations as models for the interface between micro-organisms and soil: water related properties and microstructure. Geoderma, 56: 143-156.

Chiou C T, Cheng J, Hung W, et al. 2015. Resolution of adsorption and partition components of organic compounds on black carbons. Environmental Science & Technology, 49 (15): 9116-9123.

Chiou C T, Peters L J, Freed V H. 1979. A physical concept of soil-water equilibria for nonionic organic compounds. Science, 206 (4420): 831-832.

Cho H H, Wepasnick K, Smith B A, et al. 2010. Sorption of aqueous Zn [II] and Cd [II] by multiwall carbon nanotubes: the relative roles of oxygen-containing functional groups and graphenic carbon. Langmuir, 26 (2): 967-981.

Cope C O, Webster D S, Sabatini D A. 2014. Arsenate adsorption onto iron oxide amended rice husk char. Science of the Total Environment, 488: 554-561.

De Liguoro M, Poltronieri C, Capolongo F, et al. 2007. Use of sulfadimethoxine in intensive calf farming: evaluation of transfer to stable manure and soil. Chemosphere, 68: 671-676.

Dec J, Bollag J M. 1988. Microbial release and degradation of cathecol and chlorophenols bound to synthetic humic acid. Soil Science Society American Journal, 52: 1366-1371.

Dec J, Haider K, Rangaswamy V, et al. 1997. Formation of soil-bound residues of cyprodinil and their plant uptake. Journal of Agricultural and Food Chemistry, 45: 514-520.

Dellinger B, Lomnicki S, Khachatryan L, et al. 2007. Formation and stabilization of persistent free radicals. Proceedings of the Combustion Institute, 31 (1): 521-528.

Dempster D N, Gleeson D B, Solaiman Z M, et al. 2012. Decreased soil microbial biomass and nitrogen mineralisation with Eucalyptus biochar addition to a coarse textured soil. Plant and Soil, 354 (1-2): 311-324.

Devi P, Saroha A K. 2015. Simultaneous adsorption and dechlorination of pentachlorophenol from effluent by Ni-ZVI magnetic biochar composites synthesized from paper mill sludge. Chemical Engineering Journal, 271:

195-203.

Dietersdorfer E, Kirschner A, Schrammel B, et al. 2018. Starved viable but non-culturable (VBNC) Legionella strains can infect and replicate in amoebae and human macrophages. Water Research, 141: 428-438.

Dinu L D, Bach S. 2011. Induction of viable but nonculturable *Escherichia coli* O157:H7 in the phyllosphere of lettuce: a food safety risk factor. Applied and Environmental Microbiology, 77: 8295-8302.

DiStefano E, Eiguren-Fernandez A, Delfino R J, et al. 2009. Determination of metal-based hydroxyl radical generating capacity of ambient and diesel exhaust particles. Inhalation Toxicology, 21(9): 731-738.

Doyle R C, Kaufman D D, Burt G W. 1978. Effect of dairy manure and sewage sludge on ^{14}C-pesticide degradation in soil. Journal of Agricultural and Food Chemistry, 26: 987-989.

Du W C, Sun Y Y, Cao L, et al. 2011. Environmental fate of phenanthrene in lysimeter planted with wheat and rice in rotation. Journal of Hazardous Materials, 188: 408-413.

Duah-yentumi S, Kuwatsuka S. 1980. Effect of organic matter and chemical fertilizers on the degradation of benthiocarb and MCPA (4-chloro-o-tolyloxyacetix acid) herbicides in soil. Soil Science and Plant Nutrition, 26: 51-549.

Duku M H, Gu S, Hagan E B. 2011. Biochar production potential in Ghana: a review. Renewable and Sustainable Energy Reviews, 15(8): 3539-3551.

Dworkin J, Shah I M. 2010. Exit from dormancy in microbial organisms. Nature Reviews Microbiology, 8(12): 890-896.

Ennis C J, Evans A G, Islam M, et al. 2012. Biochar: carbon sequestration, land remediation, and impacts on soil microbiology. Critical Reviews in Environmental Science and Technology, 42: 2311-2364.

Epa U S. 2006. In Situ Chemical Oxidation. Amsterdam: Elsevier Science.

Esplugas S, Yue P L, Pervez M I. 1994. Degradation of 4-chlorophenol by photolytic oxidation. Water Research, 28(6): 1323-1328.

Fan Y, Wang B, Yuan S, et al. 2010. Adsorptive removal of chloramphenicol from wastewater by NaOH modified bamboo charcoal. Bioresource Technology, 101(19): 7661-7664.

Fang G, Gao J, Liu C, et al. 2014. Key role of persistent free radicals in hydrogen peroxide activation by biochar: implications to organic contaminant degradation. Environmental Science & Technology, 48(3): 1902-1910.

Fang G, Liu C, Wang Y, et al. 2017a. Photogeneration of reactive oxygen species from biochar suspension for diethyl phthalate degradation. Applied Catalysis B: Environmental, 214: 34-45.

Fang G, Wu W, Deng Y, et al. 2017b. Homogenous activation of persulfate by different species of vanadium ions for PCBs degradation. Chemical Engineering Journal, 323: 84-95.

Fang G, Wu W, Liu C, et al. 2017c. Activation of persulfate with vanadium species for PCBs degradation: a mechanistic study. Applied Catalysis B: Environmental, 202: 1-11.

Fang G, Zhu C, Dionysiou D D, et al. 2015. Mechanism of hydroxyl radical generation from biochar suspensions: implications to diethyl phthalate degradation. Bioresource Technology, 176: 210-217.

Fatta-Kassinos D, Kalavrouziotis I K, Koukoulakis P N, et al. 2011. The risks associated with wastewater reuse and xenobiotics in the agroecological environment. Science of the Total Environment, 409(19): 3555-3563.

Felsot A S, Dzantor. E K. 1990. Effect of alachlor concentration and an organic amendment on soil dehydrogenase activity and pesticide degradation rate. Environmental Toxicology and Chemistry, 14: 23-28.

Feng J Y, Xu Y, Ma B, et al. 2019. Assembly of root-associated microbiomes of typical rice cultivars in response to lindane pollution. Environment International, 131: 104975.

Fierro V, Muñiz G, Basta A H, et al. 2010. Rice straw as precursor of activated carbons: activation with ortho-phosphoric acid. Journal of Hazardous Materials, 181 (1-3): 27-34.

Finkelstein E L I D, Rosen G M, Rauckman E J. 1982. Production of hydroxyl radical by decomposition of superoxide spin-trapped adducts. Molecular Pharmacology, 21 (2): 262-265.

Finn S, Condell O, McClure P, et al. 2013. Mechanisms of survival, response and source of *Salmonella* in low-moisture environments. Frontiers in Microbiology, 4: 331.

Finney J L. 2004. Water? What's so special about it? Philosophical transactions of the royal society of London. Philosophical Transactions of the Royal Society B Biological Sciences, 359 (1448): 1145-1165.

Fittipaldi M, Nocker A, Codony F. 2012. Progress in understanding preferential detection of live cells using viability dyes in combination with DNA amplification. Journal of Microbiological Methods, 91: 276-289.

Frankenberger J W T. 1997. Factors affecting the fate of urea peroxide added to soil. Bulletin of Environmental Contamination and Toxicology, 59 (1): 50-57.

Fu D, Chen Z, Xia D, et al. 2017. A novel solid digestate-derived biochar-Cu NP composite activating H_2O_2 system for simultaneous adsorption and degradation of tetracycline. Environmental Pollution, 221: 301-310.

Fu H, Liu H, Mao J, et al. 2016. Photochemistry of dissolved black carbon released from biochar: reactive oxygen species generation and phototransformation. Environmental Science & Technology, 50 (3): 1218-1226.

Fu Q G, Wang Y C, Zhang J B, et al. 2013. Soil microbial effects on the stereoselective mineralization, extractable residue, bound residue, and metabolism of a novel chiral cis neonicotinoid, paichongding. Journal of Agricultural and Food Chemistry, 61: 7689-7695.

Fuehr F, Mittelstaedt W. 1980. Plant experiments on the bioavailability of unextracted (carbonyl-^{14}C) methabenzthiazuron residues from soil. Journal of Agricultural and Food Chemistry, 28: 122-125.

Führ F, Ophoff H, Burauel P, et al. 1998. Pesticide Bound Residues in Soil. New York: Wiley-VCH.

Fuhremann T W, Lichtenstein E P. 1978. Release of soil-bound methylparathion residues and their uptake by earthworms and oat plants. Journal of Agricultural and Food Chemistry, 26: 605-610.

Furman O S, Teel A L, Watts R J. 2010. Mechanism of base activation of persulfate. Environmental Science & Technology, 44 (16): 6423-6428.

Gan C, Liu Y, Tan X, et al. 2015. Effect of porous zinc-biochar nanocomposites on Cr (VI) adsorption from aqueous solution. RSE Advances, 5 (44): 35107-35115.

Gan J, Koskinen W C, Becker R L, et al. 1995. Effect of concentration on persistence of alachlor in soil. Journal of Environmental Quality, 24: 1162-1169.

Gao S, Doll D A, Stanghellini M S, et al. 2018. Deep injection and the potential of biochar to reduce fumigant emissions and effects on nematode control. Journal of Environmental Management, 223: 469-477.

Gehling W, Dellinger B. 2013. Environmentally persistent free radicals and their lifetimes in PM. Environmental Science & Technology, 47 (15): 8172-8178.

Gehling W, Khachatryan L, Dellinger B. 2014. Hydroxyl radical generation from environmentally persistent free radicals (EPFRs) in PM. Environmental Science & Technology, 48(8): 4266-4272.

Gerhardt K E, Huang X D, Glick B R, et al. 2009. Phytoremediation and rhizoremediation of organic soil contaminants: potential and challenges. Plant Science, 176: 20-30.

Gevao B, Jones K C, Semple K T. 2005. Formation and release of nonextractable ^{14}C-Dicamba residues in soil under sterile and non-sterile regimes. Environmental Pollution, 133: 17-24.

Gevao B, Jones K C, Semple K T, et al. 2003. Nonextractable pesticide residues in soil. Environmental Science & Technology, 37: 138-144.

Gevao B, Mordaunt C, Semple K T. 2001. Bioavailability of non-extractable pesticide residues to earthworm. Environmental Science & Technology, 35: 501-507.

Gevao B, Semple K T, Jones K C. 2000. Bound pesticide residues in soils: a review. Environmental Pollution, 108: 3-14.

Gianfreda L, Rao M A. 2004. Potential of extra cellular enzymes in remediation of polluted soils: a review. Enzyme and Microbial Technology, 35: 339-354.

Gosme M, de Villemandy M, Bazot M, et al. 2012. Local and neighbourhood effects of organic and conventional wheat management on aphids, weeds, and foliar diseases. Agriculture Ecosystems and Environment, 161: 121-129.

Guan X, Zhou J, Ma N, et al. 2015. Studies on modified conditions of biochar and the mechanism for fluoride removal. Desalination and Water Treatment, 55(2): 440-447.

Gulkowska A, Sander M, Hollender J, et al. 2013. Covalent binding of sulfamethazine to natural and synthetic humic acids: assessing laccase catalysis and covalent bond stability. Environmental Science & Technology, 47: 6916-6924.

Gulkowska A, Sander M, Rentsch D, et al. 2012. Reactions of a sulfonamide antimicrobial with model humic constituents: assessing pathways and stability of covalent bonding. Environmental Science & Technology, 46: 2102-2111.

Gulkowska A, Thalmann B, Hollender J, et al. 2014. Nonextractable residue formation of sulfonamide antimicrobials: new insights from soil incubation experiments. Chemosphere, 107: 366-372.

Guo J, Xu W S, Chen Y L, et al. 2005. Adsorption of NH_3 onto activated carbon prepared from palm shells impregnated with H_2SO_4. Journal of Colloid and Interface Science, 281(2): 285-290.

Guo Y, Rockstraw D A. 2007. Activated carbons prepared from rice hull by one-step phosphoric acid activation. Microporous and Mesoporous Materials, 100(1-3): 12-19.

Gurtler J B, Boateng A A, Han Y, et al. 2014. Inactivation of *E. coli* O157:H7 in cultivable soil by fast and slow pyrolysis-generated biochars. Foodborne Pathogens and Disease, 11(3): 215-223.

Gutierrez-Rodriguez E, Adhikari A. 2018. Preharvest farming practices impacting fresh produce safety. Microbiology Spectrum, 6(2): 19-46.

Gyawali P, Ahmed W, Sidhu J P S, et al. 2016. Quantitative detection of viable helminth ova from raw wastewater, human feces, and environmental soil samples using novel PMA-qPCR methods. Environmental Science and Pollution Research, 23(18): 18639-18648.

Haderlein S B, Weissmashr K W, Schwarzeabach R P. 1996. Specific adsorption of nitroaromatic explosives and pesticides to clay minerals. Environmental Science & Technology, 30: 612-622.

Hale S E, Hanley K, Lehmann J, et al. 2012. Effects of chemical, biological, and physical aging as well as soil addition on the sorption of pyrene to activated carbon and biochar. Environmental Science & Technology, 46(4): 2479-2480.

Halverson L J, Jones T M, Firestone M K. 2000. Release of intracellular solutes by four soil bacteria exposed to dilution stress. Soil Science Society of America Journal, 64: 1630-1637.

Han Z, Sani B, Mrozik W, te al. 2015. Magnetite impregnation effects on the sorbent properties of activated carbons and biochars. Water Research, 70: 394-403.

Hatzinger P B, Alexander M. 1995. Effect of aging of chemicals in soil on their biodegradability and extractability. Environmental Science & Technology, 29: 537-545.

He W, Liu Q, Shi L, et al. 2014. Understanding the stability of pyrolysis tars from biomass in a view point of free radicals. Bioresource Technology, 156: 372-375.

Heise J, Schrader S, Kreuzig R. 2006. Chemical and biological characterization of non-extractable sulfonamide residues in soil. Chemosphere, 65: 2352-2357.

Helling C S, Krivonak A E. 1978. Biological characteristic of bound dinitroaniline herbicides in soils. Journal of Agricultural and Food Chemistry, 26: 1164.

Hruska K, Franek M. 2012. Sulfonamides in the environment: a review and a case report. Veterinary Medicine, 57 (1): 1-35.

Hu X, Ding Z, Zimmerman A R, et al. 2015. Batch and column sorption of arsenic onto iron-impregnated biochar synthesized through hydrolysis. Water Research, 68: 206-216.

Huang B C, Jiang J, Huang G X, et al. 2018. Sludge biochar-based catalysts for improved pollutant degradation by activating peroxymonosulfate. Journal of Materials Chemistry A, 6 (19): 8978-8985.

Huang D, Wang Y, Zhang C, et al. 2016. Influence of morphological and chemical features of biochar on hydrogen peroxide activation: implications on sulfamethazine degradation. RSC Advances, 6 (77): 73186-73196.

Ingram D J E, Tapley J G, Jackson R, et al. 1954. Paramagnetic resonance in carbonaceous solids. Nature, 174 (4434): 797-798.

Inyang M, Gao B, Zimmerman A, et al. 2014. Synthesis, characterization, and dye sorption ability of carbon nanotube-biochar nanocomposites. Chemical Engineering Journal, 236: 39-46.

Iwu C D, Okoh A I. 2019. Preharvest transmission routes of fresh produce associated bacterial pathogens with outbreak potentials: a review. International Journal of Environmental Research and Public Health, 16 (22): 4407.

Jin H, Capareda S, Chang Z, et al. 2014. Biochar pyrolytically produced from municipal solid wastes for aqueous As (V) removal: adsorption property and its improvement with KOH activation. Bioresource Technology, 169: 622-629.

Jing X, Wang Y, Liu W, et al. 2014. Enhanced adsorption performance of tetracycline in aqueous solutions by methanol-modified biochar. Chemical Engineering Journal, 248: 168-174.

Jjemba P K. 2002. The potential impact of veterinary and human therapeutic agents in manure and biosolids on plants grown on arable land: a review. Agriculture Ecosystems & Environment. 93: 267-278.

Jones S E, Lennon J T. 2010. Dormancy contributes to the maintenance of microbial diversity. Proceedings of the National Academy of Sciences of the United States of America, 107 (13): 5881-5886.

Jung C, Boateng L K, Flora J R, et al. 2015. Competitive adsorption of selected non-steroidal anti-inflammatory drugs on activated biochars: experimental and molecular modeling study. Chemical Engineering Journal, 264: 1-9.

Kah M, Brown C D. 2007. Changes in pesticide adsorption with time at high soil to solution ratios. Chemosphere, 68: 1335.

Kaiser M, Kleber M, Berhe A A. 2015. How air-drying and rewetting modify soil organic matter characteristics: an assessment to improve data interpretation and inference. Soil Biology & Biochemistry, 80: 324-340.

Karakoyun N, Kubilay S, Aktas N, et al. 2011. Hydrogel-Biochar composites for effective organic contaminant removal from aqueous media. Desalination, 280 (1-3): 319-325.

Kasozi G N, Zimmerman A R, Nkedi-Kizza P, et al. 2010. Catechol and humic acid sorption onto a range of laboratory-produced black carbons (biochars). Environmental Science & Technology, 44 (16): 6189-6195.

Kasparbauer R D. 2009. The effects of biomass pretreatments on the products of fast pyrolysis. Ames: Iowa State University.

Kastner J R, Mani S, Juneja A. 2015. Catalytic decomposition of tar using iron supported biochar. Fuel Processing Technology, 130: 31-37.

Kästner M, Nowak K M, Miltner A, et al. 2014. Classification and modelling of nonextractable residue (NER) formation of xenobiotics in soil-A synthesis. Critical Reviews in Environmental Science and Technology, 44: 2107-2171.

Katan J. 1976. Binding of ^{14}C-parathion in soil: a reassessment of pesticide persistence. Science, 193: 891-894.

Katan J. 1981. Solar heating (solarization) of soil for control of soilborne pests. Annual Review of Phytopathology, 19 (1): 211-236.

Katan J, Lichtenstein E P. 1977. Mechanisms of production of soil-bound residues of [^{14}C]-parathion by microorganisms. Journal of Agricultural and Food Chemistry, 25: 1404-1408.

Kaufmann D D, Blake J. 1973. Microbial degradation of several acetamide, acylanilide, carbetamide, toluidine and urea pesticides. Soil Microbiology and Biochemistry, 5: 297-308.

Khachatryan L, Dellinger B. 2011. Environmentally persistent free radicals (EPFRs) -2. Are free hydroxyl radicals generated in aqueous solutions?. Environmental Science & Technology, 45 (21): 9232-9239.

Khachatryan L, Vejerano E, Lomnicki S, et al. 2011. Environmentally persistent free radicals (EPFRs). Generation of reactive oxygen species in aqueous solutions. Environmental Science & Technology, 45 (19): 8559-8566.

Khan S U. 1982. Bound pesticide residues in soil and plants. Residue Reviews, 84: 1-25.

Khan S U. 1973. Equilibrium and kinetic studies of the adsorption of 2, 4-D and picloram on humic acid. Canadian Journal of Soil Science, 53: 429-434.

Khan S U, Behki R M, Dumrugs B. 1989. Fate of bound ^{14}C residues in soil as affected by repeated treatment of prometryn. Chemosphere, 11/12: 2155-2160.

Khan S U, Dupont S, Greenhalgh R, et al. 1987. Bound pesticide residues and their bioavailability//Pesticide Science and Biotechnology. Oxford: Blackwell Scientific Publications.

Khan S U, Iarson K C. 1981. Microbiological release of unextracted residues from an organic soil treated with prometryn. Journal of Agricultural and Food Chemistry, 29: 1301-1311.

Khodakovskaya M, Dervishi E, Mahmood M, et al. 2012. Carbon nanotubes are able to penetrate plant seed coat and dramatically affect seed germination and plant growth. Acs Nano, 6 (8): 3221-3227.

Kim C, Ahn J Y, Kim T Y, et al. 2018. Activation of persulfate by nanosized zero-valent iron (NZVI): mechanisms and transformation products of NZVI. Environmental Science & Technology, 52 (6): 3625-3633.

Kintz E, Byrne L, Jenkins C, et al. 2019. Outbreaks of shiga toxin-producing *Escherichia coli* linked to sprouted seeds, salad, and leafy greens: a systematic review. Journal of Food Protection, 82: 1950-1958.

Klijanienko A, Lorenc-Grabowska E, Gryglewicz G. 2008. Development of mesoporosity during phosphoric acid activation of wood in steam atmosphere. Bioresource Technology, 99 (15): 7208-7214.

Kopmann C, Jechalke S, Rosendahl I, et al. 2013. Abundance and transferability of antibiotic resistance as related to the fate of sulfadiazine in maize rhizosphere and bulk soil. FEMS Microbiology Ecology, 83: 125-134.

Kozak J, Weber J B, Sheets T J. 1983. Adsorption of prometryn and metolachlor by selected soil organic matter fractions. Soil Science, 136: 94-101.

Kreuzig R, Höltge S. 2005. Investigations on the fate of sulfadiazine in manured soil: laboratory experiments and test plot studies. Environmental Toxicology and Chemistry, 24: 771-776.

Laird D A, Barriuso E, Dowy R H. 1992. Adsorption of atrazine on smectites. Soil Science Society of American Journal, 56: 62-67.

Lee H, Kim H, Weon S, et al. 2016. Activation of persulfates by graphitized nanodiamonds for removal of organic compounds. Environmental Science & Technology, 50 (18): 10134-10142.

Lee H, Lee H J, Jeong J, et al. 2015. Activation of persulfates by carbon nanotubes: oxidation of organic compounds by nonradical mechanism. Chemical Engineering Journal, 266: 28-33.

Lehmann J. 2007a. A handful of carbon. Nature, 447 (7141): 143-144.

Lehmann J. 2007b. Bio-energy in the black. The Ecological Society of America, 5 (7): 381-387.

Lehmann J, Joseph S. 2009. Biochar for Environmental Management: Science and Technology. London: Earthscan: 1-81.

Lehmann J, Liang B, Solomon D, et al. 2005. Near-edge X-ray absorption fine structure (NEXAFS) spectroscopy for mapping nano-scale distribution of organic carbon forms in soil: application to black carbon particles. Global Biogeochemical Cycles, 19 (1): GB1013.

Lehmann J, Rillig M C, Thies J, et al. 2011. Biochar effects on soil biota—a review. Soil Biology and Biochemistry, 43 (9): 1812-1836.

Lei H W, Ren S J, Julson J. 2009. The effect of reaction temperature and time and particle size of corn stover on microwave pyrolysis. Energy & Fuels, 23: 3254-3261.

Lerch T Z, Dignac M F, Nunan N, et al. 2009. Ageing processes and soil microbial community effects on the biodegradation of soil ^{13}C-2, 4-D nonextractable residues. Environmental Pollution, 157: 2985-2993.

Lertpaitoonpan W, Moorman T B, Ong S K. 2015. Effect of swine manure on sulfamethazine degradation in aerobic and anaerobic soils. Water Air and Soil Pollution, 226: 81.

Levin-Reisman I, Ronin I, Gefen O, et al. 2017. Antibiotic tolerance facilitates the evolution of resistance. Science, 355: 826-830.

Li F J, Jiang B Q, Nastold P, et al. 2015a. Enhanced transformation of tetrabromobisphenol A by nitrifiers in nitrifying activated sludge. Environmental Science & Technology, 49: 4283-4292.

Li F J, Wang J J, Jiang B Q, et al. 2015b. Fate of tetrabromobisphenol A (TBBPA) and formation of ester- and ether-linked bound residues in an oxic sandy soil. Environmental Science & Technology, 49: 12758-12765.

Li J Y, Dodgen L, Ye Q F, et al. 2013. Degradation kinetics and metabolites of carbamazepine in soil. Environmental Science & Technology, 47: 3678-3684.

Li J Y, Ye Q F, Gan J. 2014. Degradation and transformation products of acetaminophen in soil. Water Research, 49: 44-52.

Li L, Zou D, Xiao Z, et al. 2019. Biochar as a sorbent for emerging contaminants enables improvements in waste management and sustainable resource use. Journal of Cleaner Production, 210: 1324-1342.

Li Y, Shao J, Wang X, Deng Y, et al. 2014. Characterization of modified biochars derived from bamboo pyrolysis and their utilization for target component (furfural) adsorption. Energy & Fuels, 28 (8): 5119-5127.

Liao S, Pan B, Li H, et al. 2014. Detecting free radicals in biochars and determining their ability to inhibit the germination and growth of corn, wheat and rice seedlings. Environmental Science & Technology, 48: 8581-8587.

Lima I M, Boateng A A, Klasson K T. 2010. Physicochemical and adsorptive properties of fast-pyrolysis bio-chars and their steam activated counterparts. Journal of Chemical Technology & Biotechnology, 85 (11): 1515-1521.

Limousin G, Gaudet J P, Charlet L, et al. 2007. Sorption isotherms: a review on physical bases, modeling and measurement. Applied Geochemistry, 22 (2): 249-275.

Lin H, Ye C, Chen S, et al. 2017. Viable but non-culturable *E. coli* induced by low level chlorination have higher persistence to antibiotics than their culturable counterparts. Environmental Pollution, 230: 242-249.

Lin Y, Munroe P, Joseph S, et al. 2012. Water extractable organic carbon in untreated and chemical treated biochars. Chemosphere, 87 (2): 151-157.

Liou T H, Wu S J. 2009. Characteristics of microporous/mesoporous carbons prepared from rice husk under base-and acid-treated conditions. Journal of Hazardous Materials, 171 (1-3): 693-703.

Liu J, Wang Y F, Jiang B Q, et al. 2013. Degradation, metabolism, and bound-residue formation and release of tetrabromobisphenol a in soil during sequential anoxic-oxic incubation. Environmental Science & Technology, 47: 8348-8354.

Liu P, Liu W J, Jiang H, et al. 2012. Modification of bio-char derived from fast pyrolysis of biomass and its application in removal of tetracycline from aqueous solution. Bioresource Technology, 121: 235-240.

Liu X Q, Xu X Y, Li C, et al. 2016. Assessment of the environmental fate of cycloxaprid in flooded and anaerobic soils by radioisotopic tracing. Science of the Total Environment, 543: 116-122.

Liu Y, Majetich S A, Tilton R D, et al. 2005. TCE dechlorination rates, pathways, and efficiency of nanoscale iron particles with different properties. Environmental Science & Technology, 39 (5): 1338.

Liu Y, Wang C, Tyrrell G, et al. 2009. Induction of *Escherichia coli* O157:H7 into the viable but non-culturable state by chloraminated water and river water, and subsequent resuscitation. Environmental Microbiology Reports, 1: 155-161.

Loiseau L, Barriuso E. 2002. Characterization of the atrazine's bound (nonextractable) residues using fractionation techniques for soil organic matter. Environmental Science & Technology, 36 (4): 683-689.

Lussier M G, Zhang Z, Miller D J. 1998. Characterizing rate inhibition in steam/hydrogen gasification via analysis of adsorbed hydrogen. Carbon, 36 (9): 1361-1369.

Ma Y, Feng Y, Liu D, et al. 2009. Avian influenza virus, Streptococcus suis serotype 2, severe acute respiratory syndrome-coronavirus and beyond: molecular epidemiology, ecology and the situation in China. Philosophical Transactions of the Royal Society B: Biological Sciences, 364 (1530): 2725-2737.

Mager D M. 2010. Carbohydrates in cyanobacterial soil crusts as a source of carbon in the southwest Kalahari, Botswana. Soil Biology & Biochemistry, 42: 313-318.

Mager D M, Thomas A D. 2011. Extracellular polysaccharides from cyanobacterial soil crusts: a review of their role in dryland soil processes. Journal of Arid Environments, 75: 91-97.

Manyà J J. 2012. Pyrolysis for biochar purposes: a review to establish current knowledge gaps and research needs. Environmental Science & Technology, 46 (15): 7939-7954.

Manzetti S, Ghisi R. 2014. The environmental release and fate of antibiotics. Marine Pollution Bulletin, 79: 7-15.

Mao H, Zhou D, Hashisho Z, et al. 2015. Preparation of pinewood-and wheat straw-based activated carbon via a microwave-assisted potassium hydroxide treatment and an analysis of the effects of the microwave activation conditions. BioResources, 10 (1): 809-821.

Maqueda C, Perez Rodriguez J L, Martin F. 1983. A study of the interaction between chlordimeform and humic acid from a typical chromoxerert soil. Soil Science, 136: 75-81.

Masek O, Budarin V, Gronnow M, et al. 2013. Microwave and slow pyrolysis biochar-comparison of physical and functional properties. Journal of Analytical and Applied Pyrolysis, 100: 41-48.

Matzek L W, Carter K E. 2016. Activated persulfate for organic chemical degradation: a review. Chemosphere, 151: 178-188.

Mikutta R, Zang U, Chorover J, et al. 2011. Stabilization of extracellular polymeric substances (*Bacillus subtilis*) by adsorption to and coprecipitafion with Al forms. Geochimiea et Cosmoehimica Acta, 75: 3135-3154.

Miralles P, Johnson E, Church T L, et al. 2012. Multiwalled carbon nanotubes in alfalfa and wheat: toxicology and uptake. Journal of the Royal Society Interface, 9 (77): 3514-3527.

Moh A, Sakata N, Takebayashi S, et al. 2004. Increased production of urea hydrogen peroxide from Maillard reaction and a UHP-Fenton pathway related to glycoxidation damage in chronic renal failure. Journal of the American Society of Nephrology, 15 (4): 1077-1085.

Mohan D, Kumar S, Srivastava A. 2014. Fluoride removal from ground water using magnetic and nonmagnetic corn stover biochars. Ecological Engineering, 73: 798-808.

Mordaunt C J, Gevao B, Jones K C. 2005. Formation of non-extractable pesticide residues: observations on compound differences, measurement and regulatory issues. Environmental Pollution, 133: 25-34.

Mubarak N M, Kundu A, Sahu J N, et al. 2014. Synthesis of palm oil empty fruit bunch magnetic pyrolytic char impregnating with $FeCl_3$ by microwave heating technique. Biomass and Bioenergy, 61: 265-275.

Nguyen T H, Cho H, Poster D L, et al. 2007. Evidence for a pore-filling mechanism in the adsorption of aromatic hydrocarbons to a natural wood char. Environmental Science & Technology, 41 (4): 1212-1217.

Nocker A, Cheung C, Camper A K. 2006. Comparison of propidium monoazide with ethidium monoazide for differentiation of live vs. dead bacteria by selective removal of DNA from dead cells. Journal of Microbiological Methods, 67: 310-320.

Northcott G L, Jones K C. 2000. Experimental approaches and analytical techniques for determining organic compound bound residues in soil and sediment. Environmental Pollution, 108: 19-43.

Oliver D M, Bird C, Burd E, et al. 2016. Quantitative PCR profiling of Escherichia coli in livestock feces reveals increased population resilience relative to culturable counts under temperature extremes. Environmental Science & Technology, 50: 9497-9505.

Oliver J D. 2010. Recent findings on the viable but nonculturable state in pathogenic bacteria. FEMS Microbiology Reviews, 34: 415-425.

Omoike A, Chorover J. 2006. Adsorption to goethite of extracellular polymeric substances from Bacillus subtilis. Geochimica et Cosmochimica Aeta, 70: 827-838.

Ophir T, Gutnick D L. 1994. A Role for Exopolysaccharides in the protection of microorganisms from desiccation. Applied and Environmental Microbiology, 60 (2): 740-745.

Paciolla M D, Davies G, Jansen S A. 1999. Generation of hydroxyl radicals from metal-loaded humic acids. Environmental Science & Technology, 33 (11): 1814-1818.

Pai S G, Riley M B, Camper N D. 2001. Microbial degradation of mefenoxam in rhizosphere of Zinnia angustifolia. Chemosphere, 44: 577-582.

Pankhurst C E, McDonald H J, Hawke B G, et al. 2002. Effect of tillage and stubble management on chemical and microbiological properties and the development of suppression towards cereal root disease in soils from two sites in NSW, Australia. Soil Biology and Biochemistry, 34: 833-840.

Pelaez M, Nolan N T, Pillai S C, et al. 2012. A review on the visible light active titanium dioxide photocatalysts for environmental applications. Applied Catalysis B Environmental, 125 (33): 331-349.

Pennington H. 2010. Escherichia coli O157. The Lancet, 376: 1428-1435.

Pignatello J J, Xing B S. 1996. Mechanisms of slow sorption of organic chemicals to natural particles. Environmental Science & Technology, 30: 1-11.

Pointing S B, Belnap J. 2012. Microbial colonization and controls in dryland systems. Nature Reviews Microbiology, 10 (8): 551.

Premarathna K S D, Rajapaksha A U, Sarkar B, et al. 2019. Biochar-based engineered composites for sorptive decontamination of water: a review. Chemical Engineering Journal, 372: 536-550.

Printz H, Burauel P, Führ F. 1995. Effect of organic amendment on degradation and formation of bound residues of methabenzthiazuron in soil under constant climatic conditions. Journal of Environmental Science and Health

Part B, 30: 435-456.

Pryor W A. 1986. Oxy-radicals and related species: their formation, lifetimes, and reactions. Annual Review of Physiology, 48 (1): 657-667.

Pryor W A. 1997. Cigarette smoke radicals and the role of free radicals in chemical carcinogenicity. Environmental Health Perspectives, 105 (Suppl 4): 875.

Qin J, Chen Q, Sun M, et al. 2017. Pyrolysis temperature-induced changes in the catalytic characteristics of rice husk-derived biochar during 1, 3-dichloropropene degradation. Chemical Engineering Journal, 330: 804-812.

Quan G, Sun W, Yan J, et al. 2014. Nanoscale zero-valent iron supported on biochar: characterization and reactivity for degradation of acid orange 7 from aqueous solution. Water, Air, and Soil Pollution, 225 (11): 2195.

Quilliam R S, Marsden K A, Gertler C, et al. 2012. Nutrient dynamics, microbial growth and weed emergence in biochar amended soil are influenced by time since application and reapplication rate. Agriculture, Ecosystems and Environment, 158: 192-199.

Racke K D, Lichtenstein E P. 1985. Effects of soil microorganisms on the release of bound ^{14}C-residues from soils previously treated with [^{14}C]-parathion. Journal of Agricultural and Food Chemistry, 33: 938-943.

Racke K D, Lichtenstein E P. 1987. Effects of agricultural practies on the bingding and fate of ^{14}C-parathion in soil. Journal of Environmental Science Health B, 22: 1-14.

Rajapaksha A U, Chen S S, Tsang D C, et al. 2016. Engineered/designer biochar for contaminant removal/immobilization from soil and water: potential and implication of biochar modification. Chemosphere, 148: 276-291.

Rajapaksha A U, Vithanage M, Ahmad M, et al. 2015. Enhanced sulfamethazine removal by steam-activated invasive plant-derived biochar. Journal of Hazardous Materials, 290: 43-50.

Rajapaksha A U, Vithanage M, Zhang M, et al. 2014. Pyrolysis condition affected sulfamethazine sorption by tea waste biochars. Bioresource Technology, 166: 303-308.

Reddy D H K, Lee S M. 2014. Magnetic biochar composite: facile synthesis, characterization, and application for heavy metal removal. Colloids and Surfaces A: Physicochemical and Engineering Aspects, 454: 96-103.

Regmi P, Moscoso J L G, Kumar S, et al. 2012. Removal of copper and cadmium from aqueous solution using switchgrass biochar produced via hydrothermal carbonization process. Journal of Environmental Management, 109: 61-69.

Ren J, Li N, Li L, et al. 2015. Granulation and ferric oxides loading enable biochar derived from cotton stalk to remove phosphate from water. Bioresource Technology, 178: 119-125.

Richnow H H, Eschenbach A, Mahro B, et al. 1998. The use of ^{13}C-labelled polycyclic aromatic hydrocarbons for the analysis of their transformation in soil. Chemosphere, 36: 2211-2224.

Richnow H H, Seifert R, Hefter J, et al. 1994. Metabolites of xenobiotica and mineral oil constituents linked to macromolecular organic matter in polluted environments. Organic Geochemistry, 22: 671-681.

Rittershaus E S, Baek S H, Sassetti C M. 2013. The normalcy of dormancy: common themes in microbial quiescence. Cell Host Microbe, 13 (6): 643-651.

Rosendahl I, Siemens J, Groeneweg J, et al. 2011. Dissipation and sequestration of the veterinary antibiotic sulfadiazine and its metabolites under field conditions. Environmental Science & Technology, 45: 5216.

Samuel T, Pillai M K K. 1991. Impact of repeated application on the binding and persistence of ^{14}C-DDT and ^{14}C-HCH in a tropical soil. Environmental Pollution, 74: 205-216.

Sarmah A K, Meyer M T, Boxall A B A. 2006. A global perspective on the use, sales, exposure pathways, occurrence, fate and effects of veterinary antibiotics (VAs) in the environment. Chemosphere, 65: 725-759.

Schäeffer A, Käestner M, Trapp S. 2018. A unified approach for including non-extractable residues (NER) of chemicals and pesticides in the assessment of persistence. Environmental Sciences Europe, 30: 51.

Schaumann G E, Bertmer M. 2008. Do water molecules bridge soil organic matter molecule segments?. European Journal of Soil Science, 59: 423-429.

Schimel J, Balser T C, Wallenstein M. 2007. Microbial stress-response physiology and its implications for ecosystem function. Ecology, 88: 1386-1394.

Schmidt B, Ebert J, Lamshoeft M, et al. 2008. Fate in soil of ^{14}C-sulfadiazine residues contained in the manure of young pigs treated with a veterinary antibiotic. Journal of Environmental Science and Health Part B, 43: 8-20.

Schoen S R, Winterlin W L. 1987. The effects of various soil factors and amendments on the degradation of pesticide mixtures. Journal of Environmental Science Health Part B, 22 (3): 347-377.

Senesi N. 1992. Binding mechanisms of pesticides to soil humic substances. Science of the Total Environment, 123-124: 63-76.

Senesi N, Testini C. 1980. Adsorption of some nitrogenated herbicides by soil humic acids. Soil Science, 130: 314-320.

Setlow P. 2016. Spore resistance properties//Driks A, Eichenberger P. The Bacterial Spore: from Molecules to Systems. Washington DC: ASM Press: 201-215.

Shan J, Brune A, Ji R. 2010. Selective digestion of the proteinaceous component of humic substances by the geophagous earthworms Metaphire guillelmi and Amynthas corrugatus. Soil Biology and Biochemistry, 42: 1455-1462.

Shan J, Jiang B Q, Yu B, et al. 2011. Isomer-specific degradation of branched and linear 4-nonylphenol isomers in an oxic soil. Environmental Science & Technology, 45: 8283-8289.

Shah T, Shah Z. 2017. Soil respiration, pH and EC as influenced by biochar. Soil and Environment, 36: 77-83.

Shilpa S, Amita D, Amita M. 2014. Polyaspartic acid based superabsorbent polymers. European Polymer Journal, 59: 363-376.

Silva D M, Domingues L. 2015. On the track for an efficient detection of *Escherichia coli* in water: a review on PCR-based methods. Ecotoxicology & Environmental Safety, 13: 400-411.

Singh B P, Cowie A L, Smernik R J. 2012. Biochar carbon stability in a clayey soil as a function of feedstock and pyrolysis temperature. Environmental Science & Technology, 46: 11770-11778.

Singh N, Megharaj M, Kookana R S, et al. 2004. Atrazine and simazine degradation in *Pennisetum rhizosphere*. Chemosphere, 56: 257-263.

Song Z, Lian F, Yu Z, et al. 2014. Synthesis and characterization of a novel MnO_x-loaded biochar and its adsorption properties for Cu^{2+} in aqueous solution. Chemical Engineering Journal, 242: 36-42.

Srivastava. A K, Kohli R R, Huchche A D, 1998. Relationship of leaf K and forms of soil K at critical growth stages of *Nagpur mandarin*. Journal of the Indian Society of Soil Science, 46: 245-248.

Stapleton J J, Devay J E. 1984. Thermal components of soil solarization as related to changes in soil and root microflora and increased plant growth response. Phytopathology, 74 (3): 255-259.

Stark J M, Firestone M K. 1995. Mechanisms for soil moisture effects on acfivity of nitrifying bacteria. Applied and Environmental Microbiology, 61: 218-221.

Stavropoulos G G, Samaras P, Sakellaropoulos G P. 2008. Effect of activated carbons modification on porosity, surface structure and phenol adsorption. Journal of Hazardous Materials, 151 (2-3): 414-421.

Stevenson A, Cary J A, Williams J P, et al. 2015. Is there a common water-activity limit for the three domains of life?. The ISME Journal, 9: 1333-1351.

Suett D L, Jukes A A. 1990. Some factors influencing the accelerated degradation of mephosfolan in soils. Crop Protection, 9: 44-51.

Sun F F, Kolvenbacn B, Peter N, et al. 2014. Degradation and metabolism of tetrabromobisphenol A (TBBPA) in submerged soil and soil plant systems. Environmental Science & Technology, 48: 14291-14299.

Suss A, Grampp B. 1973. Uptake of absorbed monolinuron in the soil by mustard plant. Weed Research, 13: 254-266.

Tan X F, Liu Y G, Gu Y L, et al. 2016. Biochar-based nano-composites for the decontamination of wastewater: a review. Bioresource Technology, 212: 318-333.

Tan Z, Qiu J, Zeng H, et al. 2011. Removal of elemental mercury by bamboo charcoal impregnated with H_2O_2. Fuel, 90 (4): 1471-1475.

Tang J, Lv H, Gong Y, et al. 2015. Preparation and characterization of a novel graphene/biochar composite for aqueous phenanthrene and mercury removal. Bioresource Technology, 196: 355-363.

Timonen A A E, Jørgen K, Petersen A, et al. 2017. Within-herd prevalence of intramammary infection caused by *Mycoplasma bovis* and associations between cow udder health, milk yield, and composition. Journal of Dairy Science, 100 (8): 6554-6561.

Uchimiya M, Chang S, Klasson K T. 2011. Screening biochars for heavy metal retention in soil: role of oxygen functional groups. Journal of Hazardous Materials, 190 (1-3): 432-441.

Valavanidis A, Fiotakis K, Vlahogianni T, et al. 2006. Determination of selective quinones and quinoid radicals in airborne particulate matter and vehicular exhaust particles. Environmental Chemistry, 3 (3): 233.

Valavanidis A, Iliopoulos N, Gotsis G, et al. 2008. Persistent free radicals, heavy metals and PAHs generated in particulate soot emissions and residue ash from controlled combustion of common types of plastic. Journal of Hazardous Materials, 156 (1/3): 277-284.

Vejerano E, Lomnicki S M, Dellinger B. 2012. Formation and stabilization of combustion-generated, environmentally persistent radicals on Ni (II) O supported on a silica surface. Environmental Science & Technology, 46 (17): 9406-9411.

Verstraete W, Devliegher W. 1996. Formation of non-bioavailable organic residues in soil: perspectives for site remediation. Biodegradation, 7: 471-485.

Vithanage M, Rajapaksha A U, Zhang M, et al. 2015. Acid-activated biochar increased sulfamethazine retention in soils. Environmental Science and Pollution Research, 22 (3): 2175-2186.

Wada H, Senoo K, Takai Y. 1989. Rapid degradation of gamma-HCH in upland soil after multiple applicatios. Soil Science and Plant Nutrition, 35: 71-77.

Walsh R L, Camilli A. 2011. *Streptococcus pneumonia* is desiccation tolerant and infectious upon rehydration. mBio, 2: e00092-11.

Wang P, Wang H, Wu L. 2012. Influence of black carbon addition on phenanthrene dissipation and microbial community structure in soil. Environmental Pollution, 161: 121-127.

Wang Q, Gao S, Wang D, et al. 2016. Mechanisms for 1, 3-dichloropropene dissipation in biochar-amended soils. Journal of Agricultural and Food Chemistry, 12 (64): 2531-2540.

Wang Q, Shao Y, Gao N, et al. 2020. Impact of zero valent iron/persulfate preoxidation on disinfection byproducts through chlorination of alachlor. Chemical Engineering Journal, 380: 122435.

Wang S F, Ling X H, Wu X, et al. 2019. Release of tetrabromobisphenol A (TBBPA) -derived non-extractable residues in oxic soil and the effects of the TBBPA-degrading bacterium *Ochrobactrum* sp. strain T. Journal of Hazardous Materials, 378: 120666.

Wang S Y, Tang Y K, Li K, et al. 2014. Combined performance of biochar sorption and magnetic separation processes for treatment of chromium-contained electroplating wastewater. Bioresource Technology, 174: 67-73.

Wang T, Qu G, Sun Q, et al. 2015. Formation and roles of hydrogen peroxide during soil remediation by direct multi-channel pulsed corona discharge in soil. Separation & Purification Technology, 147: 17-23.

Warish A, Triplett C, Gomi R, et al. 2015. Assessment of genetic markers for tracking the sources of human wastewater associated *Escherichia coli* in environmental waters. Environmental Science & Technology, 49: 9341-9346.

Wei C, Zhao X. 2018. Induction of viable but nonculturable *Escherichia coli* O157:H7 by low temperature and its resuscitation. Frontiers in Microbiology, 9: 2728.

Wei X, Gao N, Li C, et al. 2016. Zero-valent iron (ZVI) activation of persulfate (PS) for oxidation of bentazon in water. Chemical Engineering Journal, 285: 660-670.

Weng Y, Wang C, Chiang C, et al. 2018. In situ evidence of mineral physical protection and carbon stabilization revealed by nanoscale 3-D tomography. Biogeosciences, 15: 3133-3142.

Wierzchos J, de los Ríos A, Ascaso C. 2012. Microorganisms in desert rocks: the edge of life on Earth. International Microbiology, 15: 173-183.

Wu Y, Guo J, Han Y, et al. 2018. Insights into the mechanism of persulfate activated by rice straw biochar for the degradation of aniline. Chemosphere, 200: 373-379.

Wu Y, He J, Yang L. 2010. Evaluating adsorption and biodegradation mechanisms during the removal of microcystin-RR by periphyton. Environmental Science & Technology, 44 (16): 6319-6324.

Xiao F, Pignatello J J. 2015. Interactions of triazine herbicides with biochar: steric and electronic effects. Water Research, 80: 179-188.

Xiong Z, Shihong Z, Haiping Y, et al. 2013. Influence of NH_3/CO_2 modification on the characteristic of biochar and the CO_2 capture. BioEnergy Research, 6 (4): 1147-1153.

Xu X, Cao X, Zhao L, et al. 2014. Comparison of sewage sludge- and pig manure-derived biochars for hydrogen sulfide removal. Chemosphere, 111: 296-303.

Xu Y, He Y, Zhang Q, et al. 2015. Coupling between pentachlorophenol dechlorination and soil redox as revealed by stable carbon isotope, microbial community structure, and biogeochemical data. Environmental Science & Technology, 49 (9): 5425-5433.

Xu Y, Xue L L, Ye Q, et al. 2018. Inhibitory effects of sulfate and nitrate reduction on reductive dechlorination of PCP in a flooded paddy soil. Frontiers in Microbiology, 9: 567.

Xue L L, Feng X, Xu Y, et al. 2017. The dechlorination of pentachlorophenol under a sulfate and iron reduction co-occurring anaerobic environment. Chemosphere, 182: 166-173.

Xue Y, Gao B, Yao Y, et al. 2012. Hydrogen peroxide modification enhances the ability of biochar (hydrochar) produced from hydrothermal carbonization of peanut hull to remove aqueous heavy metals: batch and column tests. Chemical Engineering Journal, 200: 673-680.

Yakout S M, Daifullah A E H M, El-Reefy S A. 2015. Pore structure characterization of chemically modified biochar derived from rice straw. Environmental Engineering & Management Journal, 14 (2): 473-480.

Yan J, Han L, Gao W, et al. 2015. Biochar supported nanoscale zerovalent iron composite used as persulfate activator for removing trichloroethylene. Bioresource Technology, 175: 269-274.

Yan J, Qian L, Gao W, et al. 2017. Enhanced fenton-like degradation of trichloroethylene by hydrogen peroxide activated with nanoscale zero valent iron loaded on biochar. Scientific Reports, 7: 43051.

Yan L, Kong L, Qu Z, et al. 2015. Magnetic biochar decorated with ZnS nanocrytals for Pb (II) removal. ACS Sustainable Chemistry & Engineering, 3 (1): 125-132.

Yang J, Pan B, Li H, et al. 2016. Degradation of p-nitrophenol on biochars: role of persistent free radicals. Environmental Science & Technology, 50 (2): 694-700.

Yang Y, Sheng G, Huang M. 2006. Bioavailability of diuron in soil containing wheat-straw-derived char. Science of the Total Environment, 354(2): 170-178.

Yang Y T, Wang H Y, Huang L, et al. 2016. Effects of superabsorbent polymers on the fate of fungicidal carbendazim in soils. Journal of Hazardous Materials, 328: 70-79.

Yao Y, Gao B, Chen J, et al. 2013. Engineered biochar reclaiming phosphate from aqueous solutions: mechanisms and potential application as a slow-release fertilizer. Environmental Science & Technology, 47 (15): 8700-8708.

Yao Y, Gao B, Fang J, et al. 2014. Characterization and environmental applications of clay-biochar composites. Chemical Engineering Journal, 242: 136-143.

Yavari S, Malakahmad A, Sapari N B. 2016. Effects of production conditions on yield and physicochemical properties of biochars produced from rice husk and oil palm empty fruit bunches. Environmental Science and Pollution Research, 23 (18): 17928-17940.

Ye Q F, Ding W, Wang H Y. 2005. Bound ^{14}C-metsulfuron-methyl residue in soils. Jounal of Environmental Sciences, 17: 215-219.

Yeni F, Yavas S, Alpas H, et al. 2016. Most common foodborne pathogens and mycotoxins on fresh produce: a review of recent outbreaks. Critical Reviews in Food Science and Nutrition, 56 (9): 1532-1544.

Yip K, Tian F, Hayashi J, et al. 2009. Effect of alkali and alkaline earth metallic species on biochar reactivity and syngas compositions during steam gasification. Energy & Fuels, 24（1）：173-181.

Yu X, Pan L, Ying G, et al. 2010. Enhanced and irreversible sorption of pesticide pyrimethanil by soil amended with biochars. Journal of Environmental Sciences, 22(4): 615-620.

Yuan H, Lu T, Wang Y, et al. 2016. Sewage sludge biochar: nutrient composition and its effect on the leaching of soil nutrients. Geoderma, 267: 17-23.

Yuan J H, Xu R K, Zhang H. 2011. The forms of alkalis in the biochar produced from crop residues at different temperatures. Bioresource Technology, 102（3）：3488-3497.

Yuan Y, Zheng G L, Lin M S, et al. 2018. Detection of viable *Escherichia coli* in environmental water using combined propidium monoazide staining and quantitative PCR. Water Research, 145: 398-407.

Zhang G, Zhang Q, Sun K, et al. 2011. Sorption of simazine to corn straw biochars prepared at different pyrolytic temperatures. Environmental Pollution, 159(10): 2594-2601.

Zhang J, Chen M, Zhu L. 2016. Activation of persulfate by Co_3O_4 nanoparticles for orange G degradation. RSC Advances, 6: 758-768.

Zhang M, Gao B, Yao Y, et al. 2012. Synthesis, characterization, and environmental implications of graphene-coated biochar. Science of the Total Environment, 435: 567-572.

Zhang M, Gao B, Yao Y, et al. 2013. Phosphate removal ability of biochar/MgAl-LDH ultra-fine composites prepared by liquid-phase deposition. Chemosphere, 92（8）：1042-1047.

Zhang M M, Liu Y G, Li T T, et al. 2015. Chitosan modification of magnetic biochar produced from Eichhornia crassipes for enhanced sorption of Cr（VI） from aqueous solution. RSC Advances, 5（58）：46955-46964.

Zhang P, Sun H, Yu L, et al. 2013. Adsorption and catalytic hydrolysis of carbaryl and atrazine on pig manure-derived biochars: impact of structural properties of biochars. Journal of Hazardous Materials, 244-245: 217-224.

Zhang Q Q, Ying G G, Pan C G, et al. 2015. A comprehensive evaluation of antibiotics emission and fate in the river basins of China: source analysis, multimedia modelling, and linkage to bacterial resistance. Environmental Science & Technology, 49（11）：6772-6782.

Zhao F, Wang Y, An H, et al. 2016. New insights into the formation of viable but nonculturable *Escherichia coli* O157:H7 induced by high-pressure CO_2. mBio, 7（4）：e00961-16.

Zhou P, Zhang J, Zhang Y, et al. 2018. Degradation of 2, 4-dichlorophenol by activating persulfate and peroxomonosulfate using micron or nanoscale zero-valent copper. Journal of Hazardous Materials, 344: 1209-1219.

Zhou Y, Gao B, Zimmerman A R, et al. 2013. Sorption of heavy metals on chitosan-modified biochars and its biological effects. Chemical Engineering Journal, 231: 512-518.

Zhou Y, Jiang J, Gao Y, et al. 2015. Activation of peroxymonosulfate by benzoquinone: a novel nonradical oxidation process. Environmental Science & Technology, 49（21）：12941-12950.

Zhou Z, Ma J, Liu X, et al. 2019. Activation of peroxydisulfate by nanoscale zero-valent iron for sulfamethoxazole removal in agricultural soil: effect, mechanism and ecotoxicity. Chemosphere, 223: 196-203.

Zhu M, Feng X, Qiu G Y, et al. 2019b. Synchronous response in methanogenesis and anaerobic degradation of pentachlorophenol in flooded soil. Journal of Hazardous Materials, 374: 258-266.

Zhu M, Zhang L J, Franks A E, et al. 2019a. Improved synergistic dechlorination of PCP in flooded soil microcosms with supplementary electron donors, as revealed by strengthened connections of functional microbial interactome. Soil Biology and Biochemistry, 136: 107515.

Zhu M, Zhang L J, Zheng L W, et al. 2018. Typical soil redox processes in pentachlorophenol polluted soil following biochar addition. Frontiers in Microbiology, 9: 579.